出版说明

本套教材共计27种，分为“建筑施工”“建筑设备安装”和“建筑装饰”三个专业方向。教材的编审人员由教学经验丰富、实践能力强的一线骨干教师和来自企业的专家组成，在对当前建筑行业技能型人才需求及学校教学实际调研和分析的基础上，进一步完善了教材体系，更新了教材内容，调整了表现形式，丰富了配套资源。

教材体系　补充开发了《建筑装饰工程计量与计价》《建筑装饰材料》《建筑装饰设备安装》等教材；将《建筑施工工艺》与《建筑施工工艺操作技能手册》合并为《建筑施工工艺与技能训练》。调整后，教材体系更加合理和完善，更加贴近岗位与教学实际。

教材内容　根据建筑行业的发展和最新行业标准，更新了教材内容。按照目前行业通行做法，将“建筑预算与管理”的内容更新为“建筑工程计量与计价”；为重点培养学生快速表现技法能力，将“建筑装饰效果图表现技法”的内容更新为“室内设计手绘快速表现”；《室内效果图电脑制作（第二版）》，以3DS MAX 10.0版本作为教学软件载体；新材料、新设备在相关教材中也得到了体现。

表现形式　根据教学需要增加了大量来源于生产、生活实际的案例、实例、例题以及练习题，引导学生运用所学知识分析和解决实际问题；加强了图片、表格的运用，营造出更加直观的认知环境；设置了“想一想”“知识拓展”等栏目，引导学生自主学习。

配套资源　同步修订了配套习题册；补充开发了与教材配套的电子课件，可登录 www.class.com.cn 在相应的书目下载。

国家级职业教育规划教材

人力资源和社会保障部职业能力建设司推荐

QUANGUO ZHONGDENG ZHIYE JISHU XUEXIAO JIANZHULEI ZHUANYE JIAOCAI

全国中等职业技术学校建筑类专业教材

室内效果图

电脑制作

（第二版）

人力资源和社会保障部教材办公室组织编写

林云仙 主 编

刘凡　孙敏　王苏 副主编

姜卫东 主 审

中国劳动社会保障出版社

简介

本教材共七章，介绍了3ds Max的用户界面和基本操作，3ds Max几何体、样条线以及应用编辑样条线修改器，复合对象基本类型、布尔运算以及放样，编辑修改器使用界面、编辑多边形，材质编辑器、材质贴图应用以及复合材质，灯光和摄像机，以及室内效果图和别墅外景效果图制作实例。本教材配有丰富的操作实例，以便学生对照学习使用3ds Max制作效果图。

本教材由林云仙任主编，刘凡、孙敏、王苏任副主编，黎林、刘怡参加编写。姜卫东审稿。

图书在版编目(CIP)数据

室内效果图电脑制作/林云仙主编. —2版. —北京：中国劳动社会保障出版社，2015

全国中等职业技术学校建筑类专业教材

ISBN 978-7-5167-1661-8

Ⅰ.①室…　Ⅱ.①林…　Ⅲ.①室内装饰设计-计算机辅助设计-三维动画软件-中等专业学校-教材　Ⅳ.①TU238-39

中国版本图书馆CIP数据核字(2015)第049725号

中国劳动社会保障出版社出版发行

(北京市惠新东街1号　邮政编码：100029)

*

保定市中画美凯印刷有限公司印刷装订　　新华书店经销

787毫米×1092毫米　16开本　19.5印张　310千字

2015年4月第2版　　2024年1月第3次印刷

定价：35.00元

营销中心电话：400-606-6496

出版社网址：http://www.class.com.cn

http://jg.class.com.cn

目　　录

第一章　3ds Max 基础知识

学习目标

1. 熟悉 3ds Max 用户界面及常用工具。
2. 熟练掌握常用工具“选择方式”“过滤选择”“坐标控制”“轴心控制”“移动”“旋转”“缩放”“复制”“捕捉和对齐”等命令的操作。

3D Studio Max 常简称为 3ds Max 或 MAX，是 Autodesk 公司开发的基于 PC 系统的一套多功能三维动画软件，集实体造型、静态着色和动画创作于一体，极大地普及了三维造型技术，广泛应用于广告、影视、工业设计、建筑设计、多媒体制作、游戏、辅助教学及工程可视化等领域。根据不同行业的应用特点，对 3ds Max 的掌握程度也有不同的要求，建筑方面对 3ds Max 的要求较低，只要求达到单帧的渲染效果和环境效果，只涉及比较简单的动画。

第一节　3ds Max 用户界面

3ds Max 的界面友善，具有标准的 Windows 风格，主要包含了菜单栏、工具栏、命令面板和工作区域等几大部分。3ds Max 的工作区域就是主用户界面上的最大区域部分，称为视图区。3ds Max 用户界面的最大特点是多功能性，不仅可以使用视图区完成各种具体操作，而且在界面的右侧和下侧提供了大量的辅助工具。用户界面的每个部分都有固定的名称，在所有标准的 3ds Max 教材和参考资料中，这些名称都是统一的。

3ds Max 用户界面如图 1—1—1 所示。

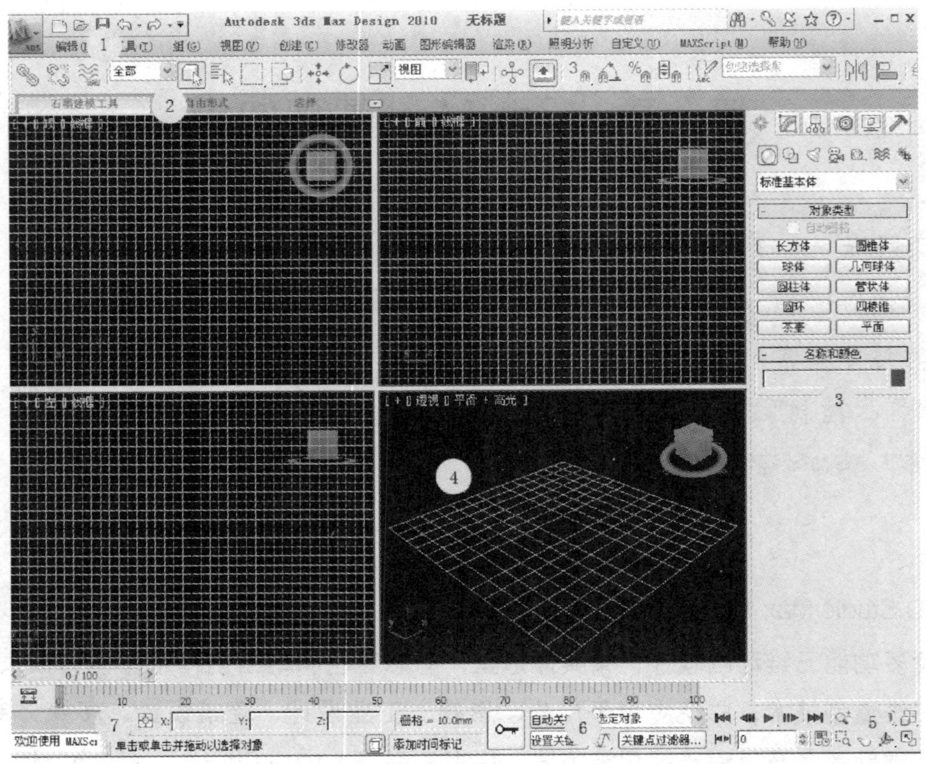

图 1—1—1　用户界面

①菜单栏　②主工具栏　③命令面板　④视图区　⑤视图导航控制按钮

⑥时间控制按钮　⑦状态栏和提示行

一、菜单栏

用户界面的最上方是菜单栏。菜单栏包含许多常见的菜单（如 File 菜单、Edit 菜单）等。

二、主工具栏（Main Toolbar）

菜单栏下面是主工具栏。主工具栏中包含一些使用频率较高的工具，如变换对象的工具、选择对象的工具和渲染工具等。

三、命令面板（Command Panels）

用户界面的右边是命令面板（见图 1—1—2a），它包含创建对象、处理几何体和创建动画需要的所有命令。每个面板都有自己的选项集。例如，Create 命令面板

包含创建各种不同对象（如标准几何体、组合对象和粒子系统等）的工具，而Modify命令面板包含修改对象的特殊工具（见图1—1—2b）。

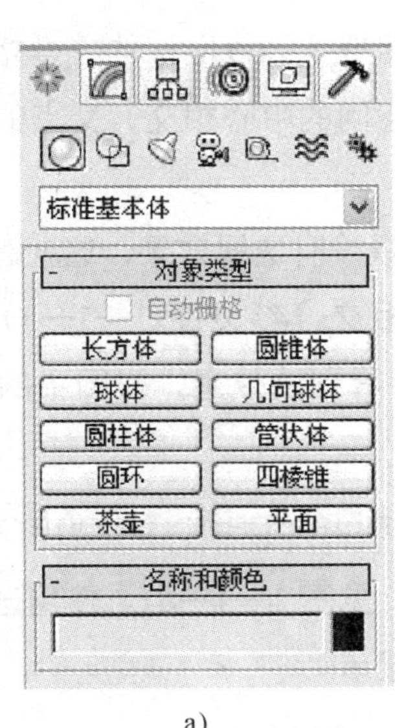

a)

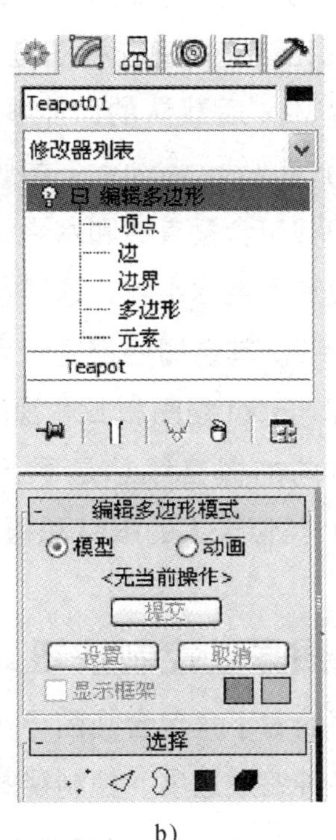

b)

图1—1—2 命令面板

命令面板中包含创建和编辑对象的所有命令，使用标签面板和菜单栏也可以访问命令面板的大部分命令。命令面板包含Create（创建）、Modify（修改）、Hierarchy（层次）、Motion（运动）、Display（显示）和Utilities（工具）六个面板。

当使用命令面板选择一个命令后，就显示该命令的选项。例如，当单击“茶壶”创建茶壶时，茶壶的参数显示在命令面板上。

有些命令有很多参数和选项，所有这些选项将显示在卷展栏上。卷展栏是一个有标题的特定参数组。在卷展栏标题的左侧有加号（+）或者减号（-）。当显示减号时，可以单击卷展栏标题卷起卷展栏，以便给命令面板留出更多空间；当显示加号时，可以单击标题栏展开卷展栏，并显示卷展栏的参数（见图1—1—2b）。

四、视图（Views）

3ds Max 用户界面的视图区被分割成四个相等的矩形区域，称为视口（Viewports）或者视图（Views）。视图是主要工作区域，每个视图的左上角都有一个标签，启动 3ds Max 后默认的四个视图的标签是 Top（顶视图）、Front（前视图）、Left（左视图）和 Perspective（透视视图）。

每个视图都包含垂直线和水平线，这些线组成了 3ds Max 的主栅格。主栅格包含黑色垂直线和黑色水平线，这两条线在三维空间的中心相交，交点的坐标是 $X=0$、$Y=0$、$Z=0$。其余栅格都显示为灰色。

Top 视图、Front 视图和 Left 视图显示的场景没有透视效果，这就意味着在这些视图中同一方向的栅格线总是平行的，不能相交（参见图 1—1—1）。透视视图（Perspective）类似于人的眼睛和摄像机观察时看到的效果，视图中的栅格线是可以相交的。

五、视图导航控制按钮（Viewport Navigation Controls）

用户界面的右下角包含视图导航控制按钮（见图 1—1—3）。使用这个区域的按钮可以调整各种缩放选项，控制视图中的对象显示。

Zoom（放大/缩小激活视图）：放大/缩小激活的视图。

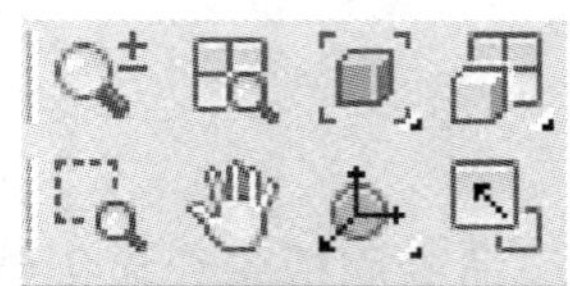

图 1—1—3　视图导航控制按钮

Zoom All（放大/缩小所有视图）：放大/缩小所有视图。

Zoom Extents 和 Zoom Extents Selected（缩放到范围或者将选择的对象缩放到范围）：这个弹出按钮有两个选项，第一个按钮是灰色的，它将激活视图中的所有对象以最大的方式显示；第二个按钮是白色的，它只将激活视图中的选择对象以最大的方式显示。

Zoom Extents All 和 Zoom Extents Selected All（将所有视图缩放到范围或者将选择的对象在所有视图中缩放到范围）：这个弹出按钮有两个选项，第一个按钮是灰色的，它将所有视图中的所有对象以最大的方式显示；第二个按钮是白色的，它只将所有视图中的选择对象以最大的方式显示。

Region Zoom（区域缩放）：缩放视图中的指定区域。

Pan（平移）：沿着任何方向移动视图。

Arc Rotate、Arc Rotate Selected 和 Arc Rotate SubObject（围绕场景弧形旋转、围绕选择对象弧形旋转和围绕次对象弧形旋转）：这是一个有三个选项的弹出按钮，第一个按钮是灰色的，它围绕场景旋转视图；第二个按钮是白色的，它围绕选择的对象旋转视图；第三个按钮是黄色的，它围绕次对象旋转视图。

Min/Max Toggle（最小/最大化切换）：在满屏和分割屏幕之间切换激活的视图。

六、时间控制按钮（Time Controls）

视图导航控制按钮的左边是时间控制按钮（见图 1—1—4），又称动画控制按钮。它们的功能和外形类似于媒体播放机里的按钮。单击按钮可以播放动画，单击按钮或每次前进或者后退一帧。在设置动画时，按下 Auto 按钮，它将变红，表明处于动画记录模式，这意味着在当前帧进行的任何修改操作将被记录成动画。在动画部分还要详细介绍这些控制按钮。

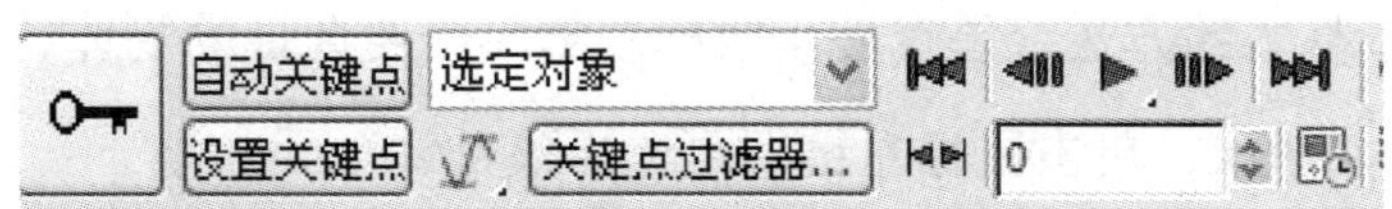

图 1—1—4　时间控制按钮

七、状态栏和提示行（Status bar and Prompt line）

时间控制按钮的左边是状态栏和提示行（见图 1—1—5）。状态栏有许多用于帮助用户创建和处理对象的参数显示区。

图 1—1—5　状态栏和提示行

界面底部的状态区域显示与场景活动相关的信息和消息。这个区域也可以显示创建脚本时的宏记录功能。当宏记录被打开后，将在　中显示文字（见图

1—1—6)。该区域称为 Listener 窗口。宏记录区域的右边是提示行（Prompt Line），如图 1—1—7 所示。提示行的顶部显示选择的对象数目。提示行的底部根据当前的命令和下一步的工作给出操作的提示。

欢迎使用 MAXSc

图 1—1—6　状态栏

选择了 1 个 对象

单击或单击并拖动以选择对象

图 1—1—7　提示行

X、*Y* 和 *Z* 显示区（变换键入区）告诉用户当前选择对象的位置，或者当前对象被移动、旋转和缩放的多少，也可以使用这个区域变换对象。

第二节　3ds Max 基本操作

一、对象选择方式

3ds Max 中物体的选择方法包括点选、区域选择、窗口和交叉窗口选择、名称选择、过滤选择、选择编辑成组。

1. 点选

选择物体最基本的方法就是直接用鼠标左键单击要选择的物体，当光标移到物体上时会变成-✣-形状，单击鼠标左键即可选择该物体。

如果要同时选择多个物体，可以按住“Ctrl”键，用鼠标左键连续单击或框选要选择的物体，如果想取消其中个别物体的选择，可以按住“Alt”键，单击或框选要取消选择的物体。

2. 区域选择

矩形区域选择：将拖曳出的矩形区域作为选择框。

圆形区域选择：将拖曳出的圆形区域作为选择框。

围栏区域选择：将创建出的任意不规则区域作为选择框。

套索区域选择：这是 3ds Max 提供的一个新的区域选择方式，将拖曳出的任意不规则区域作为选择框。

绘制区域选择：可通过将光标放在多个对象或子对象上来选择多个对象或子对象。

3. 窗口和交叉窗口选择

窗口选择：选择框范围以内的物体被选择。

交叉窗口选择：范围框碰到的物体被选择。

4. 名称选择

在进行复杂建模时，场景中会有很多物体，用鼠标进行选择很容易造成误选。3ds Max 提供了一个可以通过名称选择物体的功能，该功能不仅可以通过物体的名称进行选择，还能通过颜色或材质选择具有该属性的所有物体。名称选择窗口如图 1—2—1 所示。

5. 过滤选择

过滤选择工具用于设置场景中能够被选择的物体类型，如只选择几何体或者只选择灯光，这样可以避免在复杂的场景中错选物体。过滤选择工具下拉列表包括几何体、图形、灯光、摄像机等物体类型，如图 1—2—2 所示。

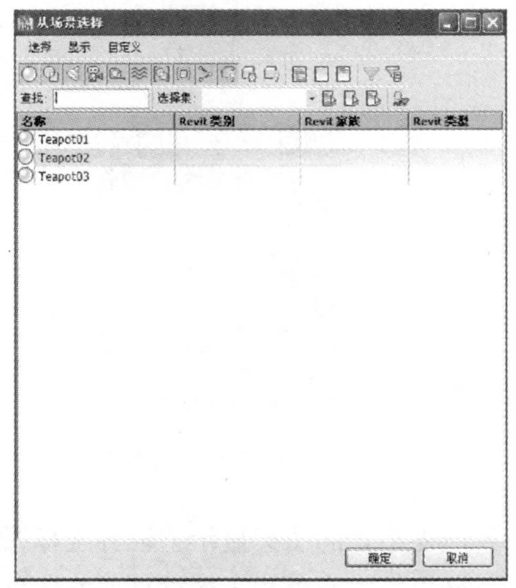

图 1—2—1　名称选择窗口

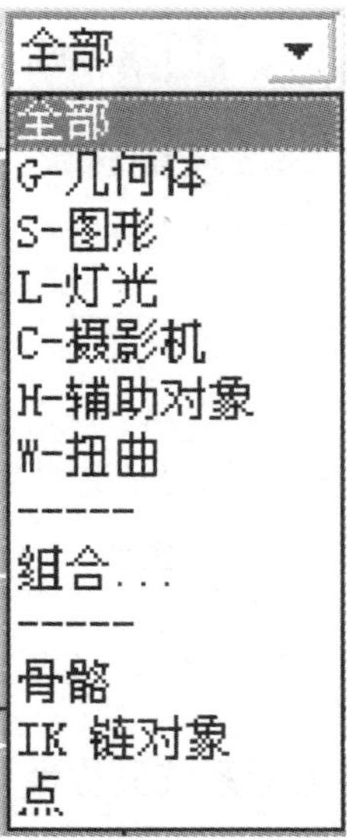

图 1—2—2　过滤选择工具下拉列表

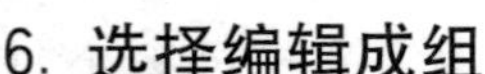

6. 选择编辑成组

物体编辑成组是将多个对象编辑为一个组的命令，选择要编辑成组的物体后，单击“组”命令，会弹出下拉菜单（见图 1—2—3）。

成组：用于把场景中选定的对象编辑为一组。

解组：用于把选中的组解散。

打开：用于暂时打开一个选中的组，可以对组中的物体单独编辑。

关闭：用于把暂时打开的组关闭。

附加：用于把一个对象增加到一个组中。

分离：用于把对象从组中分离出来。

炸开：能够使组及组内所嵌套的组都彻底解散。

集合：用于将多个对象、组合并至单个组。

二、坐标系统简介

空间坐标系统是三维制作的重要坐标参考系。它包含视图坐标系统、屏幕坐标系统、世界坐标系统、父对象坐标系统、局部坐标系统、万向坐标系统、栅格坐标系统、拾取坐标系统。坐标控制如图 1—2—4 所示。

图 1—2—3 “组”菜单

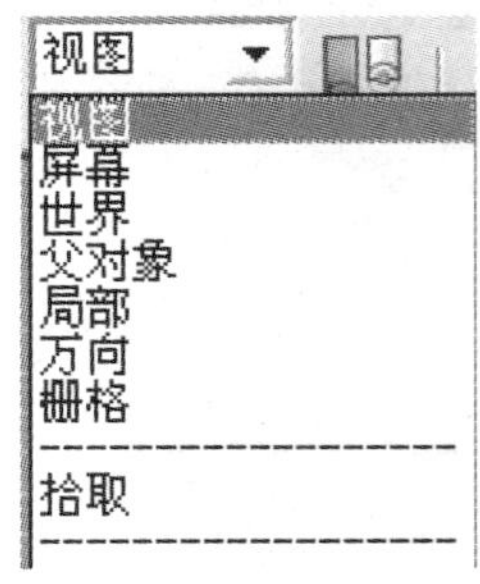

图 1—2—4 坐标控制

世界坐标系统又称世界空间，位于各视图左下角的图标显示了世界坐标系统的方向，其坐标原点位于视图中心，该坐标系统永远不会变化。屏幕坐标系统是指将此时使用的活动视图屏幕作为坐标系统。在活动视图中，X 轴将永远在视图的水平方向并且正向向右，Y 轴将永远在视图的垂直方向并且正向向上，Z 轴将永远垂直

于屏幕并且正向指向用户。视图坐标系统混合了世界坐标系统与屏幕坐标系统。其中，在正交视图（如前视图、俯视图、左视图、右视图等）中使用屏幕坐标系统，而在透视等非正交视图中使用世界坐标系统。

1. 视图坐标系统

视图坐标系统是系统默认的坐标系统，也是最普通的坐标系统，如图 1—2—5 所示。

2. 屏幕坐标系统

屏幕坐标系统在所有视图中都使用相同的坐标轴向，即 *X* 轴为水平方向，*Y* 轴为垂直方向，*Z* 轴为景深方向，这是用户习惯的坐标方向，如图 1—2—6 所示。

图 1—2—5　视图坐标系统

图 1—2—6　屏幕坐标系统

3. 世界坐标系统

世界坐标系统在任意视图中都是固定不变的，可以使任何视图中都有相同的坐标轴显示，如图 1—2—7 所示。

4. 父对象坐标系统

父对象坐标系统可以使子物体与父物体之间保持依附关系，使子物体以父物体的轴向为基础发生改变，如图 1—2—8 所示。

5. 局部坐标系统

局部坐标系统是使用选定对象的坐标系统。对象的局部坐标由其轴点支撑，如图 1—2—9 所示。

6. 万向坐标系统

选择万向坐标系统，在旋转时各坐标会根据 *X*、*Y*、*Z* 轴的顺序相互影响。例如，当旋转 Z 轴时，会影响 Y 轴和 X 轴的方向；当旋转 Y 轴时会影响 X 轴的方向；当旋转 X 轴时，将不会影响其他任何轴的方向，系统为每个对象使用单独的坐标系，如图 1—2—10 所示。

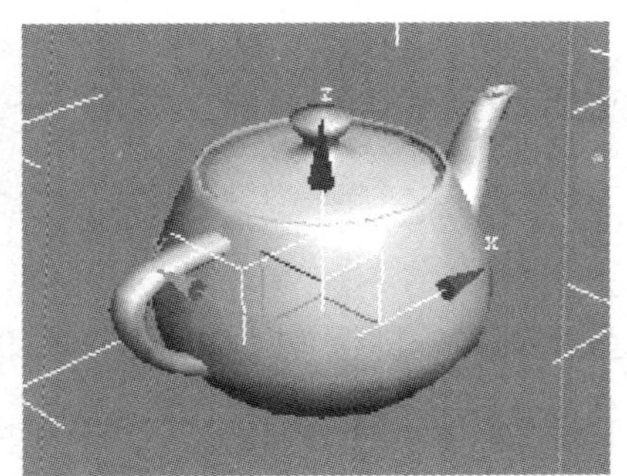

图 1—2—7　世界坐标系统

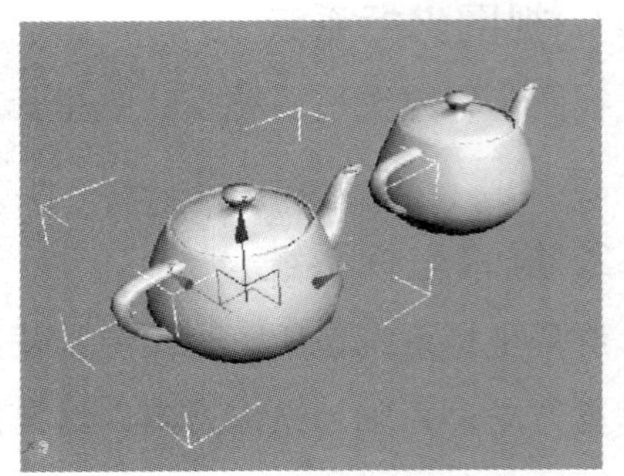

图 1—2—8　父对象坐标系统

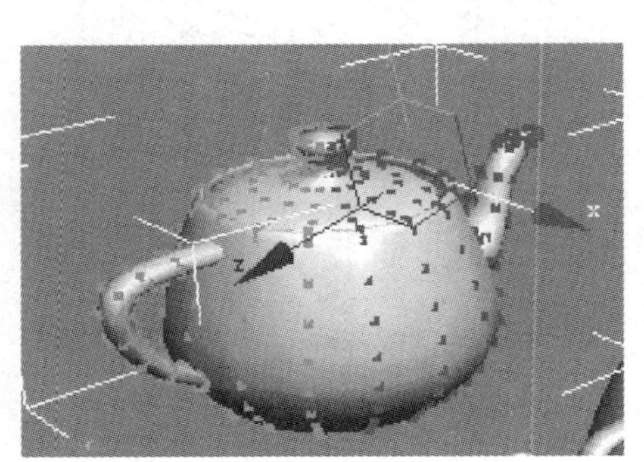

图 1—2—9　局部坐标系统

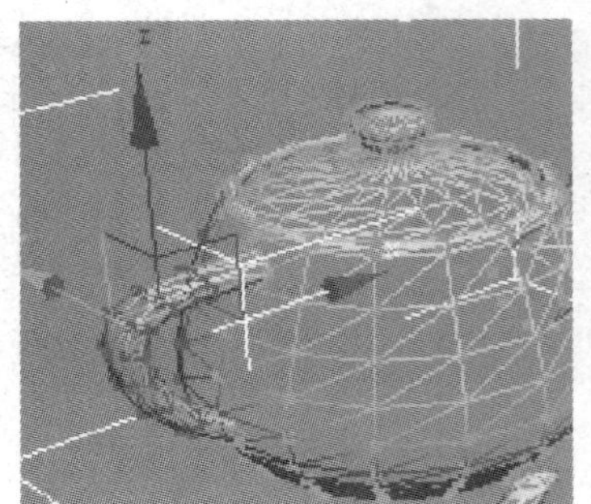

图 1—2—10　万向坐标系统

7. 栅格坐标系统

栅格坐标系统是一个辅助的坐标系统。在 3ds Max 中，系统可以自定义一种栅格对象，这个对象是一个虚拟对象，在渲染后无法看到，但是它具有对象的属性，该虚拟对象就是栅格坐标系统的中心，如图 1—2—11 所示。

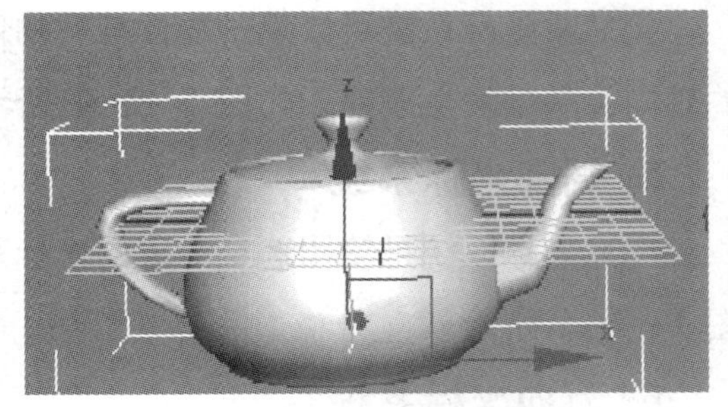

图 1—2—11　栅格坐标系统

8. 拾取坐标系统

拾取坐标系统是一种由用户自己来定义的坐标系统，可以拾取屏幕中的任意一个对象，以被拾取物体的自身坐标

系统为拾取物体的坐标系统，如图 1—2—12 所示。

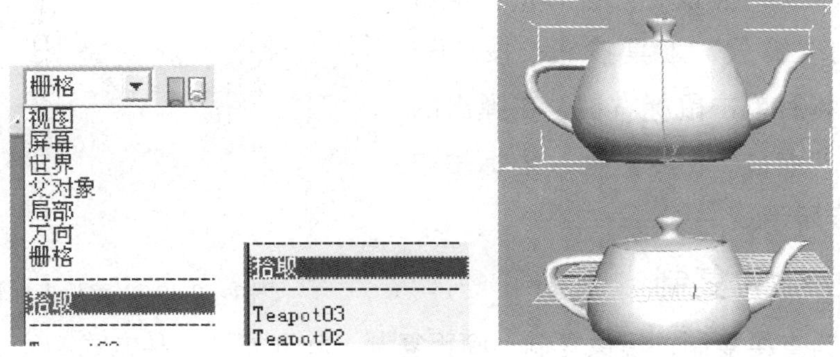

图 1—2—12　拾取坐标系统

三、移动、旋转和缩放物体

移动、旋转和缩放工具为建模过程中最常用的操作工具，必须熟练掌握。

1. 移动物体

启用移动工具有以下几种方法：单击工具栏中的“移动”工具按钮；按“W”键；选择物体后单击鼠标右键，在弹出的菜单中选择“移动”命令。移动坐标轴如图 1—2—13 所示。

2. 旋转物体

启用旋转工具有以下几种方法：单击工具栏中的“旋转”工具按钮；按“E”键；选择物体后单击鼠标右键，在弹出的菜单中选择“旋转”命令。旋转坐标轴如图 1—2—14 所示。

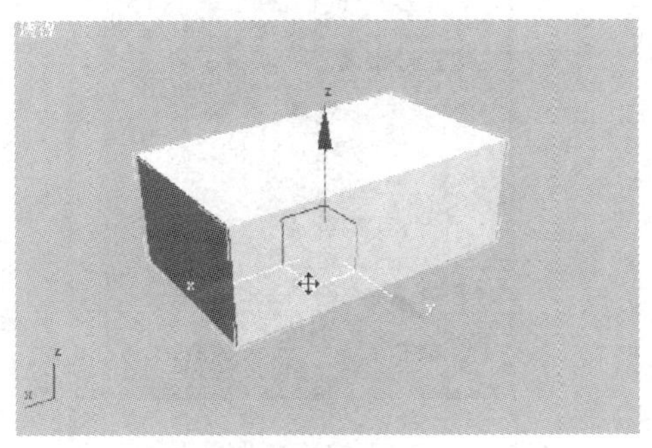

图 1—2—13　移动坐标轴

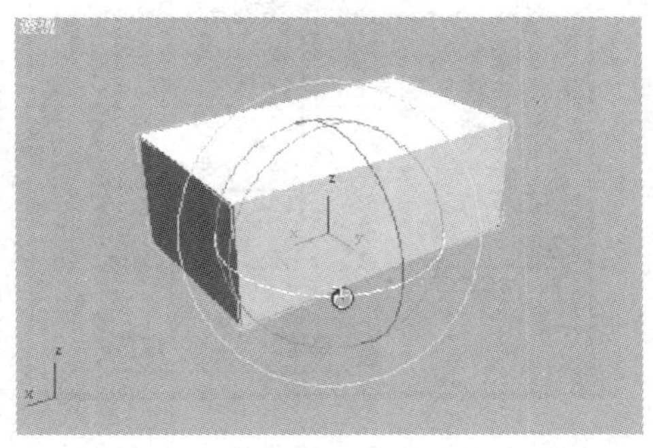

图 1—2—14　旋转坐标轴

3. 缩放物体

启用缩放工具有以下几种方法：单击工具栏中的“缩放”工具按钮；按“R”键；选择物体后单击鼠标右键，在弹出的菜单中选择“缩放”命令。缩放坐标轴如图 1—2—15 所示。

图 1—2—15　缩放坐标轴

四、物体的复制

复制分为直接复制、镜像复制、间距复制、阵列复制四种方式。

1. 直接复制物体（见图 1—2—16）

(1) 复制物体的操作。运用移动工具、旋转工具、缩放工具配合键盘上的“Shift”键，即可对物体直接复制。

(2) 复制物体的方式。包括复制、实例、参考三种方式。采用“复制”复制对象，复制出来的物体不关联，修改时完全独立；采用“实例”复制对象，复制出来的物体是关联的，修改时，修改任何一个物体其他关联物体同时被修改；采用“参考”复制对象，不能修改参考后的物体，但是修改原物体时其他物体会跟着被修改。

2. 镜像复制物体（见图 1—2—17）

图 1—2—16　直接复制物体对话框

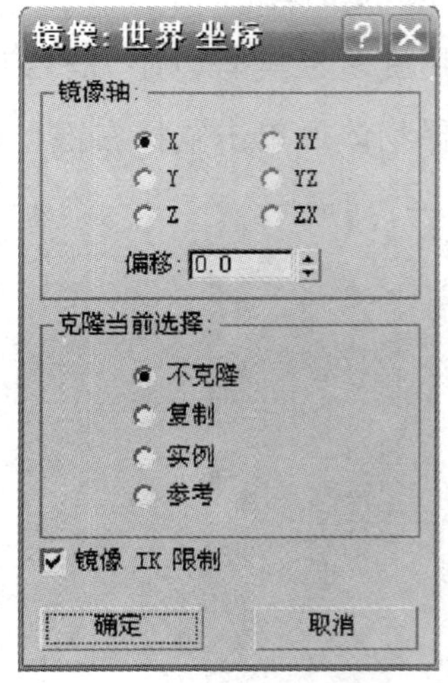

图 1—2—17　镜像复制物体对话框

当建模中需要创建两个对称的物体时，可以使用“镜像”完成操作。选择物体后，单击“镜像”工具按钮，弹出“镜像：世界坐标”对话框，设置镜像参数，完成镜像复制。

3. 间距复制物体（见图 1—2—18）

利用间距复制物体是一种比较快速而且比较随意的物体复制方法，它可以指定一个路径，使复制物体排列在指定的路径上。

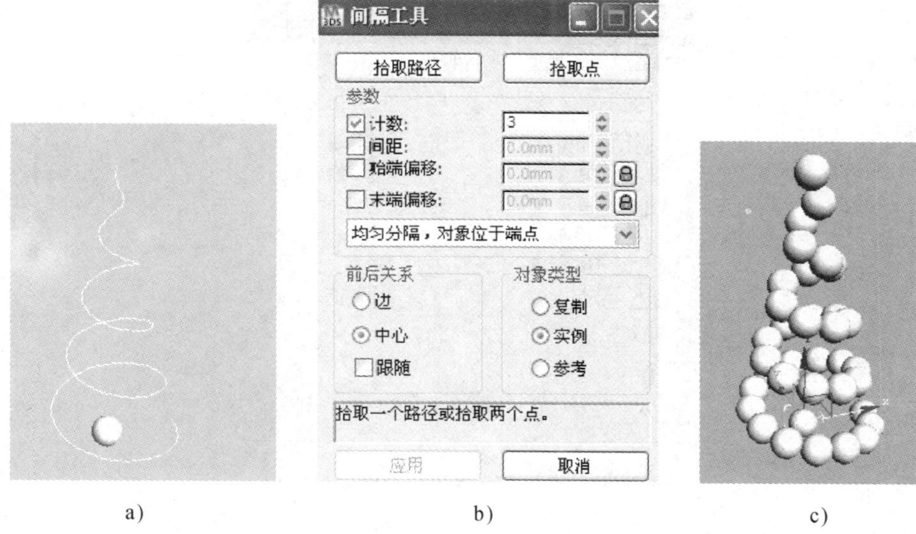

a)　　b)　　c)

图 1—2—18　间距复制物体

a）曲线（充当路径）和球体（要复制的物体）　b）间隔工具窗口　c）间距复制效果

4. 阵列复制物体（见图 1—2—19）

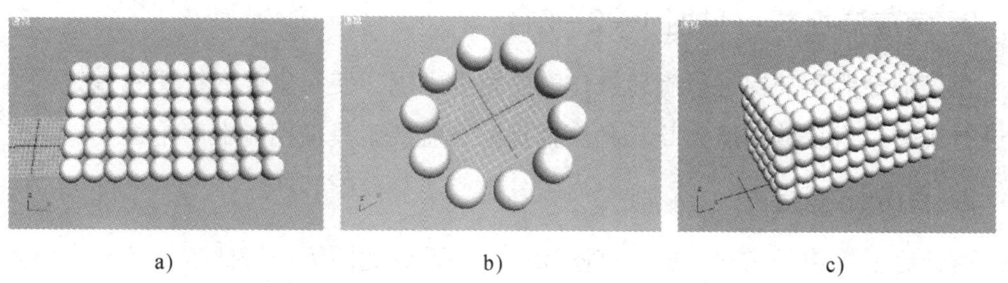

a)　　b)　　c)

图 1—2—19　阵列复制的效果

a）矩形阵列　b）环形阵列　c）矩形三维阵列

有时需要创建出几个相同的几何体，而且这些几何体要按照一定的规律进行排列，这时就要用到阵列工具。

五、捕捉工具

捕捉工具常用于辅助建模，分为 3D 捕捉、角度捕捉、百分比捕捉三种方式。捕捉工具必须在开启状态下才能起作用。在捕捉工具按钮上单击鼠标右键，会弹出“栅格和捕捉设置”窗口，如图 1—2—20 所示。

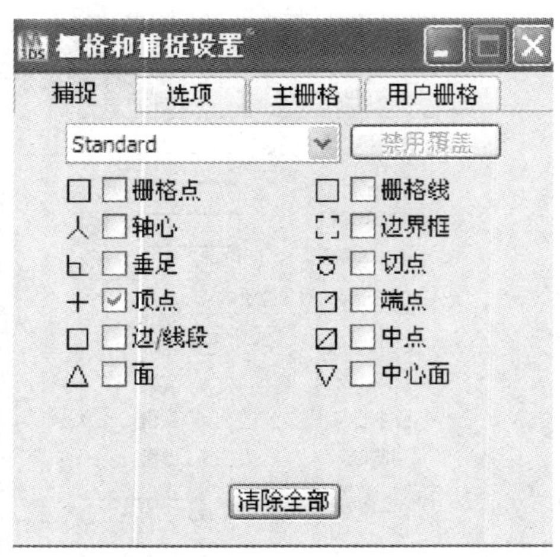

图 1—2—20 “栅格和捕捉设置”窗口

1. 捕捉

捕捉有三种，系统默认设置为 3D 捕捉，在 3D 捕捉按钮中还隐藏着另外两种捕捉方式，即 2D 捕捉和 2.5D 捕捉。

2. 角度捕捉（见图 1—2—21）

角度捕捉用于捕捉进行旋转操作时的角度间隔，使对象或者视图按固定的增量值进行旋转，系统默认值为 5°。角度捕捉配合旋转工具使用能准确定位。

3. 百分比捕捉

百分比捕捉用于捕捉缩放或挤压操作时的百分比间隔，使比例按固定的增量值进行缩放，用于准确控制缩放的大小，系统默认值为 10%。

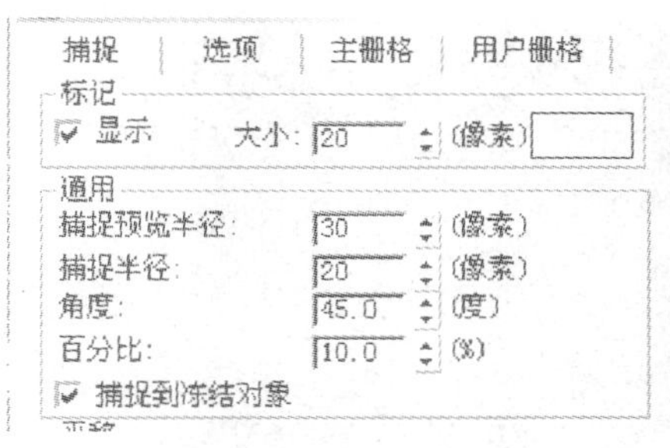

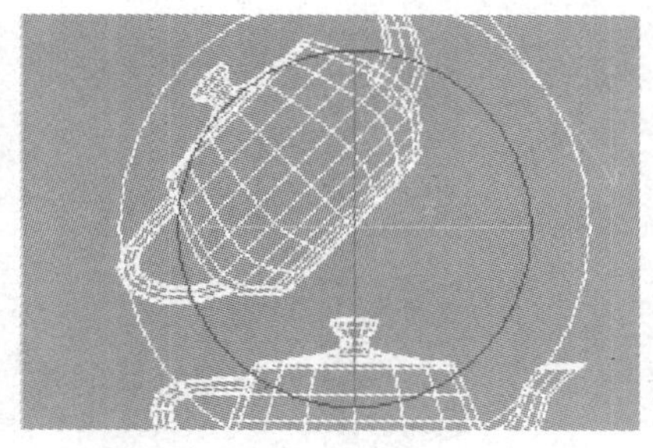

图 1—2—21　角度捕捉

六、对齐

对齐工具用于使当前选定的对象按指定的坐标方向和方式与目标对象对齐。对齐工具中有一般对齐、法线对齐、高光点对齐、摄像机对齐、视图对齐五种对齐方式，其中一般对齐最常用。对齐工具能快捷、方便地控制物体在空间中的准确位置。

七、物体的轴心控制

物体的轴心控制分为轴心点控制、集合中心控制、变换坐标中心控制三种方式。

1. 轴心点控制

轴心点控制是指以被选择对象自身的轴心点作为旋转、缩放操作的中心。如果选择了多个物体，则以各自的轴心点进行变换操作，如图 1—2—22 所示。

2. 集合中心控制

集合中心控制是指以被选择对象的公共轴心点作为物体旋转和缩放的中心，如图 1—2—23 所示。

3. 变换坐标中心控制

变换坐标中心控制是指以被选择的对象所使用当前坐标系的中心点作为物体旋转和缩放的中心。

八、坐标移动

在需要精确移动物体时可使用坐标移动工具，坐标移动包括绝对坐标移动和相

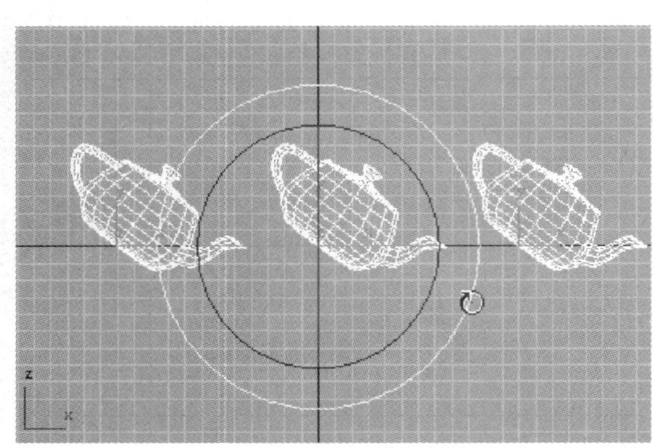

图 1—2—22　以轴心点旋转

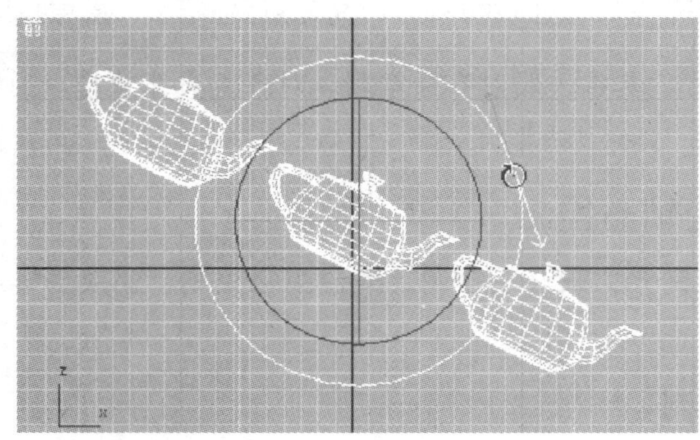

图 1—2—23　以集合中心旋转

对坐标移动两种。

1. 绝对坐标移动 X: 0.0　Y: 0.0　Z: 0.0

绝对坐标移动是指以物体基于场景的世界坐标为基础进行偏移的一种移动方式。

2. 相对坐标移动 X: 0.0　Y: 0.0　Z: 0.0

相对坐标移动是指以相对当前物体坐标位置为基础进行移动的一种移动方式。

九、技能训练——制作桌子

步骤一：进入自定义＞单位设置＞设置系统单位为毫米，如图 1—2—24 所示。

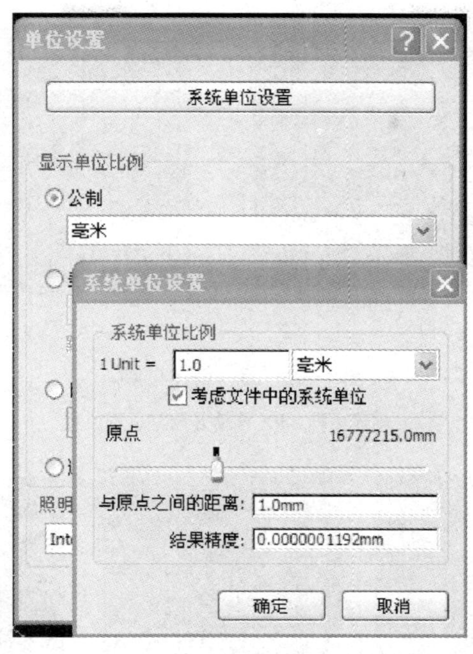

图 1—2—24 “单位设置”窗口

步骤二：激活顶视图，进入几何体创建面板，单击 长方体 ，打开 - 键盘输入 卷展栏，输入 长度: 1000.0 宽度: 1000.0 高度: 50.0 ，按 创建 命令创建方桌桌面。然后点击切换到移动工具 ，进入状态栏坐标控制窗口，在 Z 轴输入 X: 0.0 Y: 0.0 Z: 700.0 使方桌沿垂直方向向上移动 700 mm。

步骤三：再创建一个长 50 mm、宽 50 mm、高 700 mm 的长方体作为桌脚，并调整其位置在桌面的左上角，如图 1—2—25 所示。

步骤四：用移动复制的方法复制另外三个桌脚（按住移动工具 的同时按住键盘“Shift”键），并调整好位置，如图 1—2—26 所示。

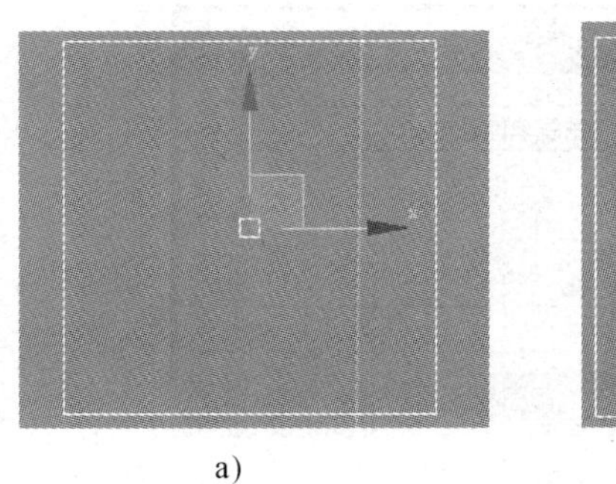

a)

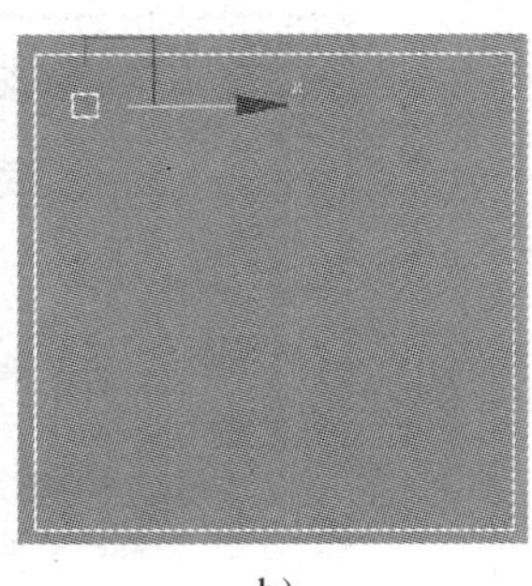

b)

图 1—2—25　创建桌脚

a）创建桌脚　b）移动并调整桌脚位置

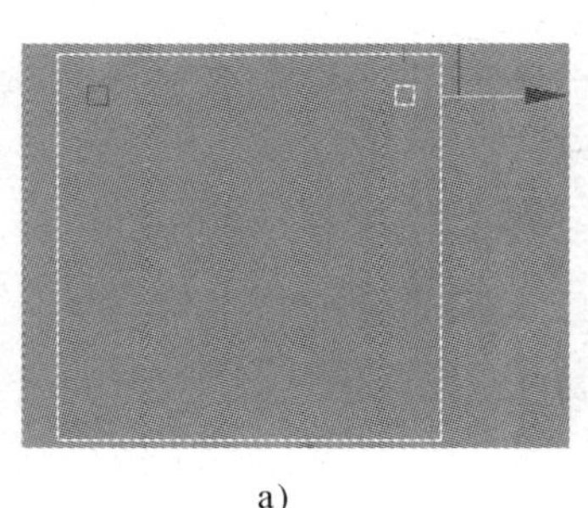

a)

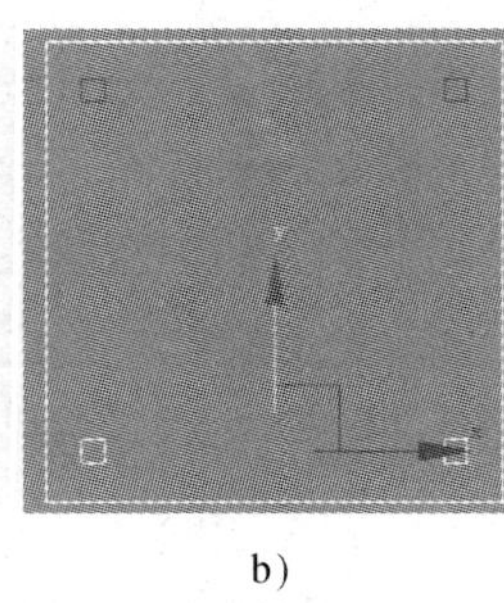

b)

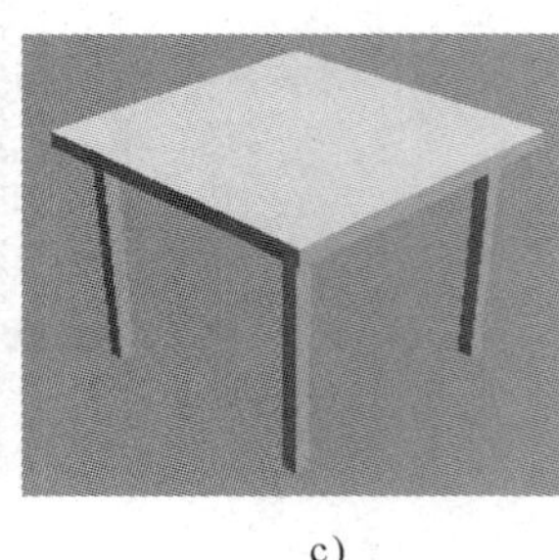

c)

图 1—2—26　复制桌脚

a）复制一条桌脚　b）同时复制两条桌脚　c）最后的效果

小技巧

在制作过程中，用窗口选择方式框选已经制作好的“桌脚”模型。用这种方法进行选择，可以很容易地选择到处于模型内部的模型，这样无形中提高了创建模型的速度。

第二章　3ds Max 造型基础

学习目标

1. 学习 3ds Max 标准几何体的创建过程及主要参数的意义。
2. 学习 3ds Max 扩展几何体的创建过程及主要参数的意义。
3. 学习 3ds Max 样条线面板中各物体的创建方法。
4. 学习 3ds Max 编辑样条线命令的操作方法。

第一节　3ds Max 几何体

一、创建面板

3ds Max 的创建面板 如图 2—1—1 所示。创建面板包含了 3ds Max 中所有可以创建的对象类型，主要为几何体、图形、灯光、摄像机、辅助对象、空间扭曲、系统对象七种类型。本章将重点介绍几何体和图形。

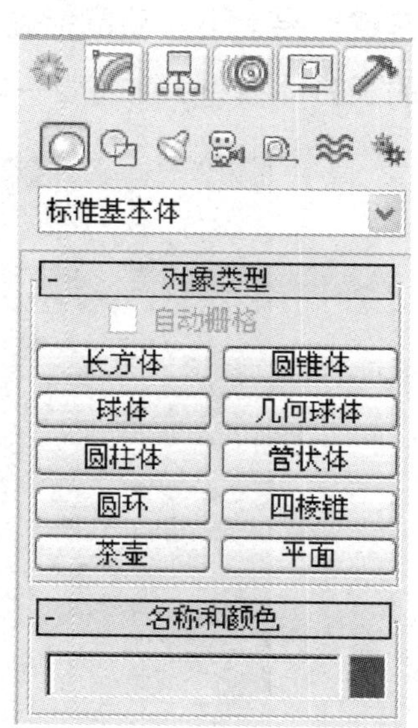

图 2—1—1　创建面板

几何体 ：用于创建各种 3D 对象。

图形 ：主要包含样条线和 NURBS 曲线，可以用于创建 2D 和 3D 对象。

灯光 ：灯光是 3ds Max 中用于模拟现实生活中阳光和灯光效果的一种对象，分为多种类型。

摄像机 ：摄像机为 3ds Max 的场景提供了一个特殊的观察视角，可以用来模拟现实生活中存在的静止物体、动画和录像机的效果。

辅助对象：主要作为辅助操作，可以用来帮助放置、测量动画场景中可渲染的几何体。

空间扭曲：用来影响其他对象表现效果的一种非渲染的对象类型，它可以在对象周围产生多种类型的变形。

系统对象：一种通过组合或合并一系列对象、连接和控制来生成一个有统一行为的对象的功能类型。

二、标准几何体

在这里将介绍 3ds Max 中长方体、圆锥体、球体、几何球体、圆柱体、管状体、圆环、四棱锥、茶壶、平面共 10 种简单的标准几何体的创建方法及主要参数的意义。

1. 长方体

(1) 创建长方体。在【对象类型】栏下单击“长方体”按钮 长方体 ，在视图窗口中按住鼠标左键并拖动，产生一个矩形框，确定矩形的长度和宽度后松开鼠标左键；再上下移动鼠标确定长方体的高度，然后单击鼠标左键，即可创建一个着色的长方体模型，如图 2—1—2 所示。

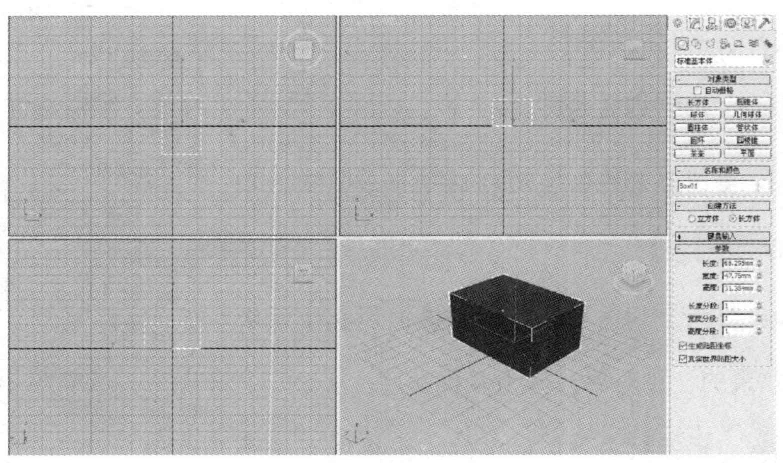

图 2—1—2　创建长方体

(2) 调整长方体参数。单击 进入修改命令面板调整长方体的参数。在名称和颜色卷展栏中可更改长方体的名称和颜色。

在创建方法卷展栏中选择创建长方体还是立方体，如果选择立方体，在视图中将创建立方体模型。

在键盘输入卷展栏“长度”“宽度”和“高度”数值框中分别输入数值，单击“创建”按钮，就可以在视图中的相应位置创建出长方体。

在长方体参数卷展栏中设置及修改长方体参数。默认设置生成具有在每个侧面上都有一个分段的长方体。增加“分段”设置可以提供修改器影响的对象附加分辨率。

【长度、宽度、高度】设置长方体对象的长度、宽度和高度。

【长度分段、宽度分段、高度分段】设置沿着对象每个轴的分段数量，在创建前后设置均可，调整它们不会改变长方体的形状。默认情况下，长方体的每个侧面是一单个分段。当重置这些值时，新值将成为会话期间的默认值，默认设置为 1、1、1。

【生成贴图坐标】生成将贴图材质应用于长方体的坐标，默认设置为启用。

【真实世界贴图大小】控制应用于该对象的纹理贴图材质所使用的缩放方法。

如增加长方体的段数为 长度分段: 5 宽度分段: 5 高度分段: 3 ，则效果如图 2—1—3 所示。

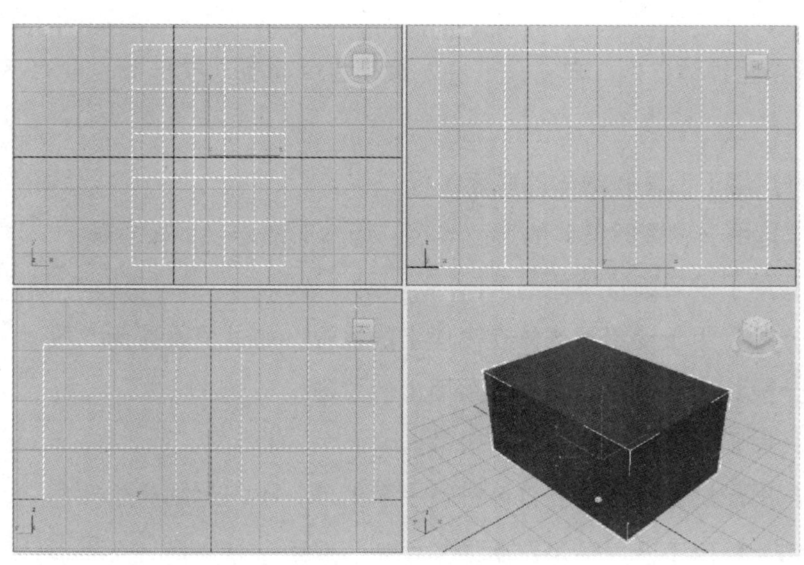

图 2—1—3　增加段数后的长方体

2. 圆锥体

（1）创建圆锥体。在【对象类型】栏下单击“圆锥体”按钮 圆锥体 ，在视图窗口中按住鼠标左键并拖动，当达到适当的大小时单击鼠标左键，即可绘制出一个圆形，这是圆锥体的底面。上下移动鼠标，绘制圆锥体的高，当达到适当的高度时单击鼠标左键即可确定圆锥体的高。继续移动鼠标即可得到圆锥体或者圆台的形状，在适当的位置单击鼠标左键，圆锥体即创建完成，可以创建直立或倒立的圆锥体，如图 2—1—4 所示。

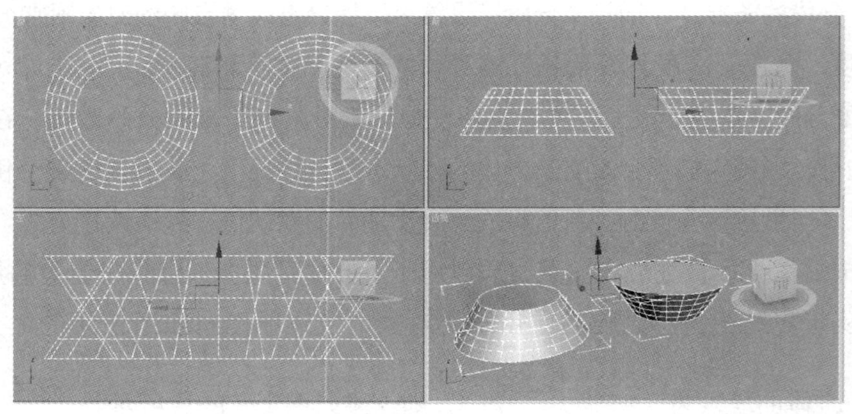

图 2—1—4　创建圆台

（2）调整圆锥体参数。单击 进入修改命令面板，在参数卷展栏下调整圆锥体的参数。

【半径 1】用于设置圆锥体的底面半径。

【半径 2】用于设置圆锥体的顶面半径，为 0 时表示尖的圆锥体。

【高度】用于设置圆锥体的高度。

【高度分段】用于设置圆锥体在高度上的段数，如这里设置为 5 段。

【端面分段】用于设置圆锥体在顶面上的段数。

【边数】用于设置圆锥体的侧面段数。

【平滑】用于设置是否对圆锥体进行平滑处理，不勾选则产生棱角。

【启动切片】用于设置是否启用切割处理，选中该复选框 启用切片 ，可以用来制作不完整的锥体。【切片起始位置】到【切片结束位置】用于设置切割的开

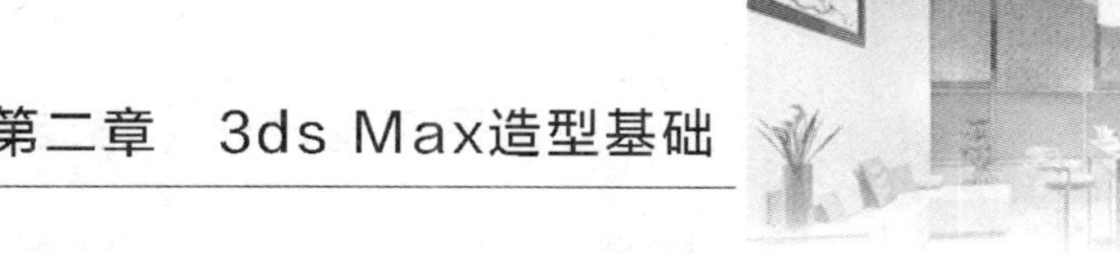

始与结束的角度，如图 2—1—5 所示。

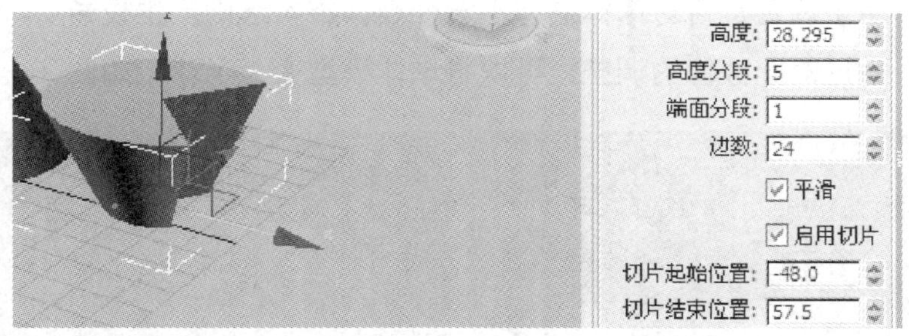

图 2—1—5 圆锥体启用切片效果

【生成贴图坐标】选中该复选框，可以生成坐标地图。

3. 球体

(1) 创建球体。在【对象类型】栏下单击“球体”按钮 球体 ，在视图窗口中按住鼠标左键并拖动，等到大小合适时松开鼠标，即可创建一个着色的球体模型，如图 2—1—6 所示。

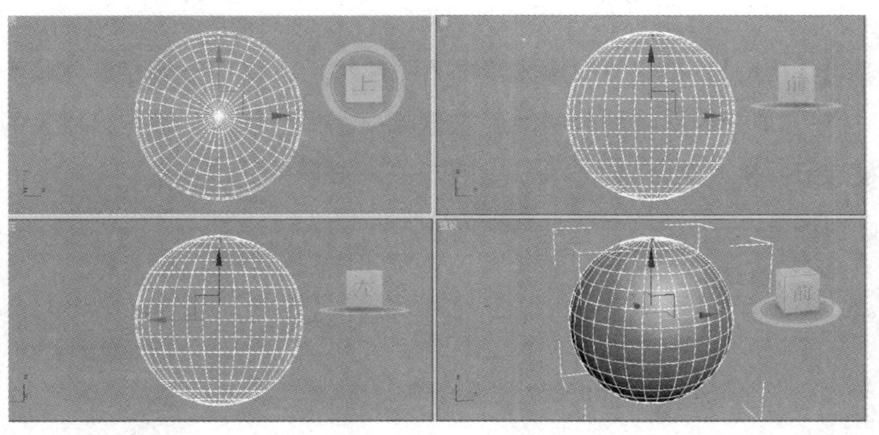

图 2—1—6 创建球体

(2) 调整球体参数。单击 进入修改命令面板，在参数卷展栏下调整球体的参数。

【半径】用于设置球体的半径，控制球体的大小。

【分段】用于设置球体的段数，段数越多球体越光滑，但同时面片也就越多，这样会影响计算机的运行速度。

【平滑】用于设置是否对球体进行平滑处理，不勾选则产生棱角。

【半球】通过对此数值的调整，可以将球体模型变为半球，如图 2—1—7 所示。

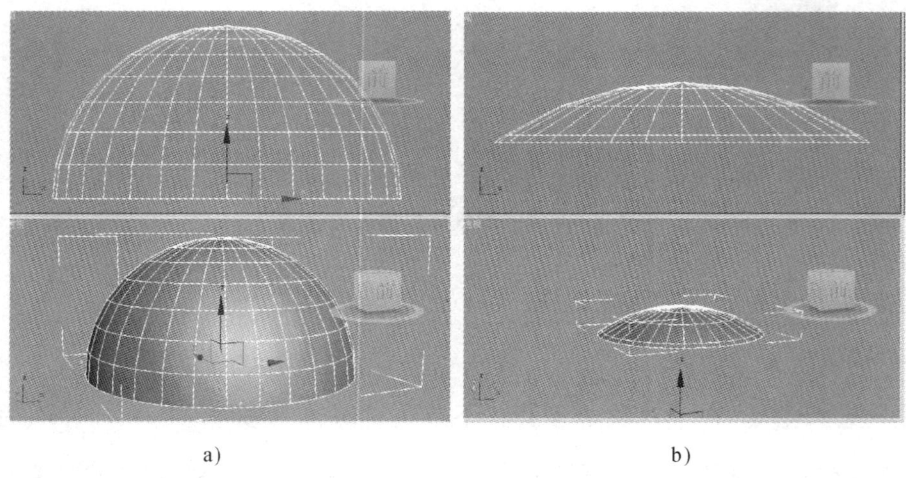

a)　　b)

图 2—1—7　半球效果

a）半球值为 0.5 球体效果　b）半球值为 0.8 球体效果

【切除】【挤压】：在完整的球体情况下不起作用，仅用于调整半球模型；选择“切除”按钮，原来的网格划分格数即被删除；选择“挤压”按钮，原来的网格划分格数被保留并挤入剩余的半球体，如图 2—1—8 所示。

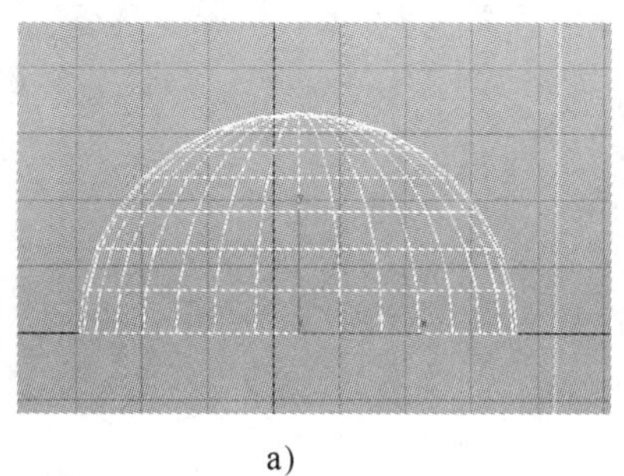

a)

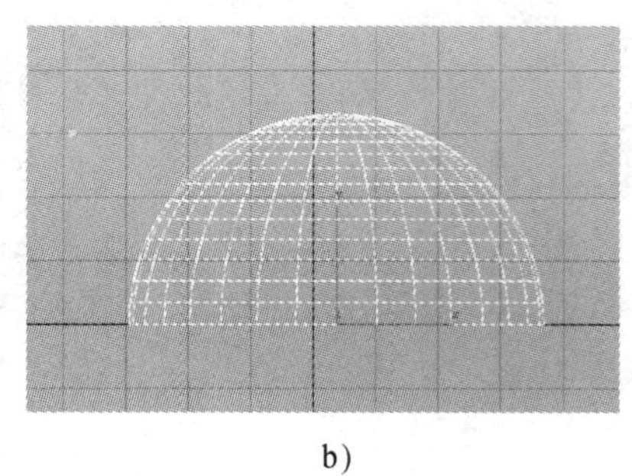

b)

图 2—1—8　球体切除和挤压效果

a）切除 效果　b）挤压 效果

【启用切片】用于设置是否启用切割处理，选中该复选框，可以用来制作不完

整的球体。【切片起始位置】到【切片结束位置】用于设置切割的开始与结束的角度。

【轴心在底部】选择该复选框，球体将沿着自身坐标系 Z 轴将中心移到球体的底部（在默认的情况下球体的轴心在中心，即球体创建时的结构平面上）。

4. 几何球体

3ds Max 创建几何球体与创建球体相似，如果仅创建球体或者半球体，球体与几何球体在效果上完全相同，不一样的是几何球体是由三角面拼接而成的。

（1）创建几何球体。在【对象类型】栏下单击“几何球体”按钮 几何球体 ，在视图窗口中按住鼠标左键并拖动，等到大小合适时松开鼠标，即可创建一个着色的几何球体模型，如图 2—1—9 所示。

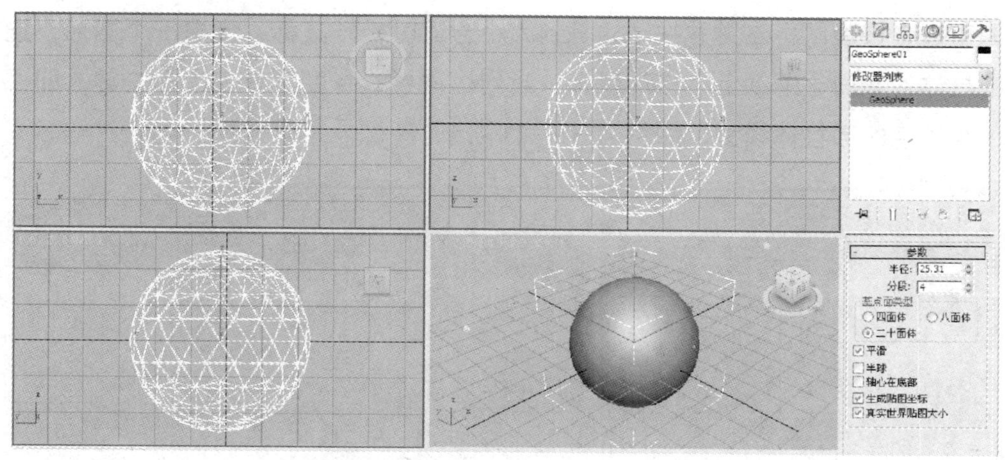

图 2—1—9　创建几何球体

（2）调整几何球体参数。单击 进入修改命令面板，在参数卷展栏下调整几何球体的参数。

【基点面类型】：几何球体面越多，创建的几何球体越光滑，如图 2—1—10 所示。

【平滑】用于设置是否对球体进行平滑处理，不勾选则产生棱角。

【半球】可以将几何球体模型变为半球。

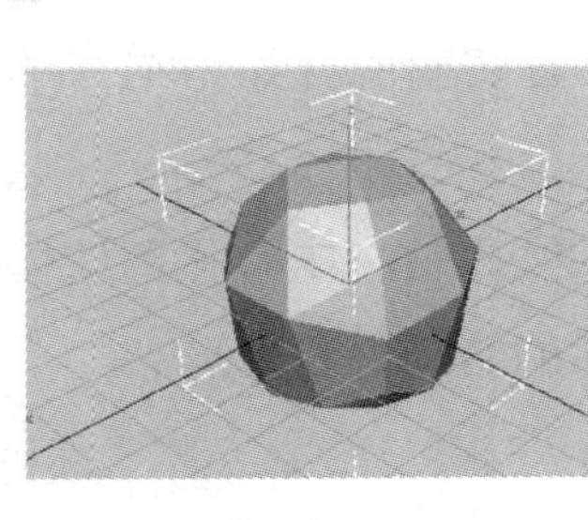

a)

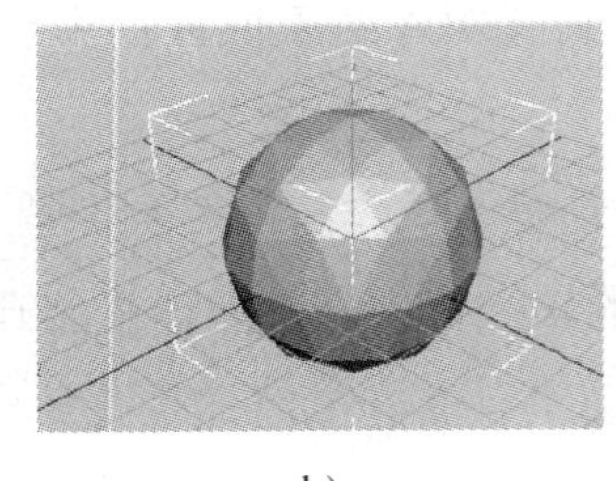

b)

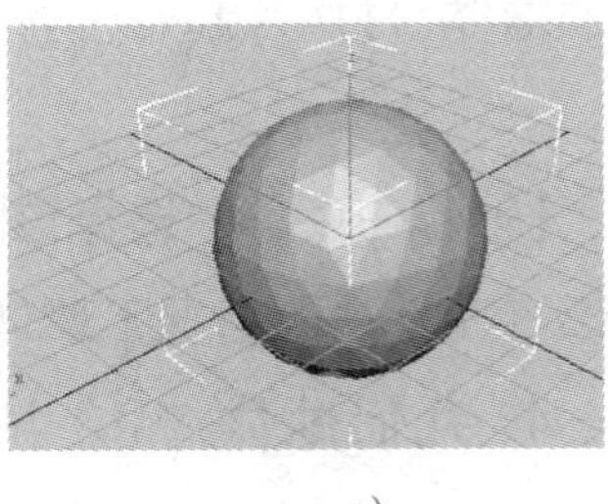

c)

图 2—1—10　几何球体基点面类型

a）四面体　b）八面体　c）二十面体

5. 圆柱体

（1）创建圆柱体。在【对象类型】栏下单击“圆柱体”按钮 圆柱体 ，在视图窗口中按住鼠标左键并拖动，等到大小合适时松开鼠标，创建一个圆形，这就是圆柱体的底面；继续上下移动鼠标，当到达适当的高度时单击鼠标左键，即可创建一个着色的圆柱体模型，如图 2—1—11 所示。

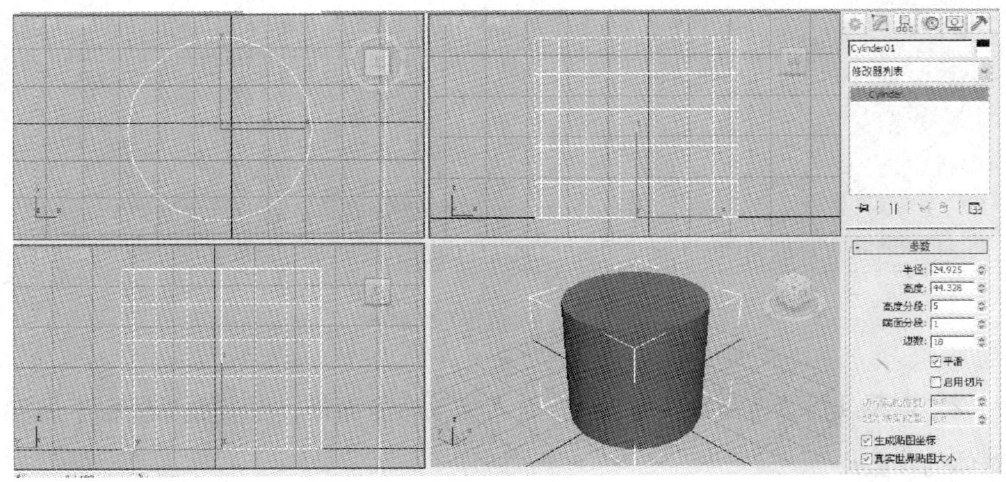

图 2—1—11　创建圆柱体

（2）调整圆柱体参数。单击 进入修改命令面板，在参数卷展栏下调整圆柱体的参数。

【半径】用于设置圆柱体的半径，控制圆柱体的大小。

【高度】用于设置圆柱体的高度，负数值将在构造平面下面创建圆柱体。

【高度分段】设置沿着圆柱体主轴的分段数量。

【端面分段】设置围绕圆柱体顶部和底部中心的同心分段数量。

【边数】设置圆柱体周围的边数。启用“平滑”时，较大的数值将着色和渲染为真正的圆。禁用“平滑”时，较小的数值将创建规则的多边形对象。

【启用切片】用于设置是否启用切割处理，选中该复选框 ☑启用切片 ，可以用来制作不完整的圆柱体。【切片起始位置】到【切片结束位置】用于设置切割开始与结束的角度，如图 2—1—12 所示。

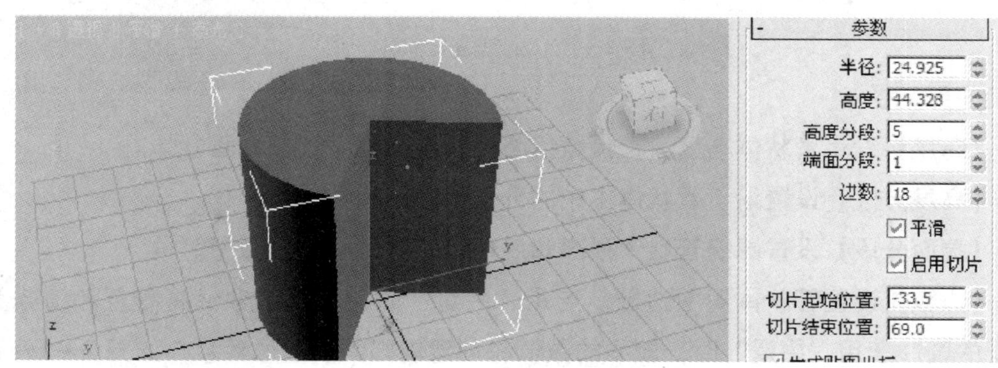

图 2—1—12 圆柱体启用切片

6. 管状体

管状体类似于中空的圆柱体，管状体可生成圆形和棱柱管道。

(1) 创建管状体。在【对象类型】栏下单击“管状体”按钮 管状体 ，在视图窗口中按住鼠标左键并拖动鼠标（视图中会出现一个圆形），当圆达到适当的大小时单击鼠标确定管状体半径 1；移动鼠标拉出另一个圆形作为圆管的内径截面，然后在适当的位置单击鼠标左键确定半径 2；在视图中上下移动鼠标来确定管状体的高度，在高度适当时单击鼠标左键确定，即可创建一个着色的管状体模型，如图 2—1—13 所示。

(2) 调整管状体参数。单击 进入修改命令面板，在参数卷展栏下调整管状体的参数。

【半径 1】、【半径 2】较大的设置将指定管状体的外部半径，而较小的设置则指

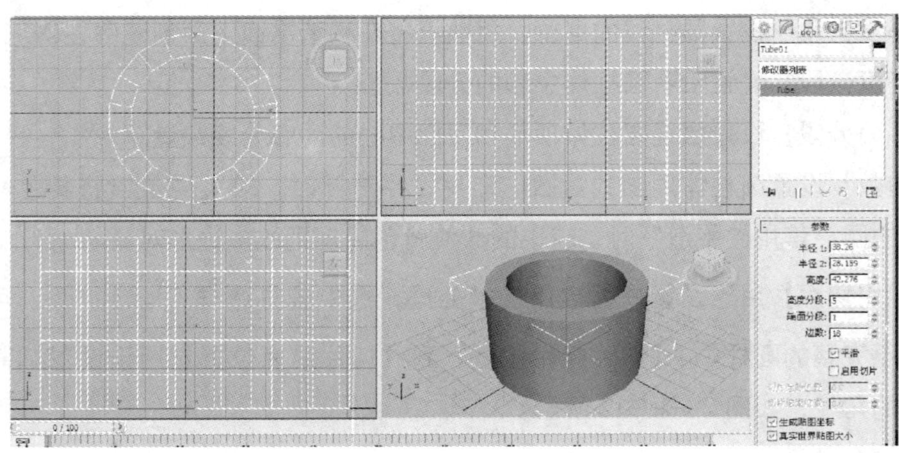

图 2—1—13　创建管状体

定其内部半径。

【高度】设置管状体高度值。负数值将在构造平面下面创建管状体。

【高度分段】设置沿着管状体主轴的分段数量。

【端面分段】设置围绕管状体顶部和底部中心的同心分段数量。

【边数】设置管状体周围边数。启用“平滑”时，较大的数值将着色和渲染为真正的圆。禁用“平滑”时，较小的数值将创建规则的多边形对象，如图 2—1—14 所示。

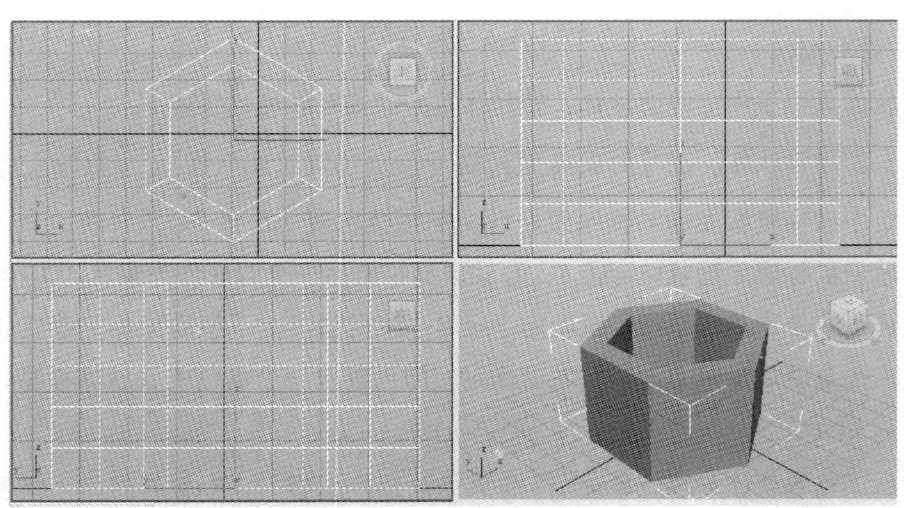

图 2—1—14　边数为 6 时的管状体

【平滑】启用此选项后（默认为勾选设置），将管状体的各个面混合在一起，从而在渲染视图中创建平滑的外观。

【启用切片】“启用切片”功能用于删除一部分管状体的周长。默认设置为禁用状态。创建切片后，如果禁用“启用切片”，则将重新显示完整的管状体。因此，可以使用此复选框在两个拓扑之间切换。

【切片起始位置】和【切片结束位置】设置从局部 *X* 轴的零点开始围绕局部 *Z* 轴的度数。对于这两个设置，正数值将按逆时针移动切片的末端；负数值将按顺时针移动。这两个设置的先后顺序对结果无影响。端点重合时，将重新显示整个管状体，如图 2—1—15 所示。

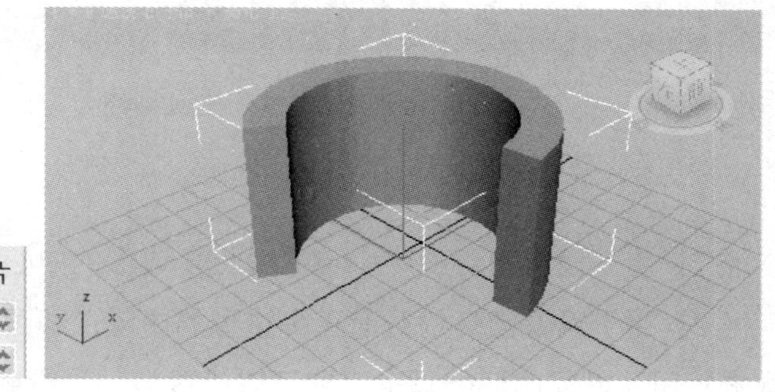

图 2—1—15　管状体启用切片

【生成贴图坐标】生成将贴图材质应用于管状体的坐标，默认设置为启用。

【真实世界贴图大小】控制应用于该对象的纹理贴图材质所使用的缩放方法。缩放值由位于应用材质的“坐标”卷展栏中的“使用真实世界比例”设置控制。默认设置为禁用状态。

7. 圆环

（1）创建圆环。在【对象类型】栏下单击“圆环”按钮 圆环 ，在视图窗口中按住鼠标左键并拖动，出现一个环状图形，到大小合适时单击鼠标左键即可确定圆环的半径 1；上下移动鼠标到适当的位置时单击鼠标左键，确定圆环的截面大小，即可创建一个着色的圆环模型，如图 2—1—16 所示。

（2）调整圆环参数。单击 进入修改命令面板，在参数卷展栏下调整圆环的

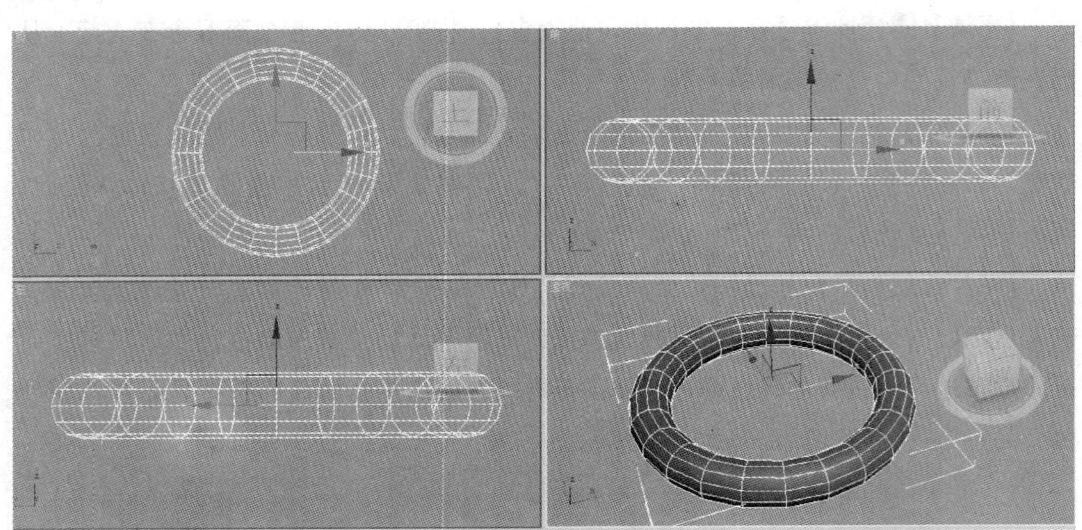

图 2—1—16　创建圆环

参数。

【半径 1】用于设置圆环的中心与截面正多边形的中心距离，即圆环的半径。

【半径 2】用于设置圆环的截面正多边形的内径，即圆环截面的半径。

【旋转】用于设置圆环的角度，它可以设置每一片段截面沿圆环轴旋转的角度。

【扭曲】用于设置圆环的扭曲度。它可以设置每个截面扭曲的角度，使其产生扭曲的表面。

【分段】用于设置圆环圈的段数。其数值越大，得到的圆环越光滑；如果设置的值足够小，就可以创建几何棱环。

【边数】用于设置圆环侧面上的段数，最小值不能小于 3。

【平滑】用于设置是否进行平滑处理。选中【全部】按钮，表示对表面进行平滑处理。选中【侧面】按钮，表示对相邻面的边界进行平滑处理。选中【无】按钮，表示不进行平滑处理。选中【分段】按钮，表示对每一个独立的片段进行平滑处理，如图 2—1—17 所示。

【启用切片】选中该复选框，可以用于设置是否进行切割，可以制作不完整的圆环。【切片起始位置】和【切片结束位置】分别用于设置切割的开始与终止的角度，如图 2—1—18 所示。

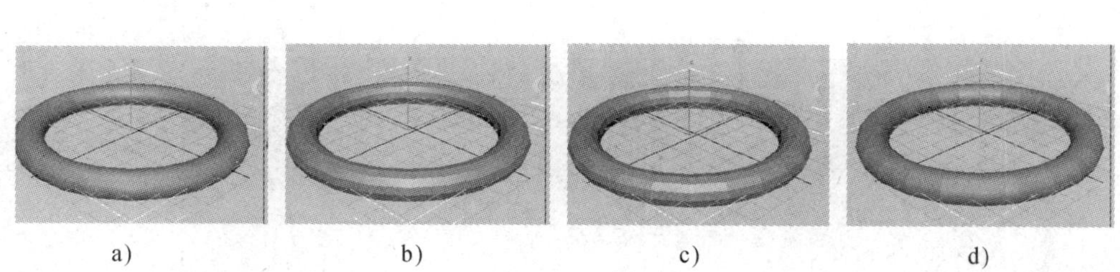

a) b) c) d)

图 2—1—17 平滑点选方式

a) 全部 b) 侧面 c) 无 d) 分段

☑ 启用切片

切片起始位置: 90.0

切片结束位置: 200.0

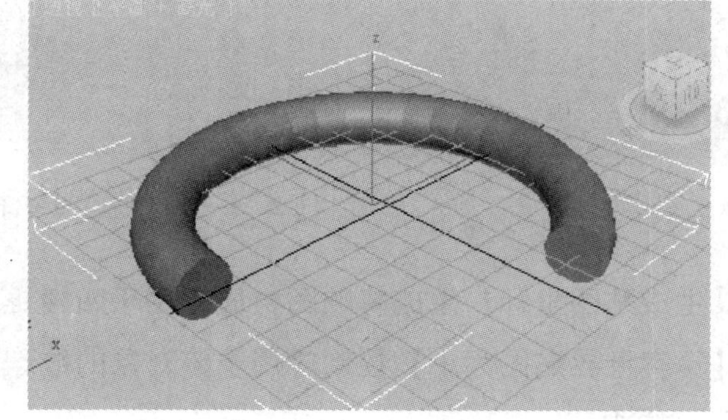

图 2—1—18 启用切片的圆环

8. 四棱锥

四棱锥基本体拥有方形或矩形底部和三角形侧面。

(1) 创建四棱锥。在【对象类型】栏下单击“四棱锥”按钮 四棱锥 。在视图窗口中按住鼠标左键并拖动，创建一个矩形作为四棱锥的底面，在大小适当时松开鼠标左键；上下移动鼠标，在适当高度时单击鼠标左键确定四棱锥的高度，即可创建一个着色的四棱锥模型，如图 2—1—19 所示。

(2) 调整四棱锥参数。单击 进入修改命令面板，在参数卷展栏下修改四棱锥参数。默认设置生成具有在每个侧面上都有一个分段的四棱锥。增加“分段”设置可以提供修改器影响的对象附加分辨率。

【宽度、深度、高度】设置四棱锥对象的宽度、深度和高度。

【宽度分段、深度分段、高度分段】设置沿着对象每个轴的分段数量，在创建前后设置均可，调整它们不会改变四棱锥的形状。默认情况下，每个侧面是一单个分段。当重置这些值时，新值将成为会话期间的默认值。默认设置为 1、1、1。

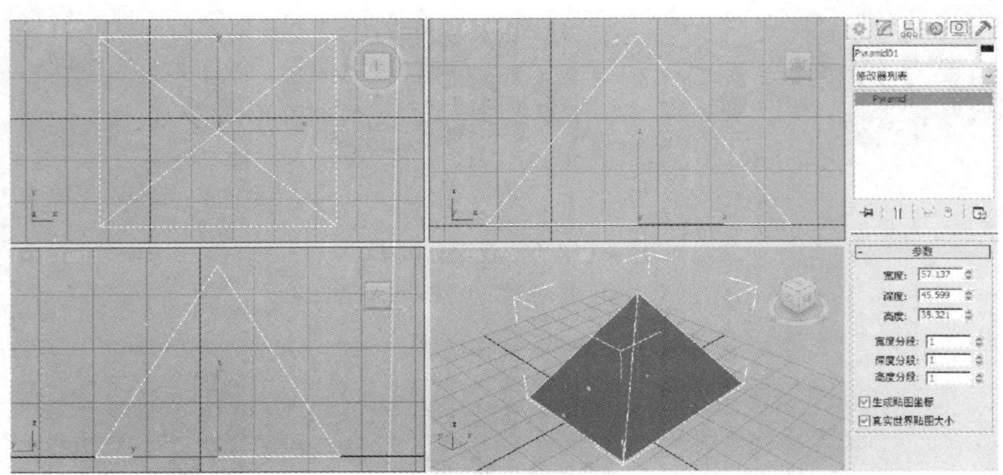

图 2—1—19　创建四棱锥

【生成贴图坐标】生成将贴图材质应用于四棱锥的坐标，默认设置为启用。

【真实世界贴图大小】控制应用于该对象的纹理贴图材质所使用的缩放方法。

9. 茶壶

茶壶基本体是由壶盖、壶体、壶把、壶嘴组成的合成对象，可以选择一次制作整个茶壶（默认设置）或茶壶的部分组合。由于茶壶是参量对象，因此，可以选择创建之后显示茶壶的某些部分。

（1）创建茶壶。在【对象类型】栏下单击“茶壶”按钮 茶壶 ，在视图窗口中按住鼠标左键并拖动，即可完成茶壶的创建，如图 2—1—20 所示。

（2）调整茶壶参数。单击 进入修改命令面板，在参数卷展栏中修改茶壶参数。茶壶在这里是一个比较特殊的几何体模型，它是一个完整的三维物体，把它放在创建的面板中主要是用来在制作过程中做一些材质的测试和渲染效果的评比。用户无法对茶壶做深入的修改操作，只能通过对参数的设置来改变大小和基本形状。

【半径】用于设置茶壶的半径，这里是指壶体最突出部分的截面半径，它决定了茶壶模型的大小。

【分段】用于确定茶壶模型在各个方向上的分段精度，此处的设置将决定茶壶的精细程度。设置分段 1，取消勾选“平滑”的效果如图 2—1—21 所示。

【茶壶部件】组合框：“壶体”“壶把”“壶嘴”和“壶盖”用于确定茶壶各个部

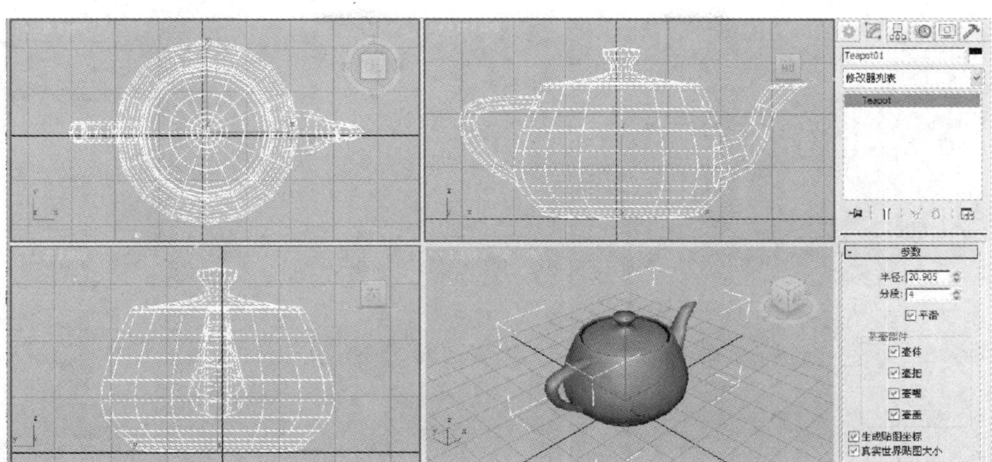

图 2—1—20　创建茶壶

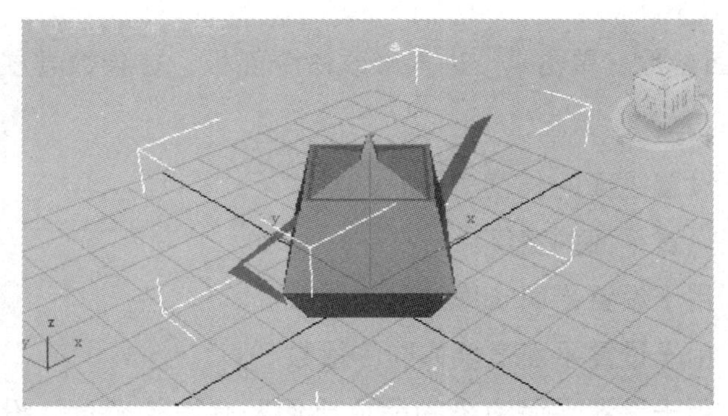

图 2—1—21　更改段数及平滑选项的茶壶

位的显示，选中状态下的复选框，所有对应的部位将显示在视图中。

10. 平面

3ds Max“平面”对象是特殊类型的平面多边形网格，可在渲染时无限放大。可以指定放大分段大小和数量的因子。使用“平面”对象来创建大型的平面并不会妨碍在视图中工作。可以将任何类型的修改器应用于平面对象（如位移等），以模拟陡峭的地形。

(1) 创建平面。在【对象类型】栏下单击“平面”按钮［平面］。在视图窗口中按住鼠标左键并拖动，即可完成平面的创建。它是标准几何体模型中唯一没有厚度的模型，通常用来制作地面，如图 2—1—22 所示。

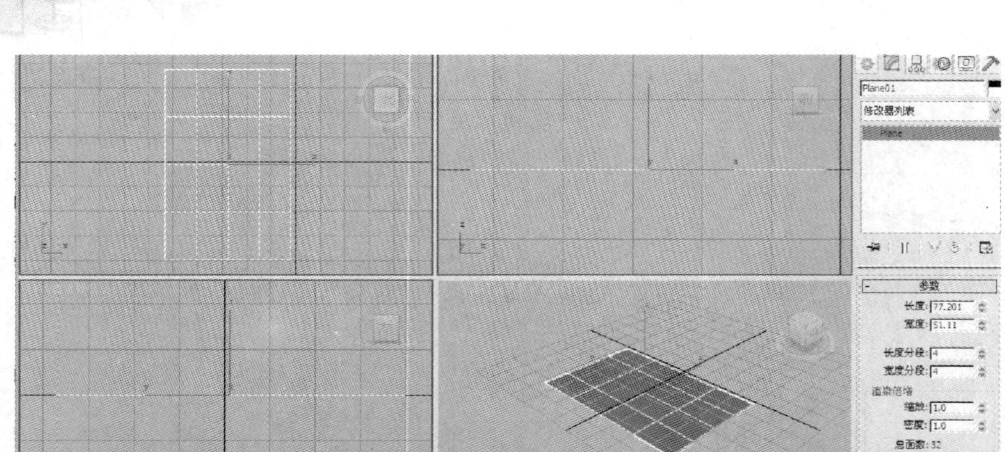

图 2—1—22　创建平面

(2) 调整平面参数。单击 进入修改命令面板，在参数卷展栏中修改平面参数。

【长度】用于设置平面的长度。

【宽度】用于设置平面的宽度。

【长度分段】用于设置平面长度方向的段数。

【宽度分段】用于设置平面宽度方向的段数。

【渲染倍增】用于设置平面渲染的缩放比例及其渲染密度。设置此功能后，只有在渲染时才能看出效果，在视图操作中没有任何变化。

【缩放】在渲染时以面片为中心，将平面的长度和宽度值分别与缩放比例相乘，以得到最终渲染平面的大小。

【密度】在渲染时将长度段数与宽度段数相乘，以得到最终渲染平面的大小。密度数值越大，总面数越多，平面越细腻。

三、扩展基本体

扩展基本体是相对于标准几何体更为复杂的几何体单元，主要有异面体、环形结、切角长方体、切角圆柱体、油罐、胶囊、纺锤、L-Ext、球棱柱、C-Ext、环形波、软管、棱柱 13 种扩展基本体。

1. 异面体

异面体是由多个平面生成的一种几何体类型，可以用来建立由各种表面组成的

多面体。

(1) 创建异面体。在【对象类型】栏下单击“异面体”按钮 异面体 。在视图窗口中按住鼠标左键并拖动，到达合适位置和大小时松开鼠标左键，即可完成异面体的创建，如图 2—1—23 所示。

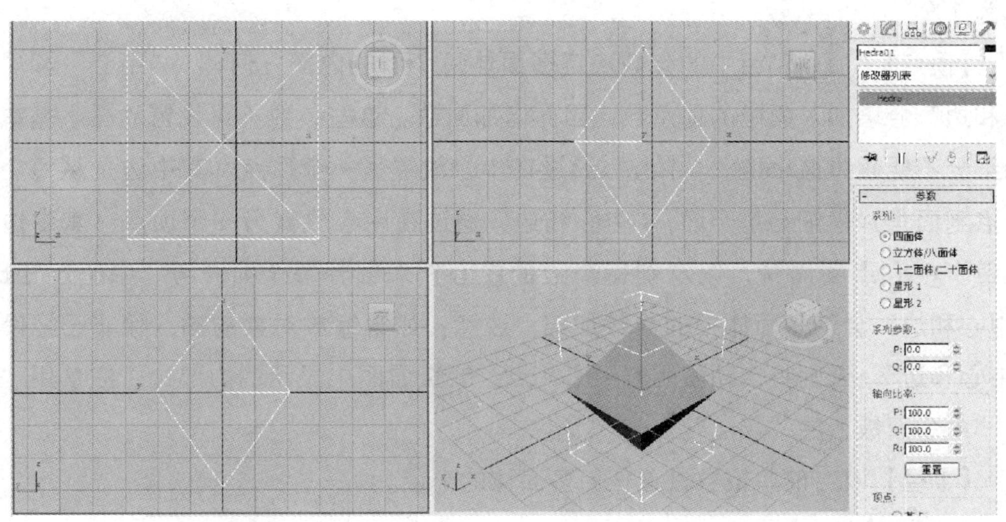

图 2—1—23　创建异面体

(2) 调整异面体参数。单击 进入修改命令面板，在参数卷展栏中修改异面体参数。

【系列】使用该组参数可选择要创建的多面体的类型。【四面体】创建一个四面体。【立方体/八面体】创建一个立方体或八面多面体（取决于参数设置)。【十二面体/二十面体】创建一个十二面体或二十面体（取决于参数设置)。【星形 1/星形 2】创建两个不同的类似星形的多面体。

【系列参数】P、Q 为多面体顶点和面之间提供两种方式变换的关联参数。它们共享以下设置：可能值的范围从 0 到 1，P 值和 Q 值的组合总计可以等于或小于 1，如果将 P 或 Q 设置为 1，则会超出范围限制，其他值将自动设置为 0；在 P 和 Q 为 0 时会出现中点，P 和 Q 将以最简单的形式在顶点和面之间来回更改几何体。对于 P 和 Q 的极限设置，一个参数代表所有顶点，而其他参数则代表所有面。中间设置是变换点，而中点是两个参数之间的平均平衡。

【轴向比率】多面体可以拥有多达三种的面，如三角形、方形或五角形等。这些面可以是规则的，也可以是不规则的。如果多面体只有一种或两种面，则只有一个或两个轴向比率参数处于活动状态。不活动的参数不起作用。P、Q、R 控制多面体一个面反射的轴。实际上，这些字段具有将其对应面推进或推出的效果。默认设置为 100。

【顶点】“顶点”组中的参数决定多面体每个面的内部几何体。“中心”和“中心和边”会增加对象中的顶点数，因而增加面数。这些参数不可设置动画。基本面的细分不能超过最小值。“中心”通过在中心放置另一个顶点（其中边是从每个中心点到面角）来细分每个面。“中心和边”通过在中心放置另一个顶点（其中边是从每个中心点到面角，以及到每个边的中心）来细分每个面。与“中心”相比，“中心和边”会使多面体中的面数加倍。注意：如果缩放对象的轴，除非已经设置“中心和边”，否则将自动使用“中心”点。要查看图中显示的内部边，应禁用“显示”命令面板上的“仅边”。

【半径】以当前单位数设置任何多面体的半径。

2. **环形结**

环形结是一种形状较为复杂、形态柔美的参数化三维模型，由于环形结创建参数比较多，因而可以生成多种形态各异的三维模型。

(1) 创建环形结。在【对象类型】栏下单击“环形结”按钮。在视图窗口中按住鼠标左键并拖动，到达合适位置和大小时松开鼠标左键，确定环形结的半径。然后向外或向内移动鼠标至合适位置后单击鼠标左键，确定缠绕圆柱体的截面半径，即可完成环形结的创建，如图 2—1—24 所示。

(2) 调整环形结参数。单击 进入修改命令面板，在参数卷展栏中修改环形结参数。

【基础曲线】:【结/圆】使用“结”时，环形将基于其他各种参数自身交织。如果使用“圆”，基础曲线是圆形，如果在其默认设置中保留“扭曲”和“偏心率”这样的参数，则会产生标准环形。【半径】用于设置基础曲线的半径。【分段】用于设置围绕环形周界的分段数。【P】和【Q】用于描述上下（P）和围绕中心（Q）的缠绕数值（只有在选中“结”时才处于活动状态）。【扭曲数】用于设置曲线周围星

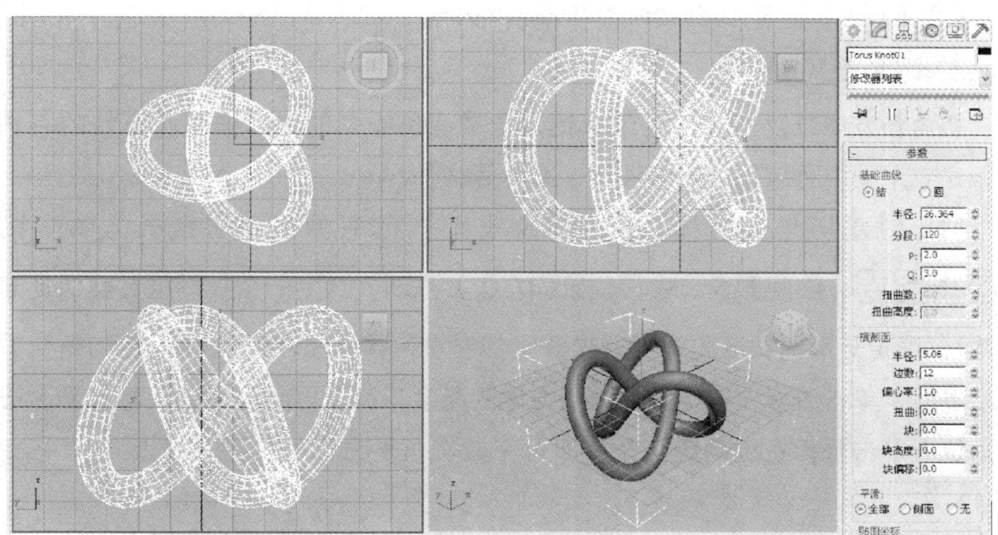

图 2—1—24 创建环形结

形中的“点”数（只有在选中“圆”时才处于活动状态）。【扭曲高度】用于设置指定为基础曲线半径百分比的“点”的高度。

【横截面】提供影响环形结横截面的参数。【半径】用于设置横截面的半径。【边数】用于设置横截面周围的边数。【偏心率】用于设置横截面主轴与副轴的比率。值为 1 将提供圆形横截面，其他值将创建椭圆形横截面。【扭曲】用于设置横截面围绕基础曲线扭曲的次数。【块】用于设置环形结中的凸出数量。注意：“块高度”微调器值必须大于 0 才能看到效果。【块高度】用于设置块的高度，作为横截面半径的百分比。注意：“块”微调器值必须大于 0 才能看到效果。【块偏移】用于设置块起点的偏移，以度数来测量。该值的作用是围绕环形设置块的动画。

【平滑】提供用于改变环形结平滑显示或渲染的选项。这种平滑不能移动或细分几何体，只能添加平滑组信息。

【全部】用于对整个环形结进行平滑处理。

【侧面】仅对环形结的相邻侧进行平滑处理。

【无】环形结呈面状效果。

【贴图坐标】提供指定和调整贴图坐标的方法。【生成贴图坐标】基于环形结的几何体指定贴图坐标。默认设置为启用。【偏移 U/V】沿着 *U* 向和 *V* 向偏移贴图坐

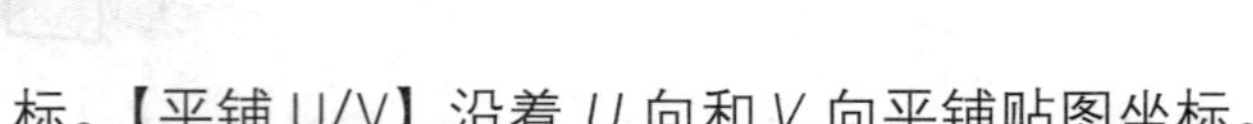

标。【平铺 U/V】沿着 *U* 向和 *V* 向平铺贴图坐标。

3. 切角长方体

切角长方体可以用来创建带有倒圆角或者倒直角的立方体及长方体的各种变体，在效果图中可以用来制作沙发、家具等构件。

(1) 创建切角长方体。在【对象类型】栏下单击“切角长方体”按钮 切角长方体 ，在视图窗口中按住鼠标左键并拖动，产生一个矩形框（类似创建长方体），确定矩形的长度和宽度后松开鼠标左键，再上下移动鼠标确定切角长方体的高度后，单击鼠标左键确定切角长方体的高度，然后再向内移动鼠标，到合适的切角位置单击鼠标左键确定切角，即可完成切角长方体的创建，如图 2—1—25 所示。

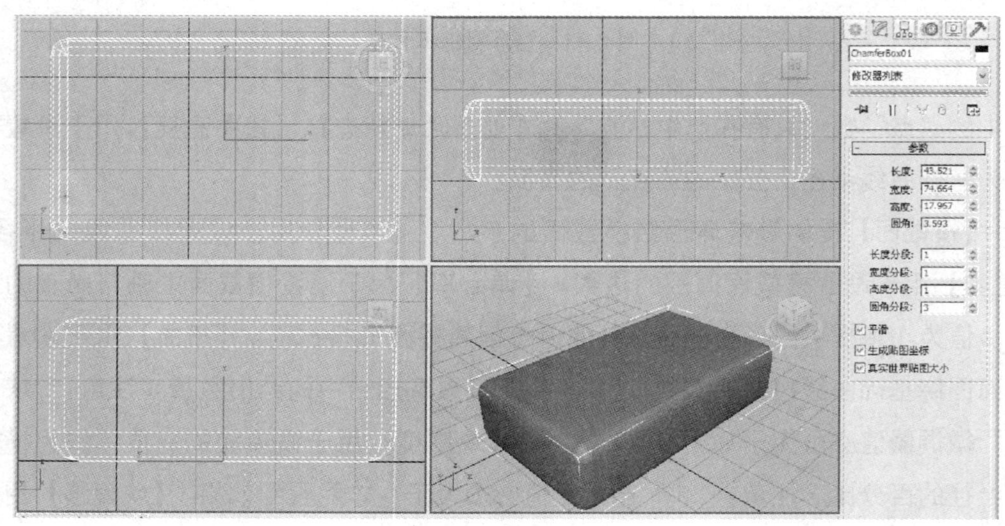

图 2—1—25　创建切角长方体

(2) 调整切角长方体参数。单击 进入修改命令面板，在参数卷展栏中修改切角长方体参数。

【长度】、【宽度】、【高度】用于设置切角长方体的相应长度、宽度和高度维度。

【圆角】用于切开切角长方体的边。值越高，切角长方体边上的圆角越精细。

【长度分段】、【宽度分段】、【高度分段】用于设置沿着相应轴的分段数量。

【圆角分段】用于设置长方体圆角边时的分段数。添加圆角分段将增加圆形边。

【平滑】用于混合切角长方体的面的显示，从而在渲染视图中创建平滑的外观。

4. 切角圆柱体

切角圆柱体可以用来制作带有圆角或者倒直角的柱体、多边体。在效果图中可以用来制作圆形桌面、茶几面等各种家具构件。

(1) 创建切角圆柱体。在【对象类型】栏下单击“切角圆柱体”按钮 切角圆柱体 ，在视图窗口中按住鼠标左键并拖动，产生一个圆形，确定圆形大小后松开鼠标左键，再上下移动鼠标确定切角圆柱体的高度，单击鼠标左键确定切角圆柱体的高度，然后再向内移动鼠标，到合适的切角位置单击鼠标左键，确定切角，即可完成切角圆柱体的创建，如图 2—1—26 所示。

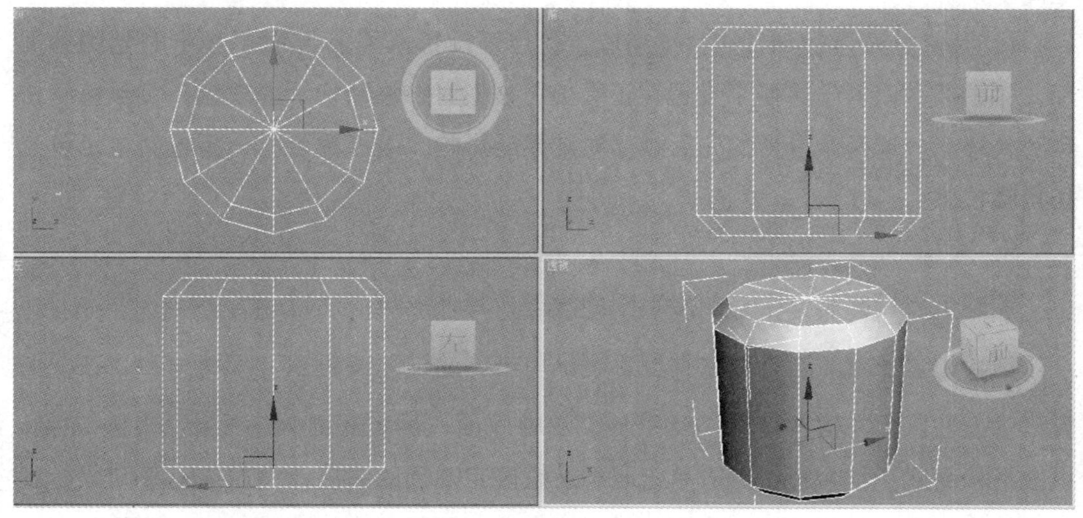

图 2—1—26　创建切角圆柱体

(2) 调整切角圆柱体参数。单击 进入修改命令面板，在参数卷展栏中修改切角圆柱体参数。

【半径】用于设置切角圆柱体的半径。

【高度】用于设置沿着中心轴的维度。负数值将在构造平面下面创建切角圆柱体。

【圆角】斜切切角圆柱体的顶部和底部封口边。数量越多，沿着封口边的圆角越精细。

【高度分段】用于设置沿着相应轴的分段数量。

【圆角分段】用于设置圆柱体圆角边时的分段数。添加圆角分段曲线边缘从而生成圆角圆柱体。

【边数】用于设置切角圆柱体周围的边数。启用“平滑”时，较大的数值将着色和渲染为真正的圆。禁用“平滑”时，较小的数值将创建规则的多边形对象。

【端面分段】用于设置沿着切角圆柱体顶部和底部中心的同心分段的数量。

【平滑】用于混合切角圆柱体的面，从而在渲染视图中创建平滑的外观。

【启用切片】启用“切片”功能，默认设置为禁用状态。创建切片后，如果禁用“启用切片”，则将重新显示完整的切角圆柱体，可以使用此复选框在两个拓扑之间切换。

【切片起始位置】和【切片结束位置】用于设置从局部 X 轴的零点开始围绕局部 Z 轴的度数。对于这两个设置，正数值将按逆时针移动切片的末端；负数值将按顺时针移动。这两个设置的先后顺序对结果无影响。端点重合时，将重新显示整个切角圆柱体。

5. 油罐

油罐可以用来制作带有凸出顶部的模型，其外形类似油罐。

（1）创建油罐。在【对象类型】栏下单击“油罐”按钮［油罐］，在视图窗口中按住鼠标左键并拖动，产生一个油罐底面，确定底面大小后松开鼠标左键，再上下移动鼠标到合适位置时单击鼠标左键确定油罐的高度，然后向上移动鼠标到合适的位置单击鼠标左键，确定油罐封口高度，即可完成油罐的创建，如图 2—1—27 所示。

（2）调整油罐参数。单击 进入修改命令面板，在参数卷展栏中修改油罐参数。

【半径】用于设置油罐的半径。

【高度】用于设置沿着中心轴的维度。负数值将在构造平面下面创建油罐。

【封口高度】用于设置凸面封口的高度。最小值是“半径”设置的 2.5%。除非“高度”设置的绝对值小于两倍“半径”设置（在这种情况下，封口高度不能超过“高度”设置绝对值的 49.5%），否则最大值为“半径”设置的 99%。

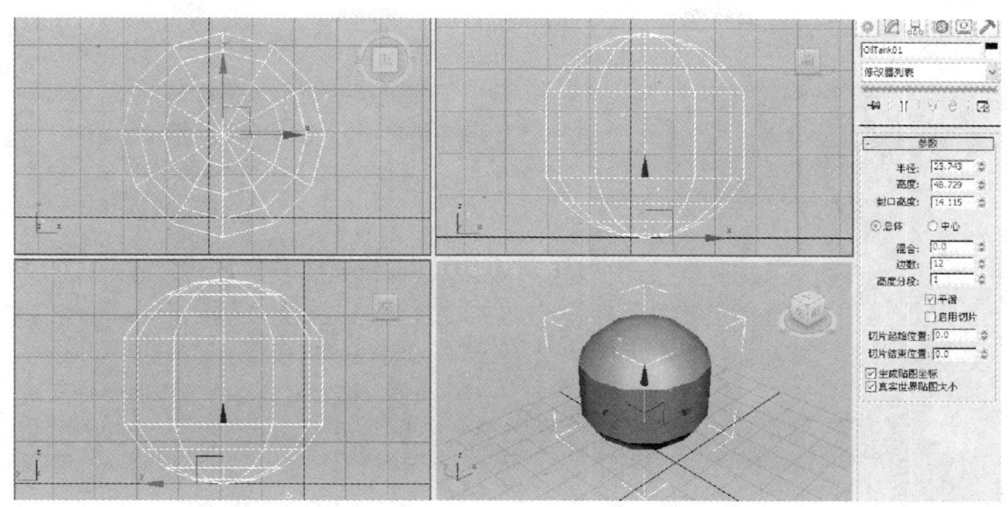

图 2—1—27　创建油罐

【总体/中心】决定“高度”值指定的内容。“总体”是对象的总体高度。“中心”是圆柱体中部的高度，不包括其凸面封口。

【混合】大于 0 时将在封口的边缘创建倒角。

【边数】用于设置油罐周围的边数。要创建平滑的圆角对象，需使用较大的边数，并启用“平滑”。要创建带有平面的油罐，需使用较小的边数，并禁用“平滑”。

【高度分段】用于设置沿着油罐主轴的分段数量。

【平滑】用于混合油罐的面，从而在渲染视图中创建平滑的外观。

【启用切片】启用“切片”功能，默认设置为禁用状态。创建切片后，如果禁用“启用切片”，则将重新显示完整的油罐。【切片起始位置】和【切片结束位置】用于设置从局部 *X* 轴的零点开始围绕局部 *Z* 轴的度数。对于这两个设置，正数值将按逆时针移动切片的末端；负数值将按顺时针移动。这两个设置的先后顺序对结果无影响。端点重合时，将重新显示整个油罐。

6. 胶囊

使用胶囊可创建带有半球状端点封口的圆柱体。

(1) 创建胶囊。在【对象类型】栏下单击“胶囊”按钮 胶囊 。在视图窗口中按住鼠标左键并拖动，产生一个球体。确定球体大小后松开鼠标左键，再上下移动鼠标确定胶囊的高度，然后单击鼠标左键确定胶囊的高度，完成胶囊的创

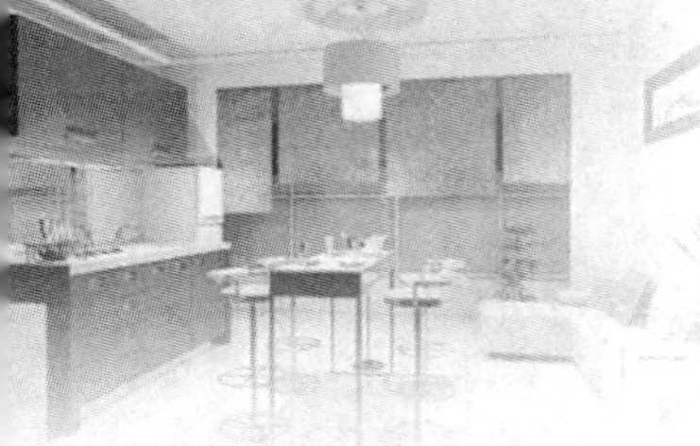

建，如图 2—1—28 所示。

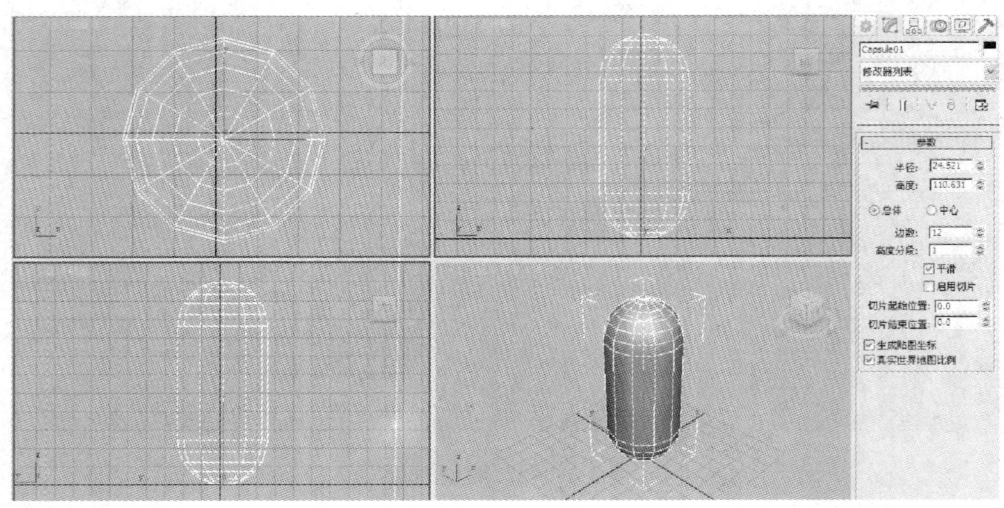

图 2—1—28　创建胶囊

(2) 调整胶囊参数。单击 进入修改命令面板，在参数卷展栏中修改胶囊参数。

【半径】用于设置胶囊的半径。

【高度】用于设置沿着中心轴的高度。负数值将在构造平面下面创建胶囊。

【总体/中心】决定“高度”值指定的内容。“总体”指定对象的总体高度。“中心”指定圆柱体中部的高度，不包括其圆顶封口。

【边数】用于设置胶囊周围的边数。启用“平滑”时，较大的数值将着色和渲染为真正的圆。禁用“平滑”时，较小的数值将创建规则的多边形对象。

【高度分段】用于设置沿着胶囊主轴的分段数量。

【平滑】用于混合胶囊的面，从而在渲染视图中创建平滑的外观。

【启用切片】启用“切片”功能，默认设置为禁用。创建切片后，如果禁用“启用切片”，则将重新显示完整的胶囊。【切片起始位置】和【切片结束位置】用于设置从局部 X 轴的零点开始围绕局部 Z 轴的度数。对于这两个设置，正数值将按逆时针移动切片的末端；负数值将按顺时针移动。这两个设置的先后顺序对结果无影响。端点重合时，将重新显示整个胶囊。

7. 纺锤

使用纺锤可创建带有圆锥形封口的圆柱体，制作出两端带有圆锥尖顶的柱体。

(1) 创建纺锤。在【对象类型】栏下单击“纺锤”按钮 纺锤 ，在视图窗口中按住鼠标左键并拖动，产生一个圆形，确定圆形大小后松开鼠标左键，再上下移动鼠标到合适位置时单击鼠标左键确定纺锤的高度，然后再向上移动鼠标，到合适的位置时单击鼠标左键，确定纺锤封口高度，即可完成纺锤的创建，如图 2—1—29 所示。

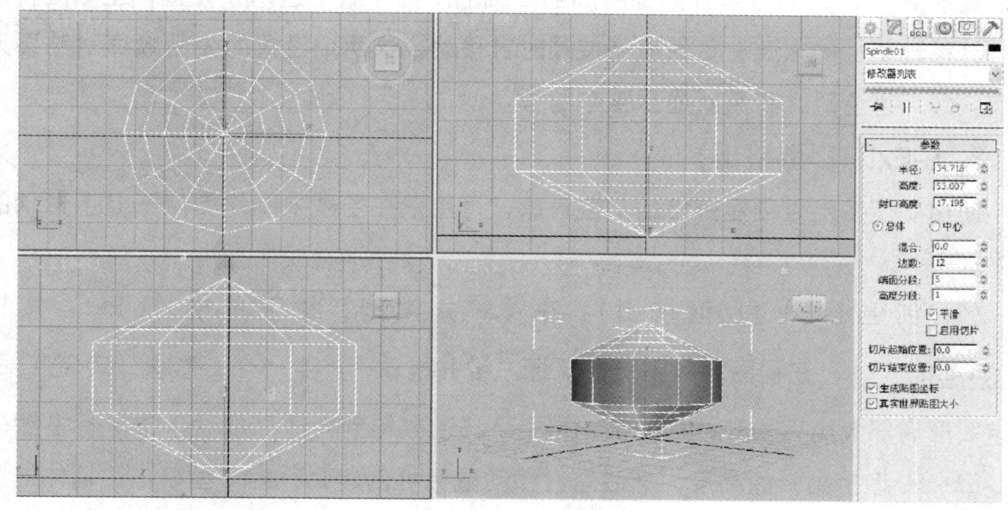

图 2—1—29　创建纺锤

(2) 调整纺锤参数。单击 进入修改命令面板，在参数卷展栏中修改纺锤参数。

【半径】用于设置纺锤的半径。

【高度】用于设置沿着中心轴的维度。负数值将在构造平面下面创建纺锤。

【封口高度】用于设置圆锥形封口的高度。最小值是 0.1；最大值是“高度”设置绝对值的一半。

【总体/中心】决定“高度”值指定的内容。“总体”指定对象的总体高度。“中心”指定圆柱体中部的高度，不包括其圆锥形封口。

【混合】大于 0 时将在纺锤主体与封口的会合处创建圆角。

【边数】用于设置纺锤周围边数。启用“平滑”时，较大的数值将着色和渲染为真正的圆。禁用“平滑”时，较小的数值将创建规则的多边形对象。

【端面分段】用于设置沿着纺锤顶部和底部中心的同心分段的数量。

【高度分段】用于设置沿着纺锤主轴的分段数量。

【平滑】用于混合纺锤的面，从而在渲染视图中创建平滑的外观。

【启用切片】启用“切片”功能，默认设置为禁用。创建切片后，如果禁用“启用切片”，则将重新显示完整的纺锤。【切片起始位置】和【切片结束位置】用于设置从局部 X 轴的零点开始围绕局部 Z 轴的度数。对于这两个设置，正数值将按逆时针移动切片的末端；负数值将按顺时针移动。这两个设置的先后顺序对结果无影响。端点重合时，将重新显示整个纺锤。

8. L-Ext（L 型挤出）

使用 L 型挤出可创建挤出的 L 型对象，可用来在场景中制作类似于 L 字形状的墙体。

（1）创建 L-Ext（L 型挤出）。在【对象类型】栏下单击“L-Ext”按钮 L-Ext ，在视图窗口中按住鼠标左键并拖动，产生一个 L 形状，定义底部。确定 L 形底部大小后松开鼠标左键，再上下移动鼠标到合适高度后单击鼠标左键确定 L-Ext（L 型挤出）的高度，然后左右移动鼠标可创建 L-Ext（L 型挤出）墙体的厚度或宽度，厚度或宽度合适时单击鼠标左键确定，L-Ext（L 型挤出）创建完成，如图 2—1—30 所示。

（2）调整 L-Ext 参数。单击 进入修改命令面板，在参数卷展栏中修改 L-Ext 参数。

【侧面/前面长度】用于指定 L 每个“脚”的长度。

【侧面/前面宽度】用于指定 L 每个“脚”的宽度。

【高度】用于指定对象的高度。

【侧面/前面分段】用于指定该对象特定“脚”的分段数。

9. 球棱柱

球棱柱可创建一个带有棱角的柱体模型，使用球棱柱可以利用可选的圆角面边创建挤出的规则面多边形。

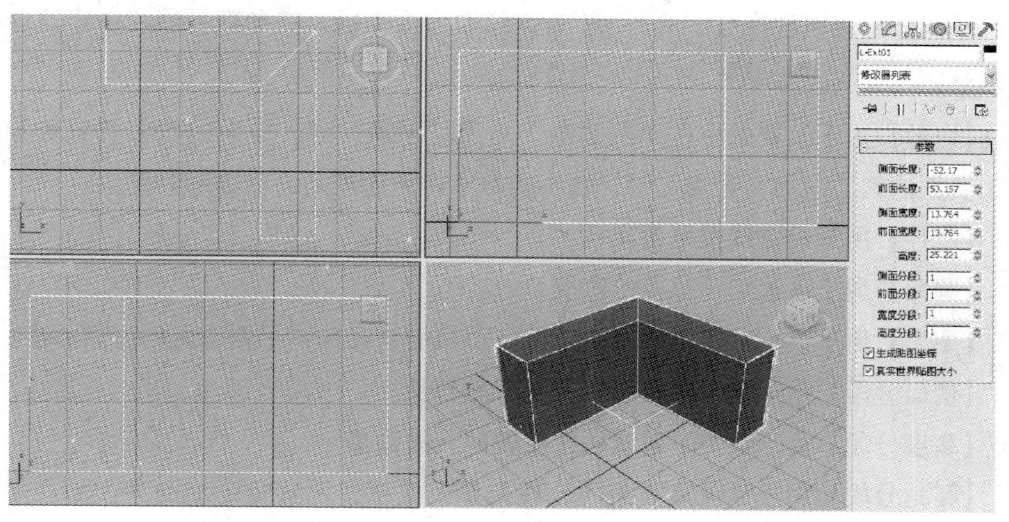

图 2—1—30　创建 L-Ext

（1）创建球棱柱。在【对象类型】栏下单击“球棱柱”按钮 球棱柱 ，在视图窗口中按住鼠标左键并拖动出一个多边形，确定多边形大小后松开鼠标左键，再上下移动鼠标到合适的高度后单击鼠标左键确定球棱柱的高度，然后左右移动鼠标到合适的棱角后单击鼠标左键确定球棱柱的棱角，完成球棱柱的创建，如图 2—1—31 所示。

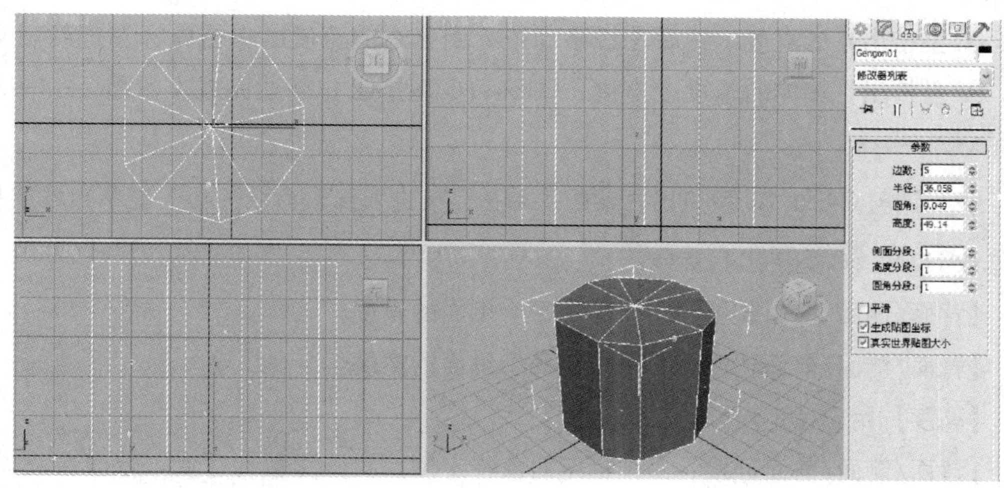

图 2—1—31　创建球棱柱

(2) 调整球棱柱参数。单击进入修改命令面板，在参数卷展栏中修改球棱柱参数。

【边数】用于设置球棱柱周围边数。启用“平滑”时，较大的数值将着色和渲染为真正的圆。禁用“平滑”时，较小的数值将创建规则的多边形对象。

【半径】用于设置球棱柱的半径。

【圆角】用于设置切角化角的宽度。

【高度】用于设置沿着中心轴的维度。负数值将在构造平面下面创建球棱柱。

【侧面分段】用于设置球棱柱周围的分段数量。

【高度分段】用于设置沿着球棱柱主轴的分段数量。

【圆角分段】用于设置边圆角的分段数量。提高该设置将生成圆角，而不是切角。

【平滑】用于混合球棱柱的面，从而在渲染视图中创建平滑的外观。

10. C-Ext（C 型挤出）

使用“C 型挤出”可创建挤出的 C 型对象，可用于制作 C 字形状的墙体。

(1) 创建 C-Ext（C 型挤出）。在【对象类型】栏下单击“C-Ext”按钮 C-Ext ，在视图窗口中按住鼠标左键并拖动，产生一个 C 字形状，确定 C 字形底部大小后松开鼠标左键，再上下移动鼠标达到合适高度后单击鼠标左键确定 C-Ext（C 型挤出）的高度，然后左右移动鼠标到合适的宽度时单击鼠标左键确定 C-Ext（C 型挤出）墙体的厚度或宽度，C-Ext（C 型挤出）创建完成，如图 2—1—32 所示。

(2) 调整 C-Ext（C 型挤出）参数。单击进入修改命令面板，在参数卷展栏中修改 C-Ext（C 型挤出）参数。

【背面/侧面/前面长度】用于指定每个侧面的长度。

【背面/侧面/前面宽度】用于指定每个侧面的宽度。

【高度】用于指定对象的总体高度。

【背面/侧面/前面分段】用于指定对象特定侧面的分段数。注意：就像在“顶”视图或“透视”视图中创建对象，并从世界空间的前方观看它一样，将标记对象的维度（后、侧、前）。

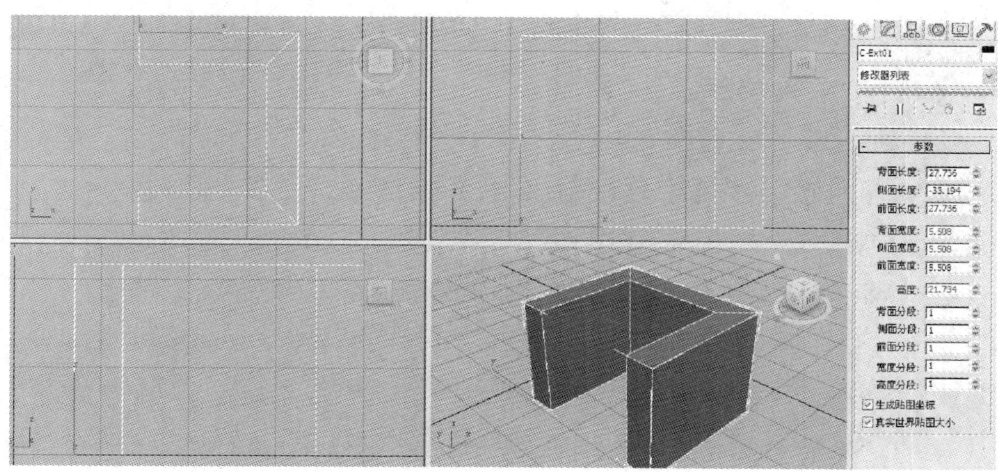

图 2—1—32　创建 C-Ext

【宽度/高度分段】用于设置该分段以指定对象的整个宽度和高度的分段数。

11. 环形波

使用环形波对象来创建一个环形，可选项是不规则内部和外部边，它的图形可以设置为动画，也可以设置环形波对象增长动画，也可以使用关键帧来设置所有数字动画。

（1）创建环形波。在【对象类型】栏下单击“环形波”按钮［环形波］，在视图窗口中按住鼠标左键并拖动，产生一个圆形，确定圆形大小后单击鼠标左键，然后再向内移动鼠标，宽度合适时单击鼠标左键，完成环形波的创建，如图 2—1—33 所示。

（2）调整环形波参数。单击 进入修改命令面板，在参数卷展栏中修改环形波参数。

“环形波大小”组：使用这些设置来更改环形波基本参数。【半径】用于设置圆环形波的外半径。【径向分段】沿半径方向设置内、外曲面之间的分段数目。【环形宽度】用于设置环形宽度，从外半径向内测量。【边数】给内、外和末端（封口）曲面沿圆周方向设置分段数目。【高度】沿主轴设置环形波的高度。提示：如果在“高度”为 0 离开将会产生类似冲击波的效果，这需要应用两面的材质使环形可从两侧查看。【高度分段】沿高度方向设置分段数目。

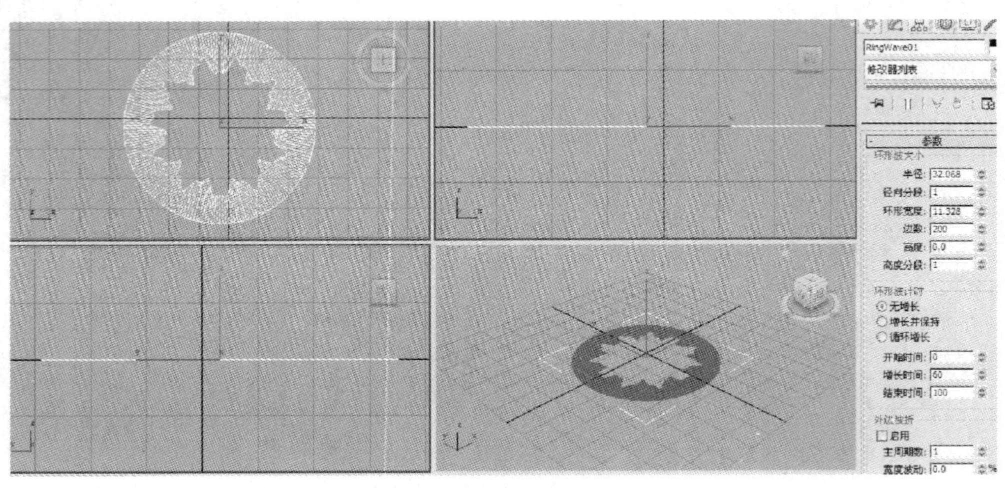

图 2—1—33 创建环形波

“环形波计时”组：在环形波从零增加到其最大尺寸时，使用这些环形波动画的设置。【无增长】用于设置一个静态环形波，它在“开始时间”显示，在“结束时间”消失。【增长并保持】用于设置单个增长周期。环形波在“开始时间”开始增长，并在“开始时间”及“增长时间”处达到最大尺寸。【循环增长】环形波从“开始时间”到“开始时间”以及“增长时间”重复增长。例如，如果设置“开始时间”为 0、“增长时间”为 25，保留“结束时间”默认值 100，并选择“循环增长”，则在动画期间环形波将四次从 0 增长到其最大尺寸。【开始时间】如果选择“增长并保持”或“循环增长”，则环形波出现帧数并开始增长。【增长时间】从“开始时间”后环形波达到其最大尺寸所需帧数。“增长时间”仅在选中“增长并保持”或“循环增长”时可用。【结束时间】环形波消失的帧数。

“外边波折”组：使用这些设置来更改环形波外部边的形状。提示：为获得类似冲击波的效果，通常环形波在外部边上波峰很小或没有波峰，但在内部边上有大量的波峰。【启用】启用外部边上的波峰。仅启用此选项时，此组中的参数处于活动状态。默认设置为禁用状态。【主周期数】用于设置围绕外部边的主波数。【宽度光通量】用于设置主波的大小，以调整宽度的百分比表示。【爬行时间】用于设置每一主波绕“环形波”外周长移动一周所需的帧数。【次周期数】在每一主周期中设置随机尺寸次波的数目。【宽度光通量】用于设置小波的平均大小，以调整宽度的百分比表示。【爬行时间】用于设置每一次波绕其主波移动一周所需的帧数。

“内边波折”组：使用这些设置来更改环形波内部边的形状。【启用】启用内部边上的波峰。仅启用此选项时，此组中的参数处于活动状态。默认设置为启用。【主周期数】用于设置围绕内部边的主波数目。【宽度波动】用于设置主波的大小，以调整宽度的百分比表示。【爬行时间】用于设置每一主波绕“环形波”内周长移动一周所需的帧数。【次周期数】在每一主周期中设置随机尺寸次波的数目。【宽度波动】用于设置小波的平均大小，以调整宽度的百分比表示。【爬行时间】用于设置每一次波绕其主波移动一周所需的帧数。注意：“爬行时间”参数中的负值将更改波的方向。要产生干涉效果，使用“爬行时间”给主波和次波设置相反的符号，但与“宽度波动”和“周期”设置类似。提示：要产生最佳“随机”结果，给主周期和次周期使用素数，这不同于乘以二或四的数。

“曲面参数”组：【纹理坐标】用于设置将贴图材质应用于对象时所需的坐标，默认设置为启用。【平滑】通过将所有多边形设置为平滑组，将平滑应用到对象上，默认设置为启用。

12. **软管**

软管同样是一种参数化三维模型。用户通过设定参数值可以非常方便地确定截面形状、管体长度及褶皱数，并且可以将软管的两端分别制定在不同物体上或同一物体上的不同位置，从而用软管将两个指定位置连接起来。

(1) 创建软管。在【对象类型】栏下单击“软管”按钮 软管 ，在视图窗口中按住鼠标左键并拖动，产生一个多边形，至大小合适位置后松开鼠标。然后向上移动鼠标，到合适的高度后单击鼠标左键，完成软管的创建，如图2—1—34所示。

(2) 调整软管参数。单击 进入修改命令面板，在参数卷展栏中修改软管参数。

“端点方法”组：用于确定软管的生成方式，选择“自由软管”选项，表示生成两端不受任何约束的自由软管，如图2—1—34所示。选择“绑定到对象轴”选项，表示生成两端固定的软管。用户为软管指定首尾附着物体后，会自动将软管连接在指定物体处。

“绑定对象”组：用于设置两端约束的软管，其用法如下：选择“绑定到对象

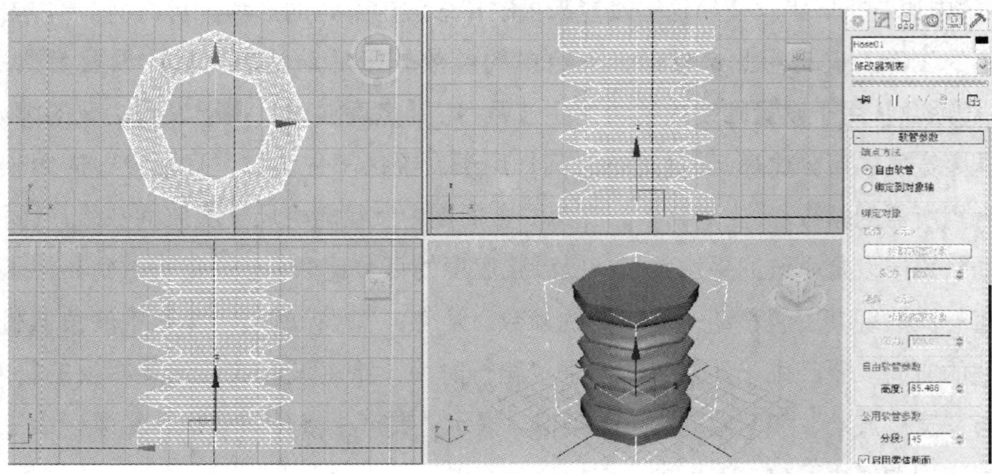

图 2—1—34　创建软管

轴”选项，在视图窗口中创建两个参数完全相同的球体。选择“自由软管”选项，在“修改面板”中软管参数下单击“拾取顶部对象”按钮，在视图中单击拾取软管左侧的球体；单击“拾取底部对象”按钮，在视图中单击拾取软管右侧的球体，此时可以看到软管的两端被分别固定在两个球体的中心，从而将球体连接起来，如图 2—1—35 所示。

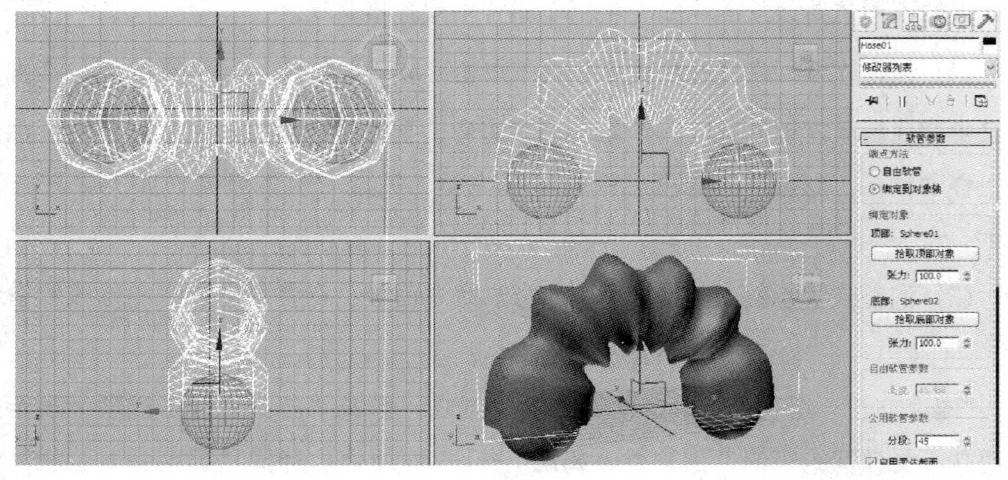

图 2—1—35　绑定到对象轴 的软管

从图 2—1—35 中可以看出，固定软管的两端分别连接在指定物体的轴心处。

默认情况下，球体的轴心位于球体中心，因此，图 2—1—35 中的固定软管会连接在球体的中心。用户可以通过调整球体的轴心位置来改变软管的连接位置。“绑定对象”选项中的“张力”参数用于决定软管连接处的弯曲度，参数值越大，软管的弯曲程度越高；参数值越小，软管的弯曲程度越低。固定在指定物体上的连接软管会完全附着于固定物体。同时移动两个固定物体时，软管会随之一起移动。当移动其中一个固定物体时，软管会随着两个固定物体之间相对距离的增大而拉长，随着相对距离的减小而缩短。将软管设置为固定连接后，只需将“端点方法”选项组中的选项修改为“自由软管”，即可将软管恢复为自由状态。

“自由软管参数”组：用于对自由软管进行参数设置。选项组中唯一的“高度”参数用于设置自由软管的高度值。对于固定连接的软管而言，它的长度是由两个指定物体间的距离来决定的，因而不能进行参数设置。

“公用软管参数”组：用于对软管的公共参数进行设置。“分段”参数用于设置软管分段数，分段数越多，软管就越平滑，同时，管体的褶皱也会更加细腻。“启用柔体截面”复选框用于是否对软管应用褶皱效果。“起始位置”参数用于指定软管褶皱的开始处。“结束位置”参数用于指定软管褶皱的结束处。上述两个参数都是百分值，例如，10%是指褶皱效果在管体长度的 1/10 处开始（或结束）。“周期数”参数用于前面图示中所示的软管形态。如果将参数值设为正值，褶皱会向管体外凸出，类似于螺纹的样子。“平滑”选项组用于进行平滑设置。其中“全部”按钮表示对软管整体进行平滑处理，“侧面”按钮表示对软管的边进行平滑处理，“分段”按钮表示对软管的分段进行平滑处理，“无”按钮表示对软管不做任何平滑处理。

“软管形状”组：用于对软管的截面进行设置。选择“圆形软管”按钮，表示生成截面为多边形或圆形的软管，其中“直径”参数用于决定软管截面的直径大小。“边数”参数用于指定截面的边数，默认值为 8，即生成截面为八边形的软管；设置参数的值为 32，即可生成截面为圆形的软管。选择“长方体软管”按钮，表示生成截面为矩形的软管，其中“宽度”参数用于设置截面的宽度；“深度”参数用于设置截面的深度；“圆角”参数用于设置截面的倒角；“圆角分段”参数用于设置倒角分段数；“旋转”参数用于设置截面的旋转角度。选择“D 截面软管”按钮，表示生成截面为 D 形的软管。软管其他参数设置方法同上，“圆形侧面”参数用于设置截面半圆部分的边数，边数越大，半圆越平滑。

13. 棱柱

使用棱柱可创建带有独立分段面的三面棱柱，主要用于制作带有棱角的柱体。

(1) 创建棱柱。在【对象类型】栏下单击“棱柱”按钮 棱柱 。棱柱有两种创建方法：【二等边】用于绘制将等腰三角形作为底部的棱柱体。【基点/顶点】用于绘制底部为不等边三角形或钝角三角形的棱柱体。在视图窗口中按住鼠标左键并拖动，产生一个三角形，至合适大小位置后松开鼠标。再移动鼠标指定三角形顶点的位置。这样可以改变棱柱侧面 2 和侧面 3 的长度以及三角形的角度，确定角度后单击鼠标左键确定。再上下移动鼠标确定棱柱体的高度，到达合适的棱柱高度后单击鼠标左键，完成棱柱的创建，如图 2—1—36 所示。

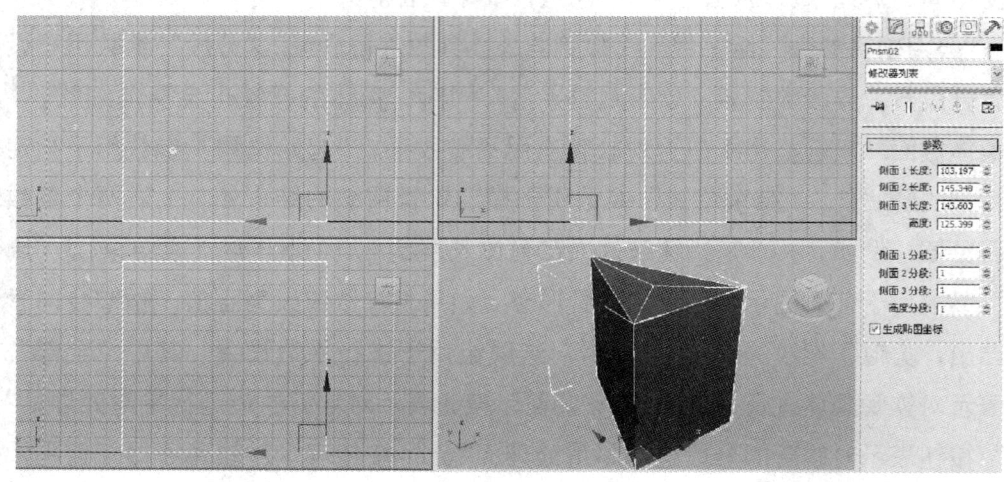

图 2—1—36　创建棱柱

(2) 调整棱柱参数。单击 进入修改命令面板，在参数卷展栏中修改棱柱参数。

【侧面 (n) 长度】用于设置三角形对应面的长度（以及三角形的角度)。

【高度】用于设置棱柱体中心轴的维度。

【侧面 (n) 分段】用于指定棱柱体每个侧面的分段数。

【高度分段】用于设置沿着棱柱体主轴的分段数量。

四、技能训练——制作三人沙发

步骤一：进入自定义>单位设置>设置系统单位为毫米，如图 2—1—37 所示。

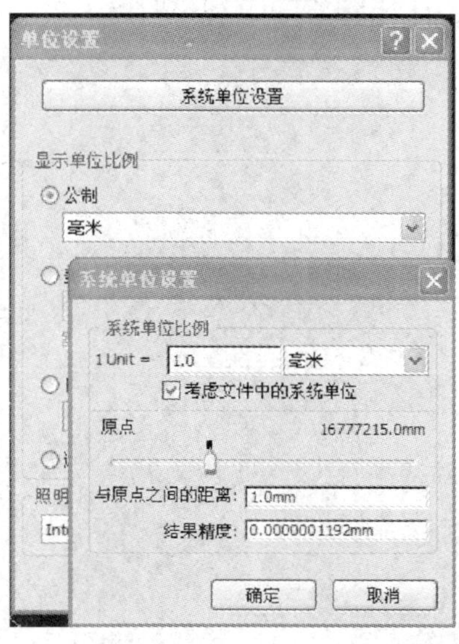

图 2—1—37　“单位设置”窗口

步骤二：在顶视图中，进入“扩展基本体”面板，用切角长方体创建一个长×宽×高为 600 mm×1 800 mm×200 mm，圆角为 5 mm 的长方体，作为三人沙发的底板，如图 2—1—38 所示。

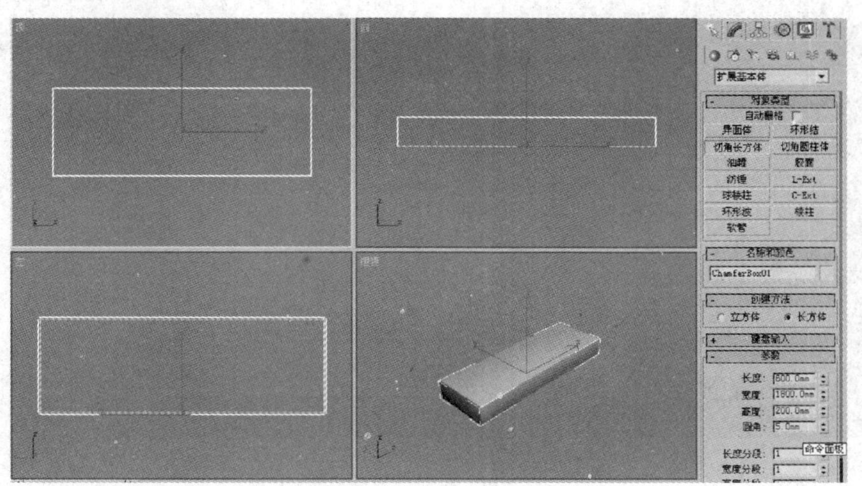

图 2—1—38　创建沙发底板

步骤三：在顶视图中，用切角长方体创建一个长×宽×高为 600 mm×600 mm×200 mm，圆角为 15 mm 的长方体，作为三人沙发的坐垫（见图 2—1—39），并使用对齐命令调整好坐垫的位置，如图 2—1—40 所示。

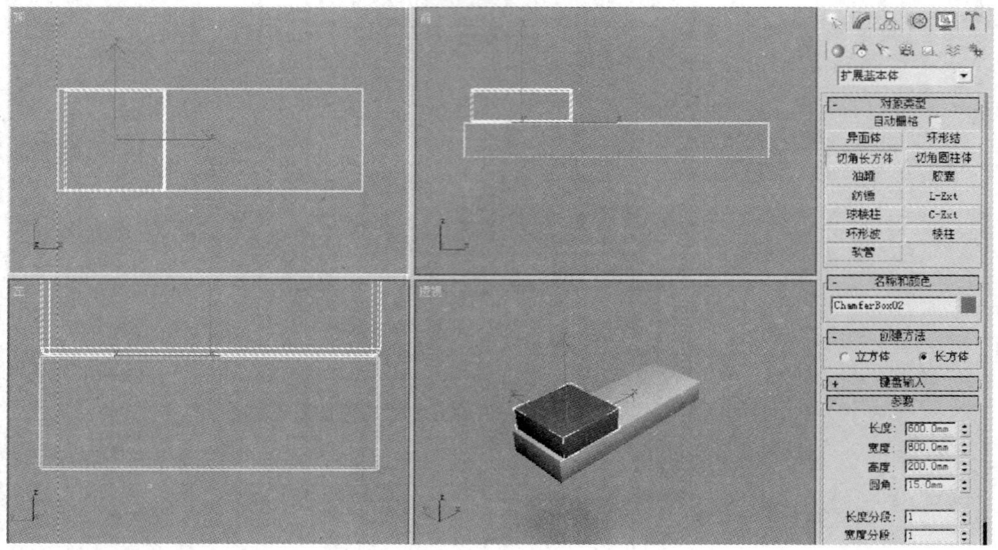

图 2—1—39　创建沙发坐垫

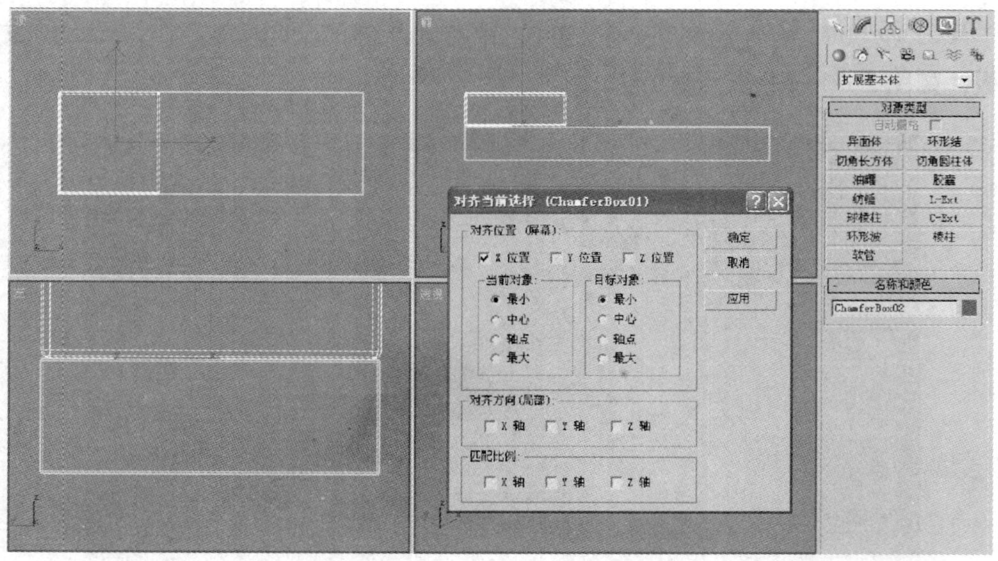

图 2—1—40　调整沙发坐垫的位置

步骤四：在顶视图中选中沙发坐垫，进入工具菜单栏，选择阵列命令，在弹出

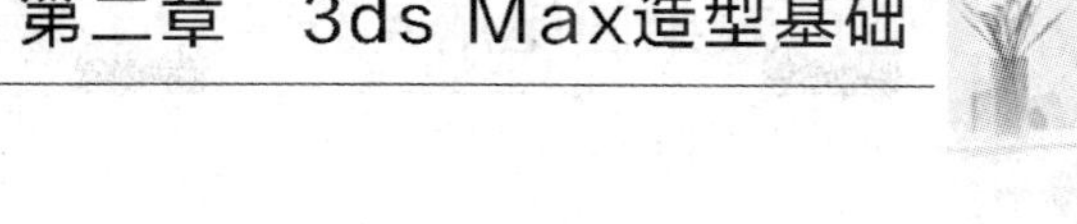

的阵列窗口中修改移动项的 *X* 轴及阵列数量的参数为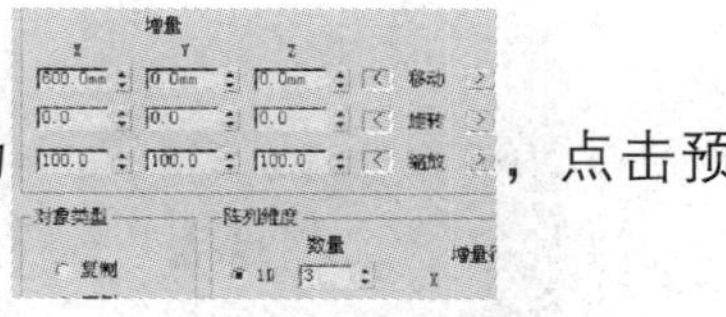，点击预览按钮，观看阵列效果，然后点击确定按钮结束，如图 2—1—41 所示。

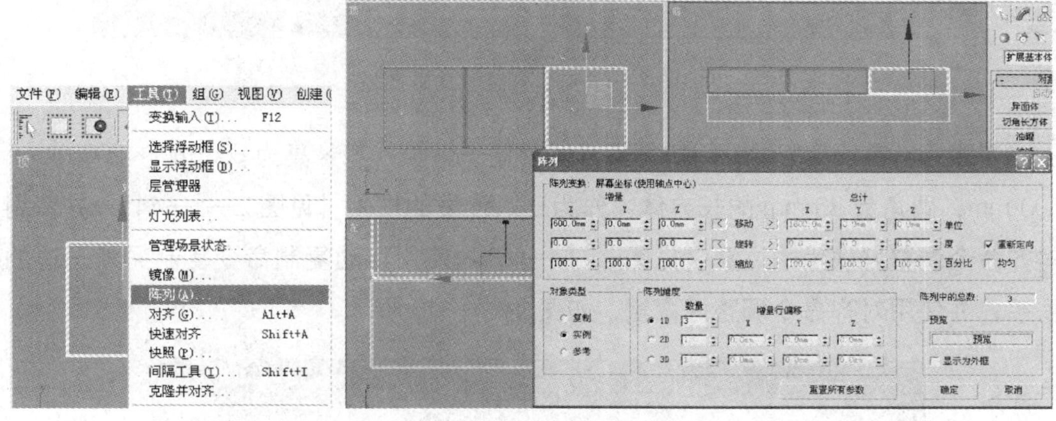

图 2—1—41　阵列沙发坐垫

步骤五：在顶视图中，用切角长方体创建一个长×宽×高为 200 mm×1 800 mm×680 mm，圆角为 30 mm 的长方体，作为三人沙发的靠背（见图 2—1—42），并使用对齐命令调整好靠背的位置，如图 2—1—43 所示。

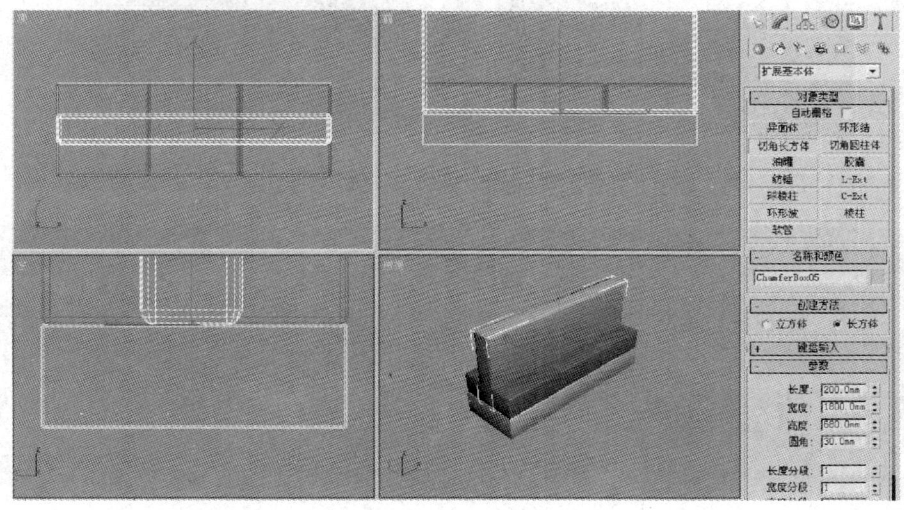

图 2—1—42　创建沙发靠背

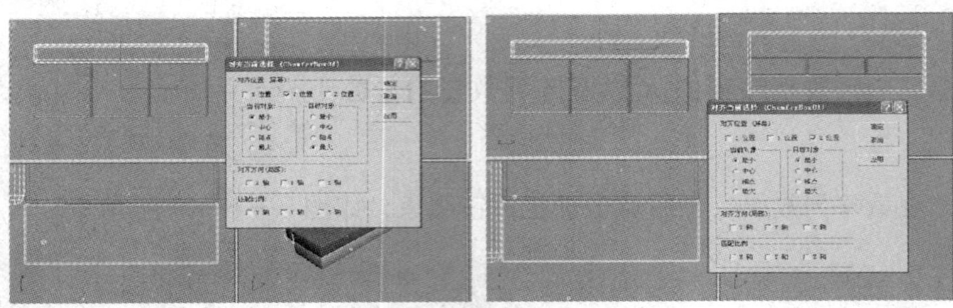

图 2—1—43 调整沙发靠背

步骤六：在顶视图中，用切角长方体创建一个长×宽×高为 800 mm×200 mm×500 mm，圆角为 30 mm 的长方体，作为三人沙发的扶手（见图 2—1—44），并使用对齐命令调整好扶手的位置（见图 2—1—45）。使用移动复制命令复制另外一边的扶手，并使用对齐命令调整好位置，如图 2—1—46 所示。

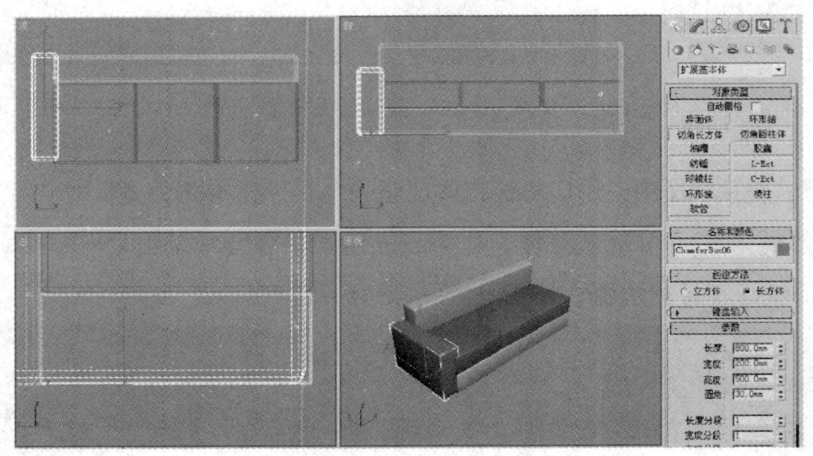

图 2—1—44 创建沙发扶手

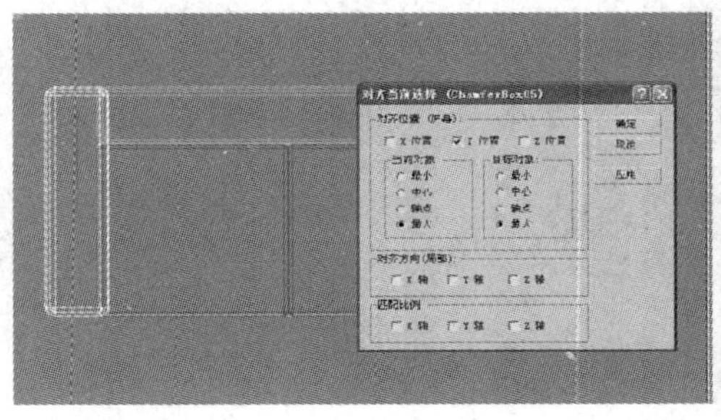

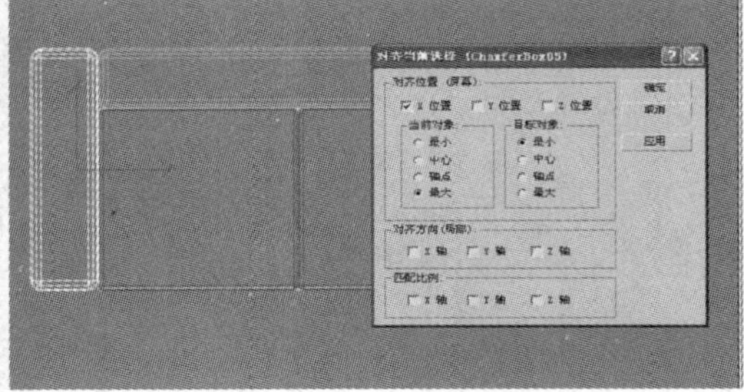

图 2—1—45 调整沙发扶手

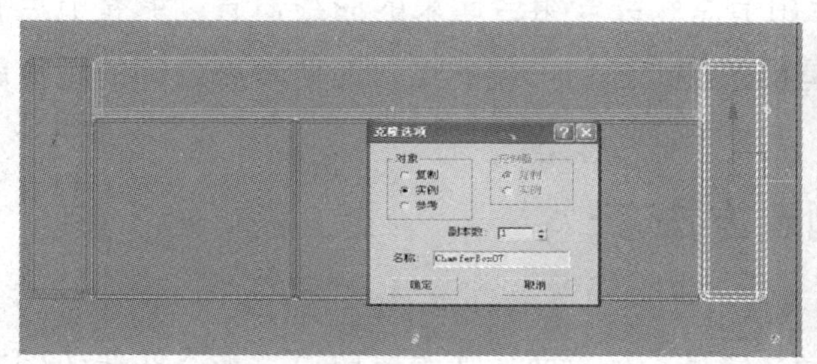
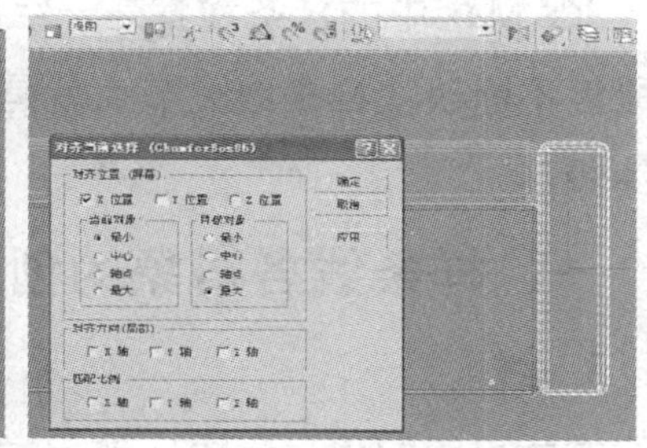

图 2—1—46　移动复制另外一边沙发扶手

步骤七：将模型全部选择，调整颜色为白色，最后的效果如图 2—1—47 所示。

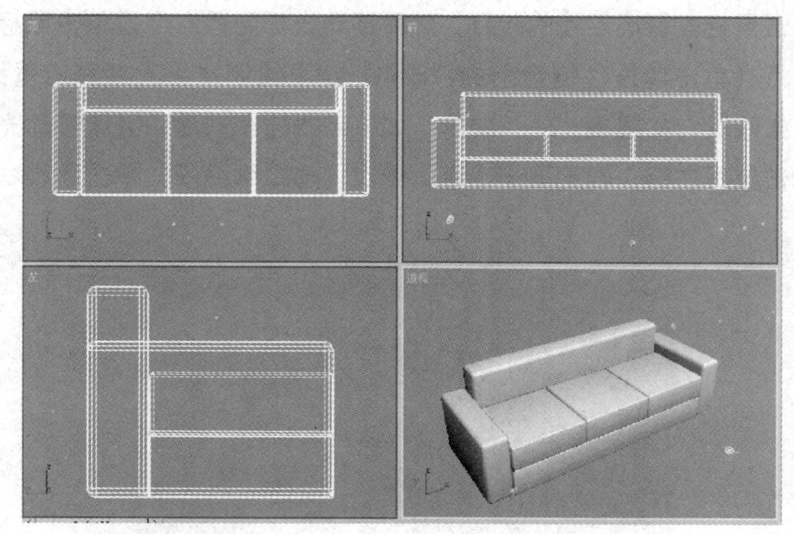

图 2—1—47　调整沙发颜色

第二节　3ds Max 样条线

3ds Max 中二维图形建模是三维造型的基础，生活中很多物体都可以用二维建模创建出来。使用二维图形建模的方法是先绘制一个基本的二维图形，然后进行编辑，最后添加转换成三维模型的命令即可生成三维模型。本节主要介绍样条线面板中各样条线类型的创建方法。在创建面板中单击“图形”按钮，可直接进入样条线创建面板。

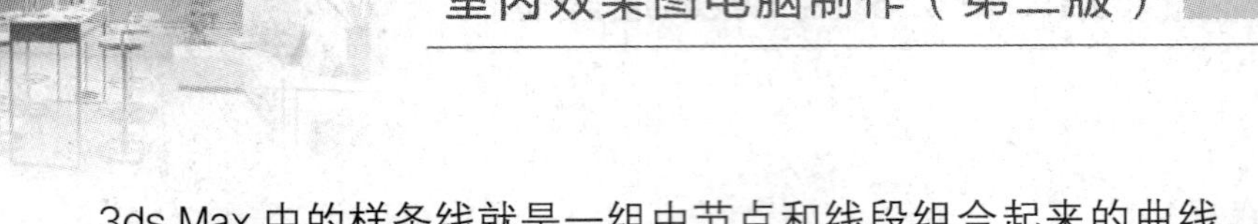

3ds Max 中的样条线就是一组由节点和线段组合起来的曲线，通过调整节点和线段能不断改变样条线。节点就是样条线上任何一端的点，而两节点之间的距离就是线段。

一、样条线各对象的创建方法

1. 线

在效果图制作过程中，使用样条线是一种重要的建模手段，下面介绍线的创建方法。

(1) 直接创建。在【对象类型】卷展栏下单击“线”按钮 线 ，在视图窗口中单击鼠标左键确定线的起点，然后移动光标到适当位置单击鼠标左键确立线段另一个点（单击前按住键盘上的“Shift”键可绘制水平直线和铅垂线），这样就创建了一条线段，如图 2—2—1 所示。如果需要连续创建，继续移动光标到合适的位置再单击鼠标左键，确定下一个点，依次创建二维线段，单击鼠标右键即可结束操作。

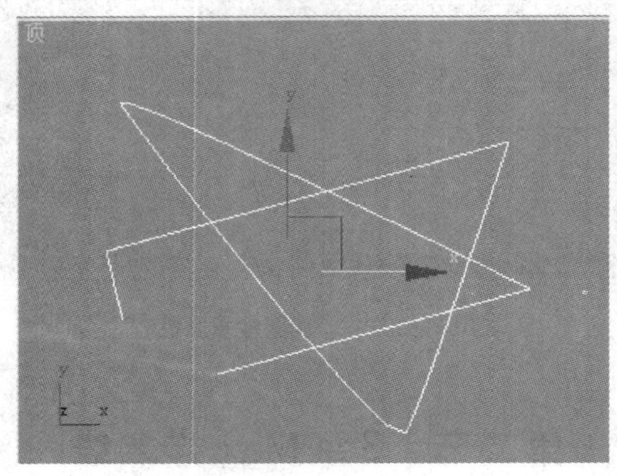

图 2—2—1　创建线

(2) 通过线的【初始类型】和【拖动类型】来创建线。在【创建方法】卷展栏设置初始类型为平滑，拖动类型为平滑 

。在视图窗口中单击鼠标左键

确定线的起点，移动光标至适当位置再拖曳鼠标确定第二个节点，同时绘制一条曲线，单击鼠标右键结束创建。提示：在绘制线形后，线的起点和终点重叠在一起时(距离在5个像素内)，将会弹出【样条线】对话框。在对话框中提醒用户是不是要将这条线段闭合，如果需要闭合，可在该面板中单击【是】按钮，如图2—2—2所示。

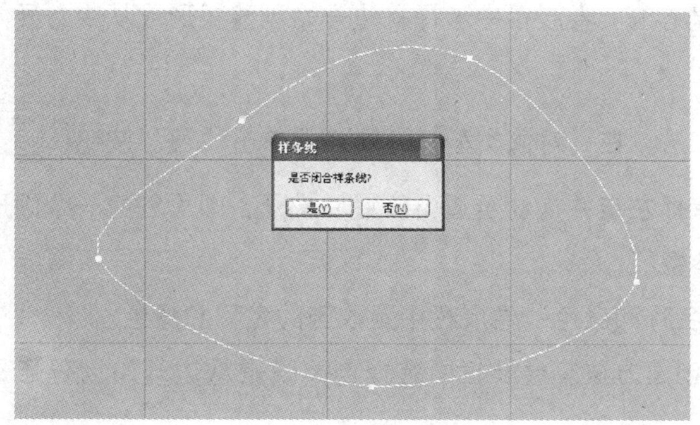

图2—2—2　通过线的【初始类型】和【拖动类型】绘制线形

2. 矩形

使用【矩形】可以创建方形和矩形样条线。

(1) 创建方法。在【对象类型】卷展栏下单击“矩形”按钮 矩形 ，在视图窗口中按住鼠标左键并拖动至适当位置松手，即可生成一个多边形，如图2—2—3所示。

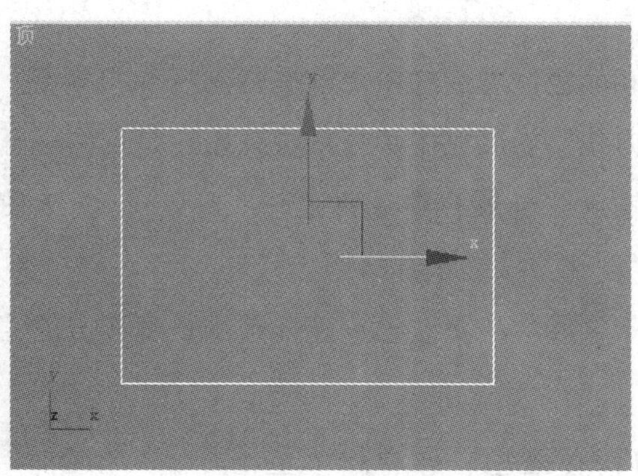

图2—2—3　创建矩形

(2) 调整参数。如果需要其他效果的多边形，可以在【参数】卷展栏中设置参数。

【长度】/【宽度】用于设置矩形的长度、宽度值。

【角半径】用于设置矩形的四角是直线还是有弧度的圆角。

可在“创建方法”卷展栏中选择从边开始创建矩形或从中心开始创建矩形。

3. 圆形

(1) 创建方法。在【对象类型】卷展栏下单击“圆”按钮 圆 ，在视图窗口中按住鼠标左键并拖动至适当位置后松开，即可创建一个圆形。

(2) 调整参数

1) 可在“名称和颜色”卷展栏中更改圆的名称和颜色。

2) 可在“创建方法”卷展栏中选择创建圆是从边开始创建还是从中心开始创建圆。

3) 可在“键盘输入”卷展栏中用键盘输入 X、Y、Z 轴的详细坐标及圆半径大小，单击“创建”按钮创建圆形。

4) 可在“参数”卷展栏中输入圆半径值，更改创建圆半径。

4. 椭圆

(1) 创建方法。在【对象类型】卷展栏下单击“椭圆”按钮 椭圆 ，在视图窗口中按住鼠标左键并拖动至适当位置后松开，即可创建一个椭圆形。

(2) 调整参数

1) 可在“名称和颜色”卷展栏中更改椭圆的名称和颜色。

2) 可在“创建方法”卷展栏中选择从边开始还是从中心开始创建椭圆。

3) 可在“键盘输入”卷展栏中用键盘输入 X、Y、Z 轴的详细坐标及椭圆长度、宽度值，单击“创建”按钮创建椭圆。

4) 可在“参数”卷展栏中更改已创建椭圆的长度和宽度值。

5. 弧形

创建方法：在【对象类型】卷展栏下单击“弧”按钮 弧 （默认在“创建方法”卷展栏上已选中“端点—端点—中点”），在视图窗口中单击鼠标左键

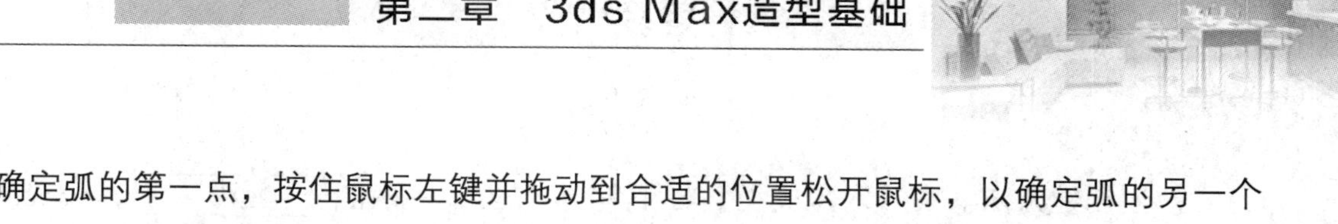

确定弧的第一点，按住鼠标左键并拖动到合适的位置松开鼠标，以确定弧的另一个端点，然后移动鼠标并单击其左键，以指定两个端点之间的第三个点。

6. 圆环

使用“圆环”可以通过两个同心圆创建封闭的形状。每个圆都由四个顶点组成。

(1) 直接创建。在【对象类型】卷展栏下单击“圆环”按钮 圆环 (默认在“创建方法”卷展栏上已选中“中心”)，在视图窗口中确定圆心并同时按住鼠标左键拖动，拖动到合适的位置松开鼠标以创建第一个圆；在不按鼠标键的情况下，移动鼠标到合适的位置单击鼠标左键，创建出圆环。

(2) 用键盘创建。在“键盘输入”卷展栏中，使用 *X*/*Y*/*Z* 设置指定中心点，在半径 1 输入第一个圆的半径，在半径 2 输入第二个圆的半径，然后单击“创建”即可创建圆环。

7. 多边形

使用“多边形”可创建具有任意面数或顶点数 (*N*) 的闭合平面或圆形样条线。

(1) 创建方法。在【对象类型】卷展栏下单击“多边形”按钮 多边形 (默认在“创建方法”卷展栏上选择以“中心”创建多边形)，在视图窗口中按住鼠标左键并拖动即可创建多边形。

(2) 调整参数

【半径】径向中心到边的距离。可使用以下两种方法之一来指定半径：内接 (径向中心到各角的距离)，外接 (径向中心到各侧边中心的距离)。

【边数】边的数量。范围：3～100。

【角半径】要应用于各角的圆角的度数。值为 0 指定标准非圆角。

【圆形】启用该选项后，将指定圆形“多边形”。这相当于圆形样条线，但顶点数量不同 (圆形样条线有四个顶点)。

8. 星形

使用“星形”可以创建具有很多点的闭合星形样条线，星形样条线使用两个半径设置外部点和内谷之间的距离。

（1）创建方法。在【对象类型】栏下单击“星形”按钮 星形 ，在视图窗口中按住鼠标左键并拖动到合适位置，松开鼠标左键可确定第一个半径。移动鼠标到合适位置单击其左健可定义第二个半径。根据移动鼠标的方式，第二个半径可能小于或大于第一个半径，或者两者相等。

（2）调整参数

【半径 1】星形第一组顶点的半径。在创建星形时，通过第一次拖动来交互设置这个半径。

【半径 2】星形第二组顶点的半径。通过在完成星形时移动鼠标并单击其左键来交互设置这个半径。

【点】星形上的点数。范围：3～100。星形所拥有的顶点数是指定点数的两倍。一半的顶点位于半径 1 上，剩余顶点位于半径 2 上。

【扭曲】围绕星形中心旋转半径 2 的顶点，生成锯齿形效果。

【圆角半径 1】圆化第一组顶点，每个点生成两个 Bezier 顶点。

【圆角半径 2】圆化第二组顶点，每个点生成两个 Bezier 顶点。

9. 文本

文本可以使用系统中安装的任意 Windows 字体，或者“类型 1 PostScript”字体，它安装在“配置系统路径”对话框中的“字体”路径指向的目录中。因为字体仅在首次使用时才会加载，所以之后更改字体路径不会立即生效。若要使用字体管理器，则必须先重新启动，然后才能使用新的字体路径。使用文本图形：文本图形将文本保持为可编辑参数，可以随时更改文本。如果文本使用的字体已从系统中删除，则仍然可以正确显示文本图形。然而，要在编辑框中编辑文本字符串，则必须选择可用的字体。场景中的文本只是图形，在图形中每个字母或字母的一部分都是单独的样条线。可以应用修改器（如编辑样条线、弯曲、挤出等）编辑文本图形，其方法与编辑其他图形一样。

（1）创建方法。在【对象类型】栏下单击“文本”按钮 文本 ，先在参数栏中设置文本参数和输入文本内容，然后在视图窗口中单击鼠标左键即可创建文本。

（2）调整参数

【字体列表】可以从所有可用字体的列表中进行选择。可用的字体包括 Windows 中安装的字体、类型 1PostScript 字体，均安装在“配置系统路径”对话框中的“字体”路径指向的目录中。

【斜体样式按钮】 *I* 用于切换斜体文本。

【下划线样式按钮】 U 用于切换下划线文本。

【文本对齐方式按钮】 四个文本对齐方式按钮需要多行文本才能生效，因为它们作用于与边界框相关的文本。如果只有一行文本，则其大小与边界框的大小相同。

【大小】用于设置文本高度，其中测量高度的方法由活动字体定义。第一次输入文本时，默认尺寸是 100 单位。

【字间距】用于调整字间距（字母间的距离）。

【行间距】用于调整行间距（行间的距离，只有图形中包含多行文本时才起作用）。

【文本编辑框】

可以输入多行文本。在每行文本后按下“Enter”键可以开始下一行（注意：初始的默认会话是“MAX 文本”，编辑框不支持自动换行，可以通过“剪贴板”复制及粘贴单行文本和多行文本）。

【更新】组：这些选项可以选择手动更新选项，用于文本图形太复杂且不能自动更新的情况。

【更新】更新视图中的文本来匹配编辑框中的当前设置。仅当“手动更新”处于启用状态时此按钮才可用。

【手动更新】启用此选项后，键入编辑框中的文本未在视图中显示，直到单击“更新”按钮时才会显示。输入完文本内容后，在视图窗口中合适的位置单击鼠标左键，即可完成文本的输入。

10. 螺旋线

使用“螺旋线”可创建开口平面、3D 螺旋线、螺旋，或者制作物体的运动路径。

(1) 创建方法。在【对象类型】栏下单击“螺旋线”按钮 螺旋线 （默认在“创建方法”卷展栏中选择以“中心”创建螺旋线），在视图窗口中适当的位置按住鼠标左键并拖动，松开鼠标后生成一个圆（底圆），上下移动鼠标则出现螺旋线的轮廓，到适当位置单击鼠标左键即可生成一条螺旋线。

也可打开“键盘输入”卷展栏设置“半径 1”“半径 2”和“高度”值，单击“创建”按钮，即可生成螺旋线的轮廓。

(2) 调整参数

【半径 1】用于设置螺旋线的内径。

【半径 2】用于设置螺旋线的外径。

【高度】用于设置螺旋线的高度。

【圈数】用于设置起点和终点之间螺旋线旋转的圈数。

【偏移】用于设置螺旋线向某个顶点的偏移强度，如果螺旋线的高度为 0，则调节偏移值没有任何效果。偏移的有效数值在 -1～1 之间，表示螺旋线圈靠近顶圈和底圈的疏密程度。数值越大，则顶圈越密；数值越小，则底圈越密。

【顺时针、逆时针】表示生成螺旋线的方向。

11. 截面

截面是一种特殊类型的样条线，它可以通过网格对象基于横截面切片生成图形。截面对象显示为相交的矩形。只需将其移动并旋转即可通过一个或多个网格对象进行切片，然后单击“生成形状”按钮即可基于 2D 相交生成一个形状。

(1) 创建方法。在【对象类型】栏下单击“截面”按钮 截面 ，在视图窗口中按住鼠标左键并拖动，即可创建截面。

(2) 调整参数

【创建图形】组：基于当前显示的相交线创建图形。将显示一个对话框，可以在此命名新对象。结果图形是基于场景中所有相交网格的可编辑样条线，该样条线由曲线段和角顶点组成。

【更新】组：提供指定何时更新相交线的选项。

“移动截面时”（默认设置）：在移动或调整截面图形时更新相交线。

“选择截面时”：在选择截面图形但未移动时更新相交线。单击“更新截面”按

钮可更新相交线。

“手动”：仅在单击“更新截面”按钮时更新相交线。

“更新截面”：在使用“选择截面时”或“手动”选项时更新相交线，以便与截面对象的当前位置匹配。注意：在使用“选择截面时”或“手动”时，可以使生成的横截面偏移相交几何体的位置。在移动截面对象时，黄色横截面线条将随之移动，以使几何体位于后面。单击“创建图形”时，将在偏移位置上以显示的横截面线条生成新图形。

【截面范围】组：选择以下选项之一可指定截面对象生成的横截面的范围。

“无限”（默认设置）：截面平面在所有方向上都是无限的，从而使横截面位于其平面中的任意网格几何体上。

“截面边界”：仅在截面图形边界内或与其接触的对象中生成横截面。

“禁用”：不显示或生成横截面。禁用“创建图形”按钮。

“色样”：单击此选项可设置相交的显示颜色。

在“截面大小”卷展栏中可设置截面的长度和宽度值。注意：如果将截面栅格转化为可编辑样条线，则将基于当前横截面将其转换为一个图形。

二、技能训练——制作钟表

步骤一：进入自定义＞单位设置＞设置系统单位为毫米，如图2—2—4所示。

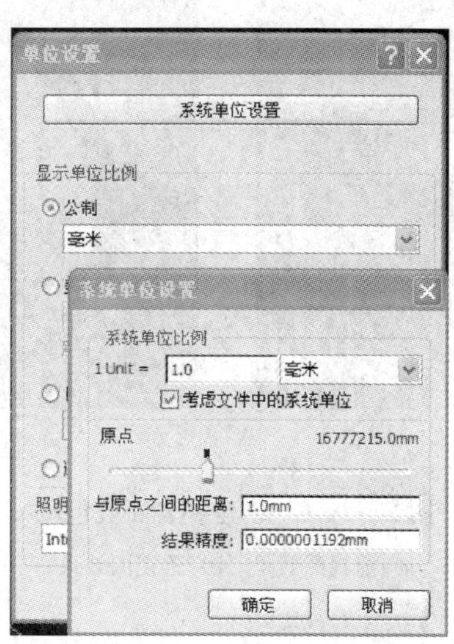

图2—2—4　“单位设置”窗口

步骤二：用“圆柱体”命令在前视图创建一个半径为 150mm，高度为 30mm 的圆柱体，调整颜色为白色，作为钟表面板，如图 2—2—5 所示。

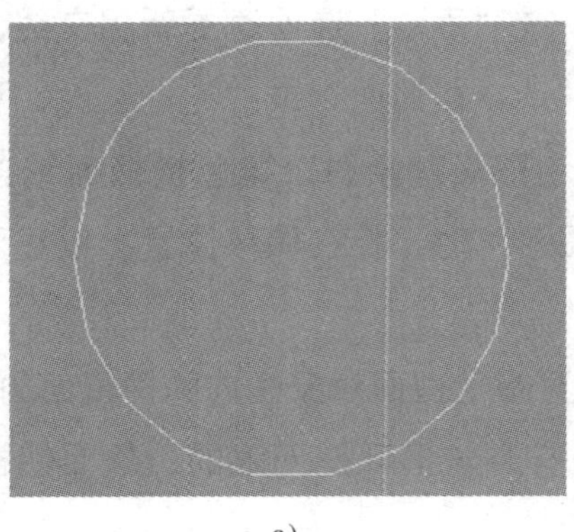

a)

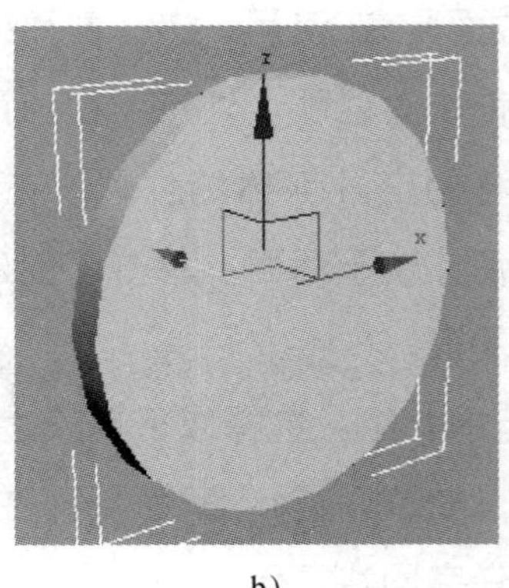

b)

图 2—2—5　创建钟表面板

a）前视图效果　b）透视图效果

步骤三：用“圆环”命令在前视图创建一个半径 1 为 150 mm，半径 2 为 15 mm 的圆环，调整颜色为黑色，移动调整到圆柱体外围，作为钟表面板的包边（见图 2—2—6）。再创建一个半径 1 为 100 mm，半径 2 为 2 mm 的圆环，调整圆环颜色为黑色，移动调整到圆柱体的表面，作为面板装饰圈，如图 2—2—7 所示。

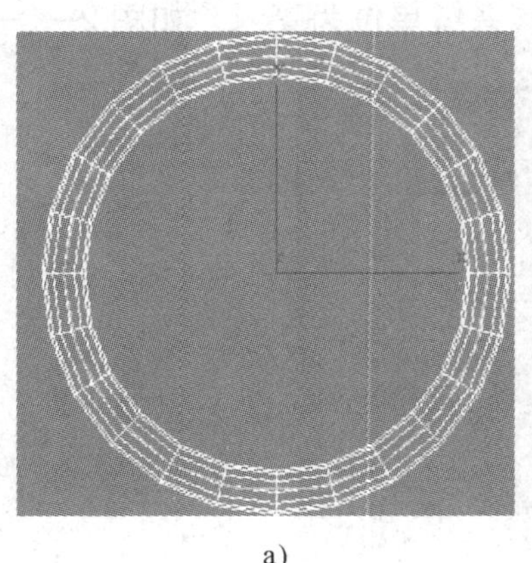

a)

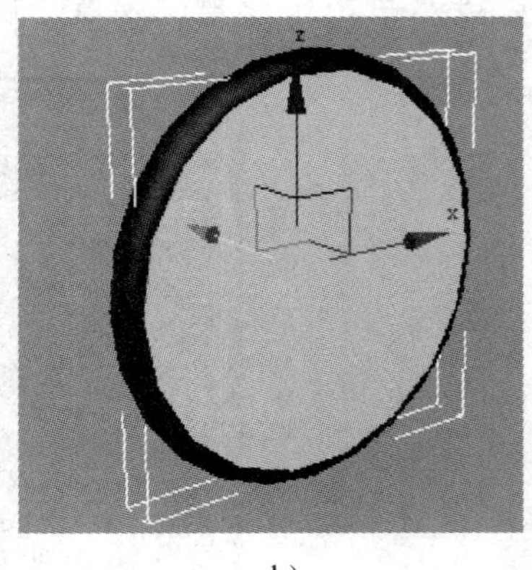

b)

图 2—2—6　创建钟表面板包边

a）前视图效果　b）透视图效果

步骤四：用“图形创建”面板里面的 文本 命令，在文本框里面创建

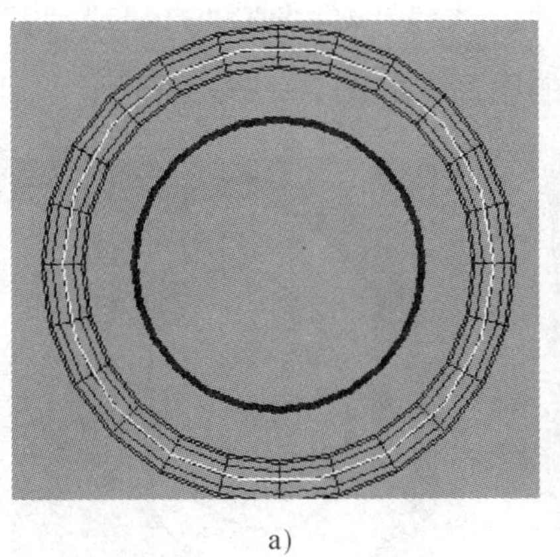

a)

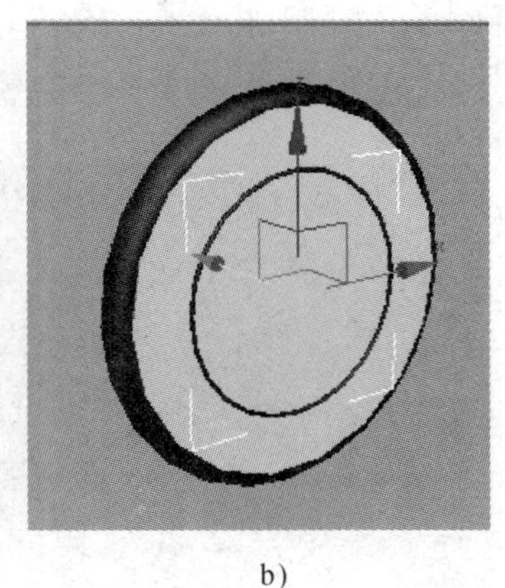

b)

图 2—2—7　创建钟表面板装饰圈

a）前视图效果　b）透视图效果

一个文字大小为 25 的阿拉伯数字“1”，并在前视图点击创建。依次单独创建数字“2”“3”“4”“5”“6”“7”“8”“9”“10”“11”“12”（使每个文字形成一个独立的图形）。单独选择文字，利用“移动”和“旋转”工具对每一个文字的位置单独进行调整，如图 2—2—8 所示。

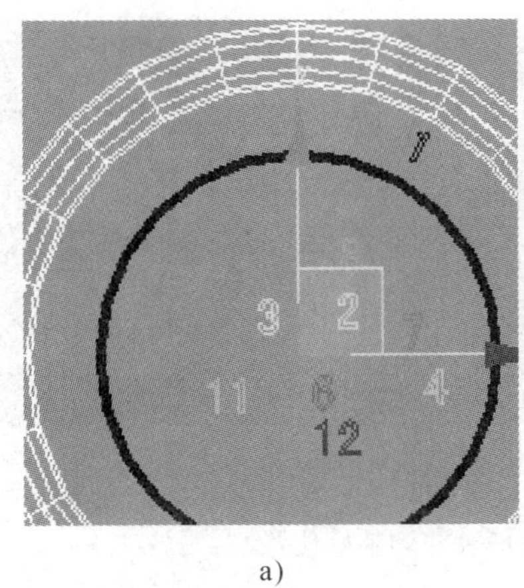

a)

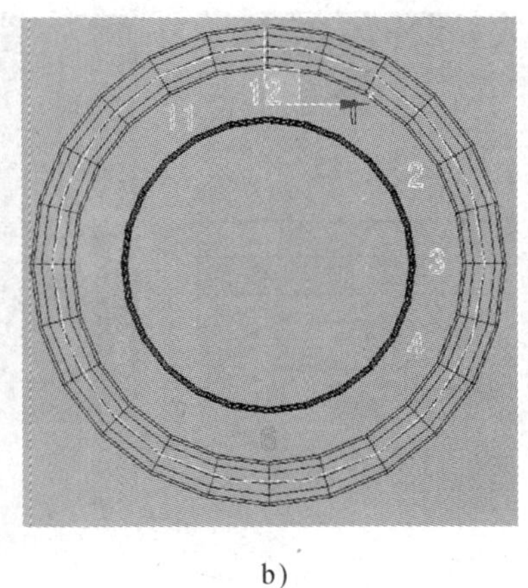

b)

图 2—2—8　创建钟表数字

a）创建数字　b）调整数字位置

步骤五：任意选择一个图形文字，进入修改命令面板，给该图形文字添加编辑样条线命令。进入样条线子选项，打开“几何体”卷展栏，点击 附加多个 ，把所有的文本图形全部附加进来，使“1”“2”“3”“4”“5”“6”“7”“8”“9”“10”“11”“12”多个图形文件形成一个完整的图形，如图 2—2—9 所示。

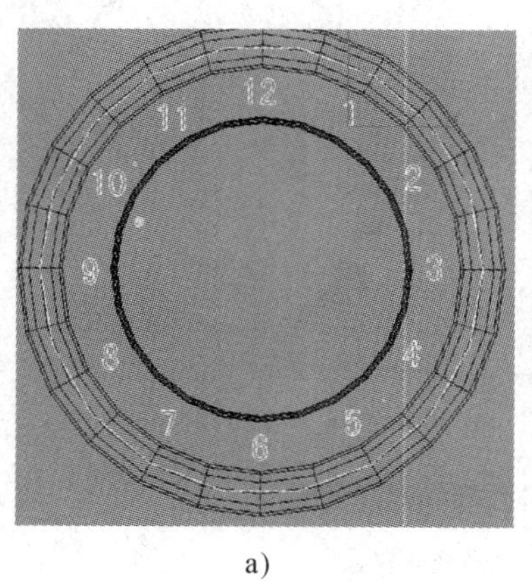

a)

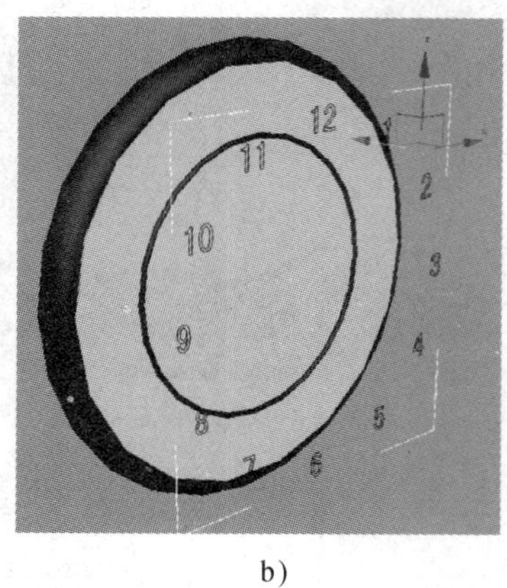

b)

图 2—2—9　将所有数字附加成一个整体

a）前视图效果　b）透视图效果

步骤六：选择文字图形，在修改器列表中给文字图形添加“挤出”修改命令；挤出数值为 2 mm，调整好位置，如图 2—2—10 所示。

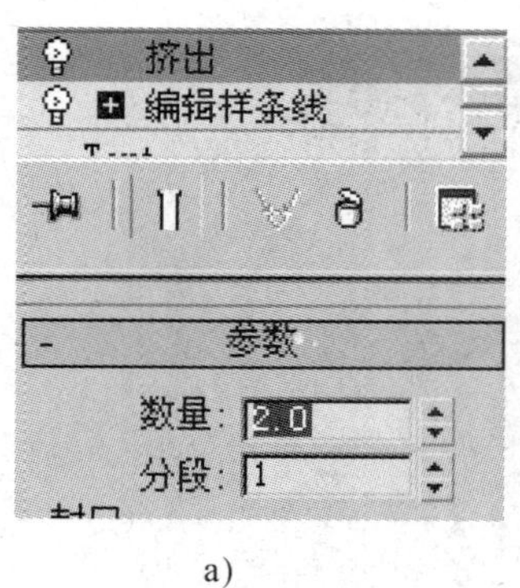

a)

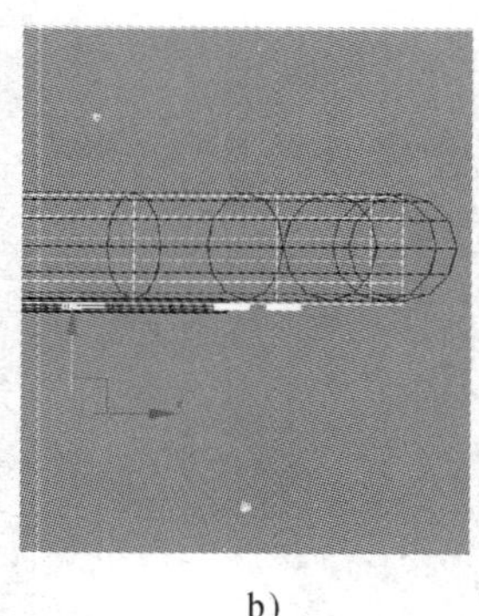

b)

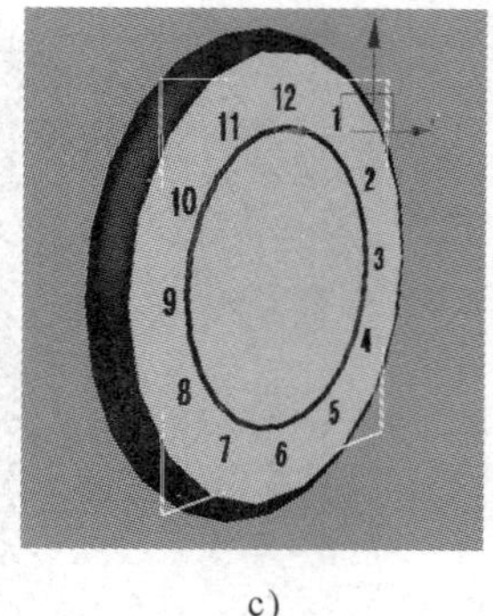

c)

图 2—2—10　赋予数字厚度并调整好位置

a）添加“挤出”命令　b）在顶视图调整数字位置　c）透视效果

步骤七：用“长方体”命令在前视图创建一个长×宽×高为 100 mm×3 mm×1 mm 的长方体，作为钟表的秒针。点击绝对模式变换输入按钮，切换到相对坐标移动，沿 *Y* 轴移动 35 mm。点击轴心控制按钮/轴/

仅影响轴，把轴心对齐圆柱体的中心。用“旋转”工具对长方体进行旋转（注意：旋转之前必须先关掉仅影响轴），如图 2—2—11 所示。

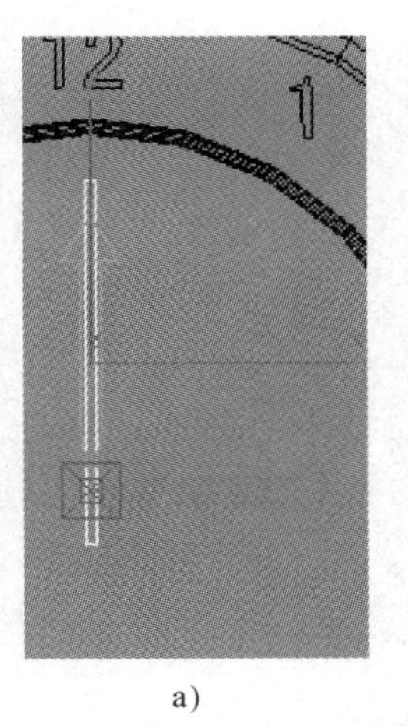

a)

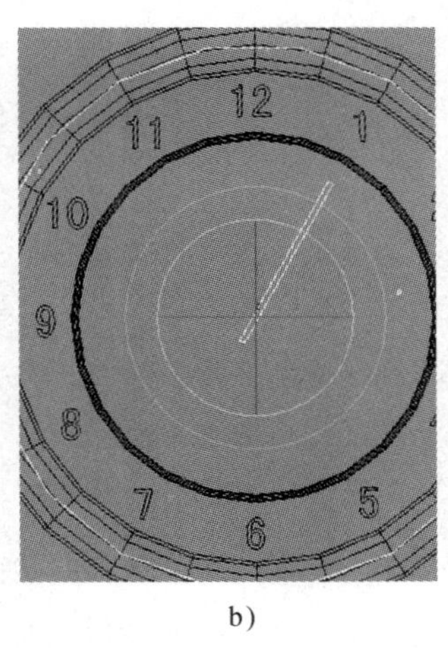

b)

图 2—2—11　创建及调整钟表秒针

a）调整秒针坐标位置　b）旋转秒针

步骤八：用“长方体”命令在前视图创建一个长 × 宽 × 高为 60 mm × 4 mm × 1 mm 的长方体，作为钟表的分针。再制作一个小圆球放在钟表的中间作为分针、秒针旋转的轴心，调整分针、秒针到合适的位置，如图 2—2—12 所示。

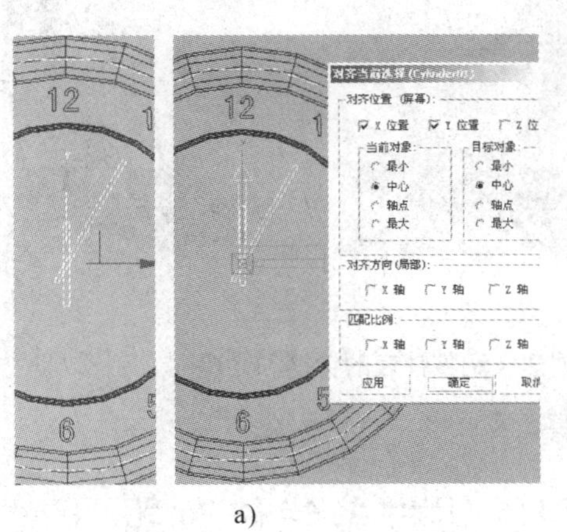

a)

b)

图 2—2—12　创建及调整钟表分针

a）创建及调整分针位置　b）透视效果

步骤九：在前视图创建一矩形，单击鼠标右键把矩形转化为可编辑样条线，进入线段子选项，选择删除矩形最上方的线段；再进入顶点子选项，用圆角命令对矩形进行倒圆角；打开渲染卷展栏勾选（- 渲染 ☑在渲染中启用 ☑在视口中启用）。创建及调整支架如图 2—2—13 所示。

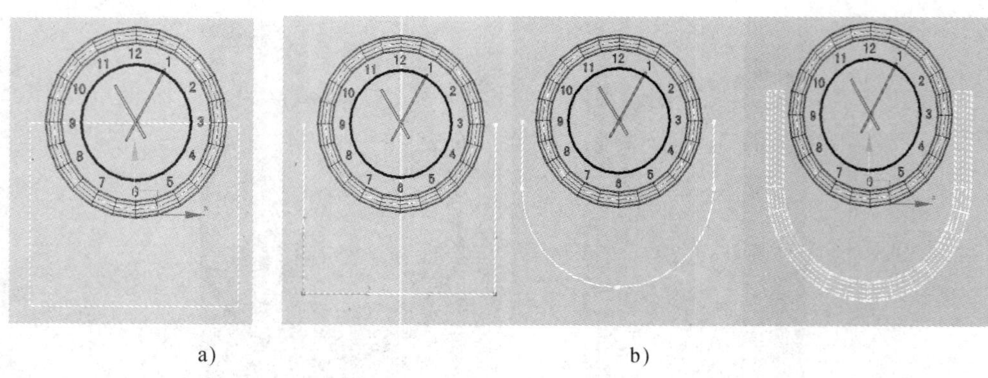

a)　　　　b)

图 2—2—13　创建及调整支架

a）创建矩形　b）调整矩形形状

步骤十：用“圆柱体”和“球体”命令创建钟摆，用扩展基本几何体中的“切角长方体”命令创建底座，如图 2—2—14 所示。

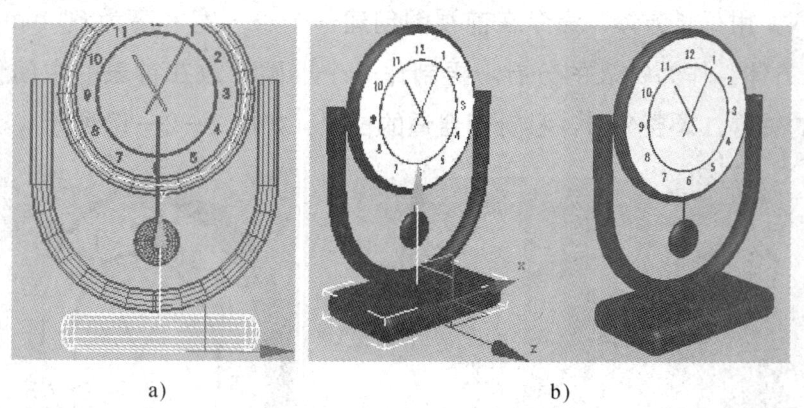

a)　　　　b)

图 2—2—14　创建及调整钟表的钟摆和底座

a）创建钟表的钟摆和底座　b）透视效果

第三节　应用编辑样条线修改器

一、编辑样条线

利用 3ds Max 不仅可以对二维图形对象进行整体编辑，还可以进入其子对象层级进行编辑，这样可以改变其局部形态。二维对象包括 3 种子对象，分别为“顶点”“线段”和“样条线”。

在 3ds Max 中存在两种方式使二维图形转变为可编辑样条线。一种是通过在修改面板的堆栈栏中选择编辑样条线命令；另一种是通过单击鼠标右键在快捷菜单中选择可编辑样条线命令。编辑样条线命令和可编辑样条线命令的操作基本相同，不同之处在于：转换为可编辑样条线命令后的二维图形将不能再访问之前的创建参数，参数化图形的属性名称在堆栈栏中会变为“可编辑样条线”。

二、技能训练——制作带红地毯的楼梯

步骤一：进入自定义>单位设置>设置系统单位为毫米，如图 2—3—1 所示。

步骤二：绘制一级台阶。用“矩形”命令在前视图创建一个矩形，矩形参数为

。选中矩形，在矩形上单击鼠标右键，将矩形转换为可编辑样条线，

系统自动进入可编辑样条线修改命令面板（见图 2—3—2）。点击线段子选项，在前视图中选中矩形左边及下边两条线，点击键盘上的“Delete”键将其删除，如图 2—3—3 所示。

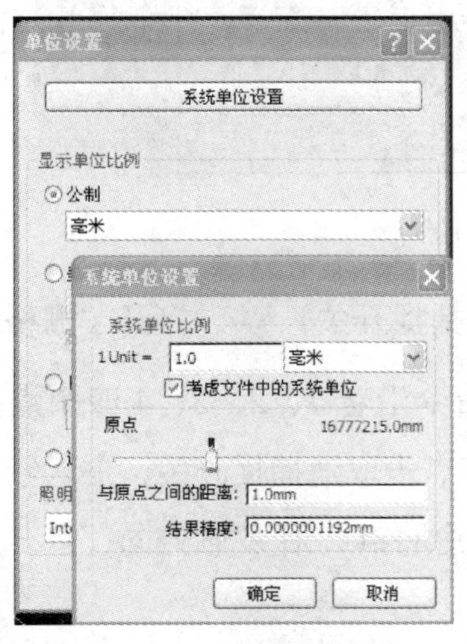

图 2—3—1　“单位设置”窗口

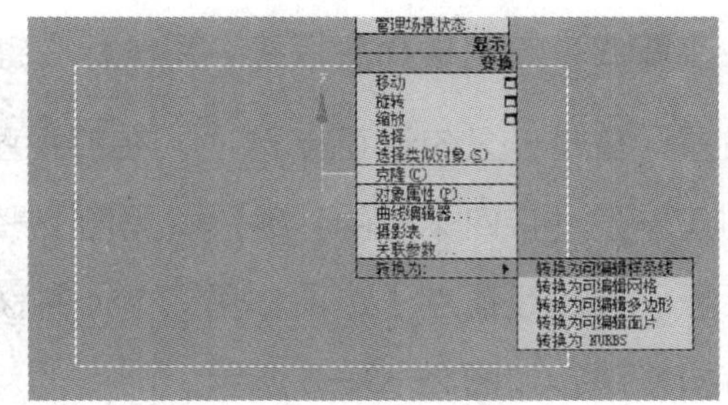

图 2—3—2　创建矩形并转换为可编辑样条线

步骤三：使用“阵列”命令阵列复制出其他台阶。点击线段子选项取消选择，进入

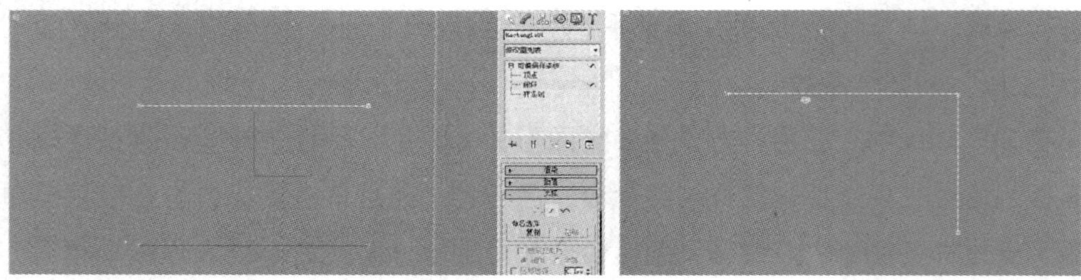

图 2—3—3　删除矩形左边及下边两条线

工具菜单栏，选择阵列命令，在弹出的阵列窗口中修改移动项的 *X* 轴及 *Y* 轴的参数 增量 X 250.0 Y -150.0 Z 0.0 移动 。点击预览按钮，观看阵列效果，然后点击确定按钮结束，如图 2—3—4 所示。

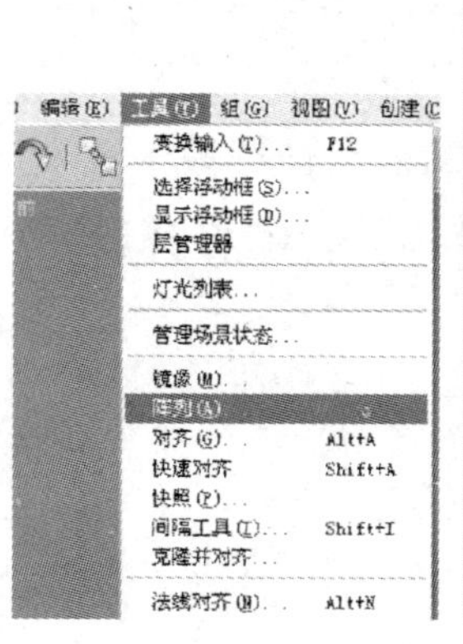

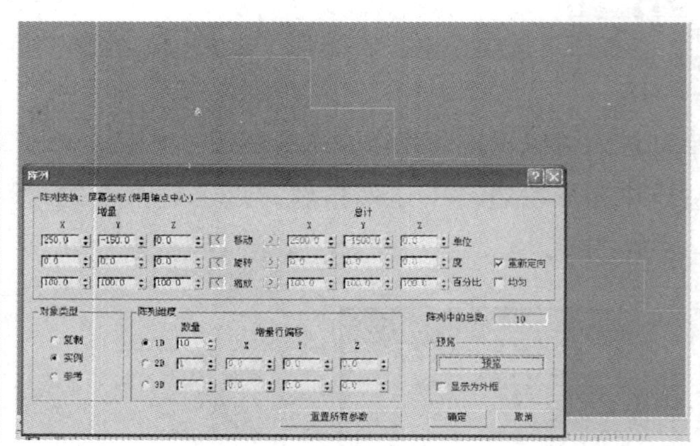

图 2—3—4　阵列其他台阶

步骤四：绘制楼梯底板线。用鼠标右键单击（捕捉开关）、打开“栅格和捕捉设置”窗口，只勾选顶点选项，在前视图用线命令沿着 1、2、3、4 四个点按顺序创建一条（带四个点的）线段（见图 2—3—5）。点击取消捕捉开关，进入修改命令面板。进入线顶点子选项，用“选择并移动”命令将点 2 沿 *X* 轴方向、点 3 沿 *Y* 轴方向移动，如图 2—3—6 所示。

步骤五：进入线的样条线子选项，点击附加多个按钮，将前面阵列复制出的矩形全部选择，点击附加按钮，将它们全部附加归属到底板线中，如图 2—3—7 所示。

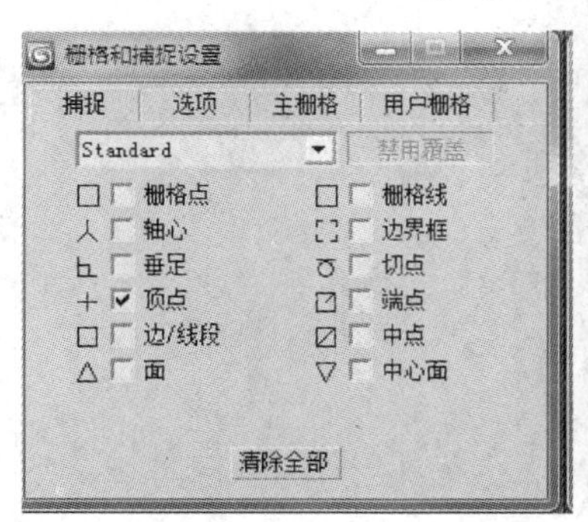

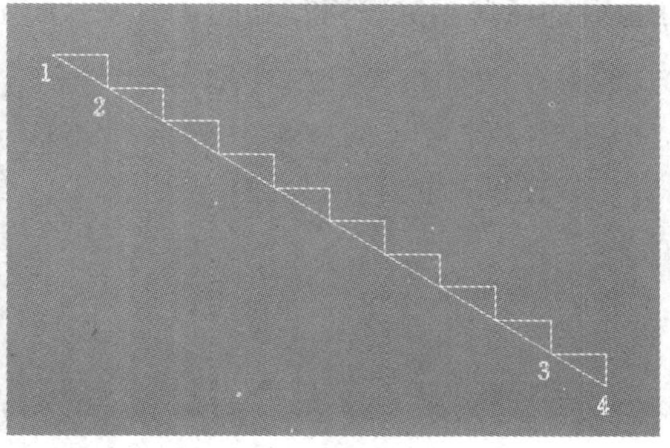

图 2—3—5 创建楼梯底板线

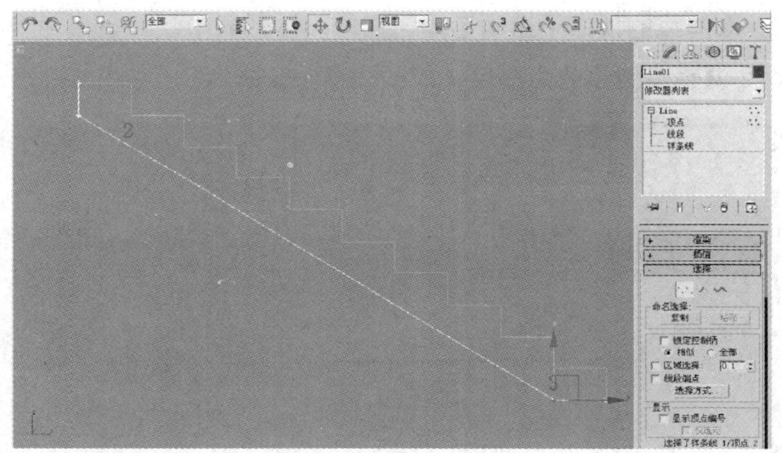

图 2—3—6 调整楼梯底板线

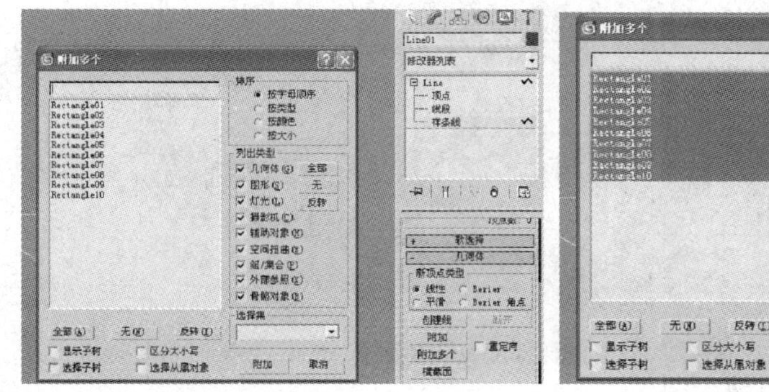

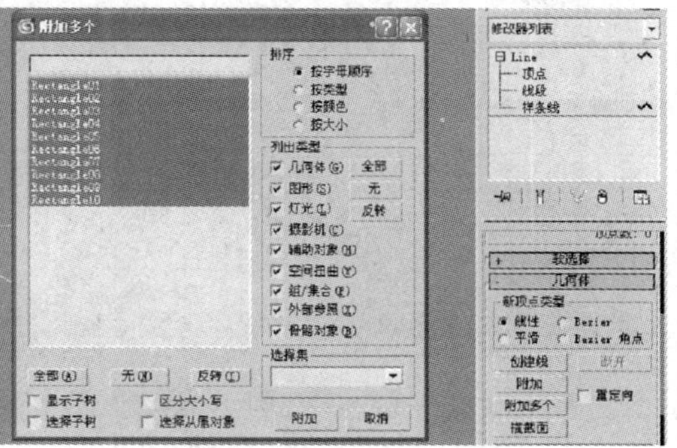

图 2—3—7 附加台阶

步骤六：进入线的顶点子选项，框选物体所有的点，点击“焊接”按钮，将所

有存在重叠的点焊接成一点，如图 2—3—8 所示。

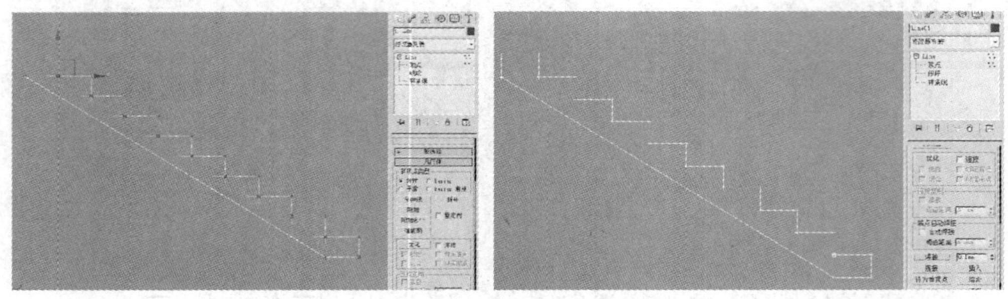

图 2—3—8　焊接顶点

步骤七：取消线的顶点子选项选择，在修改器列表中找到挤出命令，挤出数量为 1 200 mm，调整模型颜色为白色，如图 2—3—9 所示。

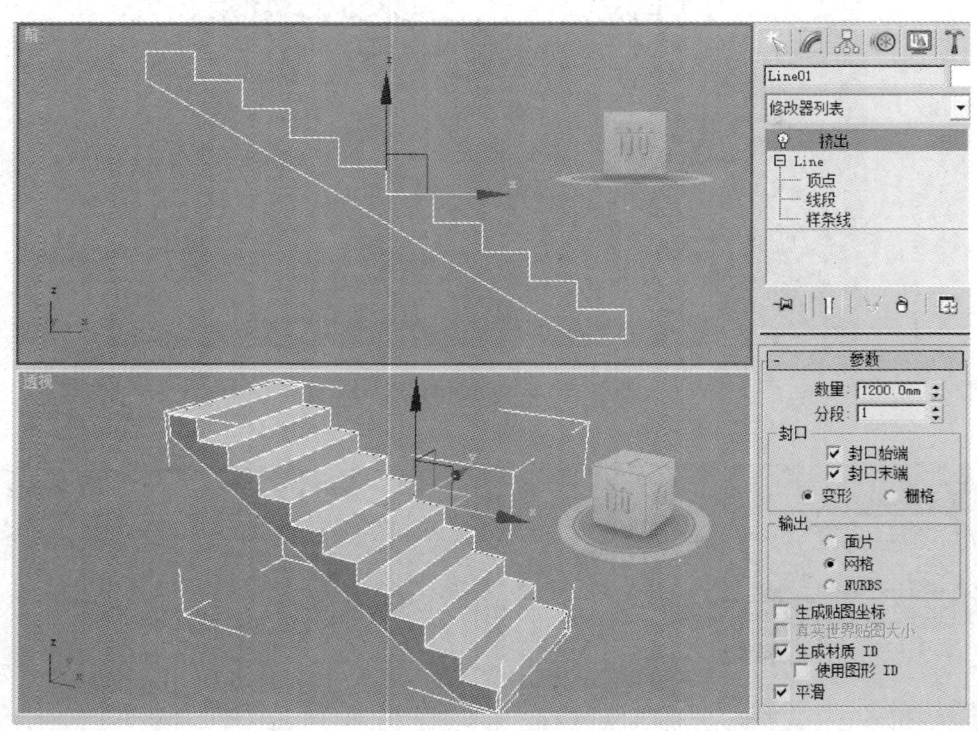

图 2—3—9　挤出楼梯厚度及调整颜色

步骤八：制作楼梯红地毯。在前视图使用“移动复制”命令（键盘上的“Shift” + ✥）复制一个楼梯，调整颜色为红色，如图 2—3—10 所示。

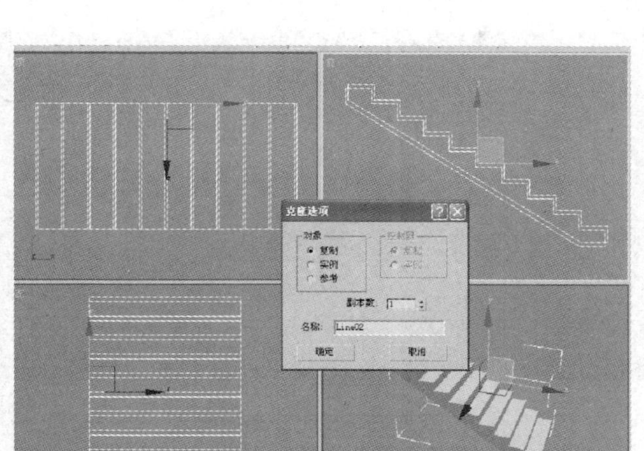

图 2—3—10　复制楼梯模型

步骤九：进入线的线段子选项，将复制的楼梯底板线选中并删除，如图 2—3—11 所示。

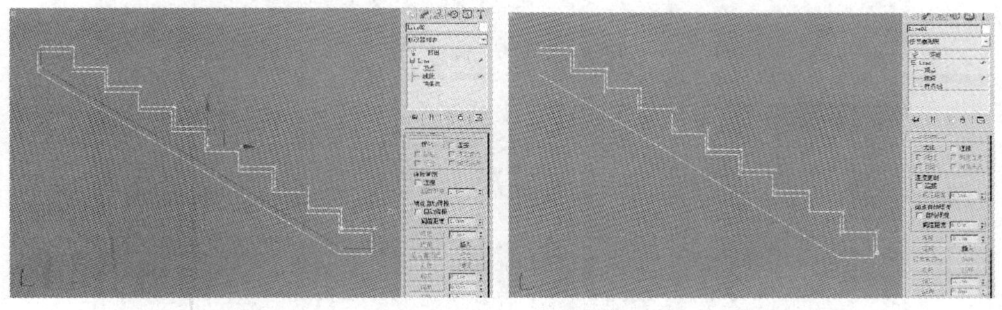

图 2—3—11　删除底线

步骤十：进入线的样条线子选项，选中楼梯线，添加轮廓值 20，如图 2—3—12 所示。

步骤十一：进入线的顶点子选项，选中并调整红地毯上下点的长度，如图 2—3—13 所示。

步骤十二：点击回到挤出命令层，在前视图和顶视图使用对齐、移动及选择命令调整红地毯的位置（见图 2—3—14），完成的效果如图 2—3—15 所示。

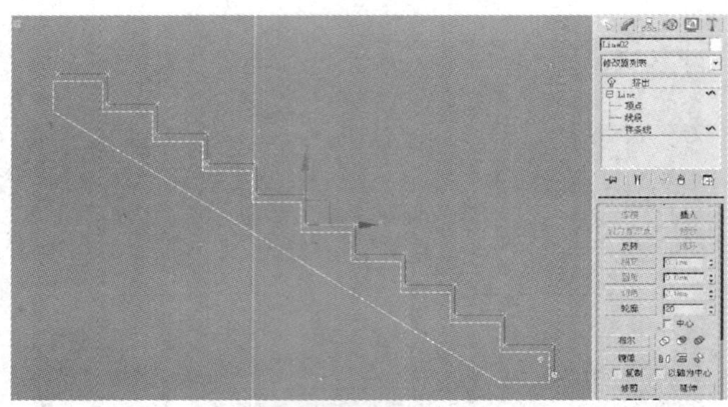

图 2—3—12　添加轮廓

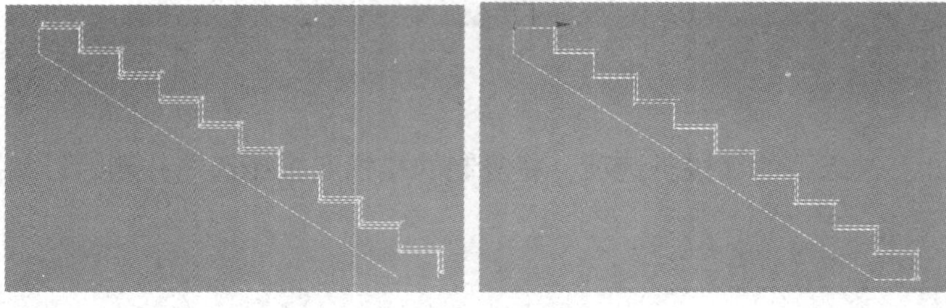

图 2—3—13　调整大小

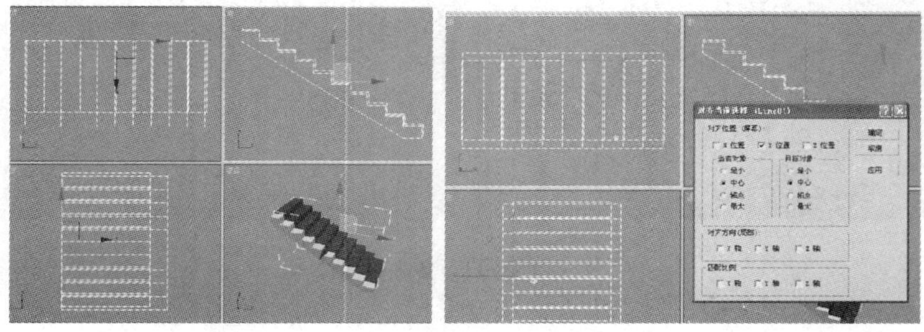

图 2—3—14　调整红地毯的位置

图 2—3—15　带红地毯的楼梯

第三章　复合对象

学习目标

1. 学习复合对象基本类型各命令的操作方法。
2. 学习布尔运算命令的操作方法及主要参数意义，并能运用上述建模方法进行物体的创建。
3. 学习放样命令的操作方法及主要参数意义，并能运用上述建模方法进行物体的创建。

第一节　复合对象基本类型

在 3ds Max 中，复合对象的功能可以理解为一种新的建模功能及动画功能。这些建模类型提供了多种独特而新颖的建模方式。它是将两个或两个以上的三维模型通过复合功能模块的合成结合为一个新的三维模型，从而达到修改模型的目的，创建出奇特的造型对象，而且合并过程可以记录成动画。复合对象的功能可以极其灵活地修改与调节，使用起来非常方便。

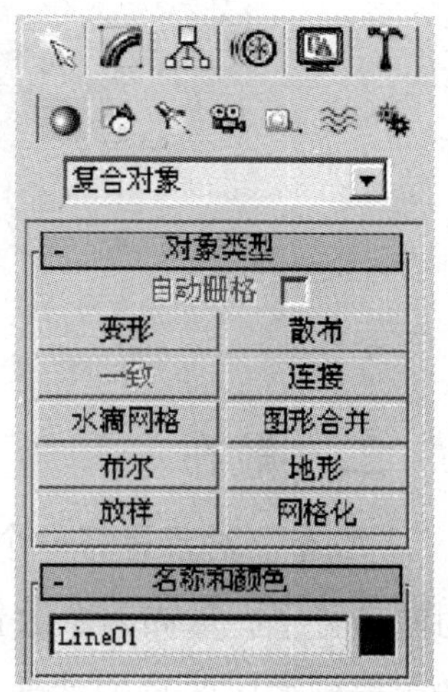

图 3—1—1　“复合对象”命令面板

使用复合对象建模必须先进入“复合对象”命令面板。单击“创建”→“几何体”按钮，并从子类别下拉列表中选择“复合对象”选项，就可以进入“复合对象”命令面板，如图 3—1—1 所示。

“复合对象”中包括的所有对象类型都显示在命令面板中的“对象类型”卷展栏中。其中包括“变形（Morph）”“散布（Scatter）”“一致（Conform）”“连接”（Connect）“水滴网格（Blob Mesher）”“图形合并

(ShapeMerge)”“布尔（Boolean)”“地形（Terrain)”“放样（Loft)”和“网格化（Mesher)”共 10 种方式，另外还有新增加的“超级布尔（ProBoolean)”和“超级切割（ProCutter)”命令。

一、变形

“变形”是一种动画特技，类似于 2D 动画中的中间动画技术，它可以用几个三维模型进行连续、均匀的过渡，从一个形态变形到另一个形态，模拟出真实的动作变化过程。

制作变形动画时，原始对象称为原对象，第二个对象称为目标对象，一个原对象可以变形为几个目标对象。需要注意的是，原对象和目标对象都必须有相同的顶点数才能进行变形动画，否则不能进行变形。因此，作为变形过渡对象的几个三维模型最好由同一个三维模型修改而成（可以用变换工具或各种修改器、空间扭曲器等)。

变形操作的过程：创建变形对象时，首先要在视图中选择原对象并单击“变形”选项，然后在“拾取目标”卷展栏中单击“拾取目标”按钮，并在视图中选定目标对象，如图 3—1—2 所示。

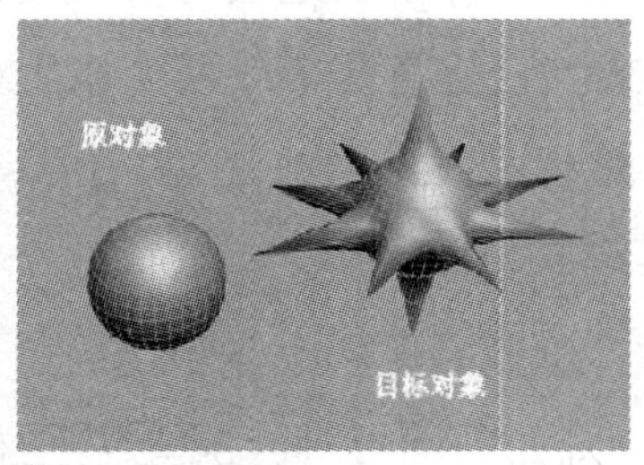

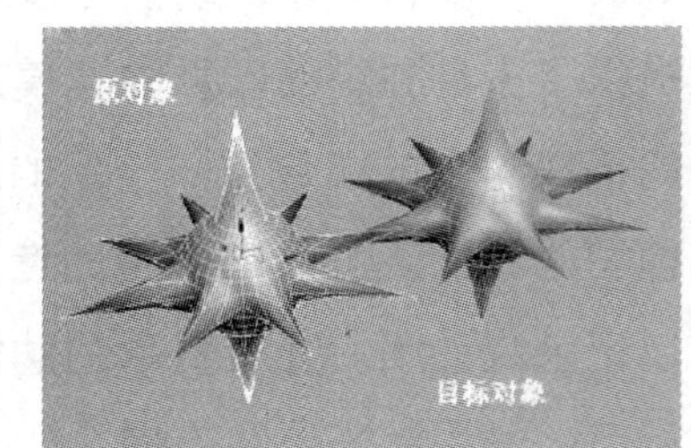

图 3—1—2　变形操作过程

二、散布

“散布”对象是将一个对象的多个副本散布到目标对象的表面。散布的对象称为散布分子，散布对象放置的区域称为目标对象。通过散布控制，可以将散布分子及大量副本以各种方式散布到目标对象的表面。它是一种非常快捷有用的建模工具，常用于制作需要大量杂乱复制，但使用阵列命令却达不到效果的地方，尤其适用于制作草地、森林和头发等。

选择散布分子，单击“散布”按钮后进入散布系统修改面板，其中包含了复杂的参数（见图3—1—3）。散布分子在目标对象表面的分布方式有9种，如图3—1—4所示。

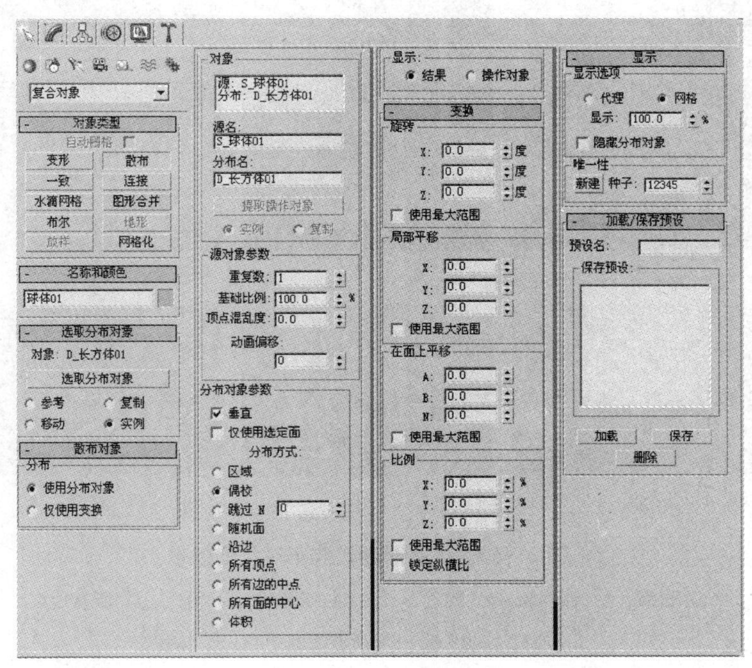

图3—1—3　“散布”对象的参数卷展栏

三、一致

“一致”复合对象可以将一个对象的表面投射到另一个对象上，用来创建包裹动画，如用纸包裹食品、用布包裹静物等。在创建“一致”复合对象后，被修改的对象称为包裹器对象，被包裹的对象称为包裹对象。包裹器对象和包裹对象必须是网格对象或是可以转换为网格对象的物体，但它们可以不具有相同的顶点数。

创建“一致”对象时，可选择要作为包裹对象的物体，在参数卷展栏中单击“选取包裹对象”按钮后在视图中选择包裹器对象。“参数”卷展栏中包含了创建“一致”对象的所有参数设置，如图3—1—5所示。

四、连接

“连接”对象可以创建两个删除面对象之间的封闭表面，并且可以进行连接面

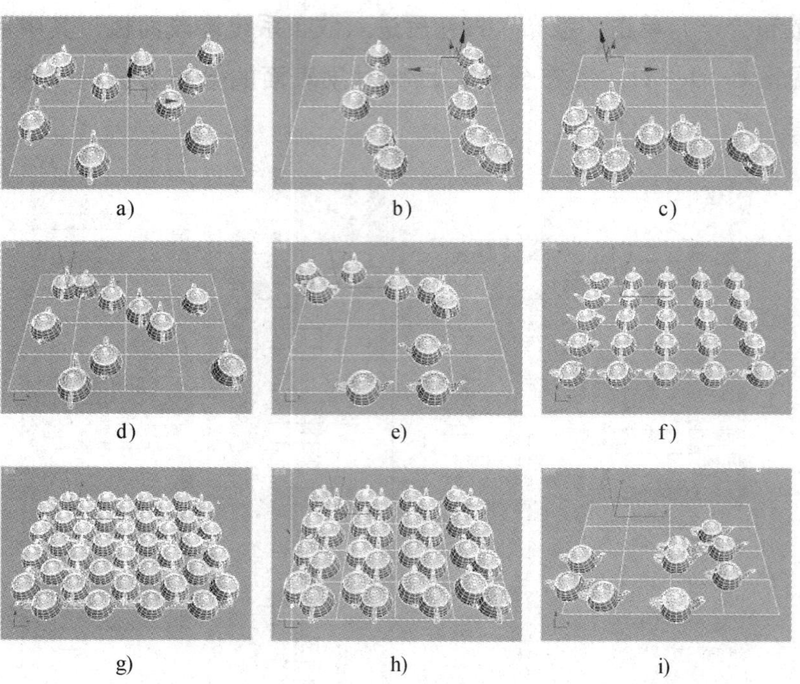

图 3—1—4　不同方式散布对象的效果

a）区域　b）偶校验　c）跳过 N 个　d）随机面　e）沿边　f）所有顶点

g）所有边的中点　h）所有面的中心　i）体积

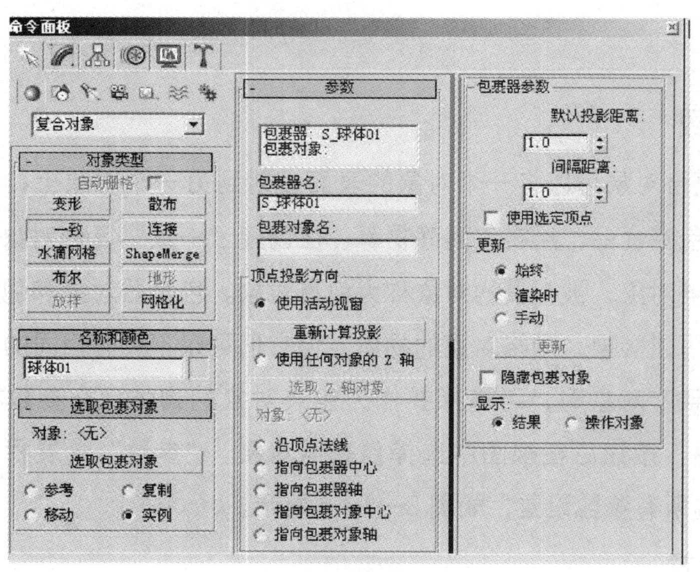

图 3—1—5　“一致”对象的卷展栏

的光滑处理。每个“连接”对象都必须有开放的面或边界来作为两个对象连接的位置，因此，要连接两个表面完整的三维模型，先要用“编辑网格”修改器删除它们的一部分面。选择其中一个对象，单击“连接”按钮进入“连接”对象的参数卷展栏（见图3—1—6)。“连接”对象的操作过程如图3—1—7所示。

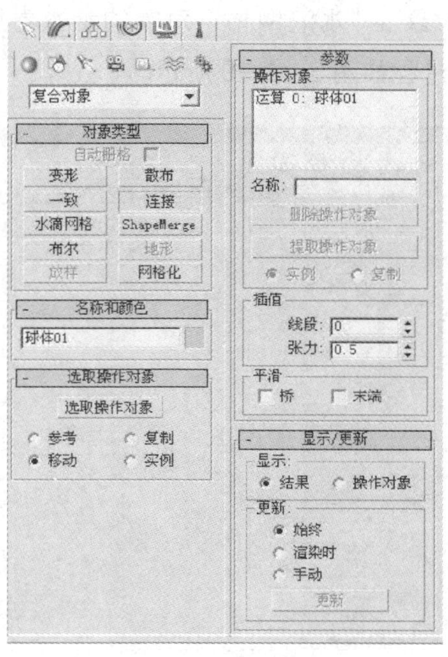

图3—1—6 “连接”对象的参数卷展栏

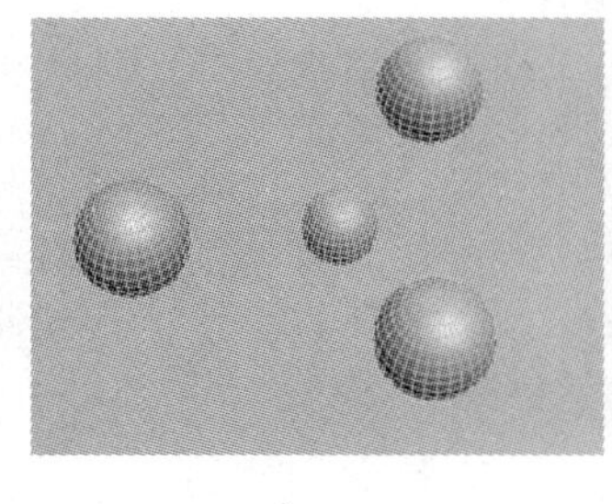

a)

b)

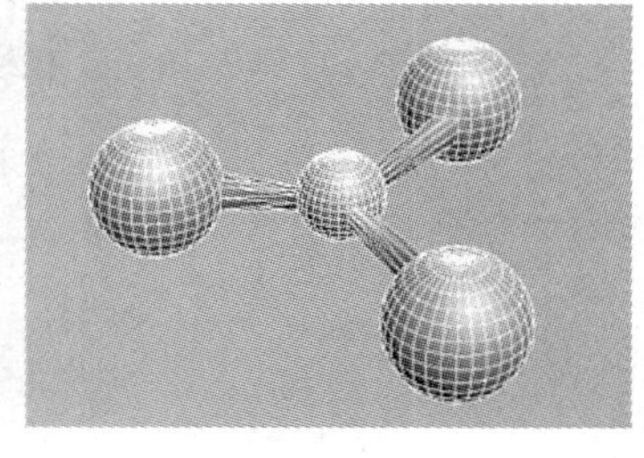

c)

图3—1—7 “连接”对象的操作过程

a）创建需要连接的对象 b）删除对象部分表面 c）拾取对象进行连接

五、水滴网格

“水滴网格”对象是一个简单的球体，可以直接在视图中单击进行创建。创建

单个“水滴网格”对象不会产生任何效果，但是如果使用参数设置创建“水滴网格”集合，并将其融合在一起，就会形成类似流动的液体或柔软的有机体效果，可以模拟水银形状的金属或其他类似物体。

创建“水滴网格”对象时可以使用“水滴对象”列表下方的“拾取”或“添加”按钮在视图中选择对象。“水滴网格”对象的参数卷展栏如图 3—1—8 所示，“水滴网格”对象的操作过程如图 3—1—9 所示。

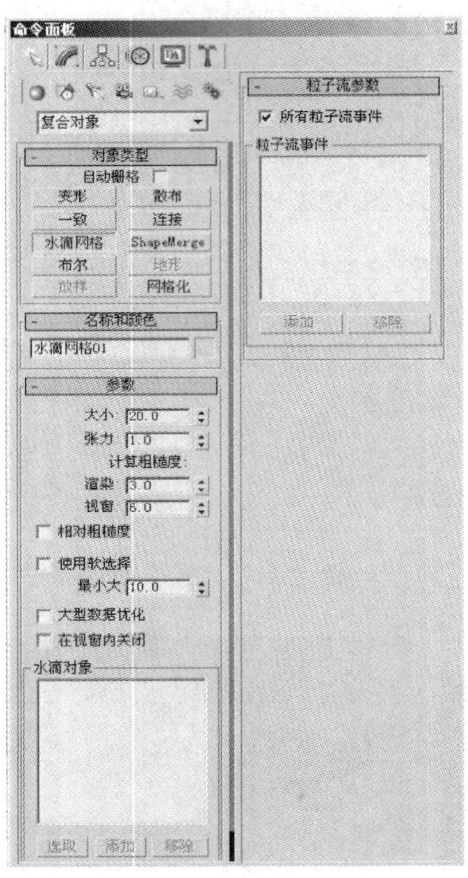

图 3—1—8 “水滴网格”对象的参数卷展栏

六、图形合并

“图形合并”复合对象是将二维图形投射到一个三维对象的表面，才产生相交或相减的效果。只有在视图中创建了网格对象或样条曲线时，这个按钮才会处于激活状态。二维图形与三维模型的相互位置至关重要。

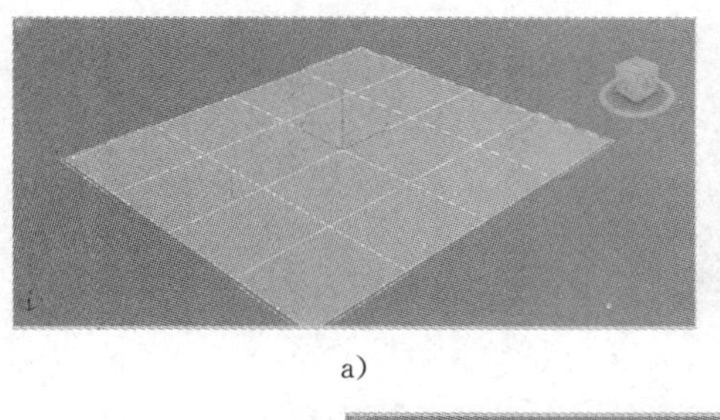

a）

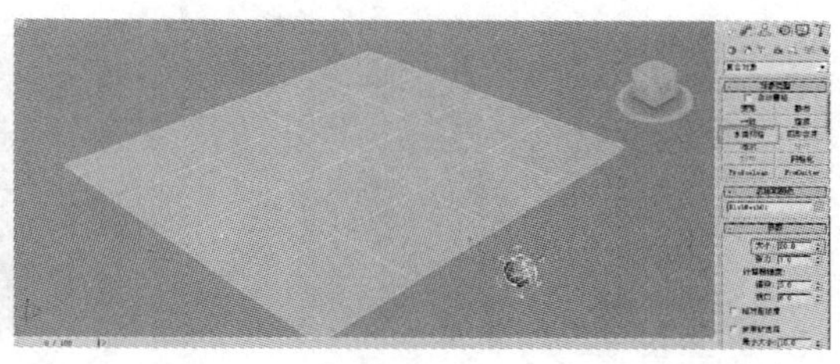

b）

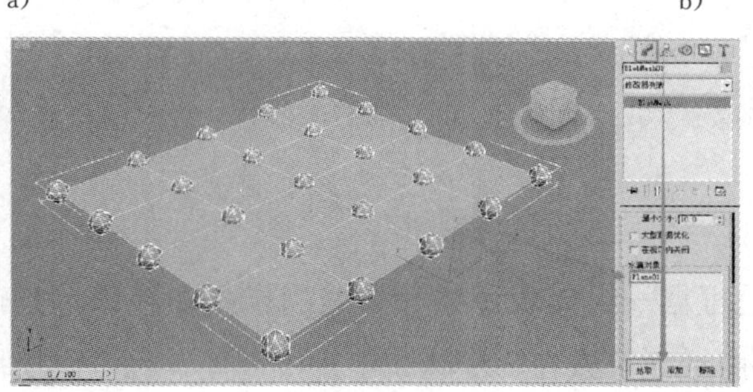

图 3—1—9　“水滴网格”对象的操作过程

a）创建网格面片　b）创建水滴网格初始变形体　c）在参数卷展栏中单击“添加”按钮，生成水滴网格

在视图中选择一个网格对象后，单击“拾取操作对象”卷展栏中的“拾取图形”按钮，在视图中选择样条曲线创建“图形合并”对象。“图形合并”对象的参数卷展栏如图 3—1—10 所示。“图形合并”操作中各选项的不同效果如图 3—1—11 所示。

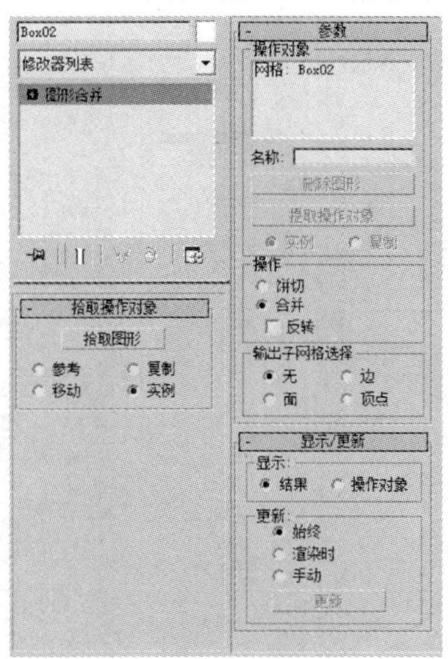

图 3—1—10　“图形合并”对象的参数卷展栏

a）

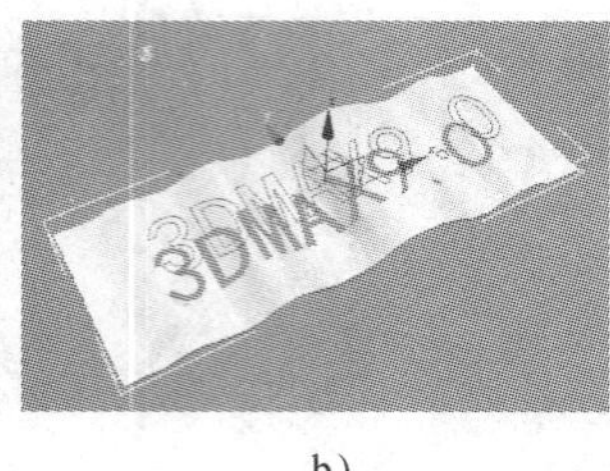

b）

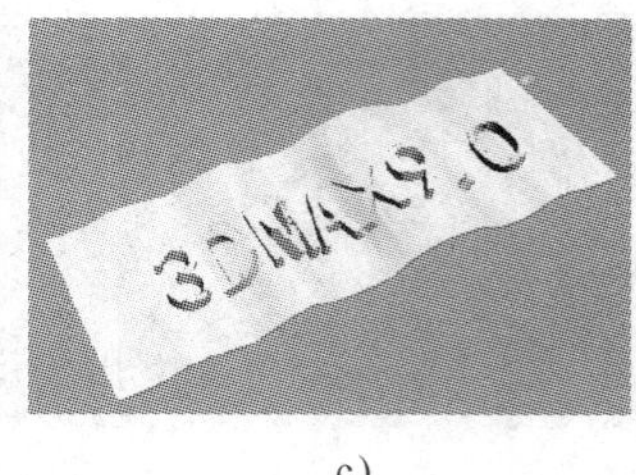

c）

图 3—1—11　选择操作中各选项的不同效果

a）饼切并反转的效果　b）饼切的效果　c）合并后再使用“面挤出”命令修改器获得浮雕效果

七、地形

“地形”对象是根据一组代表海拔等高线的样条曲线来创建的地形对象。这些代表等高线的样条曲线既可以在 3ds Max 中直接创建，也可以使用 AutoCAD 等其他二维绘图软件来创建，再通过 DWG 类的格式将样条曲线导入 3ds Max 中，但无论使用哪种软件创建等高线，都必须是封闭的曲线。

创建好不同高度的样条曲线后，选定所有的样条曲线并单击“地形”按钮，即可创建“地形”对象，或者通过单击“选取操作对象”卷展栏中的“选取操作对象”按钮来选择要添加到“地形”对象中的样条曲线，以创建地形对象。“地形”对象的参数卷展栏如图 3—1—12 所示，创建山地地形的操作过程如图 3—1—13 所示。

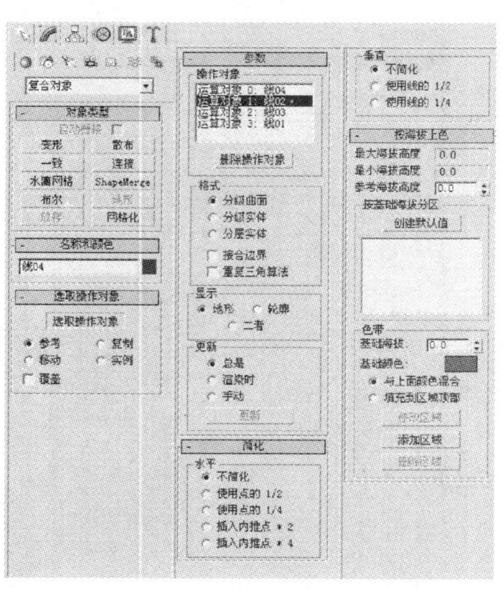

图 3—1—12　“地形”对象的参数卷展栏

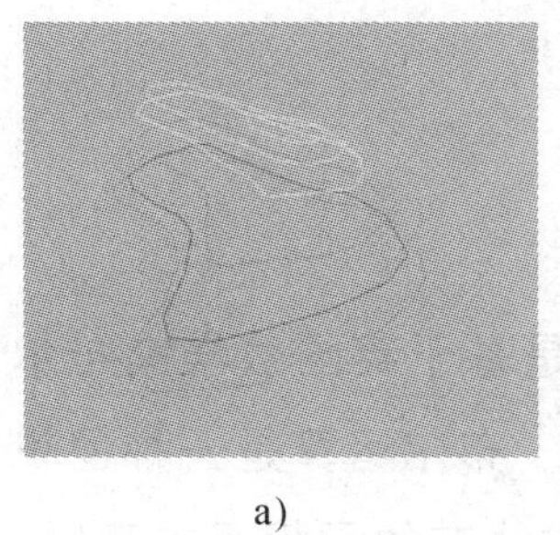

a)

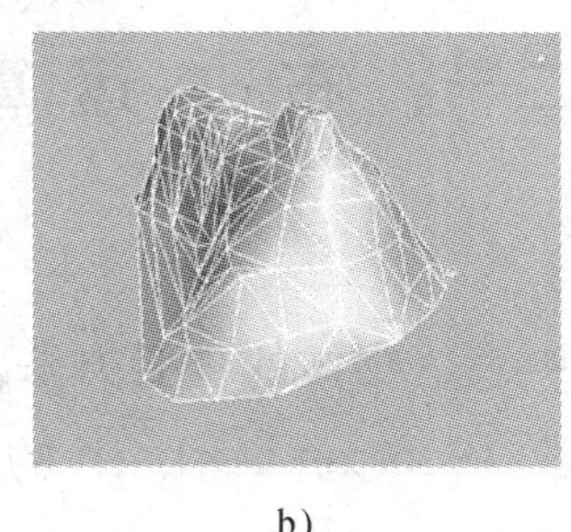

b)

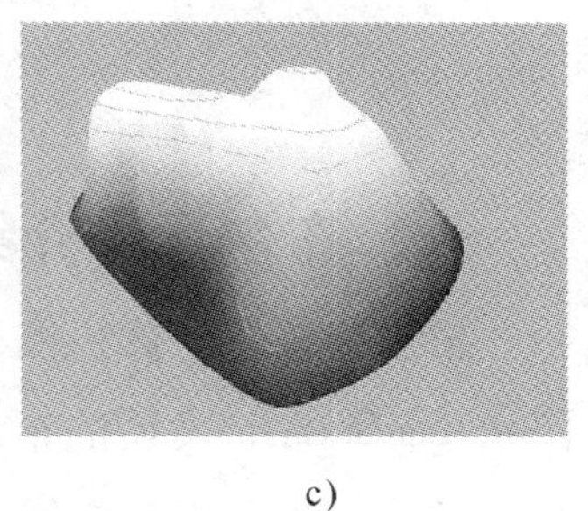

c)

图 3—1—13　创建山地地形的操作过程

a）创建不同高度的样条曲线　b）单击地形命令生成山地　c）设置地形的颜色

八、网格化

使用“网格化”复合对象可以将程序对象转换为网格对象。这个特性是对于粒子系统的一个补充。把对象转换为网格对象后，就可以应用“扭曲产生贴图坐标”等编辑修改器。

还可以对一个“网格化”对象应用几个复杂的编辑修改器并把它捆绑到一个粒子系统中。“网格化”对象在修改面板中只包含一个参数卷展栏，如图 3—1—14 所示。

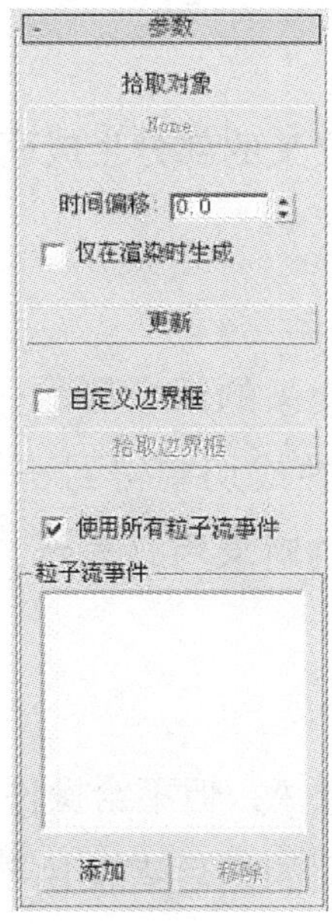

图 3—1—14　“网格化”的参数卷展栏

第二节　布尔运算

一、布尔运算介绍

布尔运算是计算机图形学中表达物体的重要方法，它是基于英国数学家布尔（George Boole）发明的布尔代数（Boolean algebra）的原理。布尔运算是一种逻辑数学运算方式，原来应用于工程上体积的计算，即当两个物体在体积相互交叉时，可以得出三种不同的体积结果。布尔运算包括并集、差集和交集运算方式，利用两个三维模型进行布尔运算，从而得到新的三维模型，同时可以将运算过程制作为动画。

应用“布尔”对象建模方式可以先选择一个对象并单击“布尔”按钮。在参数卷展栏中，单击“拾取布尔”卷展栏中的“拾取操作对象 B”按钮并在视图中选择第二个对象，再单击“操作”区域中的单选按钮即可。

1. 并集（union）

并集用于将两个三维模型合并为一个新的三维模型，删除它们交叉的部分，其网格焊接为一个新的完整网格体，与“附加”命令相似。

2. 交集（intersection）

交集用于将两个三维模型相交叉的部分生成面，成为一个新的三维模型，删除它们不相交的部分。

3. 差集（subtraction）

差集用于将两个三维模型相交叉的部分删除，同时删除其中的一个三维模型。相当于在另一个三维模型进行腐蚀或切割得到一个新的三维模型。此功能最为强大。选择的对象用 A 表示，拾取的对象用 B 表示，其运算方式有两种，即“A－B”或“B－A”。

4. 切割（Cut）

使用操作对象 B 切割操作对象 A，但不给操作对象 B 的网格添加任何东西。此操作类似于“Slice”修改器，不同的是后者使用平面 gizmo，而“切割”操作使用操作对象 B 的形状作为切割平面。“切割”操作将布尔对象的几何体作为体积，而不是封闭的实体。此操作不会将操作对象 B 的几何体添加至操作对象 A 中。操作对

象 B 相交部分定义了改变操作对象 A 中几何体的剪切区域。切割有下面四种类型：

(1) 优化 (Refine)。在操作对象 B 与操作对象 A 面的相交之处，在操作对象 A 上添加新的顶点和边。3ds Max 将采用操作对象 B 相交区域内的面来优化操作对象 A 的结果几何体，由相交部分所切割的面被细分为新的面。可以使用此选项来细化包含文本的长方体，以便为对象指定单独的材质 ID。

(2) 分割 (Split)。类似于“细化”，不过此种剪切还沿着操作对象 B 剪切操作对象 A 的边界，添加第二组顶点和边或两组顶点和边。此选项产生属于同一个网格的两个元素。可使用“分割”沿着另一个对象的边界将一个对象分为两个部分。

(3) 移除内部 (Move Inside)。删除位于操作对象 B 内部的操作对象 A 的所有面。此选项可修改和删除位于操作对象 B 相交区域内部的操作对象 A 的面。它类似于“差集”操作，不同的是 3ds Max 不添加来自操作对象 B 的面。可使用“移除内部”从几何体中删除特定区域。

(4) 移除外部 (Move Outside)。删除位于操作对象 B 外部的操作对象 A 的所有面。此选项可修改和删除位于操作对象 B 相交区域外部的操作对象 A 的面。它类似于“交集”操作，不同的是 3ds Max 不添加来自操作对象 B 的面。可使用“移除外部”从几何体中删除特定区域。

二、布尔运算操作

下面以实例说明布尔运算的使用方法：在场景中创建一个半径为 30 mm 的球体 (A 物体) 和一个立方体 (B 物体)，立方体的长度、宽度、高度各为 50 mm，利用工具栏中的对齐工具将两者中心对齐，效果如图 3—2—1 所示。

图 3—2—1　对齐后的效果

1. **差集运算**（subtraction）

在视图中选择球体，执行“创建＼复合＼布尔”命令，弹出“布尔”运算的“参数”卷展栏，向上拖动卷展栏，可以看到“拾取布尔”卷展栏中共有 4 个单选按钮，如图 3—2—2 所示。

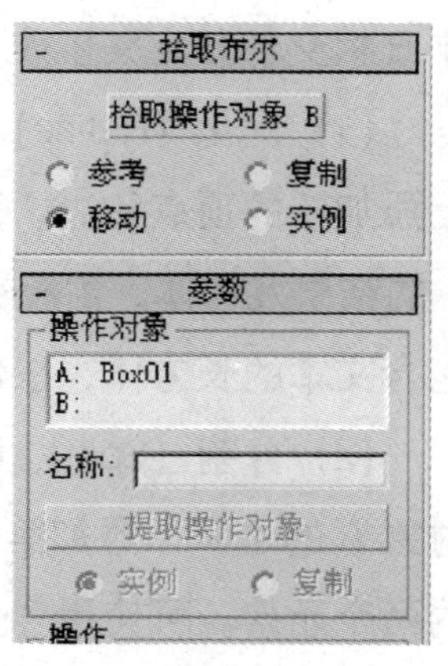

图 3—2—2 “拾取布尔”卷展栏

【参考】表示保留对象 B，且对象 B 与布尔对象单向关联。

【复制】表示保留对象 B，且对象 B 与布尔对象无关。

【移动】表示不保留对象 B。

【实例】表示保留对象 B，且对象 B 与布尔对象双向关联。

本例中用默认选项“移动”（即不保留原物体），在“拾取布尔”卷展栏中，单击“拾取操作对象 B”（选定的球体被指定为操作对象 A），单击场景中的另一个物体——立方体，发现场景中的立方体不见了（见图 3—2—3）。由此可见，差集运算是从一个对象中剪去另一个对象中的交叠部分，系统默认为 A－B。向上移动“参数”卷展栏，单击“差集（B－A）”单选按钮，结果发生变化（见图 3—2—4）。这一结果说明“差集（B－A）”是长方体剪去与球体的交叠部分，从显示结果可以看出在差集运算中选定对象的次序非常重要。

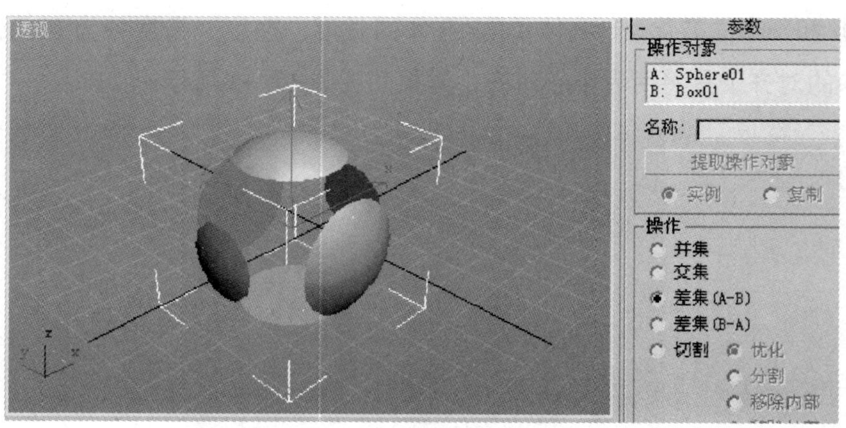

图 3—2—3 差集（A—B）运算结果

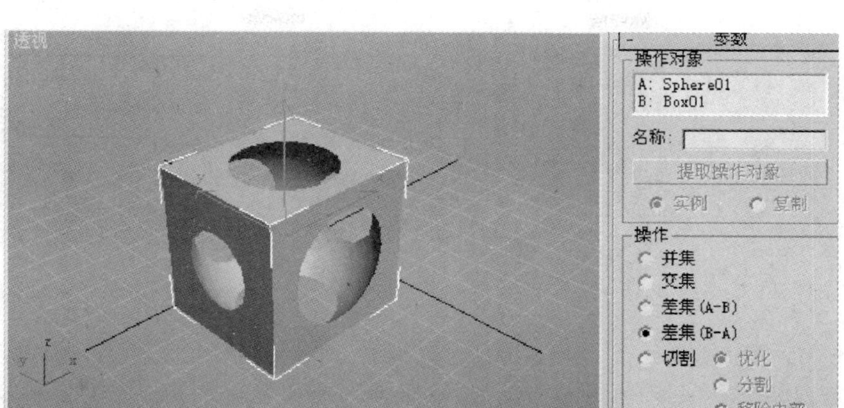

图 3—2—4 差集（B—A）运算结果

2. 并集运算（union）

在“参数”卷展栏的“操作”框中，选中“并集”选项，发现立方体与球体合在一起，两者颜色相同，且被一白色框包围，如图 3—2—5 所示。

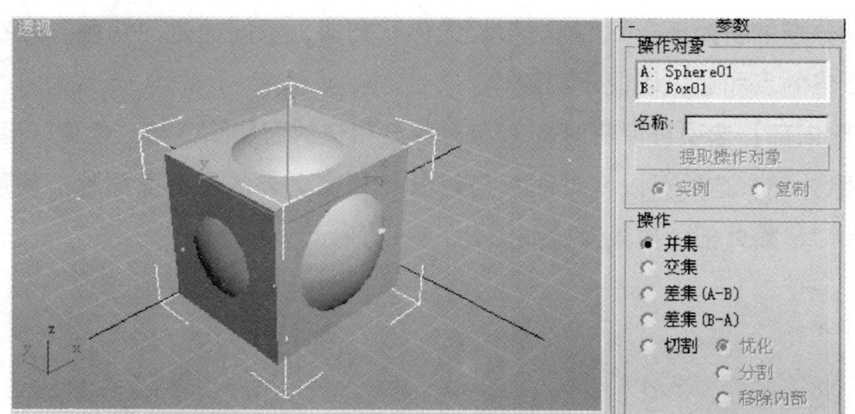

图 3—2—5 并集运算结果

3. 交集运算（intersection）

在“参数”卷展栏的“操作”框中，选中“交集”选项，发现只剩下立方体和球的交叠部分，如图 3—2—6 所示。

4. 切割运算（cut）

切割运算是求出两者相交的边界，用这一边界来标记选定对象，该选项有“切

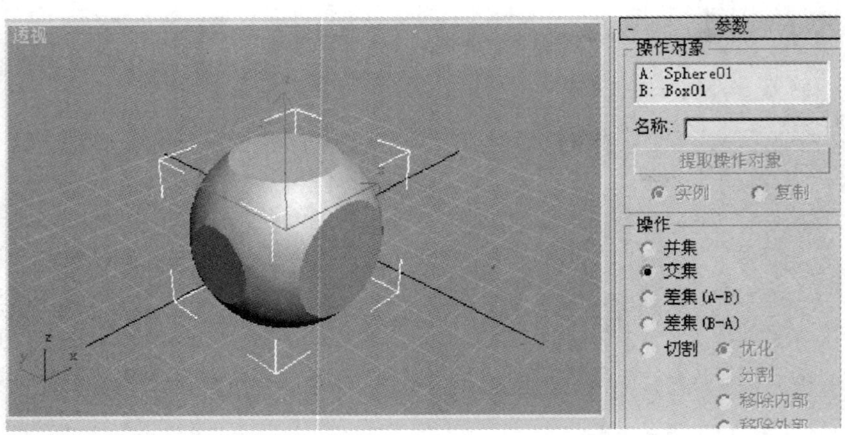

图 3—2—6　交集运算结果

割”“优化”“移除内部”“移除外部”4 个选项。

【切割】选项是对象 B 在对象 A 上进行剪切，包括 4 种剪切方式。

【优化】选项可以为对象 A 在对象 B 与对象 A 相交的部分增加新的点和边，使相交的部分增加新的面；“切割”与“优化”类似，不同的是“切割”是在相交部分增加双倍的点和边，以便于切割。

【移除内部】选项可以将对象 A 与对象 B 相交的面删除，与“差集”运算类似。

【移除外部】选项可以将对象 A 与对象 B 相交之外的所有面删除。使用“移除内部”和“移除外部”效果对比如图 3—2—7 所示。

图 3—2—7　使用“移除内部”和“移除外部”效果对比

5. “显示/更新”卷展栏

“显示/更新”卷展栏中包含了“显示”区域和“更新”区域，如图 3—2—8 所示。

“显示”区域显示已消除的操作物体的选项。一般在进入布尔运算的修改命令面板子物体层或对操作物体进行动画制作时使用，不影响布尔运算的结果。“结果”选项会在视图中显示布尔运算后的结果；“操作对象”选项会在视图中显示已消除的操作物体；“结果＋隐藏的操作对象”选项将以线框的方式显示隐藏的对象，主要用于动态的布尔运算修改编辑操作，如图 3—2—9 所示。

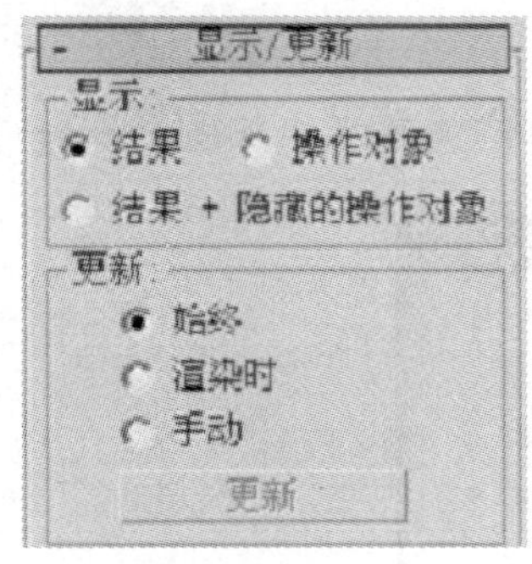

图 3—2—8　“显示/更新”卷展栏

图 3—2—9　使用“结果＋隐藏的操作对象”命令的效果

“更新”区域设定每次更改布尔运算的设置后如何在视图中显示运算的结果。“始终”选项表示在每次操作后都立即在视图中显示布尔运算的结果；“渲染时”选项表示只有在渲染时显示布尔运算的结果；勾选“手动”选项时，下面的“更新”按钮将被激活，在需要更新效果时，单击此按钮将在视图中即时显示布尔运算的结果。

小技巧

要进行布尔运算，必须先创建用于布尔运算的物体。进行布尔运算的物体应具有一定的条件：

（1）最好有较多段数。经布尔运算后的对象会新增加很多面片，而这些面是由若干个点相互连接构成的，这样一个新增加的点就会与相邻的点连接，这种连接具有一定的随机性。随着布尔运算次数的增加，对象结构会变得越来越混乱。所以，这就要求进行布尔运算的对象有较多段数，通过增加对象段数的方法可以大大降低布尔运算出错的可能。

(2) 两个布尔运算的对象应充分相交。若两个操作对象没有完全相交时执行“相交”布尔操作，对象将消失。

(3) 连续布尔操作导致前面的操作消失。解决办法：操作一次，退出命令，再进行下一次操作；将多个对象结合成一个对象。

(4) 避免使用长而窄的多边形面，边的长宽比小于 4∶1 为好。

三、技能训练——制作烟灰缸

步骤一：进入自定义>单位设置>设置系统单位为毫米，如图 3—2—10 所示。

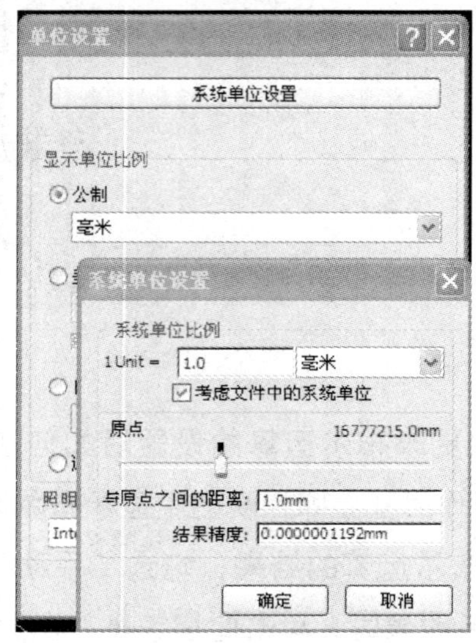

图 3—2—10 “单位设置”窗口

步骤二：用“管状体”命令在顶视图创建一个管状体，参数为，作为烟灰缸主体部分。使用“移动复制”命令，在前视图沿 *Y* 轴复制一个管状体，调整参数为，使用“对齐”命令，沿 *Y* 轴将其对齐到第一个管状体下方，如图 3—2—11 所示。

步骤三：用“圆柱体”命令在前视图创建一个圆柱体，参数为，

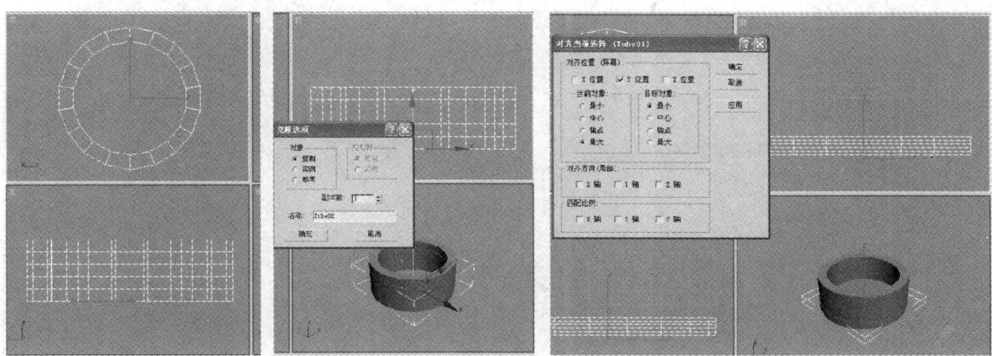

图 3—2—11　创建烟灰缸主体部分

用“移动”“旋转”命令调整其位置，如图 3—2—12 所示。

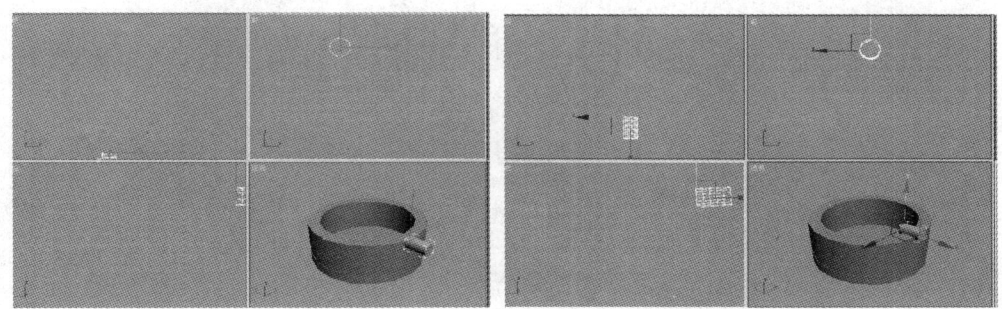

图 3—2—12　创建圆柱体

步骤四：将圆柱体绕着管状体中心进行环形阵列。在执行阵列命令前，先要将圆柱体的坐标中心点移到管状体中心。在顶视图中选中圆柱体，点击主工具栏中参考坐标系 视图 右边的黑色三角形，点击“拾取”选项，然后在顶视图选中管状体，视图坐标变成管状体 01，将“使用轴点中心”转换为“使用变换坐标中心”（见图 3—2—13）。进入工具菜单栏，选择“阵列”命令，在弹出的阵列窗口中修改旋转项中 Z 轴及阵列维度 1D 的数量为 。点击“预览”按钮，观看阵列效果，然后点击“确定”按钮结束，如图 3—2—14 所示。

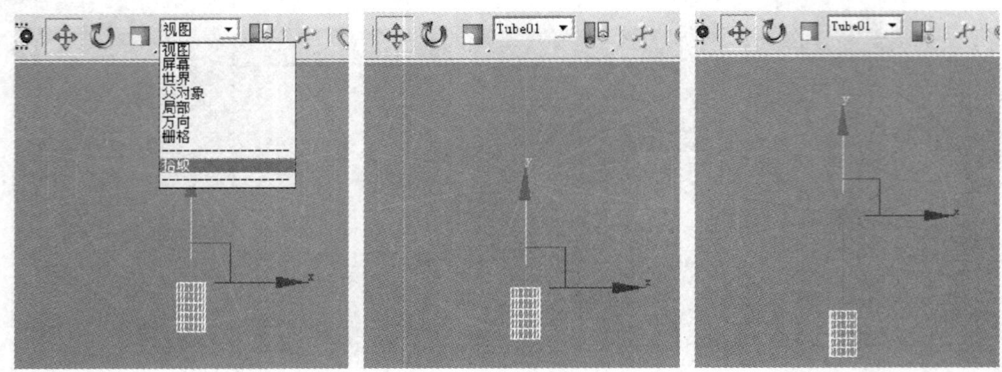

图 3—2—13　变换圆柱体坐标中心

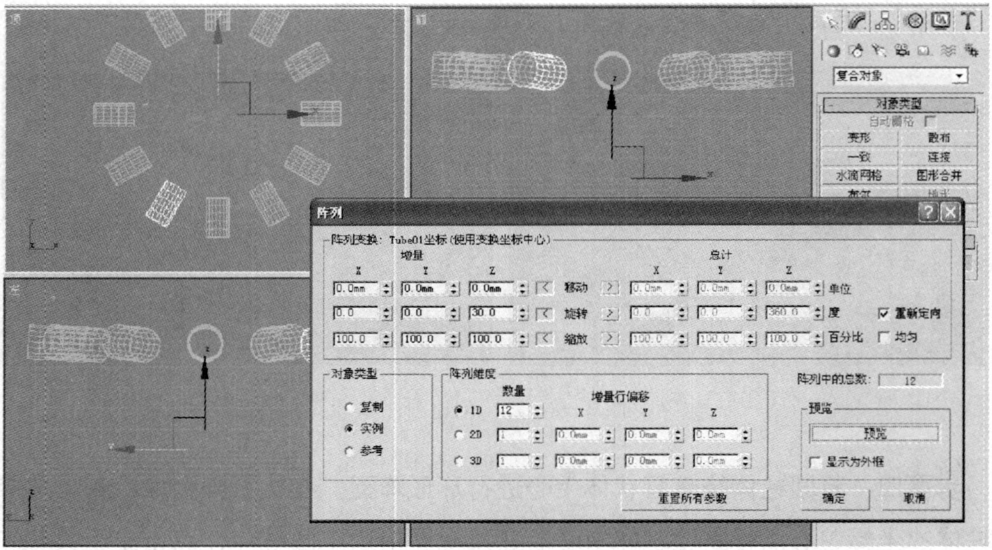

图 3—2—14　环形阵列圆柱体

步骤五：在进行布尔运算前，先将所有的圆柱体附加为一个整体。在顶视图任意选中一个圆柱体，在其上面单击鼠标右键，将其转换为可编辑多边形。在“可编辑多边形”面板中点击进入元素子选项，点击“附加”列表按钮 附加 ，在弹出的附加列表窗口中选中所有的圆柱体后，点击“附加”按钮即可，如图 3—2—15 所示。

步骤六：进入“复合对象”面板，点击“布尔”命令按钮，点选操作中的“差集（B－A）”，然后点击“拾取操作对象 B”按钮，在顶视图中点选管状体 01，单

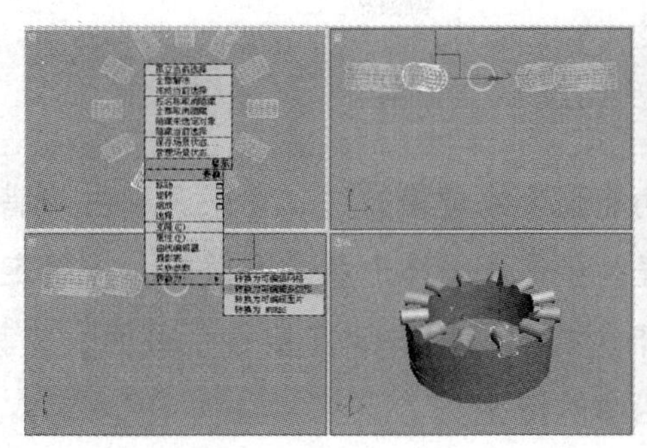
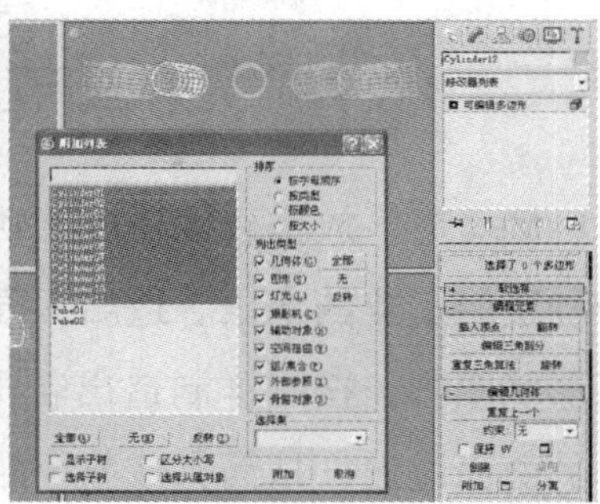

图 3—2—15 附加所有圆柱体

击鼠标右键结束布尔运算命令，如图 3—2—16 所示。

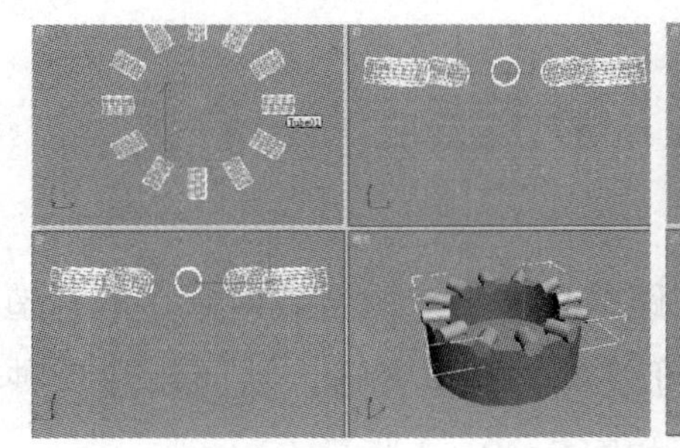
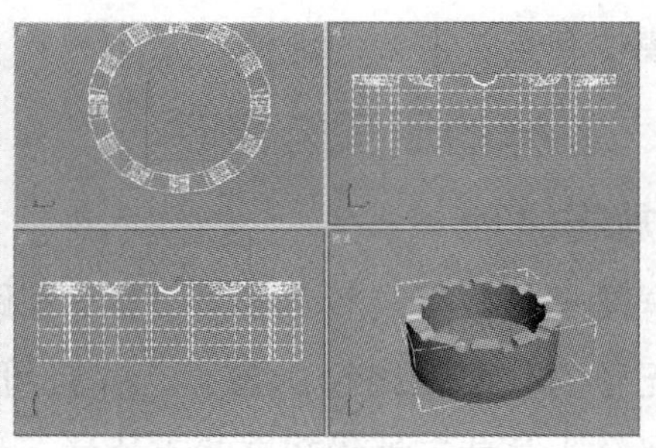

图 3—2—16 进行布尔运算

步骤七：将模型全部选择，调整颜色为白色，最后效果如图 3—2—17 所示。

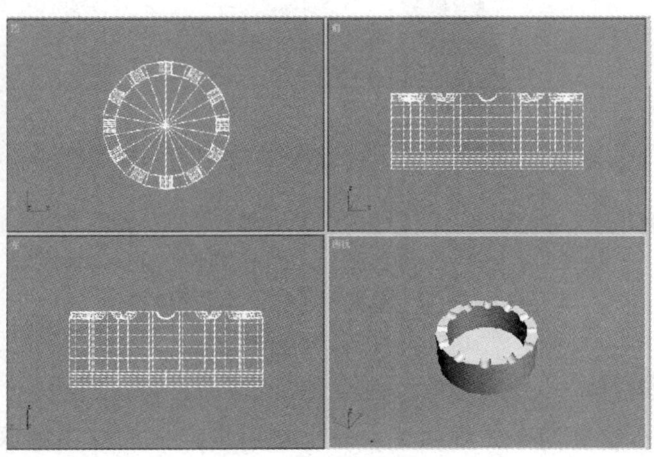

图 3—2—17 调整颜色

第三节　放　　样

在 3ds Max 中，放样建模是一种功能强大的建模方法。它来源于古希腊的造船术，是一种造船工业的术语。造船工匠为了保证船体形状的准确性，先确定主要位置的截面形状图样，按图样制造出若干个截面，用支架连接各个截面，将其固定，形成光滑的曲面过渡，从而完成整个船体的造型。

放样造型被广泛地应用于虚拟现实软件的二维建模领域，在早期的 3ds Max 版本中就已经成为三维建模的锐利武器。它可以用较简单的方法取得卓越的三维模型效果，造型细腻而且曲面质量优良，使很多复杂的模型可以一次成型。放样造型在三维建模中有至关重要的地位。

一、放样的原理与条件

1. 放样原理

放样是一个截面或多个截面沿着一条路径拉伸出来的合成对象，放样造型的原理就是无数的截面沿路径的堆叠，并且可以对放样体变形，从而创建各种特殊效果。放样分为单截面放样和多截面放样，如图 3—3—1 所示。

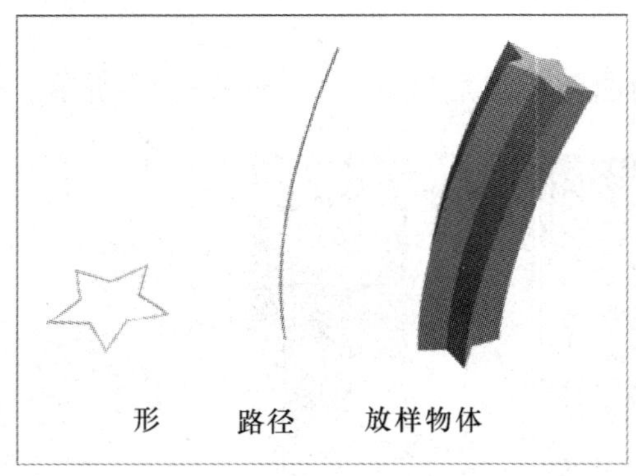

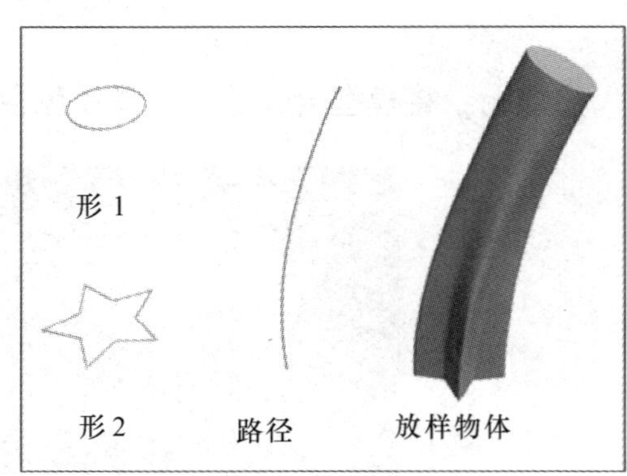

图 3—3—1　单截面放样和多截面放样

2. 放样的条件

实现放样至少需要两个二维曲线：一个是用于定义放样物体深度的放样路径；另一个是用来定义放样形状的放样截面。

(1) 放样对截面的要求。截面图形不能是自相交样条线；截面图形可以是封闭样条线或非封闭样条线，使用非封闭样条线作为截面的放样对象只能从一面观察；同一放样对象中允许存在多个截面。

(2) 放样对路径的要求。路径图形不能是复合样条线；只允许一个放样对象对应一条路径。

二、放样方法

选择路径或截面图形，单击“放样”按钮 Loft ，激活放样命令，然后单击 Get Shape （获取图形）或 Get Path （获取路径），最后拾取截面或路径，才会创建放样对象。放样建模的方法有多种，可以使用截面形作为原始形进行放样，也可以把路径作为原始形进行放样。

1. 截面放样

使用截面放样建模的步骤：首先选取截面图形，然后在放样命令面板的“创建方法”卷展栏中单击“获取路径”按钮，最后在视图中拾取路径图形，完成放样。

2. 路径放样

使用路径放样建模的步骤：首先选取路径图形，然后在放样命令面板的“创建方法”卷展栏中单击“获取图形”按钮，最后在视图中拾取截面图形，完成放样。

3. 多截面放样

使用一个截面图形沿路径放样只能创建一些比较简单的对象，如果想真正发挥放样建模的巨大功能，必须应用多截面图形放样技术和放样变形技术。

使用多形放样时，需要为每个截面图形指定放样路径上的位置，也就是路径层次；这一切要在“路径参数”卷展栏中进行（见图 3—3—2）。使用多形放样建模的步骤如下：

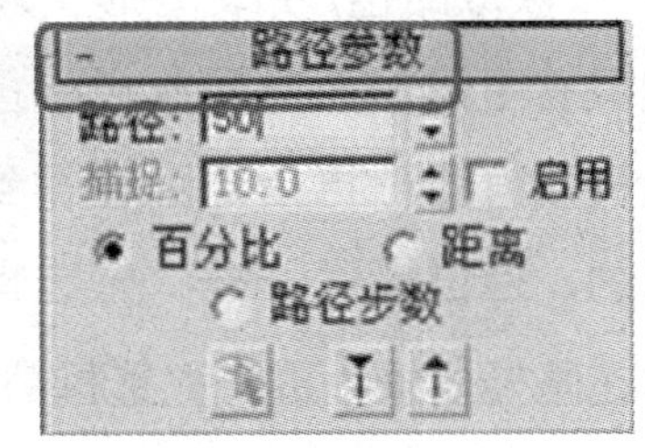

图 3—3—2　在路径上指定位置

(1) 选取路径图形，然后在放样命令面板的“创建方法”卷展栏中单击“获取图形”按钮，在视图中拾取第一个截面图形（此时“路径参数”卷展栏中的“路径”数值默认为 0），完成第一个图形的放样。

(2) 在“路径参数”卷展栏中的“路径”数值栏中输入 50（表示在路径图形的 50%处加入第二个截面图形），再次单击“获取图形”按钮，在视图中拾取第二个截面图形，完成第二个图形的放样。

（3）在“路径参数”卷展栏中的“路径”数值栏中输入 100（表示在路径图形的 100%处加入第三个截面图形），再次单击“获取图形”按钮，在视图中拾取第三个截面图形，完成第三个图形的放样。多形放样步骤图解如图 3—3—3 所示。

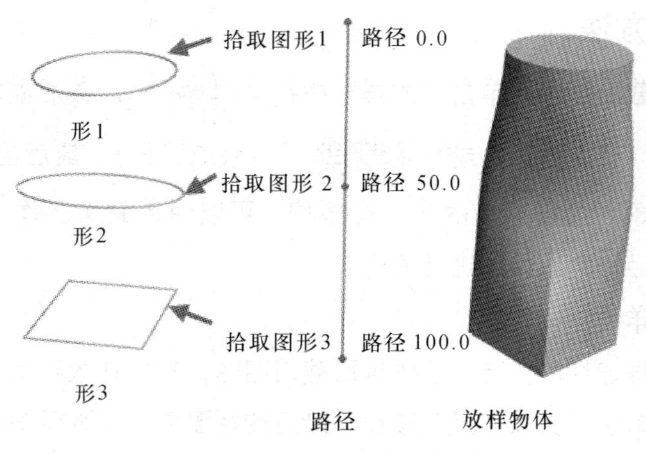

图 3—3—3　多形放样步骤图解

三、放样参数

1. “创建方法”卷展栏

“创建方法”卷展栏中包含“获取路径”和“获取图形”两个按钮，还有三个用于获取对象属性特征的选项，如图 3—3—4 所示。

图 3—3—4　“创建方法”卷展栏

“获取路径/获取图形”表示指定放样路径或指定截面图形。先选择放样路径再指定截面图形或先选择截面图形再指定路径得到的放样物体形状是相同的，但位置不一样。先选择放样路径，则放样物体在路径位置生成；先选择截面图形，则放样物体在图形的位置生成。

使用【移动】方式将图形直接移到放样物体中，成为放样对象的一部分，不再保留原始图形。

使用【复制】方式将原始图形的一个复制品移到放样对象中，并保留原始图形，但是修改原始图形不影响放样对象的表面。这种方式比较适合于共同使用同一个截面图形或路径图形的不同物体的放样建模。

使用【实例】方式将原始图形的一个关联复制品移到放样对象中，修改原始图形将影响放样对象。这是系统默认的创建方式。

2. “曲面参数”卷展栏

“曲面参数”卷展栏用来设置放样对象表面的属性，如图 3—3—5 所示。

【平滑】选区中包含两个复选框选项。当复选“平滑长度”选项时，将沿放样路径的长度方向使放样对象表面光滑。当复选“平滑宽度”选项时，将沿路径方向的曲线渲染成不光滑的面片。系统默认状态下两个选项都为复选状态。

【贴图】选区可以控制纹理贴图，设置贴图沿对象的长度方向或宽度方向重复的次数。当复选“应用贴图”选项时，下面的选项才可以使用。“长度重复”用于设置沿着路径的长度重复贴图的次数；“宽度重复”用于设置围绕横截面图形的周界重复贴图的次数；复选“规格化”选项时，沿着路径的长度和截面图形的周边均匀地缩放贴图。如果没有复选该项，根据节点和层之间的间隔不均匀地缩放贴图。

【材质】选区可以把放样对象设置为自动生成“生成材质 ID 号”或“使用图形 ID 号”。

【输出】选区可以把放样对象的输出指定为“面片”或“网格”。

3. “路径参数”卷展栏

“路径参数”卷展栏可以沿放样路径的不同位置定位几个不同的截面图形，如图 3—3—6 所示。

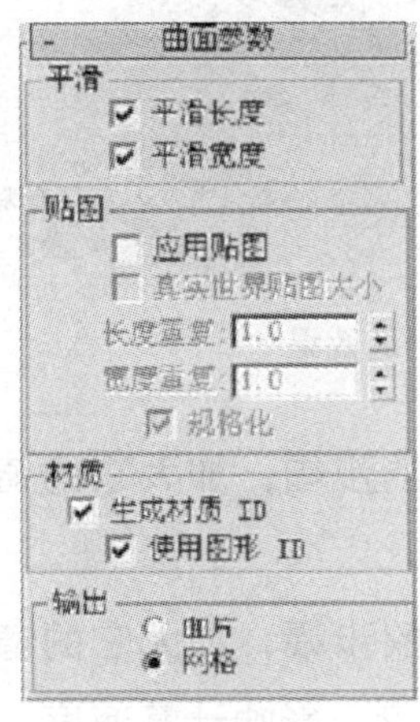

图 3—3—5　“曲面参数”卷展栏

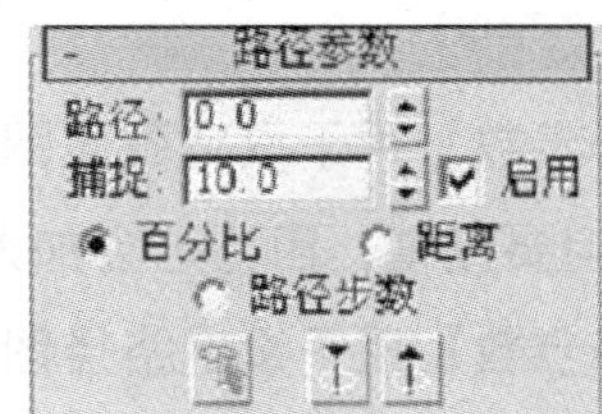

图 3—3—6　“路径参数”卷展栏

【路径】微调框根据“百分比”或“距离”确定新图形插入的位置。

【捕捉】微调框后面的“启用”复选框被选择后，该选项方可用。用来设置沿路径的固定距离进行捕捉。

【百分比】选项将路径级别表示为路径总长度的百分比，可以输入 0～100 的数值。

【距离】选项将路径级别表示为路径第一个顶点的绝对距离，输入的数值代表实际的距离。

【路径步数】选项可以沿顶点定位的路径以一定的步幅数定位形状，即直接在路径的分段和节点上设置截面图形。

图 3—3—7 “表皮参数”卷展栏

4. “表皮参数”卷展栏

“表皮参数”卷展栏包含许多确定放样表皮复杂度的选项，如图 3—3—7 所示。

【封口始端】和【封口末端】这两个复选框用来设置是否给放样对象任何一端添加盖子（见图 3—3—8）。盖子可以选“变形”类型或“栅格”类型。

图 3—3—8 使用盖子与不使用盖子的效果

【图形步数】用于设定截面图形顶点与顶点之间的步幅，加大它的值会使造型更光滑，但要谨慎，因为这会加大模型的复杂程度。

【路径步数】用于设定路径图形顶点与顶点之间的步幅，加大它的值会使造型更光滑，但同样要谨慎，因为这会加大模型的复杂程度，影响计算速度。

【优化图形】和【优化路径】这两个复选框用来删除不需要的边或顶点，以降

低放样对象的复杂程度。

【自适应路径步数】复选框用来自动确定路径使用的步幅数。

【轮廓】复选框选中后，横截面总是调整为与路径垂直，能得到良好的模型；取消此复选框，路径改变方向时截面图形仍然保持原方向。

【倾斜】复选框选中后，可以使路径弯曲时横截面图形发生旋转。

【恒定横截面】复选框选中后，截面将在路径上自行放缩变化，保证整个截面都是同样大小，此点对于建模很重要；而取消此复选框时，截面图形则会沿路径以任意锐角保持原始的尺寸大小。

【线性插值】复选框选中后，会在不同的横截面图形之间创建直线边，取消选择则会以光滑曲线连接各种形状。为了取得光滑的表面造型，建议不选择。

【翻转法线】复选框用于正法线出现的问题，如图 3—3—9 所示。

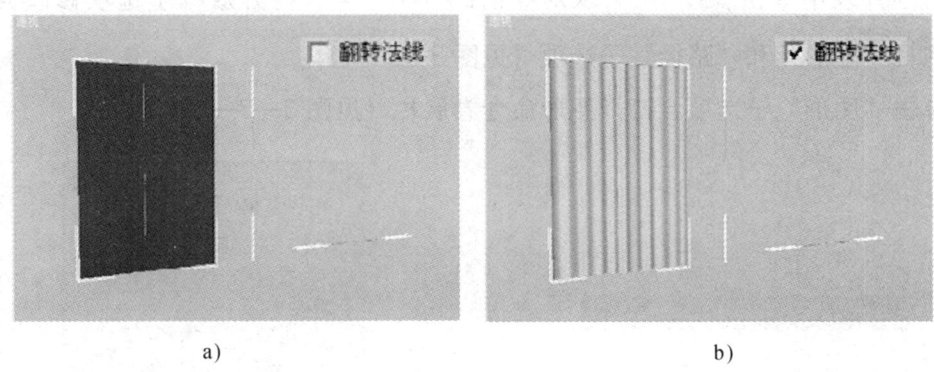

a)　　　b)

图 3—3—9　翻转法线的对比效果

a）用线放样窗帘后未翻转法线　b）用线放样窗帘后翻转法线

【四边形的边】复选框用于创建四边形。选择此项，放样对象表面将分裂为四边形网格对象；如果取消此项选择，放样对象表面被分裂为三角形面片。

【变换降级】复选框选中后，在变换放样对象的图形或路径时，变换结果不进行立即更新；如果关闭此复选框，则对放样对象进行调整后，放样表面立即进行更新。

【显示】区域可以在视图中显示表面造型，包括“表皮”和“表皮于着色视图”选项。

5. “图形命令”卷展栏

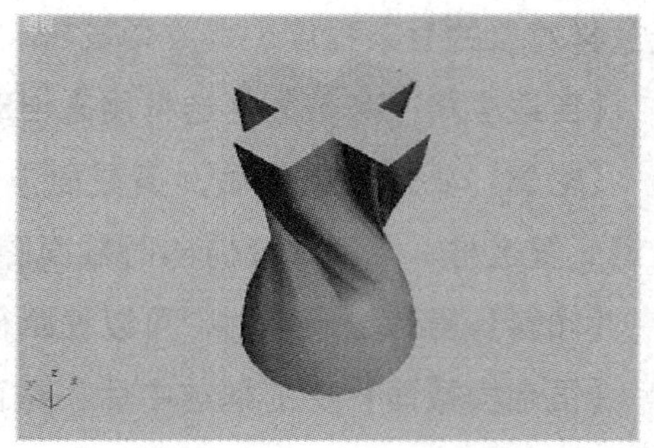

图 3—3—10　多形放样导致扭曲

在多形放样过程中经常会发生这样的问题：在放样对象表面，尤其是两个截面图形之间的表面，经常会产生不规则的扭曲（见图 3—3—10）。这是因为每一个二维图形都有起点，多形放样过程中先将不同的截面图形起点连接，按连线生成面结构，由于放样所用的两个图形起始顶点的角度错位，导致模型发生扭曲。解决的办法就是要调整图形的位置。

激活放样对象，单击命令面板的“修改”按钮，打开修改命令面板，在修改器堆栈列表中单击 Loft 次对象前的“+”号，打开放样子选项修改面板，其中包括“图形”和“路径”子选项（见图 3—3—11）。

单击“图形”子选项会打开图形命令卷展栏（见图 3—3—12）。

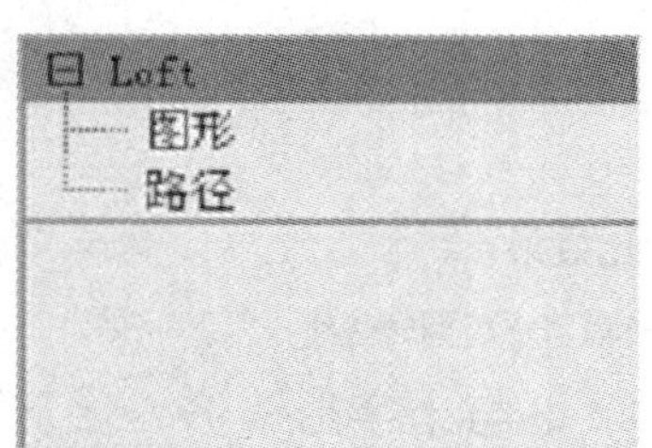

图 3—3—11　放样次对象修改面板

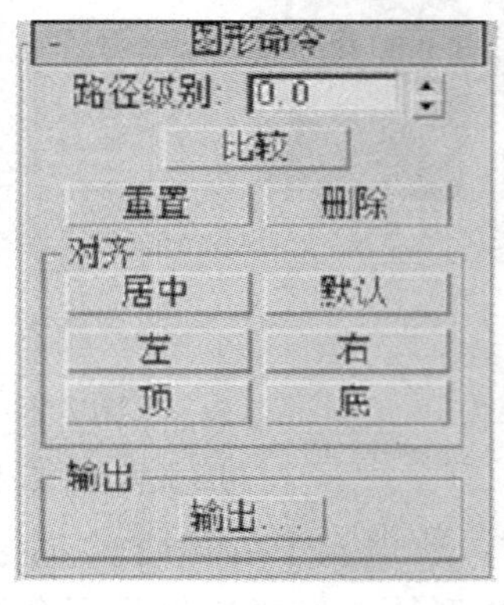

图 3—3—12　“图形命令”卷展栏

【路径级别】用来调整图形在路径上的位置。

【比较】按钮用来打开“比较”窗口（见图 3—3—13）。“拾取图形”按钮可以在视图中选择需要比较的截面图形，并显示在窗口中。

【重置】按钮可以清除当前对话框中的图形。这四个按钮分别代表“最大化显示”“平移”“缩放”和“缩放区域”功能。

【返回】按钮可以返回形状旋转或比例变换之前的原始图形；“删除”按钮则可以删除整个图形。

【对齐】区域各按钮用于把图形对齐到“居中”“默认”“左”“右”“顶”或“底”。在放样对象局部坐标系中，使用“左”和“右”按钮可以沿 X 轴移动图形，使用“顶”和“底”按钮可以沿 Y 轴移动图形。“居中”按钮可以使图形在路径上居中，“默认”按钮可以将图形返回到初次放置在放样路径上的位置。

【输出】按钮可以将截面图形输出为一个新的图形。

对于前面生成的扭曲的放样模型，可以单击“比较”按钮，打开“比较”窗口，使用“拾取图形”按钮在视图中分别单击放样模型上的圆形和十字形，两个图形出现在对话框中（见图 3—3—14）。

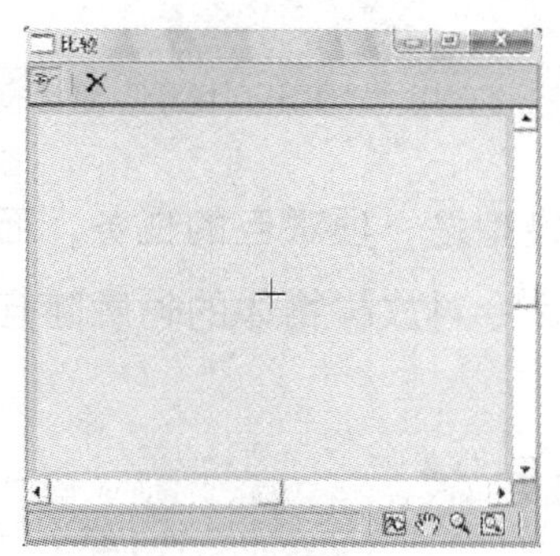

图 3—3—13 “比较”窗口

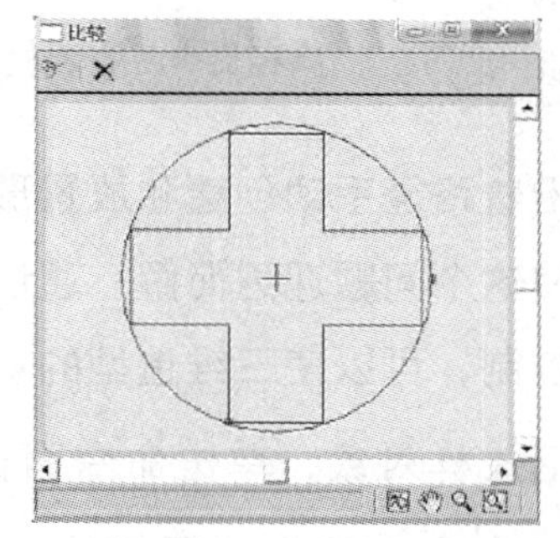

图 3—3—14 在“比较”窗口中拾取图形

此时可以看到两个图形的起始点错位了 45°。单击工具栏中的“选择并旋转”按钮，在视图中选择圆形，将其顺时针旋转 45°，与十字形对齐，如图 3—3—15 所示。调整后的放样模型如图 3—3—16 所示。

单击“路径”子选项会打开“路径命令”卷展栏，如图 3—3—17 所示。这个卷展栏只有一个用于复制放样路径的“输出”按钮，单击此按钮会弹出“输出到场景”对话框（见图 3—3—18）。使用此对话框可以为路径命名，并可以选择把它创建为“复制”或“实例”。

6. “变形”参数卷展栏

(1) 放样变形功能。放样功能虽然提供了很强的从二维到三维的建模手段，但

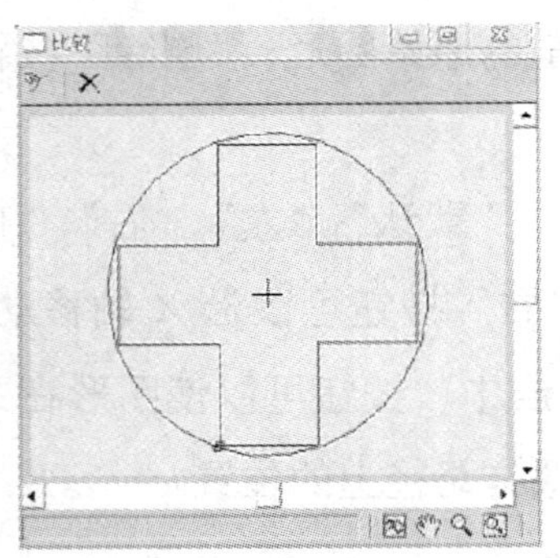

图 3—3—15　在“比较”窗口中旋转图形

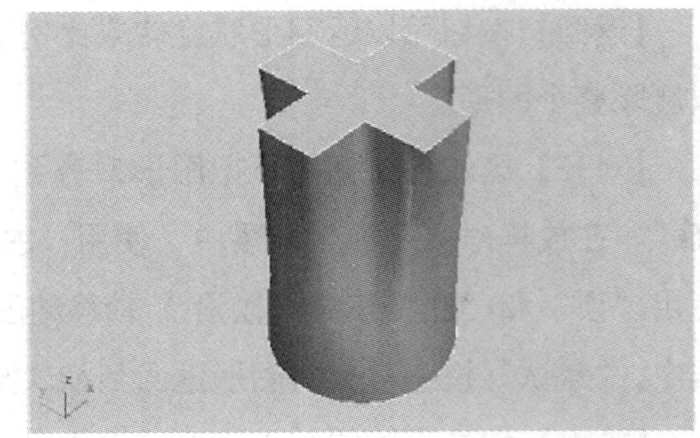

图 3—3—16　调整后的放样模型

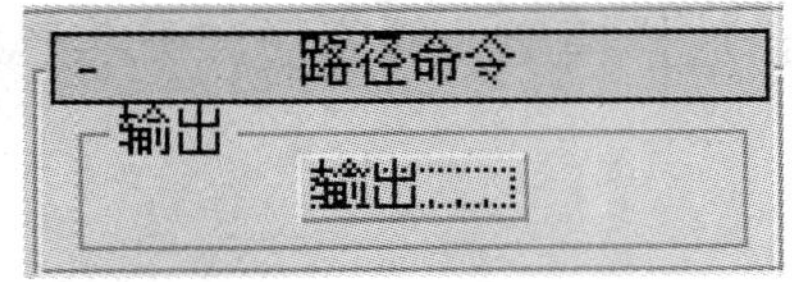

图 3—3—17　“路径命令”卷展栏

图 3—3—18　“输出到场景”对话框

是通过沿着路径手动创建和放置形状来生成这些模型是一项艰巨的任务，而使用变形曲线使这个问题迎刃而解。通过使用放样变形命令对放样物体的轮廓随意地进行修改和控制，可以使三维造型的功能更加强大。

激活放样对象，单击命令面板的“修改”按钮，打开修改命令面板，在最下方可以看到“变形”按钮 + 变形 ，单击“+”号展开后的“放样变形”参数卷展栏如图 3—3—19 所示。

此卷展栏包含 5 个按钮，使它们可以沿路径“缩放”“扭曲”“倾斜”“倒角”“拟合”横截面形状。这 5 个按钮打开的都是相似的图形窗口，每个按钮旁边都有一个开关按钮，用于激活或禁用各自的效果。

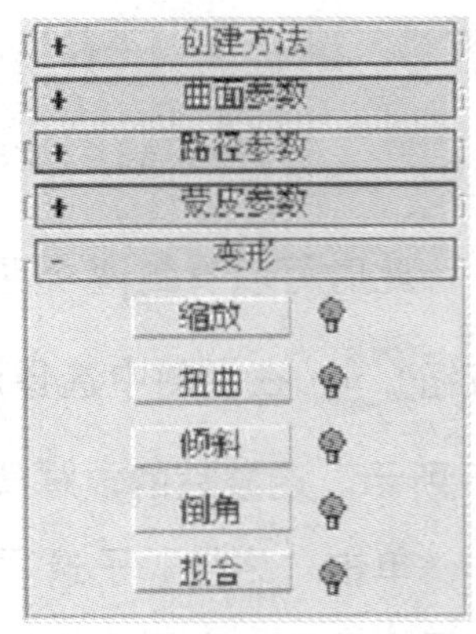

图 3—3—19　“放样变形”参数卷展栏

选择一种放样变形工具后，会出现相应的变形栅格面板，除“拟合”变形工具的变形栅格稍有不同外，其他变形工具的变形栅格和控制元素基本相同。“缩放变形”对话框如图 3—3—20 所示。

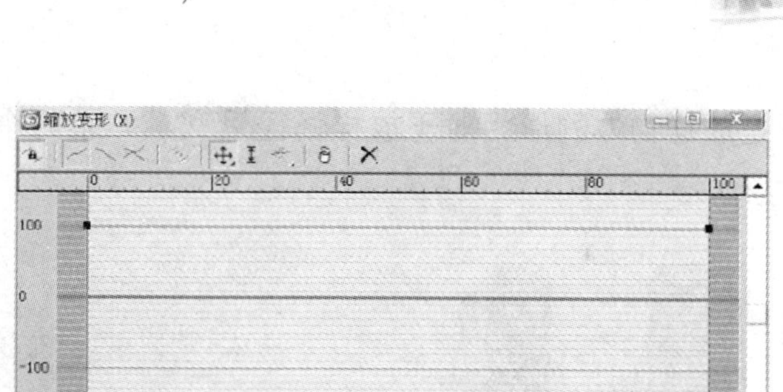

图 3—3—20　“缩放变形”对话框

【缩放】变形是通过缩放图形在路径上 X、Y 轴方向的比例大小，对放样物体的外轮廓进行变形修改（见图 3—3—21）。

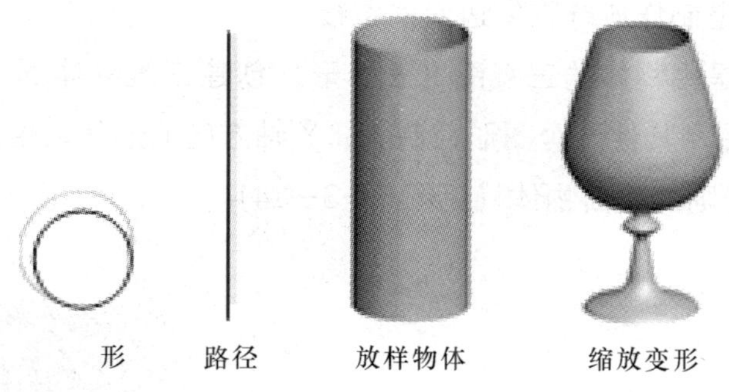

图 3—3—21　缩放变形

【扭曲】变形是放样物体的图形在垂直于放样路径的方向旋转扭曲，产生变形（见图 3—3—22）。

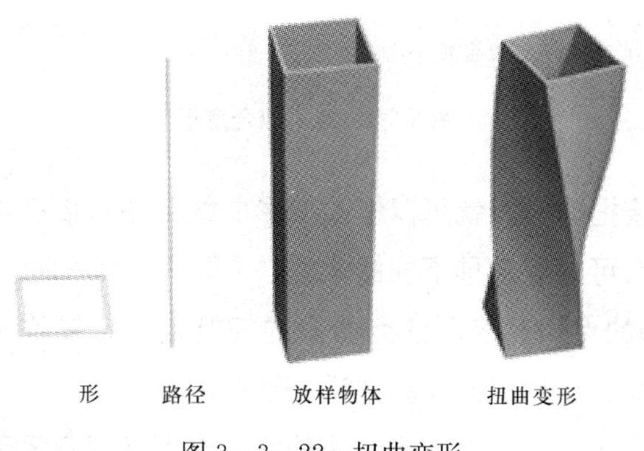

图 3—3—22　扭曲变形

【倾斜】变形是放样物体的形相对于放样路径沿 X、Y 轴两个方向产生倾斜变形（见图 3—3—23）。

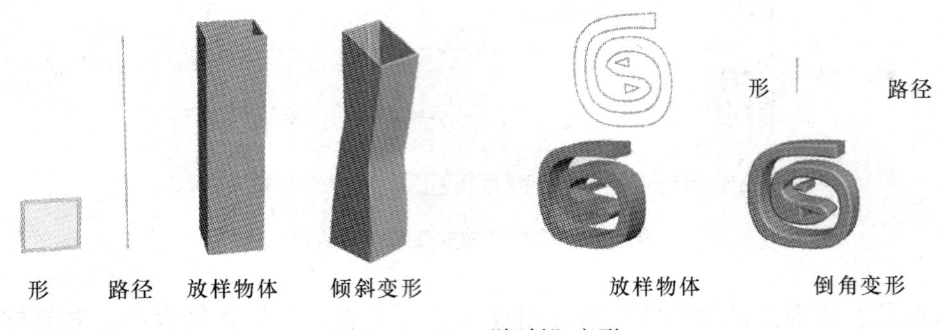

图 3—3—23 “倾斜”变形

【倒角】变形是制作放样物体边沿的倒棱。

【拟合】变形是由物体的三视图（三个形）创建三维物体的方法。用一个图形沿 Z 轴放样，然后用其他两个图形控制 X、Y 轴方向的形状，生成放样物体。一般用于创建形状不规则的曲面物体（见图 3—3—24）。

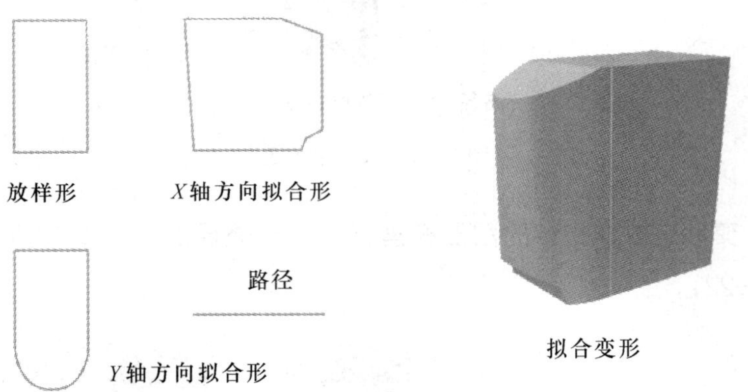

图 3—3—24 拟合变形

在窗口中，直接拖动曲线就可以修改变形曲线。还可以在曲线的任何位置插入控制点，这些控制点可以有三种不同的类型：“角点”“Bezier-平滑”和“Bezier-角点”。“Bezier”类型的点拥有控制该点曲率的控制柄。若要改变点的类型，可以选定这个点并右击鼠标，从弹出的菜单中进行选择。

若要移动一个控制点，可以选定并拖动它，或者在窗口底部的水平和垂直域中

输入数值。

(2) 放样变形控制面板各按钮

【均衡】按钮：用于锁定 X 轴和 Y 轴，对其中一条曲线所做的改变也同样作用于另一条曲线。

【显示 X 轴】按钮：可以使 X 轴可见。

【显示 Y 轴】按钮：使控制 Y 轴可见。

【显示 XY 轴】按钮：可以使 X 轴和 Y 轴都可见。

【变换变形曲线】按钮：用于切换 X 轴和 Y 轴控制线。

【移动控制点】按钮：包含两个用于移动控制点和“Bezier”控制柄。

【缩放控制点】按钮：可以按比例变换选定的控制点。

【插入角点/插入 Bezier 点】按钮：可以在变形曲线上插入角点或 Bezier 点。

【删除控制点】按钮：可以删除当前控制点。

【重置曲线】按钮：可以返回原始曲线。

【平移】按钮：可以通过鼠标拖动来平移曲线。

【最大化显示】按钮：可以最大化显示整个曲线。

【水平方向最大化显示】按钮：可以最大化显示整个水平曲线范围。

【垂直方向最大化显示】按钮：可以最大化显示整个垂直曲线范围。

【水平缩放】按钮：可以在水平曲线范围上放大。

【垂直缩放】按钮：可以在垂直曲线范围上放大。

【缩放】按钮：可以通过鼠标拖动进行缩放。

【缩放区域】按钮：可以放大鼠标指定的范围。

(3)“倒角”工具对话框按钮命令。在“倒角”变形对话框中可以选择三种不同的倒角类型：

【法线倒角】按钮：可以忽略路径曲率平行边倒角效果。

【自适应（线性）】按钮：可以根据路径曲率，线性地改变倒角。

【自适应（立方）】按钮：可以基于路径曲率，用立方体样条曲线来改变倒角。

(4)“拟合”工具对话框按钮命令。在所有的放样变形工具中，“拟合”工具是功能最为强大的一种变形工具。使用“拟合”工具，只要绘制出对象的顶视图、侧视图和截面视图就可以创建出复杂的几何体对象。可以这样说，无论多么复杂的对象，只要绘制出它的三视图，就能用“拟合”工具将其制作出来。也正因如此，所以它的对话框略微复杂一些，包含几个特有的按钮，用于控制轮廓曲线。

【水平镜像】按钮：可以水平镜像选择集。

【垂直镜像】按钮：可以垂直镜像选择集。

【逆时针旋转 90 度】按钮：可以将选择集逆时针旋转 90°。

【顺时针旋转 90 度】按钮：可以将选择集顺时针旋转 90°。

【删除控制点】按钮：可以删除选定的控制点。

【重置曲线】按钮：可以返回原始图形的曲线。

【删除曲线】按钮：可以删除选定的曲线。

【获取图形】按钮：可以选择单独的样条曲线作为轮廓线。

【生成路径】按钮：可以用一条直线替换当前路径。

【锁定纵横比】按钮：可以保持高度和宽度之间的比例关系。

四、技能训练——制作窗帘

步骤一：进入自定义＞单位设置＞设置系统单位为毫米（见图 3—3—25）。

步骤二：创建“放样”截面。用直线命令在顶视图绘制一条线段（长度为窗宽

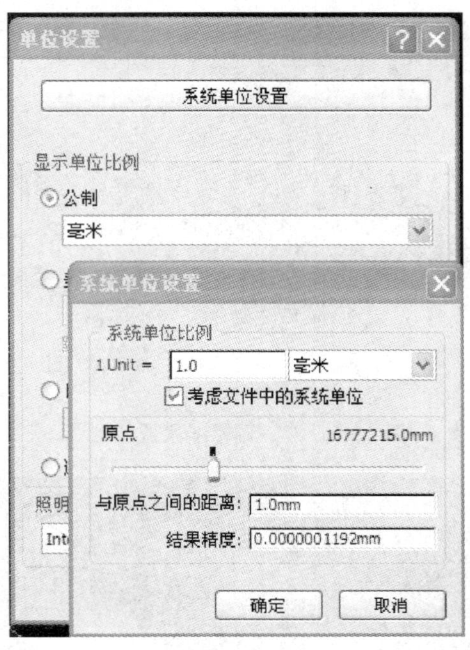

图 3—3—25　“单位设置”窗口

的一半)，命名为窗帘截面 1，进入修改命令面板，选择线段子选项，将该线段拆分为 10 份（见图 3—3—26)；接着选择顶点子选项，勾选锁定控制柄，之后选任意一点进行贝塞尔弧度调整，将线段调整成波浪线（见图 3—3—27)。

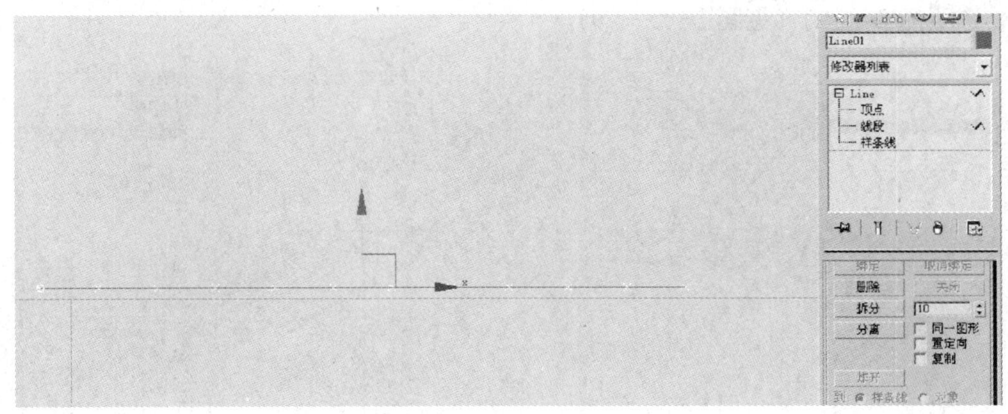

图 3—3—26　拆分线段

步骤三：用同样的方法创建第二条曲线，命名为窗帘截面 2，拆分数量为 8 份（见图 3—3—28)。

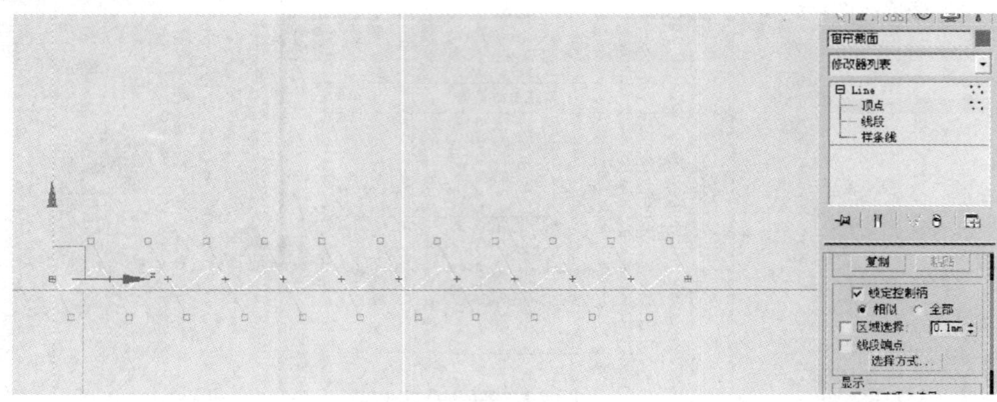

图 3—3—27　调整线段成波浪线

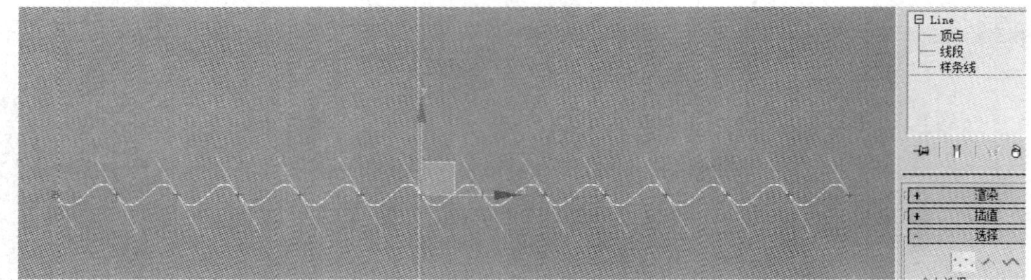

图 3—3—28　再创建一条波浪线

步骤四：在前视图绘制一条直线，命名为窗帘路径，长度与窗高一致或更高一点，参照窗高绘制（见图 3—3—29）。

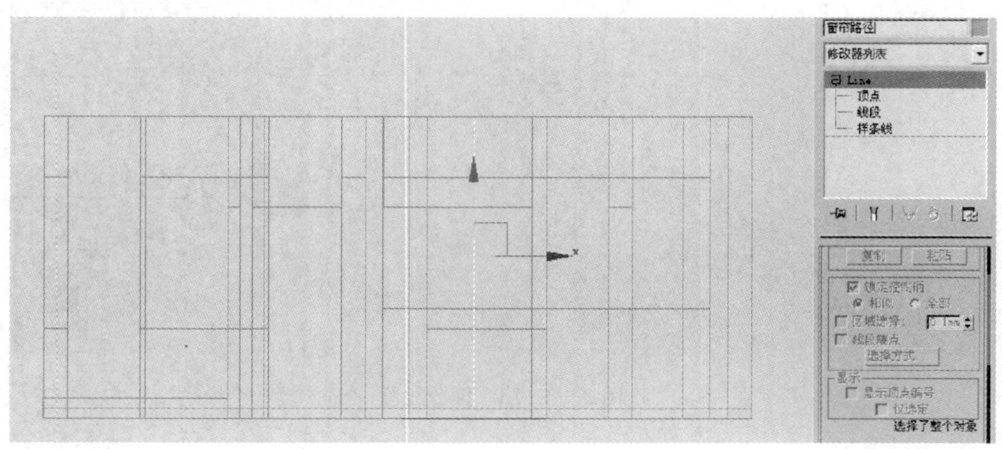

图 3—3—29　创建路径

步骤五：选择作为路径的直线，进入基本创建命令面板，选择复合对象面板，点击放样命令，进入放样命令操作面板。打开创建方法卷轴，点击获取图形按钮，在顶视图选择窗帘截面 1；将路径的百分比调为 100，再点击获取图形按钮，在顶视图选择窗帘截面 2，完成窗帘基本模型（见图 3—3—30）。

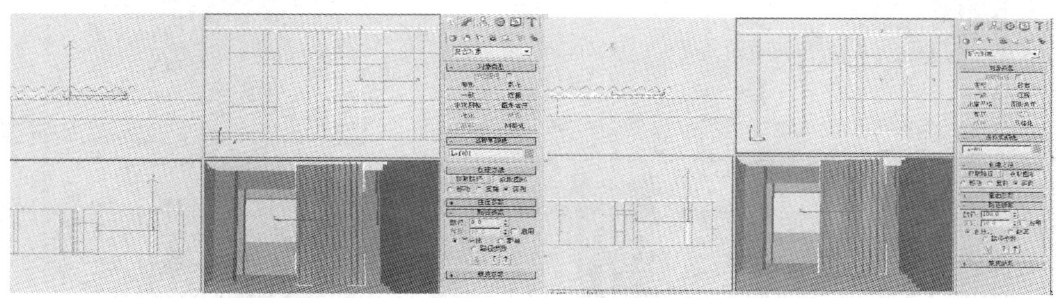

图 3—3—30　放样窗帘

步骤六：调整窗帘形状。对窗帘进行变形处理。复制一份放样好的窗帘（为了不影响操作，需将原来的窗帘隐藏），打开变形卷轴，点击缩放按钮，打开缩放操作窗口，沿 X 轴添加两点，调整窗帘截面形状（见图 3—3—31）。

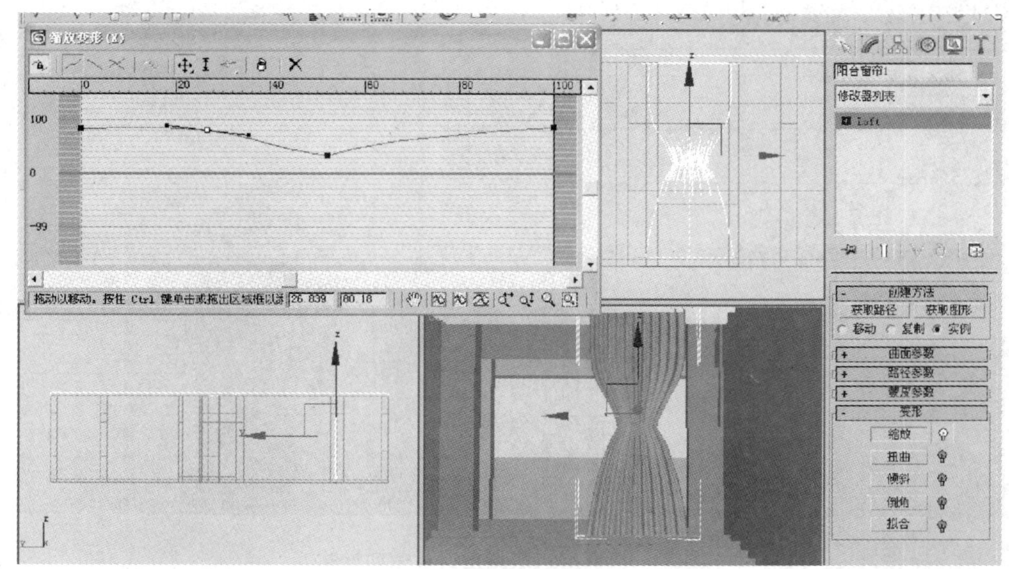

图 3—3—31　调整窗帘截面形状

步骤七：打开放样命令左侧的“+”号，选择图形选项，在前视图框选放样窗帘基本模型两截面，之后将它们往一边移动（见图 3—3—32）。再打开缩放操作窗口，对窗帘外形进行进一步的调整（见图 3—3—33）。

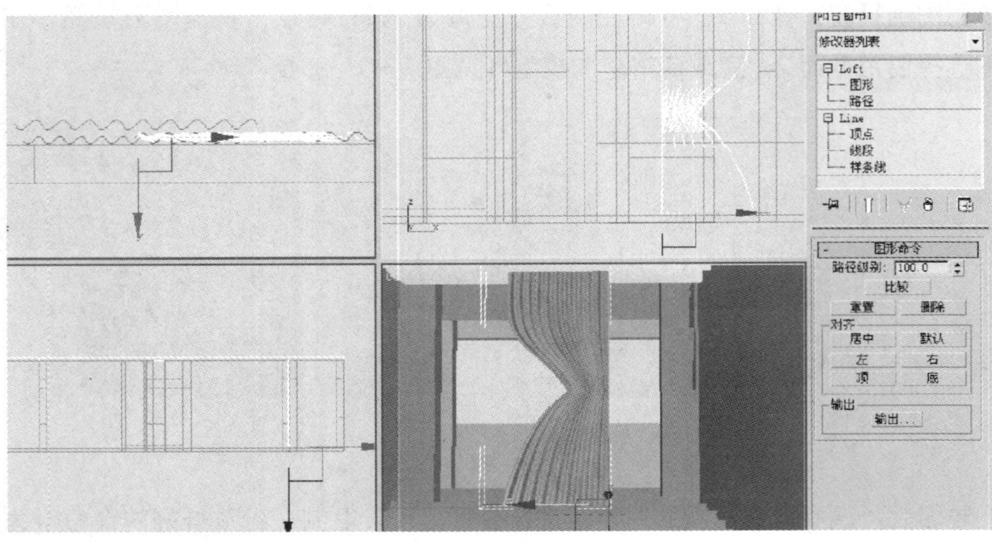

图 3—3—32 调整窗帘截面位置

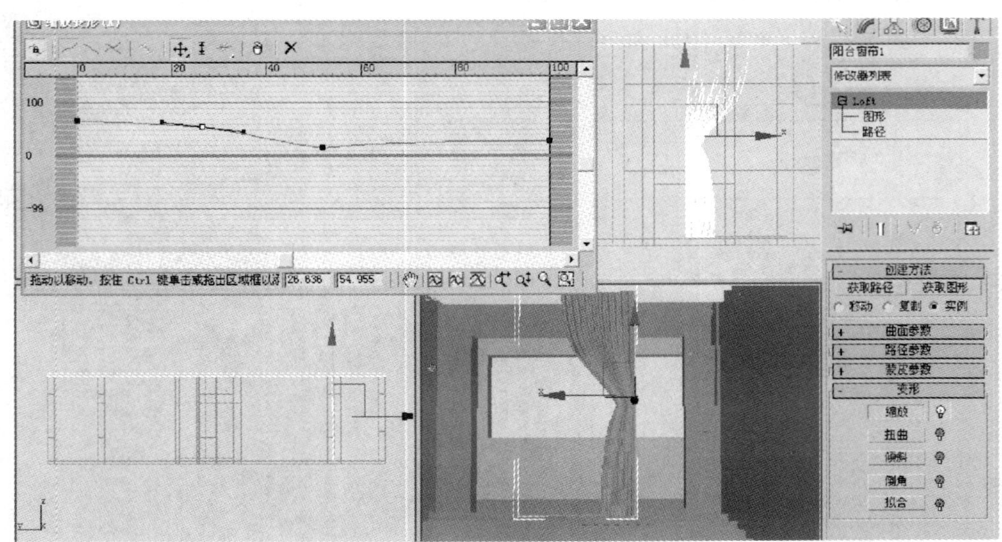

图 3—3—33 再次调整窗帘截面形状

步骤八：选择调整好的窗帘基本模型，用镜像命令将其镜像实例复制一份，并调整好位置（见图 3—3—34）。

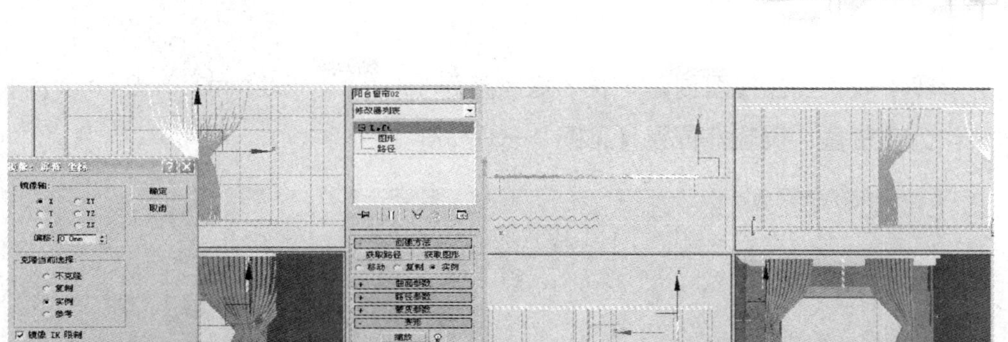

图 3—3—34　“镜像”已调整窗帘

步骤九：取出隐藏的窗帘模型，用镜像命令将其镜像实例复制一份，并调整好位置（见图 3—3—35）。

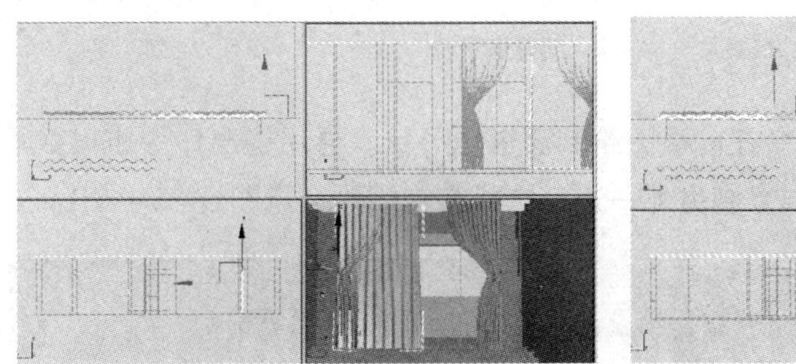

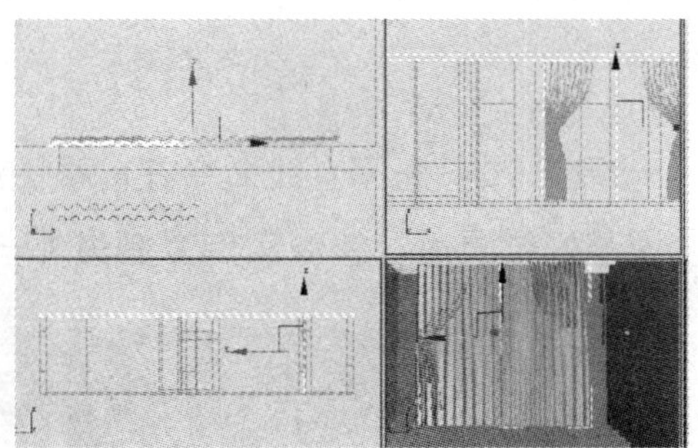

图 3—3—35　“镜像”未调整窗帘

步骤十：将不同材质的窗帘分别组成组，并调整好摆放位置（见图 3—3—36）。

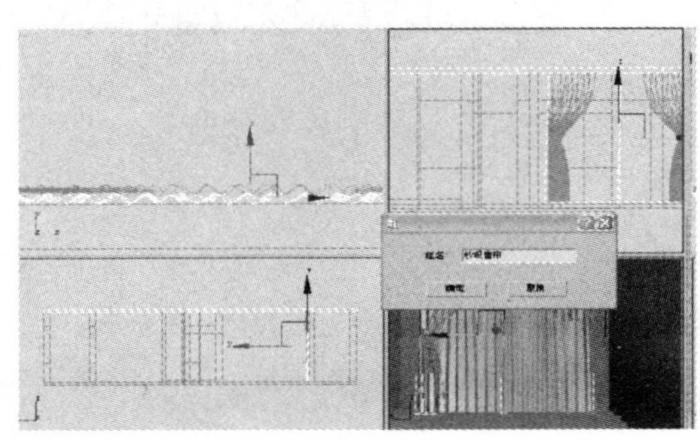

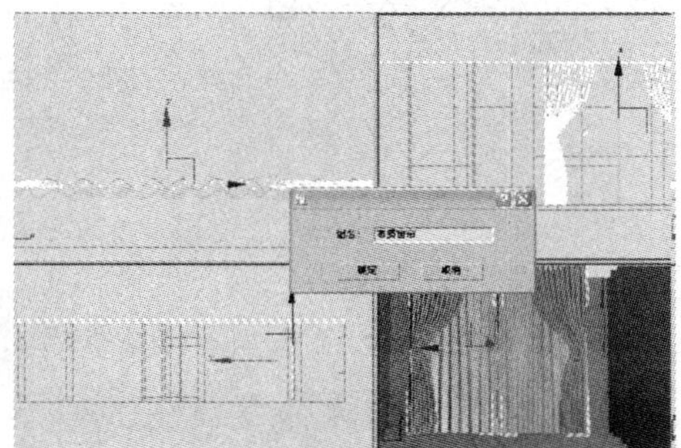

图 3—3—36　将窗帘成组

步骤十一：在左视图创建一长×宽×高为 150 mm×150 mm×3 800 mm 的长方体，作为窗帘盒，调整好位置（见图 3—3—37）。

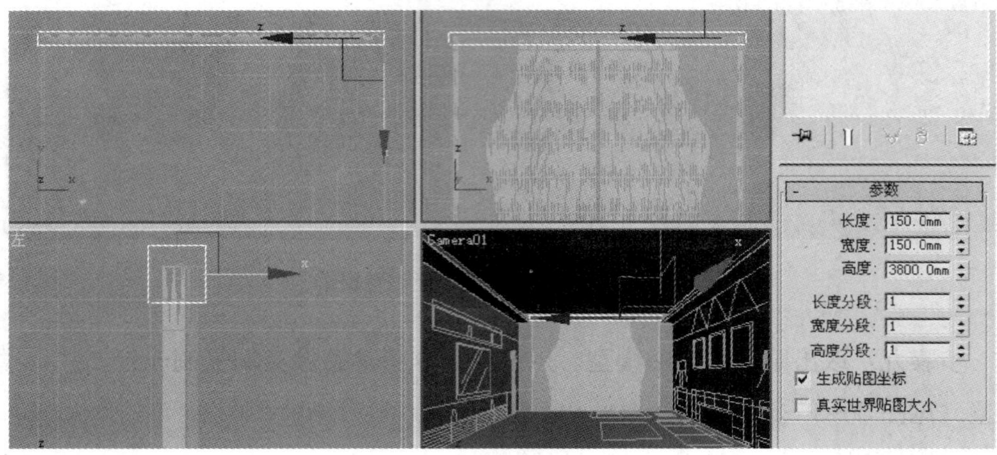

图 3—3—37　创建窗帘盒

步骤十二：先用直线命令在前视图绘制窗帘绳形状，再用挤出命令挤出数量为 2，调整好位置后，镜像实例复制另外一边，完成窗帘制作（见图 3—3—38）。

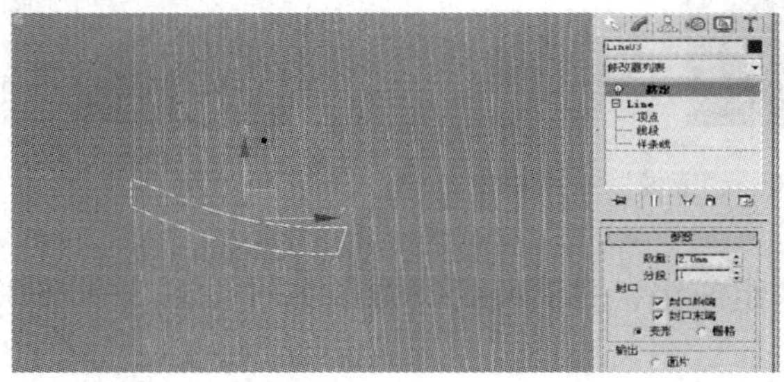

图 3—3—38　创建窗帘绳

第四章　编辑修改器

学习目标

1. 学习编辑修改器的使用方法
2. 熟练掌握常用的编辑修改器，能正确选择编辑修改器对模型进行编辑修改。

第一节　编辑修改器使用界面

如果将创建面板比作是生产车间的话，修改命令面板就是精加工车间，它可以无限制地加入或删除各种各样的加工程序。修改命令面板主要由四个部分组成（见图 4—1—1）。其中修改器列表（Modifier List）中集中了系统所提供的所有修改器工具，并组织归类到几个不同的修改器序列中。

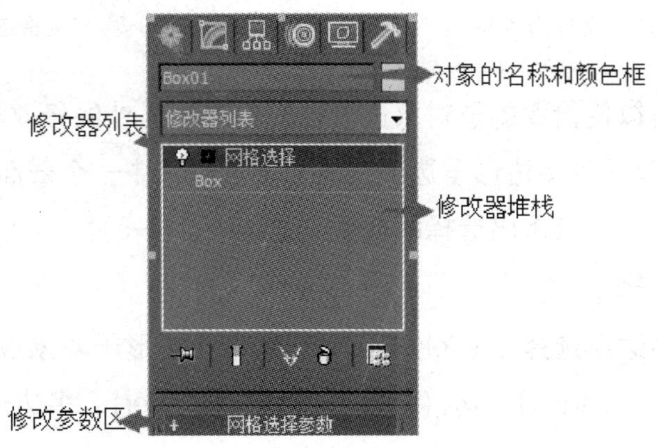

图 4—1—1　修改命令面板

一、选择修改器

在 Modifier（修改器）菜单中第 1 个序列类型是 Select Modifier（选择修改器）。

可以使用这些修改器对不同类型的子对象进行选择。此选项共包括 7 个修改器：网格选择、多边形选择、面片选择、样条曲线选择、体积选择、自由变形选择和 NURBS 曲面选择。其中网格选择、多边形选择、面片选择几种较为常用（见图 4—1—2）。

1. 网格选择

“网格选择”（Mesh Select）能修改子对象选择集，包含 Editable Mesh（可编辑网格）特性的子集，有 Mesh Select Parameters（网格选择参数）和 Soft Selection（软选择）卷展栏（见图 4—1—3）。

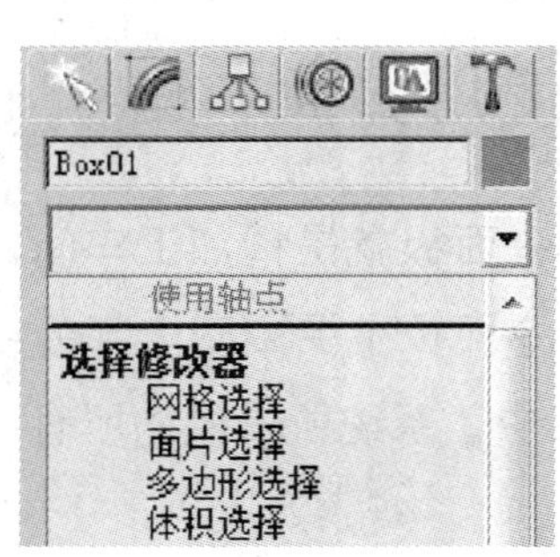

图 4—1—2　选择修改器

图 4—1—3　“网格选择”命令面板

这些卷展栏可以使拾取的子对象通过堆栈传递到另外的修改器。例如，可以使用 Mesh Select 修改器中多边形子选项在对象上选择其中一个截面（见图 4—1—4），在选择面挤出修改器，只挤出选择的截面（见图 4—1—5）。

2. 多边形选择

可以使用“多边形选择”（Poly Select）选择多边形子对象应用到其他修改器。其子对象包括顶点（Vertex）、边（Edge）、边界（Border）、多边形面（Polygon）和元素（Element）。这个修改器包括多边形选择（Poly Select Parameters）和软选择（Soft Selection）卷展栏（见图 4—1—6）。

3. 面片选择

可以使用“面片选择”（Patch Select）修改器选择面片子对象应用到其他修改

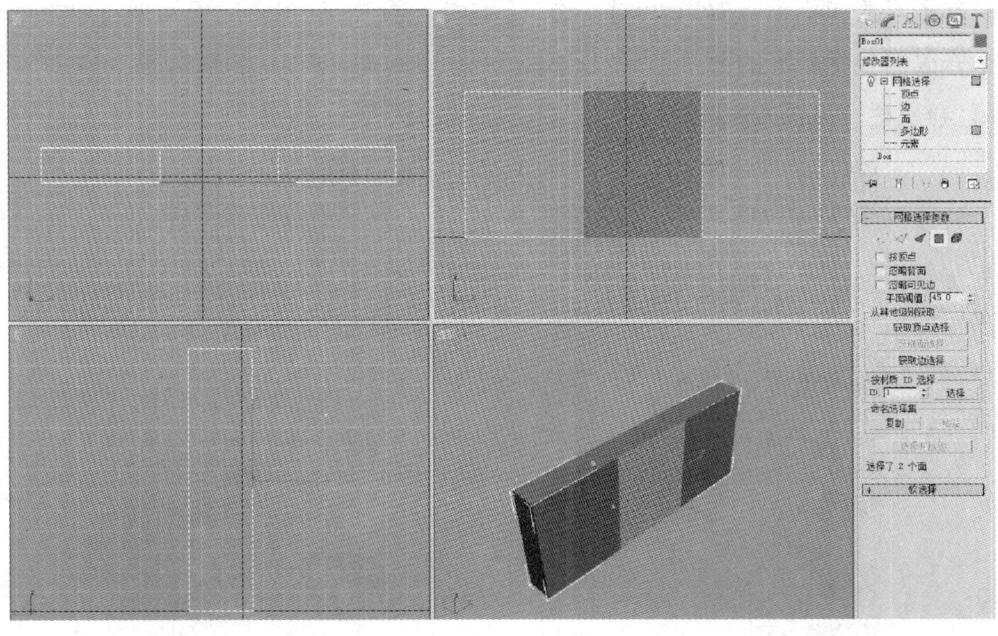

图 4—1—4　进入多边形子选项选择截面

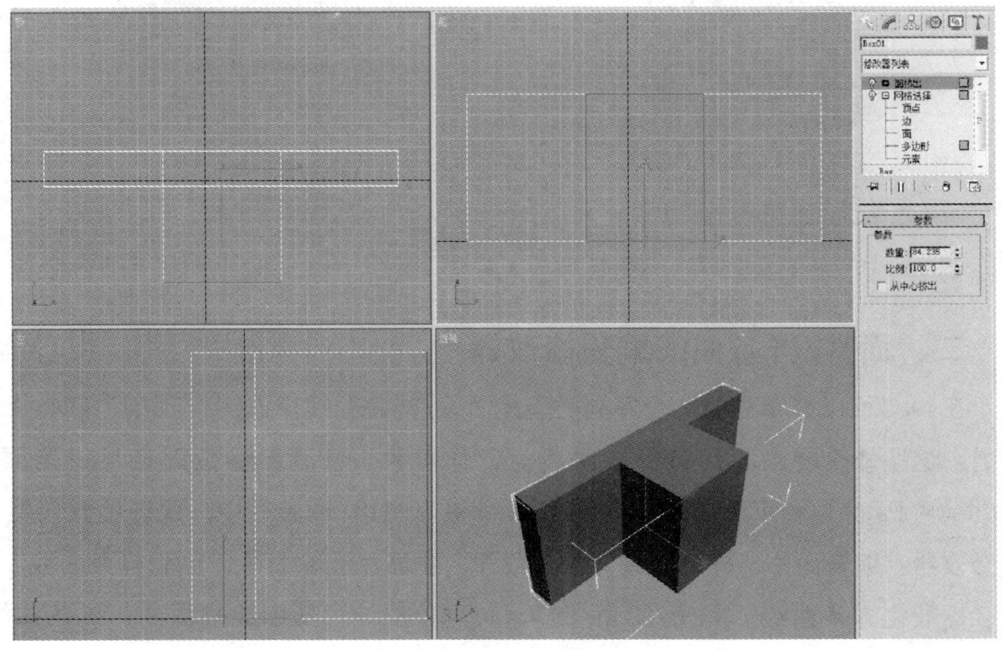

图 4—1—5　对选择的截面进行面挤出

器。其子对象包括顶点（Vertex）、边（Edge）、面片（Patch）和元素（Element）。这个修改器包括标准的面片选择（Patch Select Parameters）和软选择（Soft Selection）卷展栏（见图4—1—7）。

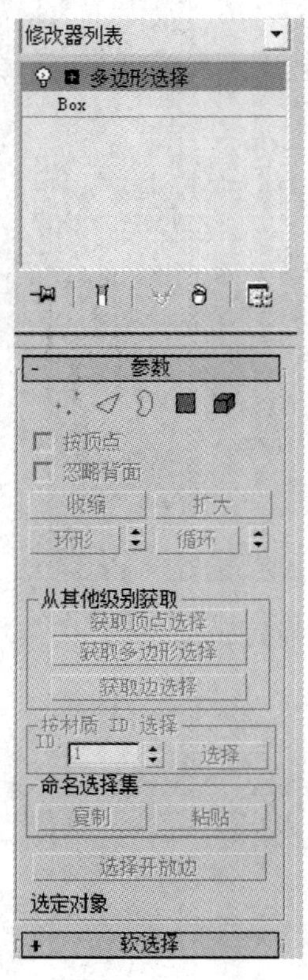

图4—1—6 “多边形选择”命令面板

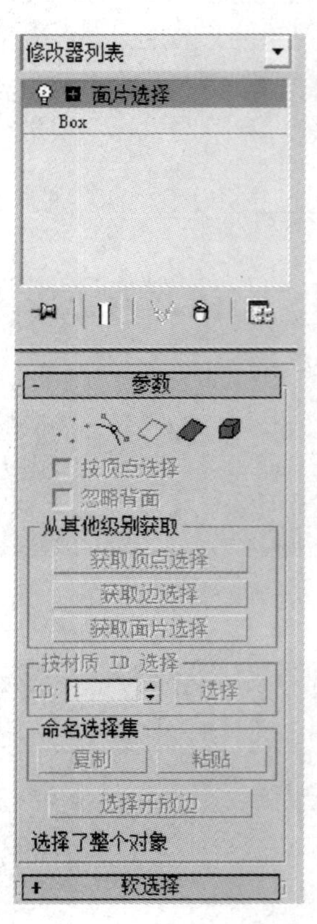

图4—1—7 “面片选择”命令面板

二、面片/样条曲线编辑修改器

在Modifiers菜单中第2个序列类型是面片/样条曲线修改器（Patch/Spline Editing）。这些修改器以面片和样条曲线为工作对象。修改器参数都在可编辑面片（Editable Patch）和可编辑样条曲线（Editable Spline）卷展栏中。此选项共包括10个修改器：编辑面片、样条曲线、相交截面、曲面、删除面片、删除样条曲线、旋转、标准化样条曲线、圆角/斜角/倒角和修剪/拉伸。其中编辑面片、样条曲线、车削几种较为常用。

1. 编辑面片

“编辑面片”(Edit Patch) 是编辑面片对象的工具。此修改器的特性与“可编辑面片”(Editable Patch) 对象一样，不一样的是添加编辑面片修改器后能在保持对象参数性质的同时编辑面片子对象 (见图 4—1—8)。

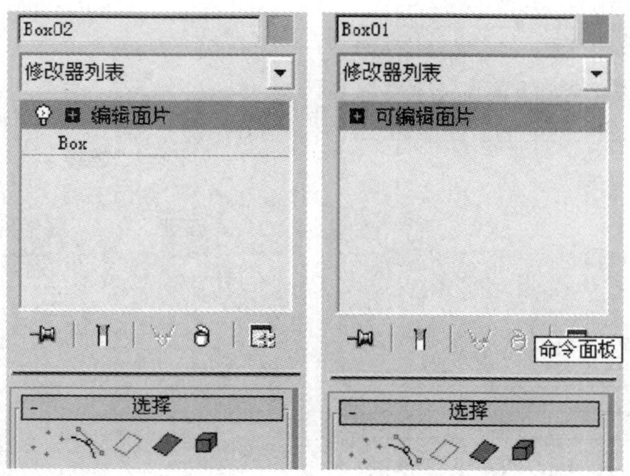

图 4—1—8　“编辑面片”及“可编辑面片”命令面板

2. 编辑样条线

“编辑样条线”(Edit Spline) 是编辑样条曲线对象的工具。与 Edit Patch 修改器一样，此编辑修改器有与“可编辑样条线”(Editable Spline) 对象一样的特性，其价值在于保持对象参数性质的同时能编辑样条曲线子对象 (见图 4—1—9)。

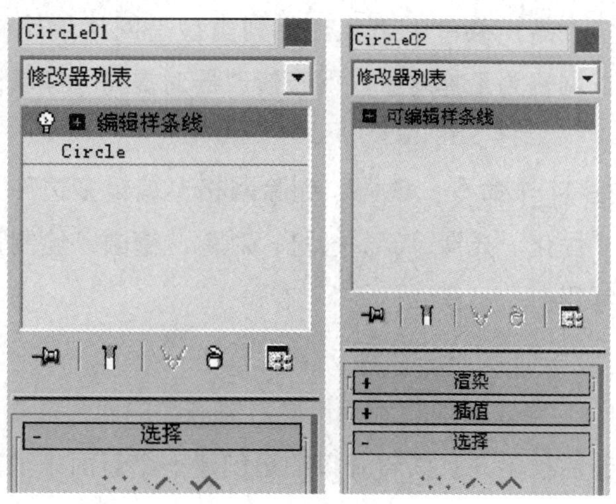

图 4—1—9　“编辑样条线”及“可编辑样条线”命令面板

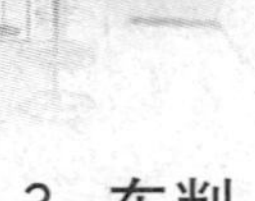

3. 车削

“车削”（Lathe）修改器通过绕某一轴旋转样条曲线得到一个圆形对称的对象。其参数（Parameters）卷展栏包括度数（决定样条曲线旋转的角度）、焊接核心（Weld Core）、翻转法线（Flip Normals）、对齐方向、对齐位置等（见图 4—1—10）。

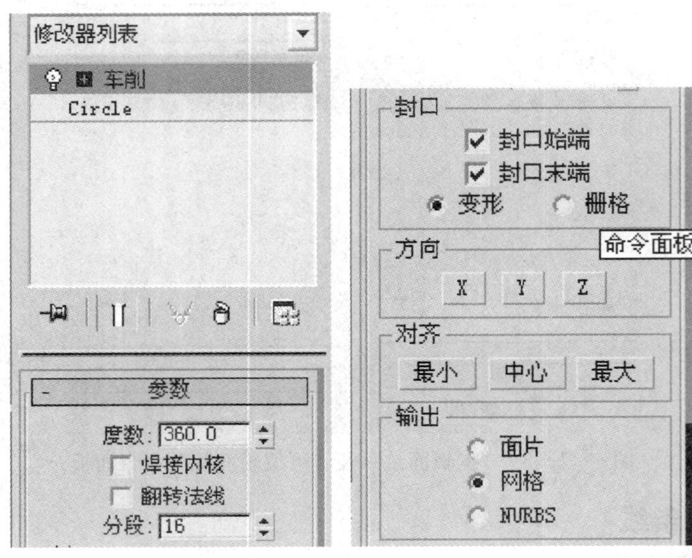

图 4—1—10 “车削”命令面板

三、网格编辑修改器

在 Modifiers（修改器）菜单中第 3 个序列类型是网格编辑修改器（Mesh Editing），这些修改器以网格为工作对象。网格修改器对提高可编辑网格对象的可编辑性有很大帮助。

此修改器共包括 14 个命令：填洞、删除网格、编辑多边形、可编辑法线、拉伸、面拉伸、法线、优化、光滑、STL 检验、对称、镶嵌、绘制顶点颜色和焊接顶点。下面几种较为常用：

1. 填洞

填洞（Cap Holes）修改器能找到几何体对象破损的面片。当导入对象时，有时会丢失面。此修改器能检验并且沿着开口的边创建一个新面来消除破损。修复坏面参数包括 Smooth New Faces（光滑新面）、Smooth with Old Faces（与旧面光滑）和

All New Edges Visible（显示所有新边）。“与旧面光滑”使新面与相邻的面使用同样的光滑组。

2. 编辑多边形

所有的网格对象都是默认的可编辑网格对象，在保持对象的基本创建参数的同时，“编辑多边形”修改器能够修改可编辑网格的子对象。

在应用编辑多边形命令后，要改变对象参数或修改对象的几何体参数时会出现不正确的结果。当一个对象被塌陷成可编辑多边形命令时，它的参数性质被消除。然而，使用多边形命令仍然可以保留对象类型和参数性质（见图 4—1—11）。

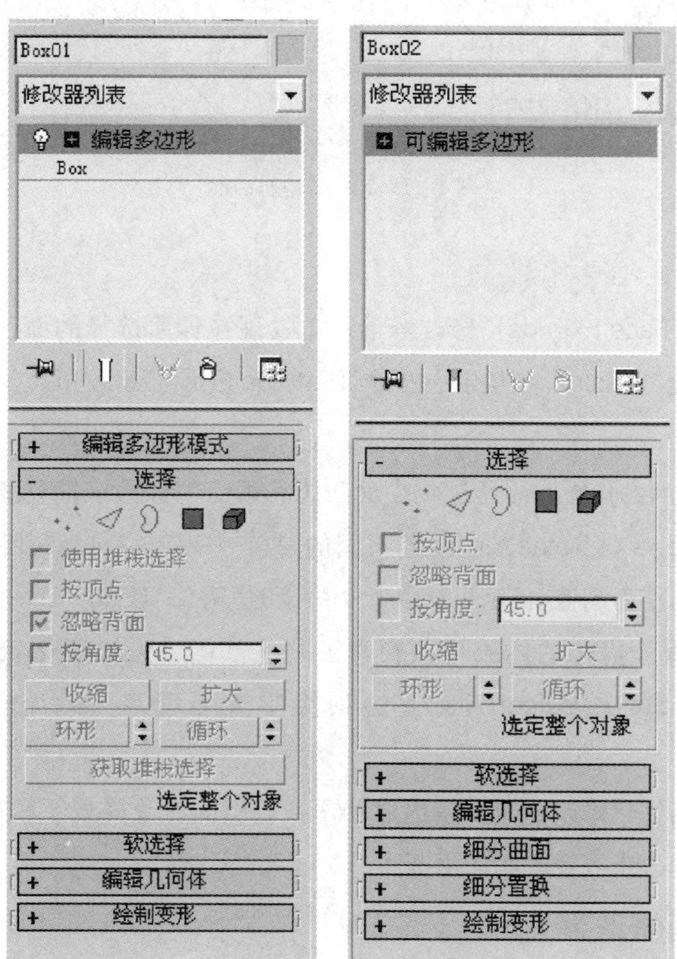

图 4—1—11 “编辑多边形”及“可编辑多边形”命令面板

例如，创建一个长方体并且应用编辑多边形命令拉伸几个面仍然可以通过在修改器堆栈选择对象改变其半径值。当应用了编辑多边形命令之后，如果在编辑堆栈中选择长方体，会出现一个警告对话框（见图4—1—12）。此修改器的存在取决于对象的拓扑和使用特性的类型。如果改变它的参数，继续操作会出现不好的效果，几何体上可能出现洞或坏面。

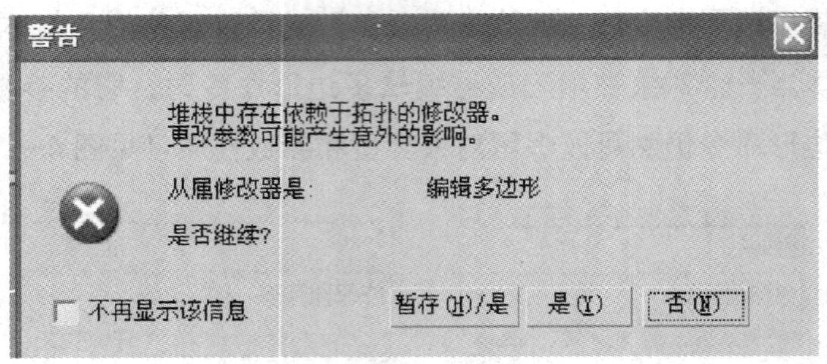

图4—1—12　警告对话框

3. 面拉伸

“面拉伸”（Face Extrude）修改器沿对象发现拉伸所选择的面，参数包括数量（Amount）、变比（Scale）和从中心拉伸（Extrude From Center）。

4. 优化

优化（Optimize）修改器通过减少面、边和顶点的数量来简化模型。首先，通过细节级别（Level of Detail）值设置不同的渲染（Renderer）和视图（Viewports）级别。随后，调整面阈值（Face Thresholds）和边阈值（Edge Thresholds）决定元素被优化的程度。优化的结果可以在卷展栏底部的“上次优化状态以前/以后”（Last Optimize Status Before/After）选项组中查看顶点（Vertices）数和面片（Faces）数。

注意：应用优化修改器减少多边形的面数，但同时也降低了模型的细致程度，所以在应用时应力求寻找二者的平衡点。

四、动画修改器

在Modifiers菜单中第4个序列类型是Animation Modifiers（动画修改器）。Animation（动画）修改器能单独改变每一帧的设置，并且它们的最终效果很特殊。

此修改器共包括 8 个选项：表皮、演变、柔体、融化、链接 Xform、面片变形修改、路径变形和曲面变形。下面几种较为常用：

1. **演变**

“演变”（Morpher）命令可以从一种形体变化到另外一种形体。此修改器只能应用在有同样顶点数的对象上。

“演变”在创建面部表情表达式及角色动画的唇形同步时非常有用。不仅如此，它还可以使用过渡材质、混合通道，也可以与演变材质一起使用演变修改器。

2. **柔体**

“柔体”（Flex）命令可以使一个对象如弹簧一样来回弯曲活动，用于模仿车上的天线在汽车加速或减速时前后来回运动的效果。“柔体”命令支持简单的软体、重力和更多的弹簧参数。此命令的参数包括柔体（Flex）、强度（Strength）和摇摆（Sway），也有控制顶点质量的高级参数，如涟漪（Ripple）、风（Wind）和空间扭曲（Wave Space）。

3. **融化**

“融化”（Melt）修改器通过下垂和展开边来模仿融化对象。融化参数包括数量（Amount）和传播（Spread）值，在固态（Solidity）选项组中可以选择材质，如冰、玻璃、果冻或塑料以及融化轴。

4. **路径变形**

“路径变形”（Path Deform）命令使用样条曲线路径变形对象，分为两种：面片变形（Patch Deform）和曲面变形（Surf Deform）。在使用此修改器时，先利用“拾取路径”（Pick Path）按钮选择要变形用的样条曲线，再通过“百分比”（Percent）确定对象沿路径移动的距离。此外，还可以通过参数卷展栏中的拉伸（Stretch）、旋转（Rotation）和扭曲（Twist）来决定对象在路径上的运动方式。

五、UV 坐标修改器

在修改器菜单中第 5 个序列类型是 UV 坐标修改器（UV Coordinates）。UV 坐标定义材质贴图坐标，可以同时使用几个修改器控制这些坐标。此修改器共包括 4 个选项：UVW 贴图、贴图坐标变形、取消贴图坐标包裹和相机贴图。下面几种较为常用。

1. UVW 贴图

“UVW 贴图”（UVW Map）命令为对象指定贴图坐标（见图 4—1—13）。虽然图元、放样对象、NURBS 能产生它们自己的贴图坐标，但是可编辑网格对象和可编辑网格面片需要使用此修改器。此修改器的卷展栏提供许多参数，长度、宽度和高度值定义 UVW 贴图边框的尺寸，同时可以设置在各个方向的平铺量。

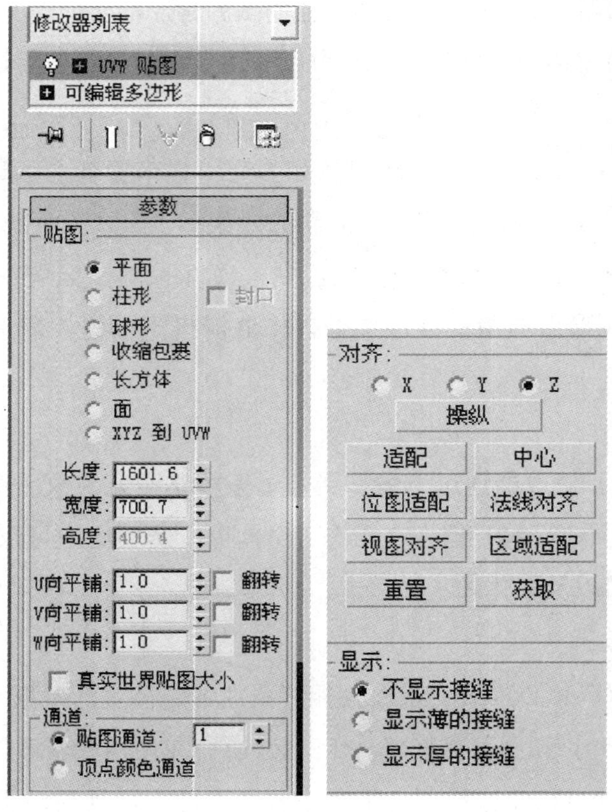

图 4—1—13　“UVW 贴图”命令面板

对齐选项提供 8 个按钮控制对齐边框，这些选项只为贴图坐标服务。

【适配】（Fit）按钮：使坐标边框正好对齐对象的边。

【中心】（Center）按钮：使坐标边框中心与对象中心对齐。

【位图适配】（Bitmap Fit）按钮：打开 File（文件）对话框对齐坐标边框到选择的位图大小。

【法线对齐】（Normal Align）按钮：拖动鼠标到对象的曲面上，当释放鼠标按键时，坐标边框将与法线对齐。

【视图对齐】(View Align) 按钮：对齐坐标边框，匹配当前视图。

【区域适配】(Region Fit) 按钮：在视图拖动一个区域匹配坐标边框。

【重置】(Reset) 按钮：移动坐标边框回到原来的位置。

【获取】(Acquire) 按钮：与有同样坐标的其他对象对齐边框。

2. 取消贴图坐标包裹

“取消贴图坐标包裹”(Unwrap UVW) 命令控制子对象贴图的应用，也能用来取消对象的贴图坐标。可以在需要时编辑这些坐标，也可以使用“取消贴图坐标包裹”修改器在一个对象上应用多重的平面贴图。

六、缓存工具修改器

在修改器列表中第 6 个序列类型是缓存工具 (Cache Tool)。“缓存工具”修改器只有一个点缓存 (Point Cache) 选项。“点缓存”命令把每个顶点的变化保存到文件中。文件使用 .pts 扩展名。在 Parameters 卷展栏里可指定 Start 和 End 时间，单击“Record”(录像) 按钮打开要命名的 File 对话框，命名完成后即可保存为文件。

七、细分曲面修改器

在修改器列表中第 7 个序列类型是细分曲面 (Subdivision Surfaces)。“细分曲面”修改器可以增加对象的分辨率，可以细化建模。此修改器共包括两个选项：网格光滑修改器和 HSDS 修改器。

1. 网格光滑

“网格光滑”(Mesh Smooth) 命令通过加入更多的面来代替表面部分，同时把斜面功能用于对象的顶点和边来光滑全部曲面。参数卷展栏包括 3 种网格光滑类型：Classic (典型的)、NURMS 和 Quad Output (四边输出)。Smooth Parameters (光滑参数) 包括 Strength (强度) 和 Relax (放松值)。

2. HSDS

使用“HSDS”(Hierarchical Sub Division Surfaces，分层细分曲面) 修改器可以增加局部区域的分辨率和光滑度。除了用于子对象局部区域工作而不是用于全部对象的曲面工作外，它的工作方式同 Tessellate (细分) 修改器类似。修改器能使用子对象的 Vertex (顶点)、Edge (边)、Polygon (多边形) 和 Element (元素)。子对象区域被选择后，可以单击“Subdivide”（细分）按钮来细分区域。“Level of Detail”（细节层级）微调控制器可以在不同的细分层级之间来回移动。当多边形子对象被选择时，也可以 Delete（删除）或 Hide（隐藏）它们。

“Adaptive Subdivision”（自适应细分）按钮可以打开“自适应细分”对话框指定详细参数。此修改器也包括 Soft Selection（软选择）卷展栏和 Edge（边）卷展栏，在 Edge（边）卷展栏里可以指定 Crease（折皱）值来保持边的清晰。

八、自由变形修改器

在修改器列表中第 8 个序列类型 Free From Deformation（自由变形）。这种修改器能在一个对象附近产生点阵网格。这种点阵网格捆绑在对象上，通过移动点阵网格曲面来改变对象。“自由变形”修改器包括 FFD（Free From Deformation）和 FFD（Box 方体/Cyl 柱体）。

1. FFD（自由变形）

“FFD”（Free Form Deformation）命令在对象附近创建点阵网格控制点。通过移动控制点来改变对象的曲面。有 3 种不同解析度的 FFD：2×2、3×3 和 4×4。FFD 参数包括 Display（显示）栏中的 Lattice（结构网格）和 Source Volume（源体积），Deform（变形）栏中的 Only in Volume（仅在体积中）以及 All Vertices（全部顶点）。Control Points（控制点）栏中的 Reset（重设定）按钮可以在操作错误时，重新回到原来的形状；Animate All（全部动画）按钮可以为每个顶点创建关键帧；Conform to Shape（符合形体）按钮设置控制 Inside Points（内部点）、Outside Points（外部点）和 Offset（偏移量）。

2. FFD（方体/柱体）修改器

“FFD”（Box 方体/Cyl 柱体）修改器能创建方体或柱体的点阵控制点来变形对象。Dimensions（尺寸）栏中的 Set Number of Points（设定点数）按钮可以指定网格控制点数。Selection（选择）按钮可以沿着任何轴选择点。

九、参数变形修改器

在修改器列表中第 9 个序列类型是参数变形修改器。参数变形修改器通过牵引、推力和拉伸来影响几何体。此修改器共包括：弯曲、锥化、扭曲、噪波、伸展、挤压、推力、放松、涟漪、波浪、斜推、切片、球化、影响区域、网格、镜像、置换、变形和保存等选项。下面简单介绍弯曲、锥化及噪波三种。

1. 弯曲

“弯曲”（Bend）命令可以沿着任何轴弯曲一个对象，其参数卷展栏里的弯曲（Bend）可设置角度（Angle）、方向（Direction）、弯曲轴（Bend Axis）和限制（Limits）。限制选项又细分为上限值（Upper Limits）和下限值（Lower Limits）。

2. 锥化

“锥化”（Taper）修改器只缩放对象的一端，其参数卷展栏里包括数量（A-mount）和曲线（Curve），它们决定锥化的幅度。而锥化轴（Taper Axis）决定了锥化的方向。此外，“锥化”修改器同样包含限制（Limits）选项。

3. 噪波

“噪波”（Noise）修改器能随机变化顶点的位置。首先，通过参数卷展栏的变化值（Scale）确定噪波的大小；随后，通过分形（Fractal）选项控制噪波的形状；最后，通过强度（Strength）来设定噪波的幅度。由于噪波具有随机性，常被用于动画中水的表面运动。噪波的动画（Animation）设置包括动画干扰（Animate Noise）、频率（Frequency）和相位（Phase）。

十、曲面修改器

在修改器列表中第 10 个序列类型是曲面（Surface）修改器，其中部分修改器可以改变对象的材质号（Material ID）。

1. 材质

“材质”（Material）可以改变对象的材质 ID 号。此命令的唯一参数是材质号（Material ID）。当选择对象的子对象使用此命令时，材质号只用于选择的子对象。此命令与“多重/子对象材质”（Multi/Sub-Object Material）一起使用时可以为单个对象创建多重材质。

2. 元素材质

“元素材质”（Material By Element）可以随机改变材质 ID 号，可以与若干元素一起应用。此命令的参数能用“随机分配”（Random Distribution）命令分配材质 ID，或配合所需要的频率（Frequency）。“ID 数”（ID Count）是使用材质 ID 号的最小数字，可以在“频率表”（List Frequency）选项组中指定每个 ID 的百分比。

3. 近似置换

“近似置换”（Disp Approx，Displacement Approx 的缩写），基于置换（Displacement）贴图改变对象的曲面。此命令能为任何被转换过的可编辑对象（Editable Mesh）工作，包括图元、NURBS 和面片（Patches）。此命令的参数包括 Subdivision Preset（细分预置）、设置低（Low）、中等（Medium）和高（High）。

十一、NURBS 编辑修改器

在修改器列表中第 11 个序列类型是 NURBS 编辑修改器。NURBS 编辑（NURBS Editing）修改器全部以 NURBS 为工作对象，包括选择 NURBS 曲面（NURBS Surface Select）、曲面变形（Surf Deform）等。

十二、辐射修改器

在修改器列表中第 12 个序列类型是辐射修改器（Radiosity modifiers）。此修改器里包含＊Subdivide 修改器和 Subdivide 修改器，这两个修改器除了适用坐标系不同外，其他的使用都一样。

十三、技能训练——制作酒杯

步骤一：进入自定义>单位设置>系统单位设置为毫米（见图 4—1—14）。

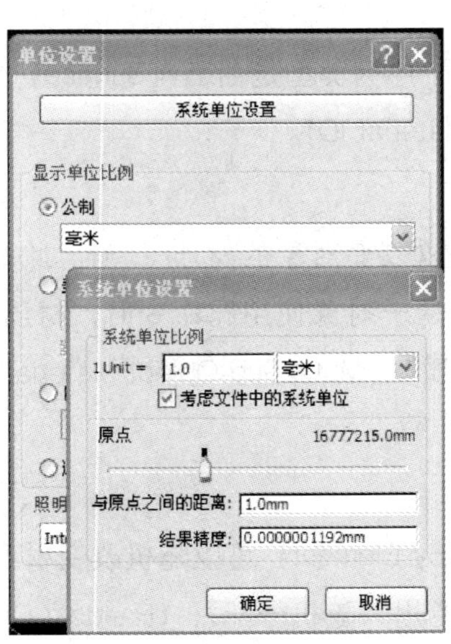

图 4—1—14 “单位设置”窗口

步骤二：在前视图，进入图形面板，用“线”命令在视图中画出高脚酒杯的形状（见图 4—1—15）。

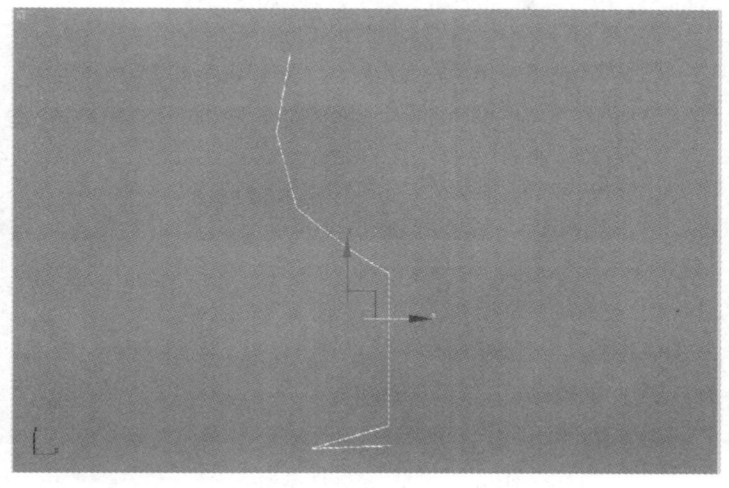

图 4—1—15　绘制酒杯轮廓

步骤三：进入修改命令面板，选择顶点子选项，选中直线第二和第三个点，单击鼠标右键选择“平滑”（见图 4—1—16）。

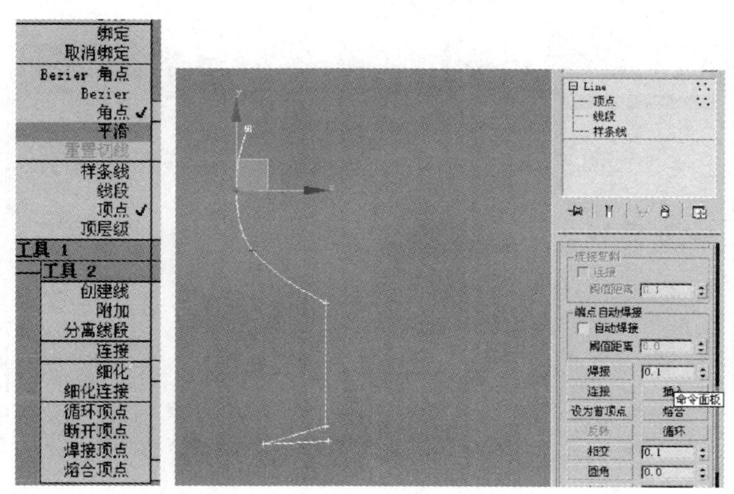

图 4—1—16　选择顶点子选项编辑点

步骤四：选择样条线子选项，给直线添加轮廓，轮廓值为 2～4（见图 4—1—17），再进入顶点子选项修改酒杯外形（见图 4—1—18）。

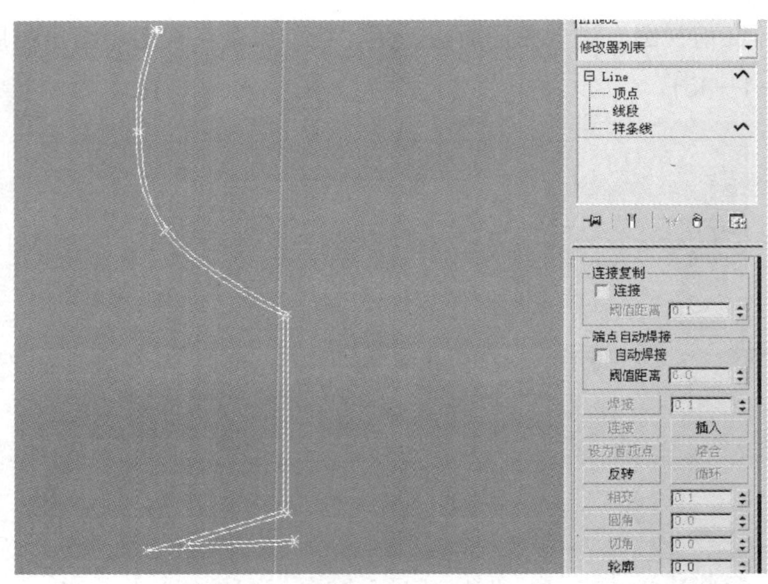

图 4—1—17　给酒杯添加轮廓

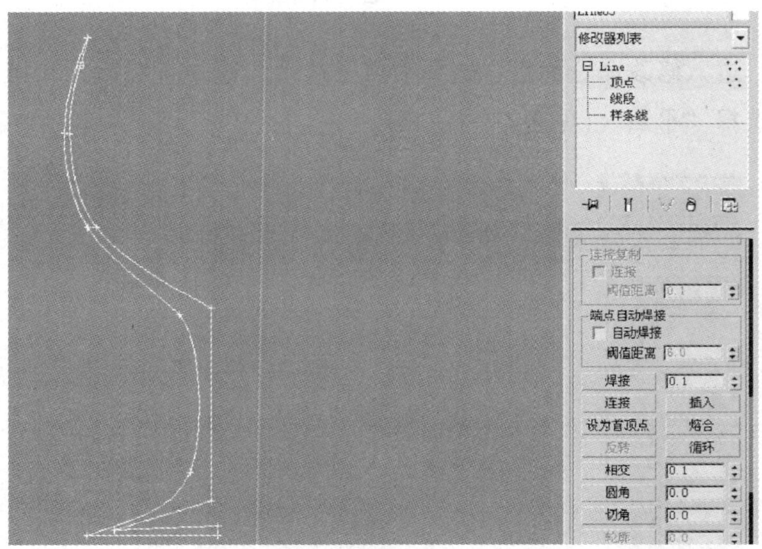

图 4—1—18　修改酒杯外形

步骤五：在修改器列表中给编辑好的酒杯添加“车削”命令，添加“车削”命令后的图形如图 4—1—19 所示。

步骤六：在车削参数卷展栏中选择 Y 方向，对齐方式为最小，调整分段数为 30（见图 4—1—20），最后完成效果如图 4—1—21 所示。

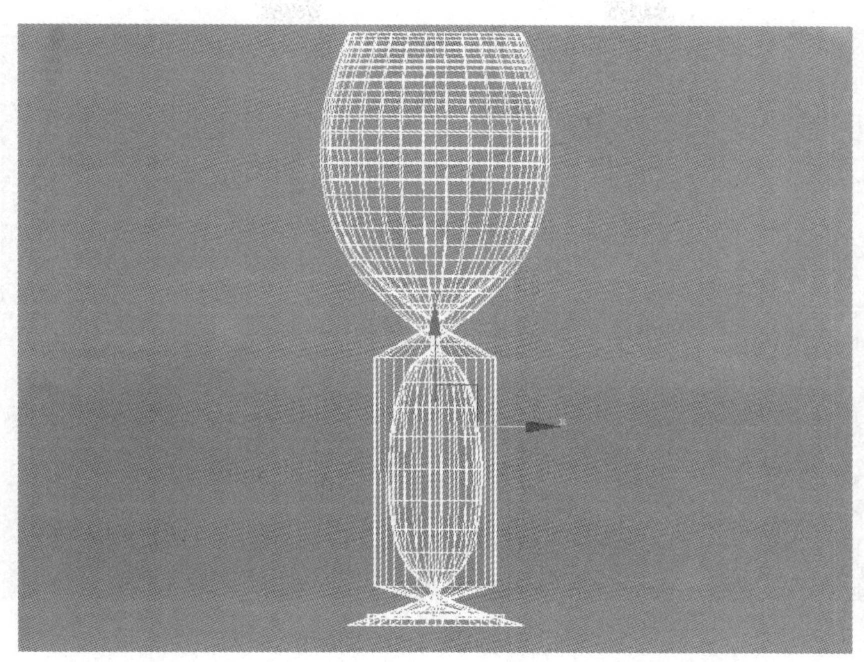

图 4—1—19　添加“车削”命令

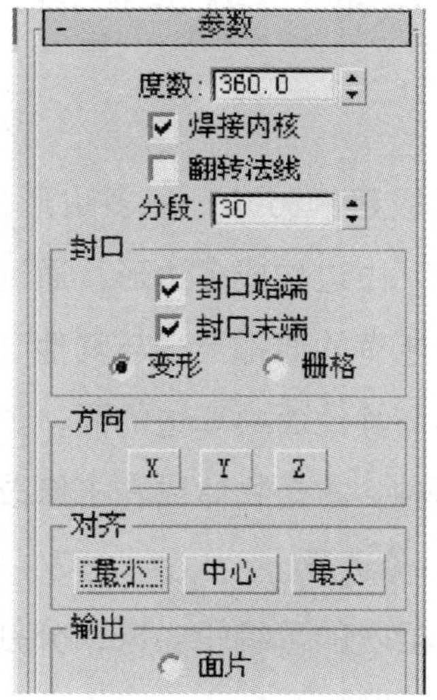

图 4—1—20　调整车削参数

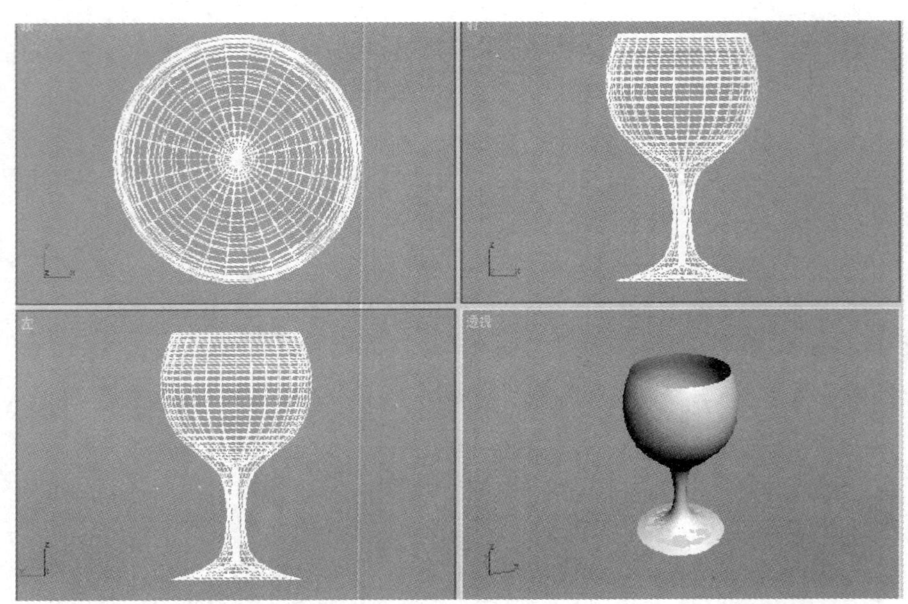

图 4—1—21　完成后的效果

第二节　编辑多边形

一、编辑多边形

3ds Max 有 3 种不同的高级建模方法——多边形建模、面片建模和 NURBS 建模。多边形建模是由点构成边，由边构成多边形，通过多边形组合就可以制作成用户所要求的造型。如果模型中所有的面都至少与其他 3 个面共享一条边，该模型就是闭合的。如果模型中包含不与其他面共享边的面，该模型是开放的。将对象转换为多边形对象的方法主要有两种：右击物体或右击修改堆栈，选择“转换为可编辑多边形”；添加“编辑多边形”修改器。

编辑多边形有 5 个子对象层次的可编辑对象，分别是节点、边、边界、多边形和元素，对于不同子对象层可将其作为多边形网格进行控制。本节主要学习如何将创建物体转化成编辑多边形并进行编辑的基本操作方法。

二、技能训练——单人沙发

步骤一：在顶视图创建一个长×宽×高为 1 000 mm×1 000 mm×400 mm 的长

方体，点击鼠标右键将其转换为可编辑多边形（见图4—2—1）。

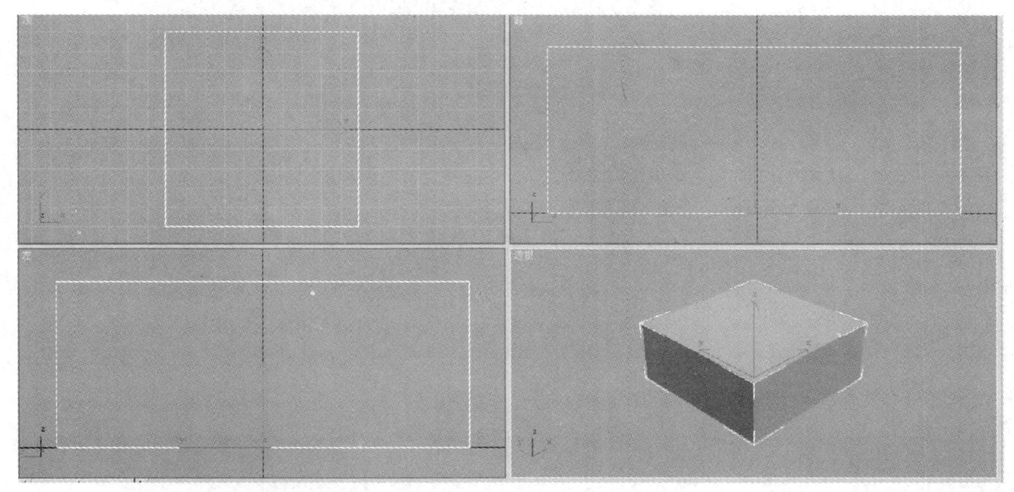

图4—2—1 创建长方体

步骤二：进入边子选项，点击“连接”按钮旁边的小窗口 连接 ，在弹出的“连接边”窗口中将分段值调整为2，收缩值调整为40（见图4—2—2、图4—2—3）。

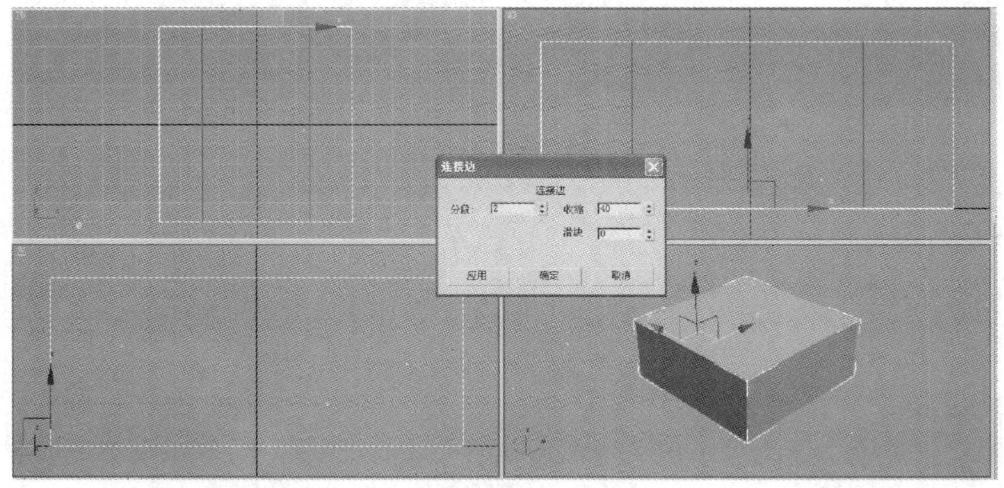

图4—2—2 连接边（一）

步骤三：进入顶点子选项，在顶视图调整顶点（见图4—2—4、图4—2—5）。

步骤四：进入面子选项，选择变形好的面，点击“挤出”按钮旁的小窗口，在

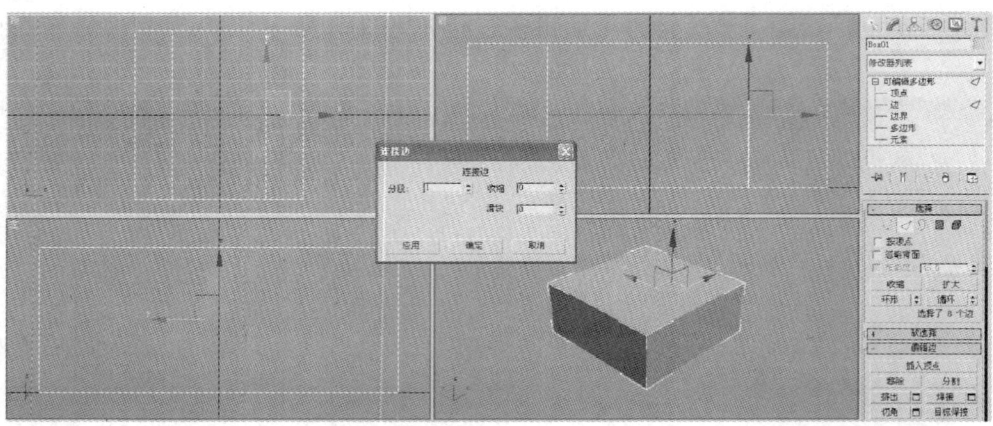

图 4—2—3　连接边（二）

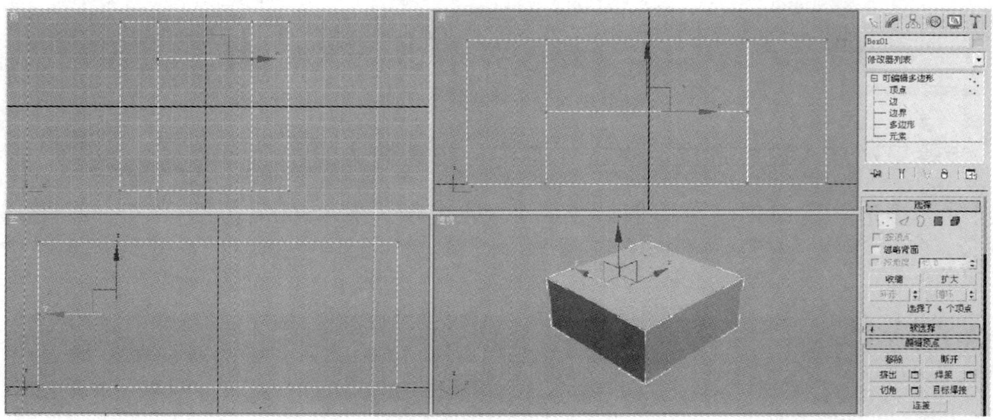

图 4—2—4　调整顶点位置（一）

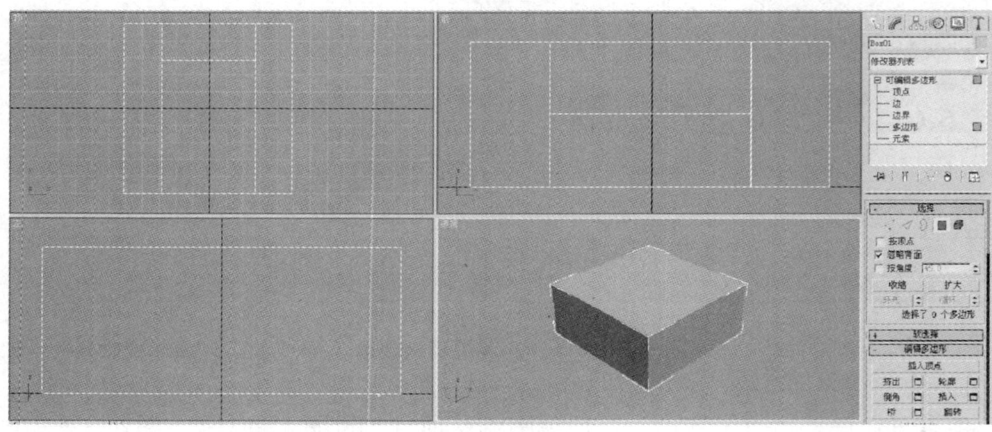

图 4—2—5　调整顶点位置（二）

弹出的“挤出多边形”窗口中设置挤出高度为200（见图4—2—6）。

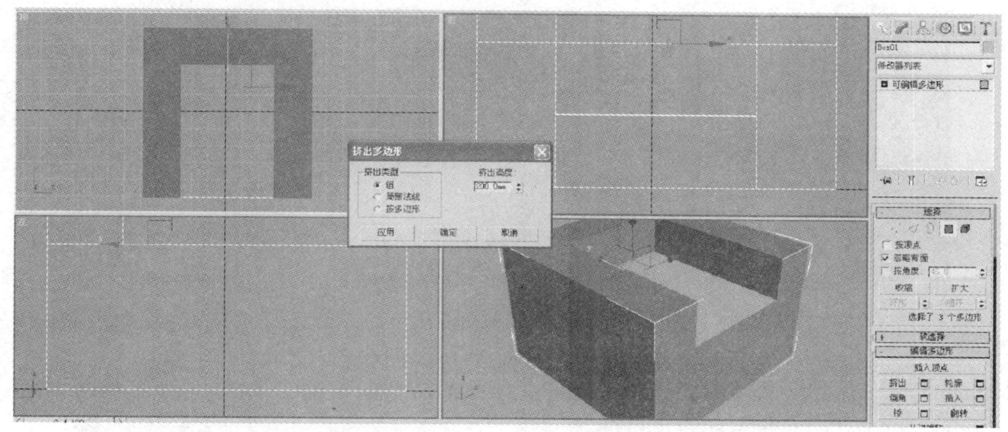

图4—2—6　面挤出

步骤五：挤出完成后，在顶视图再次选择沙发靠背的顶面，将靠背挤出高度设置为200（见图4—2—7）。

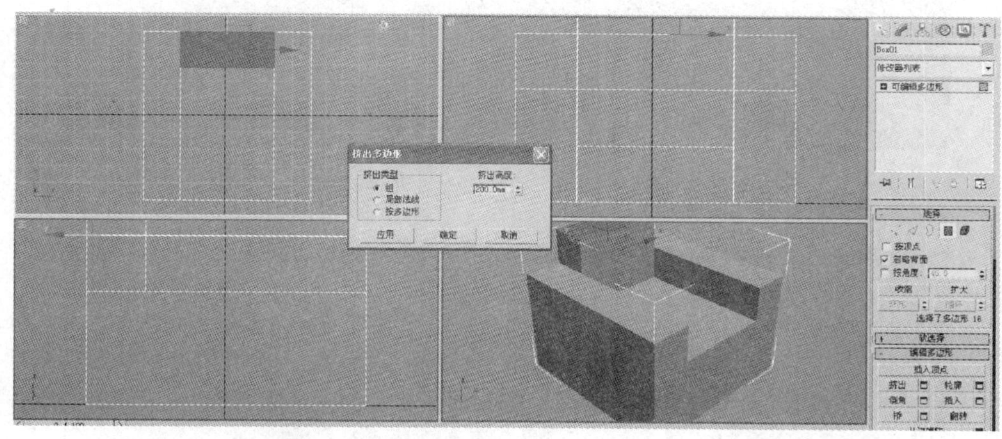

图4—2—7　挤出靠背

步骤六：进入边子选项，在顶视图选择沙发靠背上下两条线，点击“连接”按钮旁的小窗口，在弹出的“连接边”窗口中将分段数调为3（见图4—2—8）。

进入顶点子选项，在前视图调整沙发靠背形状（见图4—2—9）。

步骤七：进入边子选项，在顶视图对沙发扶手、坐垫等进行“连接边”处理，增加分段数（见图4—2—10）。

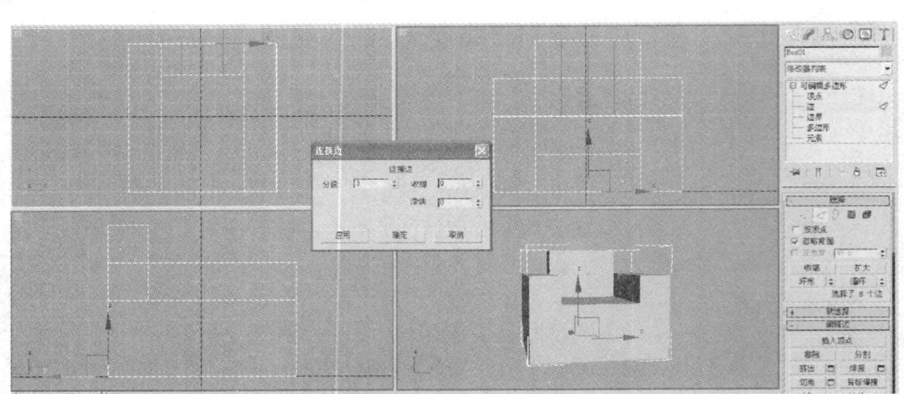

图 4—2—8　对靠背边进行连接

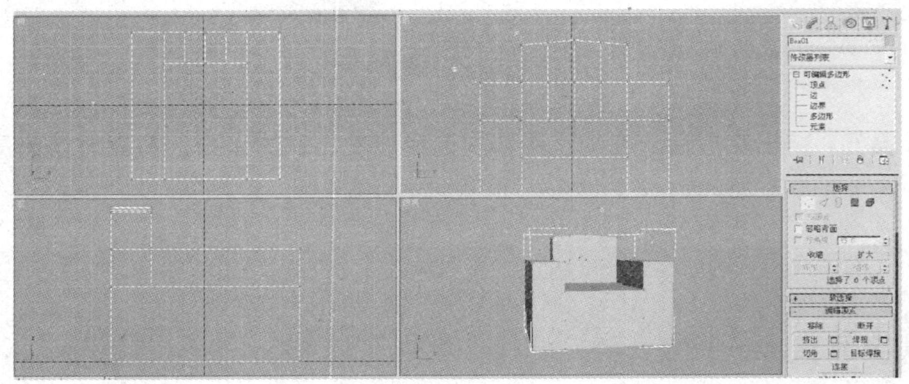

图 4—2—9　调整沙发靠背形状

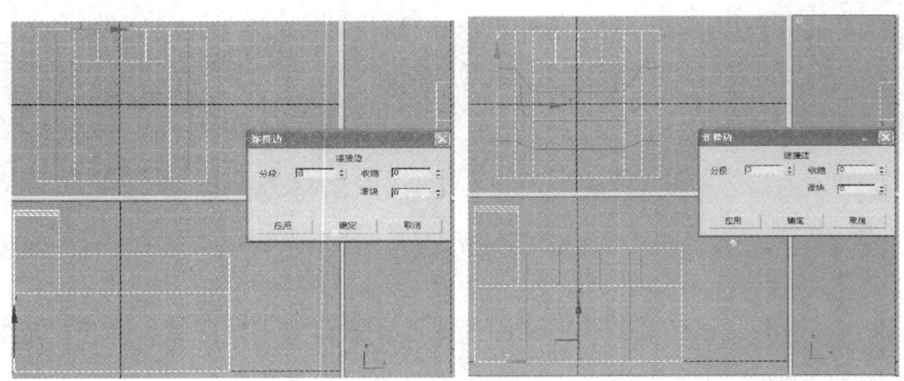

图 4—2—10　调整沙发扶手坐垫分段数

步骤八：给沙发模型添加“涡轮平滑”命令（见图 4—2—11），调整迭代次数值为 2，并将模型颜色调整为白色，最后完成效果如图 4—2—12 所示。

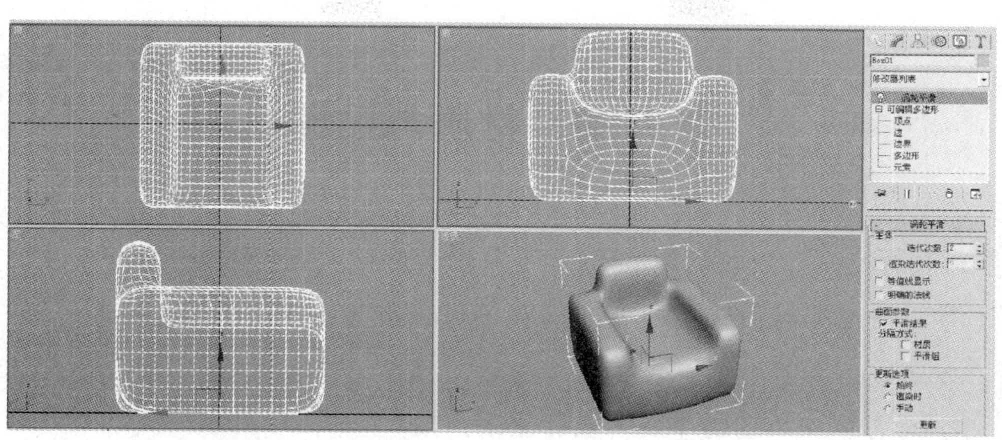

图 4—2—11　添加“涡轮平滑”

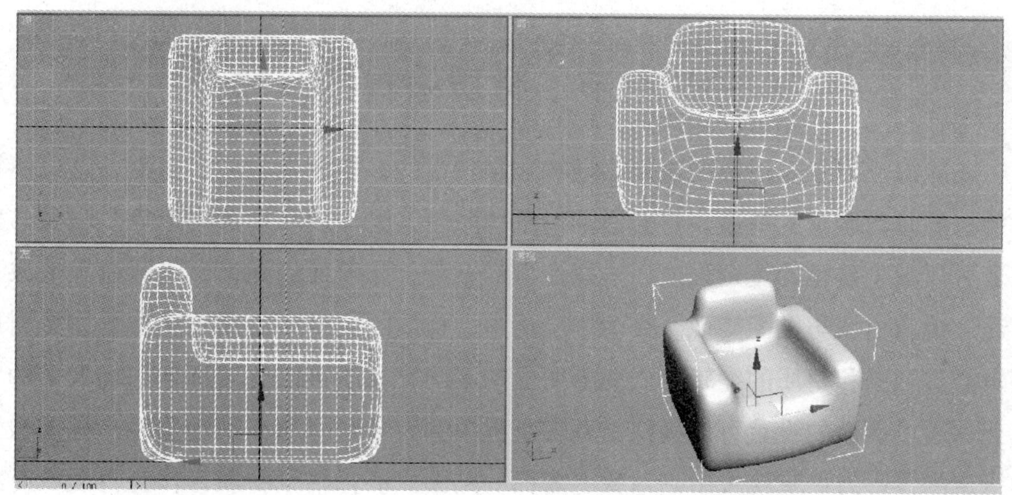

图 4—2—12　沙发最终效果

第五章　材质与贴图

学习目标

1. 学习材质编辑器及其功能，以及不同材质类型及其操作方法。
2. 学习不同贴图类型及其操作方法。

第一节　材质编辑器

在虚拟世界中表现模型表面物理和化学特性的参数就是材质。当然，这里所提到的材质是数字化的材质，它会影响对象的颜色、光泽度和不透明度等。材质与贴图还可以减少建模的复杂程度，一些造型的细节，如表面的线饰、浅浮雕等效果可以通过编辑材质与贴图实现。在 3ds Max 中，材质的编辑和使用的主要场所是材质编辑器。贴图和材质的编辑方式有着明显的不同，材质可以直接指定到场景中的对象上，通过参数的设置可以模拟出真实世界中的大多数材质；贴图是将一幅图像依据指定的投影方向直接投射到对象的表面。贴图只能依附于材质，作为材质的有机组成部分，被指定到场景中的对象上。

一、材质编辑器及其功能

单击“Rendering”（渲染）→“Material Editor”（材质编辑器）菜单命令；单击主工具栏中的（材质编辑器）按钮；按下“M”键，就可以打开“Material Editor”对话框（见图 5—1—1）。

从图 5—1—1 中可以看出，“Material Editor”对话框分为上下两部分：上半部分是材质示例窗（也叫样本槽）及功能区，这部分的操作绝大多数对材质没有影响；下半部分是参数区，对材质的具体编辑工作主要在这一部分进行，其状态随操

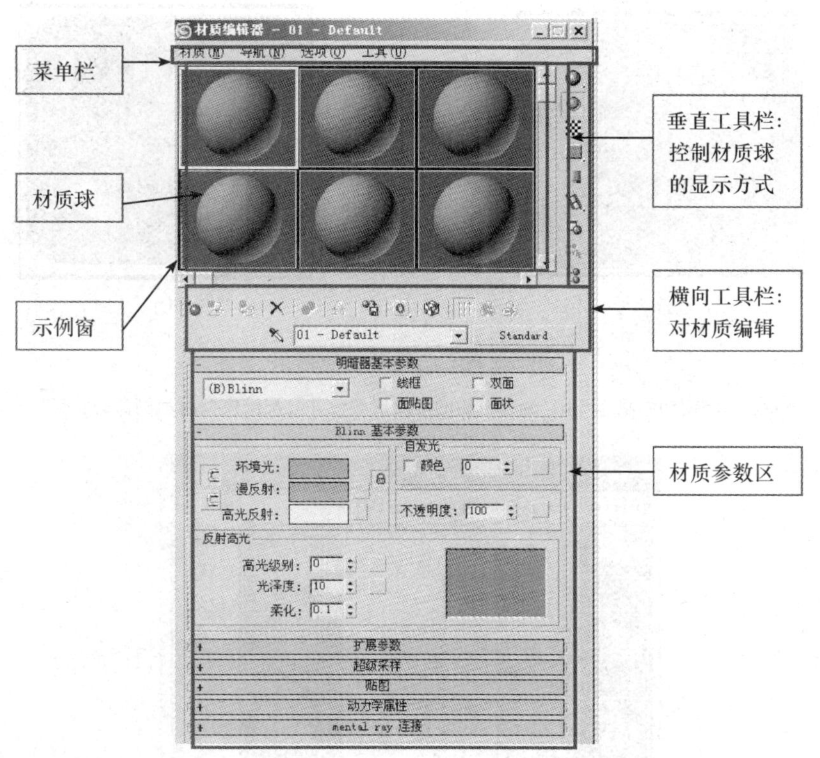

图 5—1—1　“Material Editor”对话框

作和材质层级的更改而改变。

1. 菜单栏

利用菜单栏中的菜单项可以获取材质、调整材质编辑器的显示方式等，与材质编辑器横向工具栏和纵向工具栏的功能基本相同。

2. 示例窗

示例窗又称为“样本槽”，位于“Material Editor”对话框的最上部，主要用来选择材质和预览材质的调整效果，如图 5—1—2 所示为调整材质的漫反射颜色并分配给模型后示例窗的状态。在默认状态下，显示出 6 个示例窗格并以球体作为示例对象。在 3ds Max 中有 24 个示例窗格，用户可以在“示例窗”上右击，在调出的快捷菜单中选择示例窗格的数目（见图 5—1—3）。

3. 垂直工具栏

在“Material Editor”对话框的“示例窗”下面和右侧各有一个工具栏。工具栏

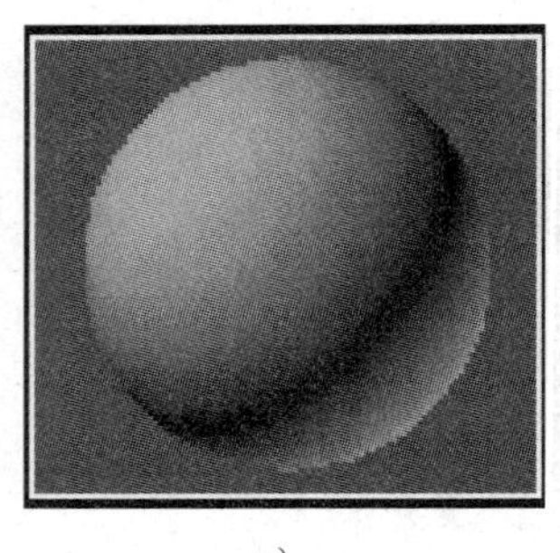

a）

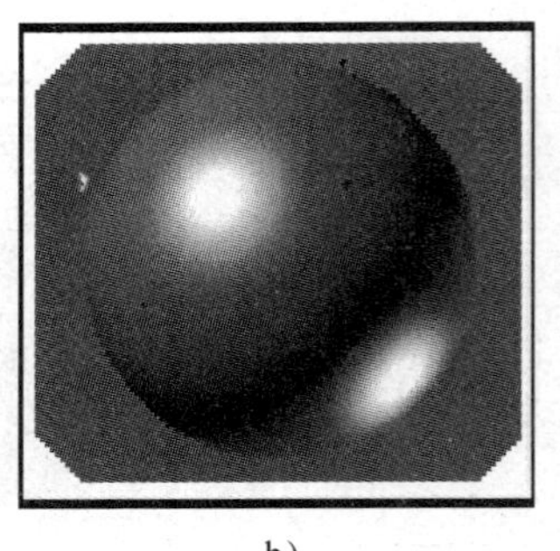

b）

图 5—1—2　显示材质效果

a）示例窗初始状态　b）调整材质的漫反射颜色并分配给模型后示例窗的状态

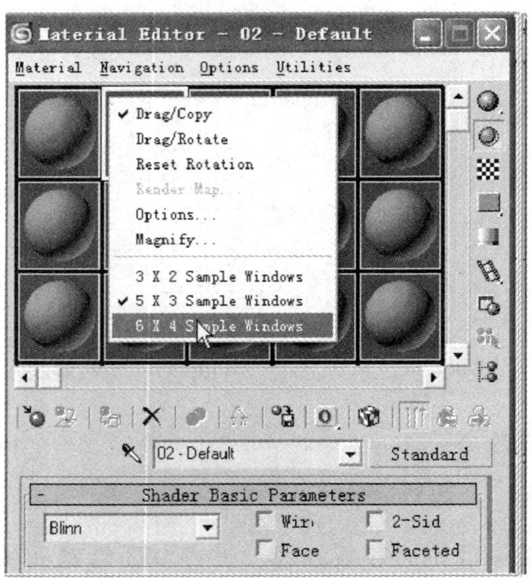

图 5—1—3　改变示例窗格的数目

内有多个按钮，集合了改变各种材质和贴图的命令。垂直工具栏包含了改变“示例窗”显示效果的命令。

（1）显示方式 。示例球显示方式分为球形、圆柱形、立方体三种。

（2）背光显示 。显示示例球的背光效果，对材质本身无影响，只是便于显示材质效果。

（3）显示的拼贴数 。用于在示例球中显示材质的拼贴次数，对材质本身无影响。

(4) 背景。为示例球增加一个彩色方格背景，主要用于透明材质的调节。

(5) 视频颜色检测。用于检查材质表面色彩是否超过视频限制。

(6) 制作预视动画。用于制作材质预视动画效果。

(7) 选项。用于对整个材质编辑器进行一些默认的设置。

(8) 通过材质选择。通过当前材质选择对应物体。将选定材质赋予某个物体后，单击该按钮将打开“选择对象”对话框，用户可通过该对话框确定将选定材质赋予哪些物体。

(9) 材质/贴图导航器。可以提供一个材质/贴图层级或复合材质关系快速导航的浮动对话框。在材质的各层级之间来回转换。利用此按钮可以比较清楚地处理层级复杂的材质。

4. 横向工具栏

横向工具栏包含了材质的指定、存储和在不同层级材质间相互转换等命令。横向工具栏内各按钮的功能如下：

(1) 获取材质。进行材质和贴图的选择，它打开的材质/贴图浏览器是一个浮动性质的对话框，不影响场景的其他操作，而其他方式打开的浏览器属于执行式的对话框。

(2) 放置材质到场景。将材质应用到场景中的物体上，但要求：在场景中有物体的材质与当前编辑的材质同名；当前材质不属于同步材质（即激活材质）。

(3) 赋材质到选择对象。将当前激活的示例窗中的材质指定给当前选择的物体。

(4) 重置材质与贴图。对当前材质进行复位。如果处在材质层级，将恢复为当前材质的原始参数；如果处在贴图层级，将恢复为最初始的贴图设置；如果当前材质为同步材质，将会弹出对话框以便进行材质的设定。

(5) 制作材质拷贝。此按钮只针对同步材质起作用，按下它，可以将当前同步材质在同一示例窗中复制成一个相同参数的非同步材质，且名称相同。当使用 （为选择对象指定材质）命令使示例窗成为同步材质后，此命令方可使用。它将复制一个同名于“同步材质”的非同步材质。可以随意对新复制的“材质”进行再加工而不用担心它会影响到场景中的任何“材质”。

(6) 产生独立。用于将相互关联的材质或贴图进行独立，常用于对复制材质的单独调节。专用于多级子对象材质类型中，使不同对象的多级材质失去彼此的联系，能够完成子级材质的改变而不影响其他次级材质的状态。

(7) 存入材质库。将当前材质保存到当前的材质库中，此材质将永久地保留在磁盘中。

(8) 特效通道 。用于对材质的特效通道进行选择处理。在大多数情况下，一个对象只能有一种类型的“材质”。但使用“Material Effects Channel”（材质影响通道）功能可以给一个对象的不同部分指定不同的“材质”，常配合“Video Post”视频合成器来产生发光及其他特殊效果。材质通道一共有 0～111 个通道，用户可以把它比作自家的门牌号码，每户都是独自存在、互不干扰的。

(9) 在视图中显示贴图。按下此按钮可以在视图中显示材质效果。在视图中显示贴图：在有“贴图”的“材质”中，必须单击该按钮，视图中的对象上才能显示出“贴图”效果。而且贴图技术只能针对 2D 类“贴图”起作用，对于 3D 类程序“贴图”无效。

(10) 显示最终效果。按下此按钮，将会保持显示出最终效果（即顶级材质效果），否则只显示当前层级效果。

(11) 回到父材质层级。向上移动一个材质层级，只对复合材质的次级层级有效。单击该按钮，回到当前材质的上一级材质。可以把多个层级的材质比作父与子的关系，顶层为父，其他的都为子。只有工作在多个层级“材质”中间，此按钮才可使用。

(12) 回到下一个同级材质层级。可以在同级中的其他层级材质之间进行切换。单击该按钮，可以方便在同一层级“材质”中进行切换。

（13）从对象中获取材质 。单击该按钮，可以将场景中对象的“材质”重新取回到示例窗中。如果示例窗中与被拾取的“材质”一样，将不进行改变。

（14）材质名称框 01 - Default 。显示“材质”和“贴图”的名称，将默认的名称选中以后，可以输入新的名称。

二、材质参数设置

默认情况下，“Material Editor”对话框中显示的是 Standard（标准材质），同时也是最基本、最重要的一种材质。本节将介绍其中最基本的三个卷展栏。

标准材质是 3ds Max2010 中默认且使用最多的材质，它可以提供均匀的表面颜色效果，而且可以模拟发光和半透明等效果，常用来模拟玻璃、金属、陶瓷、毛发等材料。Standard 的参数放置在 6 个卷展栏中。材质的参数卷展栏包括“明暗器基本参数”“Blinn 基本参数”“扩展参数”“超级采样”“贴图”和“动力学属性”（见图 5—1—4）。

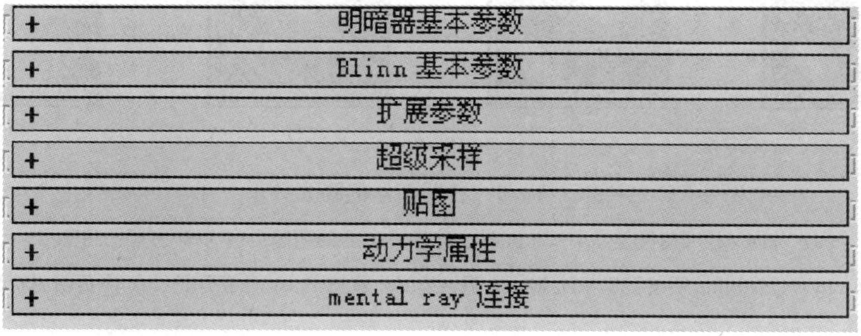

+ 明暗器基本参数
+ Blinn 基本参数
+ 扩展参数
+ 超级采样
+ 贴图
+ 动力学属性
+ mental ray 连接

图 5—1—4　材质参数卷展栏

1. 明暗器基本参数

将“明暗类型基本参数”（Shader Basic Parameters）卷展栏展开，在这个卷展栏中可以改变标准材质的明暗类型和渲染方式。在“明暗类型基本参数”卷展栏中，左侧的下拉列表框供选择不同明暗类型，单击该下拉列表框调出其下拉列表（见图 5—1—5、图 5—1—6）。从图 5—1—5、图 5—1—6 中可以看出一共有 8 种明暗类型可供选择（选择不同的明暗类型选项后，在其下面的基本参数卷展栏将变为相应类型的卷展栏），这些明暗类型的含义如下。

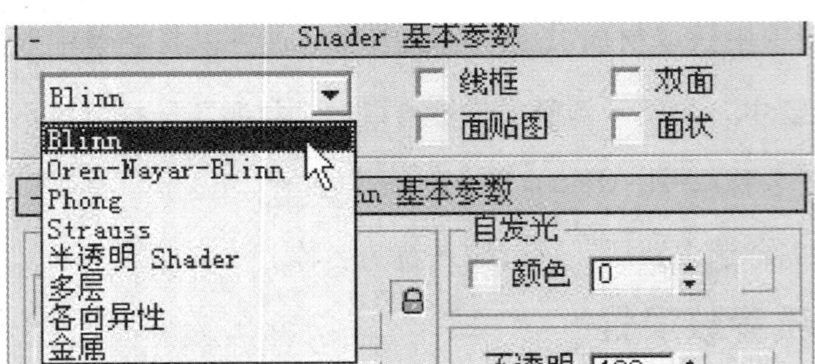

图 5—1—5　明暗类型基本参数卷展栏

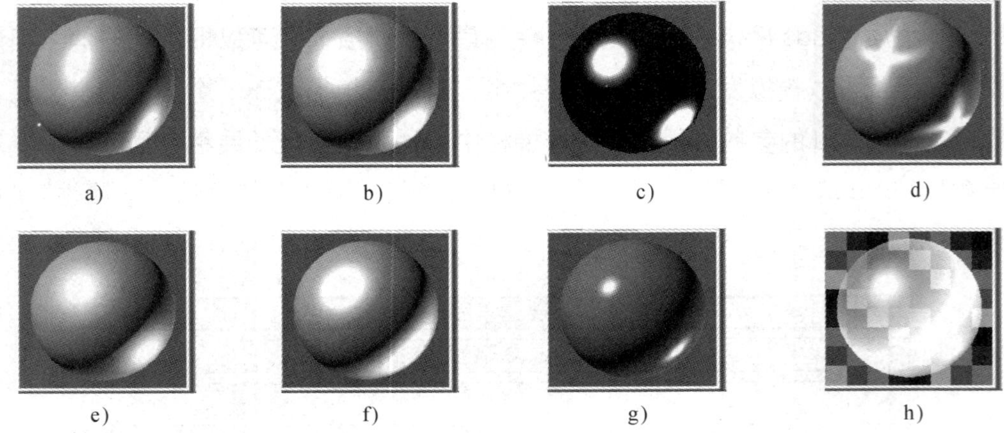

图 5—1—6　各明暗器的高光效果

a）各向异性明暗类型　b）Blinn 明暗类型　c）金属明暗类型　d）多层明暗类型

e）Oren-Nayar-Blinn 明暗类型　f）Phong 明暗类型　g）Strauss 明暗类型　h）半透明明暗类型

（1）各向异性（Anisotropic）明暗类型。该明暗类型使用椭圆形高光。这种明暗类型可以制作表面具有抛光效果的材质，对于建立头发、玻璃或磨砂金属的模型很有效。

（2）Blinn 明暗类型。该明暗类型是默认的材质类型，使用圆形高光，高光区与漫射区的过渡均匀。这种明暗类型可以渲染光滑和粗糙的表面，能精确地反映出三维模型的各种物理特性，如透明和对光线的反映等。它的色调比较柔和，能充分表现材质质感，有很广的应用范围，可以表现织物、塑料、陶瓷、土质和石材等绝大部分材质。

（3）金属（Metal）明暗类型。这种明暗类型在对象的表面会产生强烈金属质感的反光效果，可以制作金属材质与反光及色调特别强烈的较抽象的材质。在创建金属材质时，要保证示例窗口中的“背光”按钮处于按下状态，将背光添加到活动示例窗中，默认情况下，此按钮处于启用状态。

（4）多层（Multi－Layer）明暗类型。这种明暗类型与各向异性明暗类型相似，但该明暗类型具有两个反射高光控件，即在第一个高光上再加一个高光。使用分层的高光可以创建复杂高光，各层有各层的反光效果。Multi－Layer 明暗类型可以制作非常光滑的高反光材质。

（5）Oren－Nayar－Blinn（明暗处理）明暗类型。该明暗类型是对 Blinn 明暗类型的改变，它包含附加的“高级漫反射”控件、漫反射强度和粗糙度，使用它可以生成无光效果。此明暗类型适合无光曲面，如布料、陶瓦等。

（6）Phong 明暗类型。该明暗类型与 Blinn、Oren-Nayar-Blinn 明暗类型一样，都具有圆形高光，并且具有相同的“基本参数”卷展栏。Phong 明暗类型应用于对象的表面会产生光滑柔和的反光效果，与 Blinn 的不同之处是渲染的感觉要硬一些。它可以制作光滑而质感柔软的材质。

（7）Strauss（金属加强）明暗类型。这种明暗类型用于对金属表面建模。与金属明暗类型相比，该明暗类型使用更简单的模型，并具有更简单的界面。

（8）半透明 Shader（Translucent Shader）明暗类型。半透明明暗类型与 Blinn 明暗类型类似，但它还可用于指定半透明。半透明对象允许光线穿过，并在对象内部使光线散射。可以使用半透明明暗类型来模拟被霜覆盖的和被侵蚀的玻璃、石蜡、玉石、凝固的油脂以及细嫩的皮肤等。

2. 渲染方式

在“标准材质”（Shader Basic Parameters）卷展栏的右侧提供了标准材质的 4 种渲染方式，分别是线框（Wire）、双面（2-Sided）、面贴图（Face Map）和块面（Faceted）（见图 5—1—7）。

（1）线框（Wire）。选中该复选框后，将清除对象表面部分，只保留对象的线框结构。在渲染时，对象将被渲染成线框形式（见图 5—1—8）。

（2）双面（2-Sided）复选框。在 3ds Max 中三维模型是表面和背面空心的蒙皮结构，默认情况下只渲染外表面，但有时三维模型中会形成敞开的面，其内壁因无材质而无法看到。这时选中该复选框后，将使渲染器忽略对象表面的方向，对所有

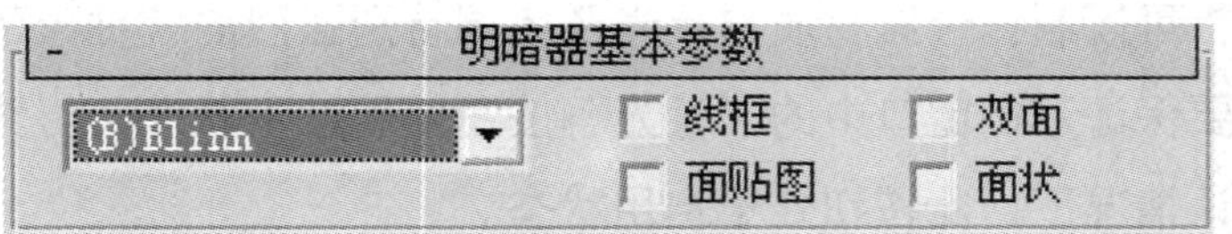

图 5—1—7　渲染方式

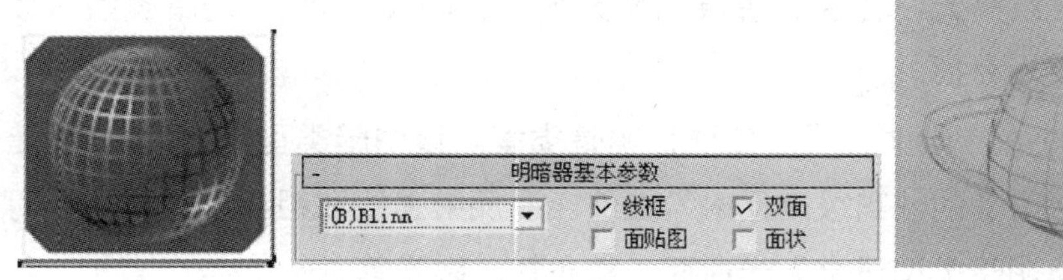

图 5—1—8　线框渲染方式

选择的面都进行双面渲染。

双面渲染方式对于透明对象、线框对象、中空对象和非常薄而且要显示正反两面的不透明对象非常适合。例如，在选中“线框”的情况下又选中“双面”复选框的结果如图 5—1—9 所示。

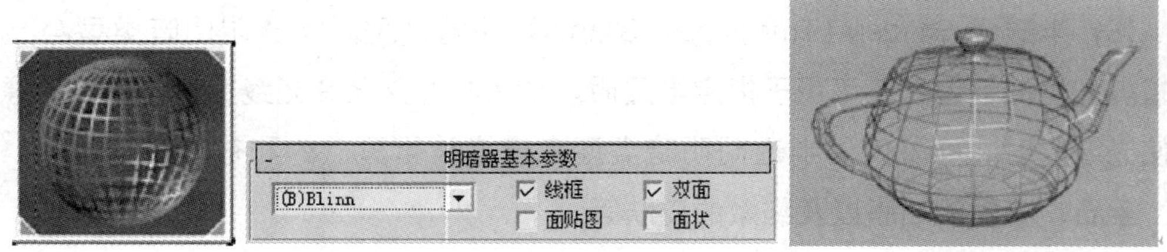

图 5—1—9　双面的线框渲染方式

（3）面贴图（Face Map）复选框。选中该复选框后，对象表面的贴图将自动被指定到对象的每一个表面上，贴图的疏密程度与对象面数的多少有关（见图 5—1—10）。

（4）块面（Faceted）复选框。选中该复选框，渲染时将材质赋予以小平面方式拼合而成的对象的表面，渲染的效果如图 5—1—11 所示。从图 5—1—11 中可以看出，原本光滑的表面转变成为转折明显的平面。虽然最后的渲染结果与关闭 Smooth 选项所取得的渲染效果基本相同，但块面（Faceted）复选框只对渲染有效，对对象本身没有影响。

图 5—1—10　面贴图渲染方式

图 5—1—11　块面渲染方式示例

3. Blinn 基本参数

在“标准材质”(Shader Basic Parameters) 卷展栏中“明暗类型”下拉列表框选择了不同的明暗类型以后，该栏下方卷展栏的名称和参数也将发生变化。如图 5—1—12 所示为使用系统默认的 Blinn 明暗类型时的“Blinn 基本参数”(Blinn Basic

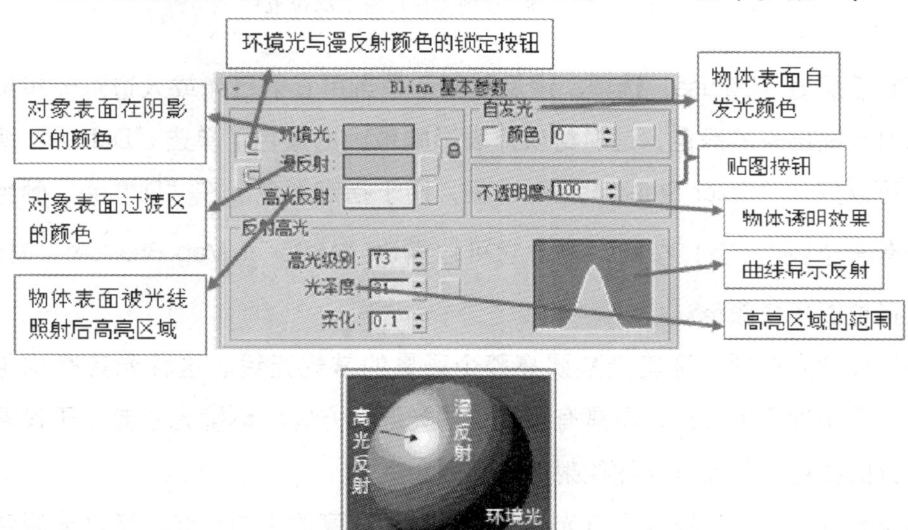

图 5—1—12　“Blinn 基本参数”卷展栏

Parameters）卷展栏。如果将明暗类型设置成半透明，则该卷展栏的名称也随之变为半透明基本参数。

一个自己不能发光的对象在全黑的环境中，不能被人的眼睛看到，所以在默认情况下，在每个场景中都具有少量环境光。当光线照射到对象上时，产生明暗两个面，其中亮面最强的光线称为 Specular（高光），反映出对象自身颜色的参数是 Diffuse（漫反射），Ambient（环境）参数则反映出阴影的颜色。三种光在对象上的位置如图 5—1—13 所示。

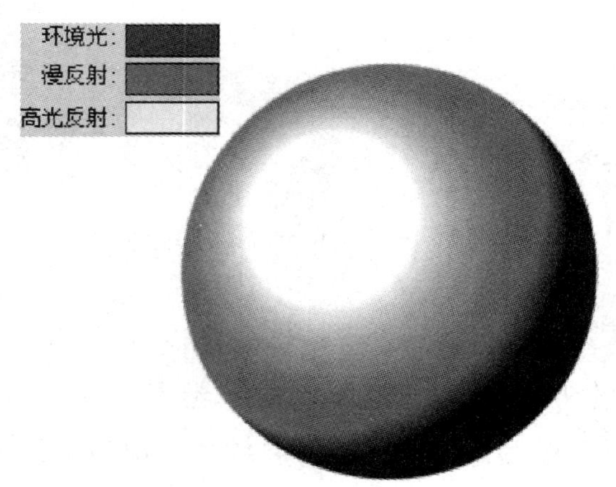

图 5—1—13　三种光在对象上的位置

（1）漫反射（Diffuse）选项。漫反射颜色是当用直射日光或人造灯光投射到对象上面时反映出来的颜色，是对材质外表影响最大的颜色。单击“Diffuse”颜色窗口，就可以打开“Color Selector”对话框，用于指定颜色。在“Diffuse”颜色窗口的右侧有一个（空）按钮，单击它可以调出“Material/Map Browser”对话框，用来选择位图代替颜色。

（2）环境光选项。环境光是照亮整个场景的常规光线。这种光具有均匀的强度，并且属于均质漫反射，不具有可辨别的光源和方向。环境光主要用于设置对象阴影部分的颜色，即没有光线照射的暗部颜色。

环境光颜色的选择取决于灯光的种类。对于适度的室内灯光，环境光颜色可能是较暗的漫反射颜色，但是对于明亮的室内灯光和日光，其可能是主（主要）光源的补充。通常要将环境光设置为黑色（或非常暗的颜色）。

(3) 高光 (Specular) 选项。高光颜色是发光表面以最高亮度显示的颜色。高光是用于照亮表面的灯光的反射。

高光颜色应该与主要光源的颜色相同，但并不是所有对象都有高光，在 3ds Max 中，可以将高光颜色设置成与漫反射颜色相符，就可以达到无光效果，降低材质的光泽性。

金属明暗类型没有高光组件，因为它的高光直接来源于漫反射颜色成分和高光曲线形状。

4. 扩展参数

材质编辑器中的每一种材质，除了受基本参数的控制外，有时还需进一步使用扩展参数进行定义和调整。"扩展参数" (Extended Parameters) 卷展栏中的参数是基本参数的延伸。在该卷展栏中有三个选项栏 (见图 5—1—14)，分别对透明、线框和反射效果做了进一步的扩展，使其效果更加灵活多变。

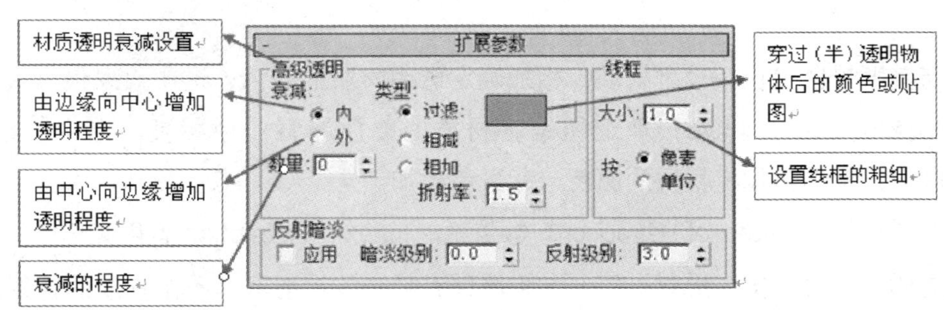

图 5—1—14　"扩展参数"栏

(1) 高级透明 (Advanced Transparency) 选项栏 (见图 5—1—15)。

1) 衰减 (Falloff) 选项区。这个区域的参数用于控制材质透明度的衰减方式和程度。衰减的方式由内 (In) 和外 (Out) 两个单选钮控制。选中内单选钮后，材质由外向内逐渐变透明，即模型中心透明度高，边缘透明度低，适用于空心有厚度的玻璃制品。选中外单选钮后，材质将由内向外逐渐变透明，即模型中心透明度低，边缘透明度高，适用于实心对象。

2) 类型 (Type) 选项区。这个区域的参数有 3 个选项，用于控制材质的透明方式。选中"过滤" (Filter) 单选钮，将以其右侧过滤色 (一般应为漫反射区的颜

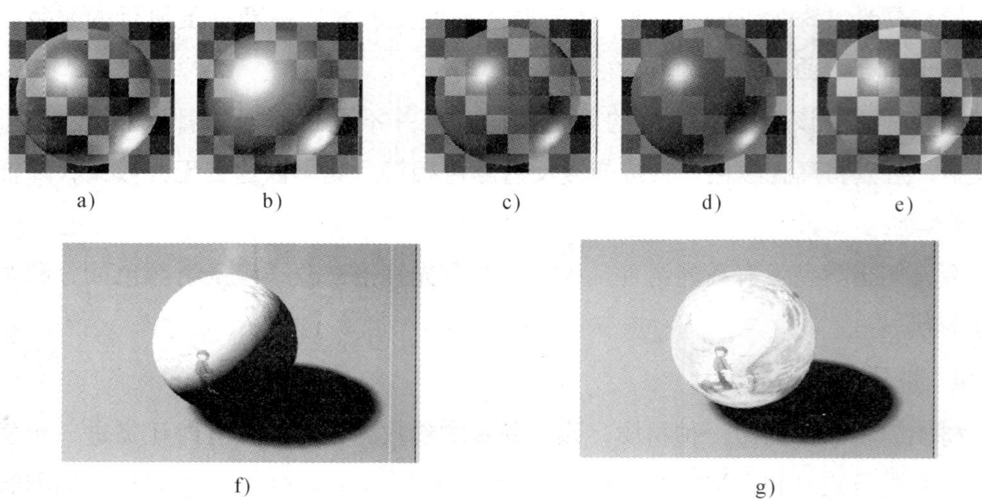

图 5—1—15 “高级透明”（Advanced Transparency）参数效果

a）向内衰减 b）向外衰减 c）过滤方式的效果 d）相减方式的效果 e）相加方式的效果

f）暗淡级别为 0 时阴影区为纯黑色 g）暗淡级别为 1 时反射贴图完全显现

色）与其背景色（包括模型材质）相加确定透明材质的颜色，透明效果最真实。选中“相减”（Subtractive）单选钮是将材质的颜色与背景色相减。选中“相加”（Additive）单选钮是将材质的颜色与背景色相加。

3）折射率（Index of Refraction）数值框。Index of Refraction 简称 IOR 值。光线穿过透明对象时会发生折射，每一种物质都有唯一的折射率（不同物质的折射率见表 5—1—1），在这个数值框中输入不同物质的折射率。

表 5—1—1　　一些物质的折射率

物质名称	折射率	物质名称	折射率
真空	1	空气	1.000 3
水	1.333	玻璃	1.11～1.7
钻石	2.411 1	冰	1.301 1
石英	1.113 3～1.644	翡翠	1.117
红宝石	1.77	水晶	2.0

（2）线框（Wire）选项栏。在“明暗类型基本参数”（Shader Basic Parameters）卷展栏中将材质设置为 Wire（线框）后，如果要调整线框的效果，则要在这里

进行。

1）大小（Size）数值框。该数值框用于设置线框的粗细尺寸。当该值增大时，线框的宽度将随之增加。

2）按（In）选项区。在这个选项区中有两个单选钮，用来选择线框粗细尺寸的单位。选中像素（Pixels）单选按钮时的单位是像素，选中单位（Units）单选按钮时，以系统当前所使用的单位为单位。

3）反射暗淡（Reflection Dimming）选项栏。“反射暗淡”主要针对使用反射贴图材质的对象。当对象使用反射贴图以后，全方位的反射计算导致其失去真实感。此时选择“应用”（Apply）复选框后，“反射暗淡”就可以起作用，调整“暗淡级别”（Dim Level）的值可以淡化材质的颜色，调整“反射级别”（Refl. Level）的值可调整材质反光水平。

①应用（Apply）复选框。设置是否使用材质阴影部分的反射暗淡效果。禁用该选项后，反射贴图材质就不会因为直接灯光的存在或不存在而受到影响。默认设置为禁用状态。

②暗淡级别（Dim Level）数值框。用于设置材质阴影部分暗淡的强度。该值为0. 0时，反射贴图在阴影中为全黑。该值为0. 11时，反射贴图为半暗淡。该值为1. 0时，反射贴图没有经过暗淡处理，材质看起来好像禁用“应用”一样。

③反射级别（Refl. Level）数值框。用于设置材质阴影部分反射的强度。该值与反射明亮区域的照明级别相乘，用来补偿暗淡。在大多数情况下，默认值为3. 0会使明亮区域的反射保持在与禁用“反射暗淡”时相同的级别上。

三、使用材质编辑器

1. 如何获取并重命名材质

获取材质就是为当前示例窗中的材质指定一种新的类型或指定一种创建好的材质，具体操作如图5—1—16所示。

选中“材质/贴图浏览器”对话框中“浏览自”区中的“材质库”单选钮，可以获取材质库中保存的材质；选中“场景”单选钮，可以获取场景中对象所使用的材质；选中“新建”单选钮，可以更改材质的类型。另外，使用材质编辑器工具栏中的“从对象拾取材质”按钮，可以获取场景中指定对象所使用的材质。

更改材质名称的操作非常简单，获取材质后，在材质编辑器横向工具栏的“材质名”下拉文本框中重新输入一个材质名即可。

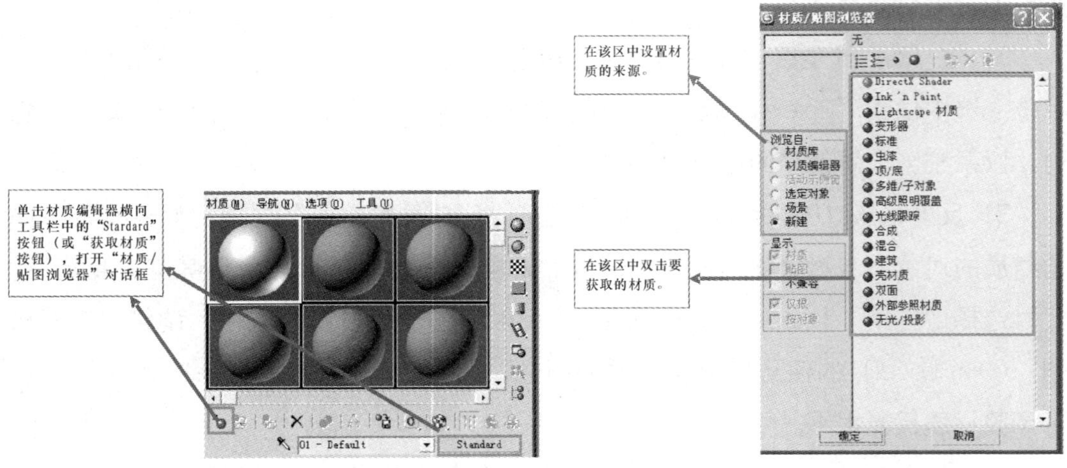

图 5—1—16　获取并重命名材质

2. 如何保存材质

有时需要将编辑好的材质保存起来，以方便在其他场景中调用（见图 5—1—17）。

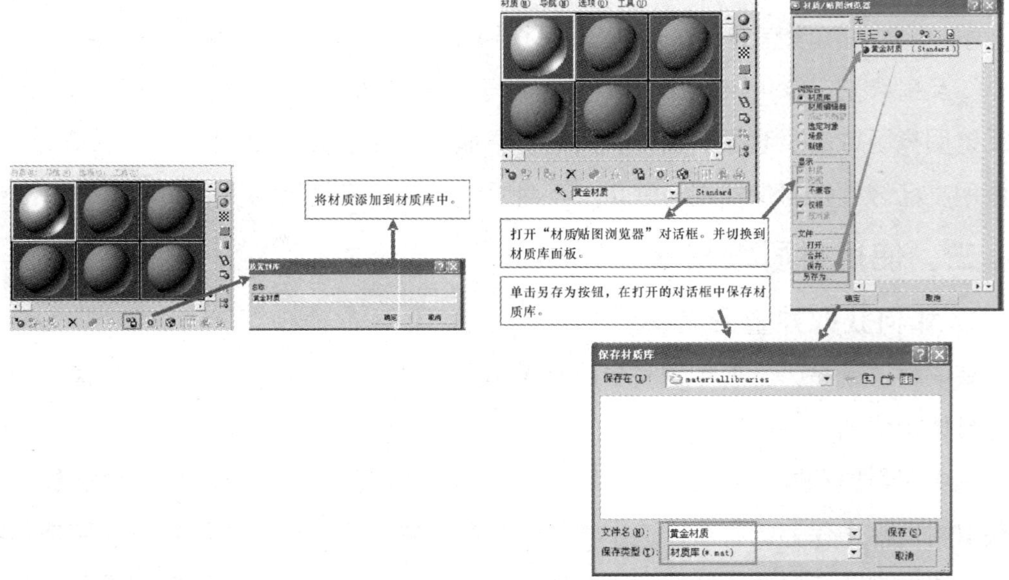

图 5—1—17　保存材质

要想调用保存的材质库，只需单击“材质/贴图浏览器”对话框中“浏览自”区中的“材质库”单选钮，然后单击“文件”区中的“打开”按钮，通过打开的“打开材质库”对话框找到保存的材质库，并单击“打开”按钮即可（见图 5—1—18）。

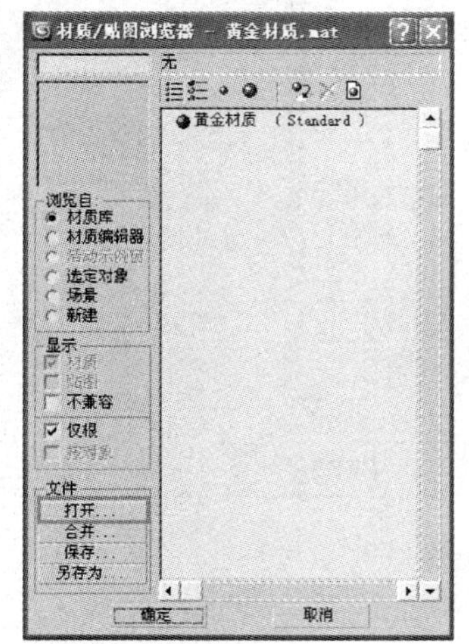

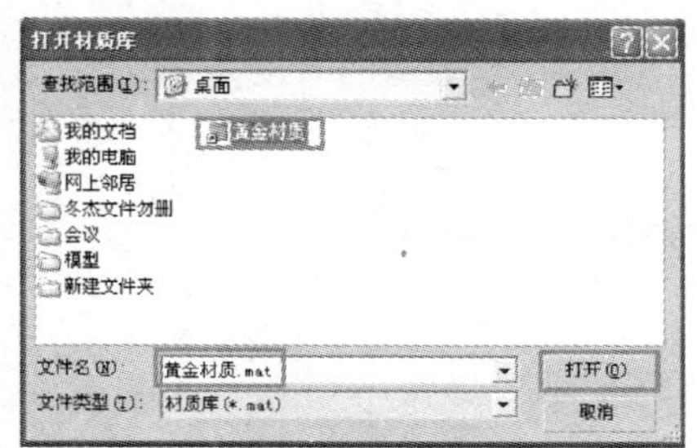

图 5—1—18　调用保存材质

第二节　材质贴图应用

一、贴图通道

将图像指定给材质称为贴图。包含一个或多个图像的材质称为贴图材质。贴图可以改善材质的外观和真实感，可以模拟纹理、应用的设计、反射、折射以及其他一些效果。与材质一起使用，贴图将为对象几何体添加一些细节而不会增加它的复杂程度。

1. 常用的贴图通道

明暗类型（Blinn）的贴图（Maps）所包含的 12 种贴图通道是比较常用的贴图通道，如图 5—2—1 所示。

（1）主要控件。在贴图通道中的名称前有一个复选框、一个数量数值框和一个空白长按钮，它们的作用如下所述。

1）名称前的复选框。表示是否使用该贴图通道。选中复选框，即可启用该贴图通道。另外使用该通道后，此复选框也为选择状态，表示场景中的对象正在使用

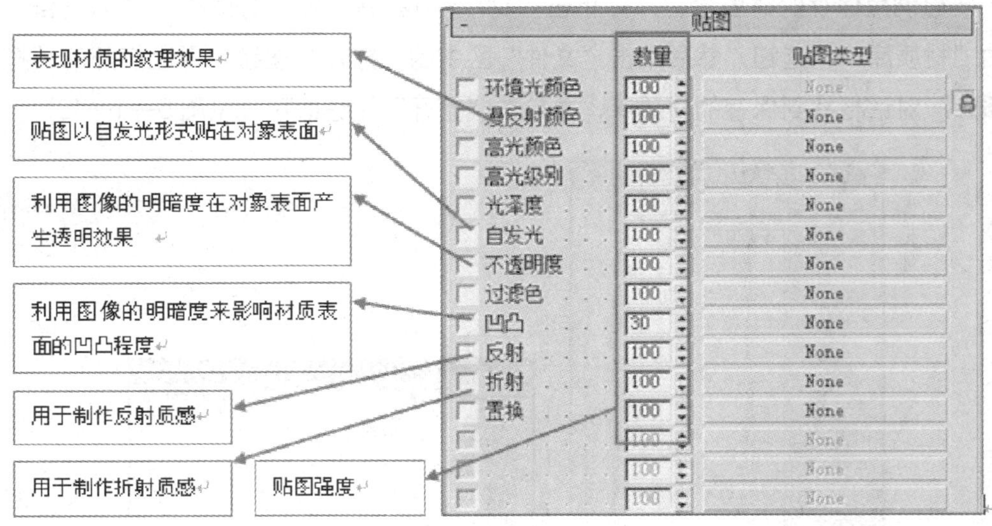

图 5—2—1　常用贴图通道

该类型的贴图效果，如果在使用该类型后，关闭复选框的选择状态，将暂时关闭该类型贴图的使用效果。

2）数量（Amount）数值框。在每个贴图通道名称后面有一个数量数值框，该数值框用于在该贴图通道设置了贴图后，控制贴图作用于对象上的使用效果。当该参数值较大时，材质的使用效果就比较明显。

3）空白长按钮“None”。该按钮用于为该贴图通道设置贴图。

（2）主要贴图通道。

1）漫反射颜色贴图通道如图 5—2—2 所示。

2）自发光贴图通道（见图 5—2—3）。图 5—2—3 中纯黑色的区域不会对材质产生任何影响，非纯黑的区域将会根据自身的灰度值产生不同的发光效果。自发光贴图通道广泛应用于灯具、夜景、荧光屏等效果。

3）不透明度贴图通道（见图 5—2—4）。利用图像的明暗度在对象表面产生透明效果，纯黑色的区域完全透明，纯白色的区域完全不透明（见图 5—2—5）。

4）凹凸贴图通道（见图 5—2—6）。利用图像的明暗度来影响材质表面的光滑程度，从而产生凹凸的表面效果。白色部分产生凸起，黑色部分产生凹陷，中间色产生过渡。

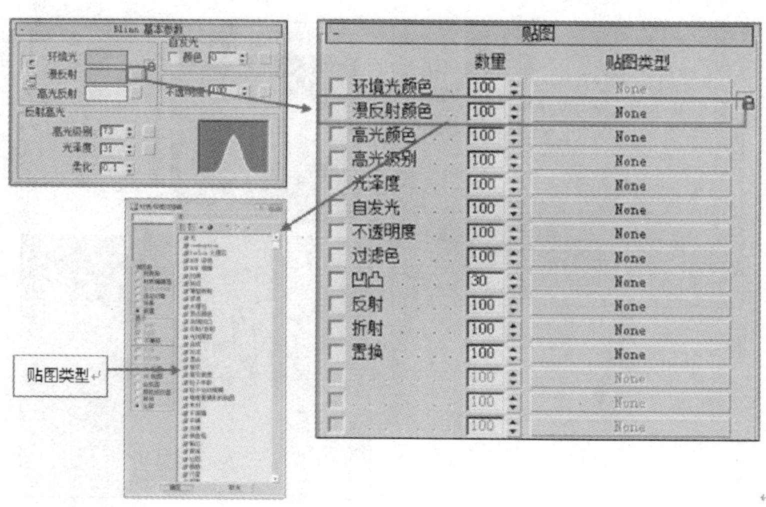

图 5—2—2　漫反射颜色贴图通道参数

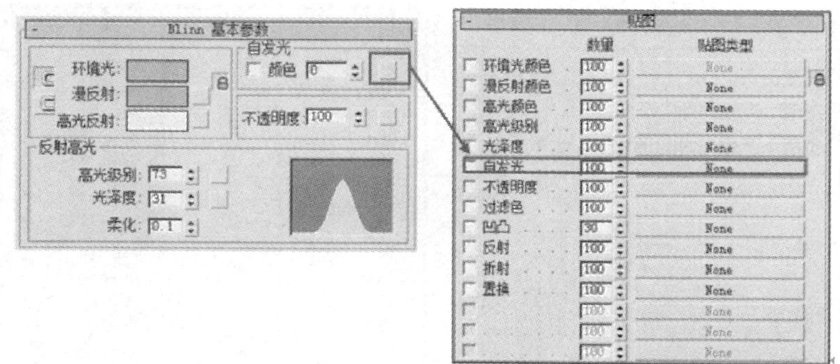

图 5—2—3　自发光贴图通道参数

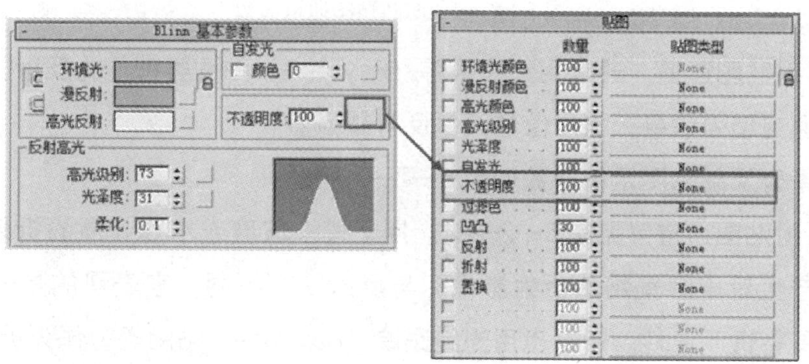

图 5—2—4　不透明度贴图通道参数

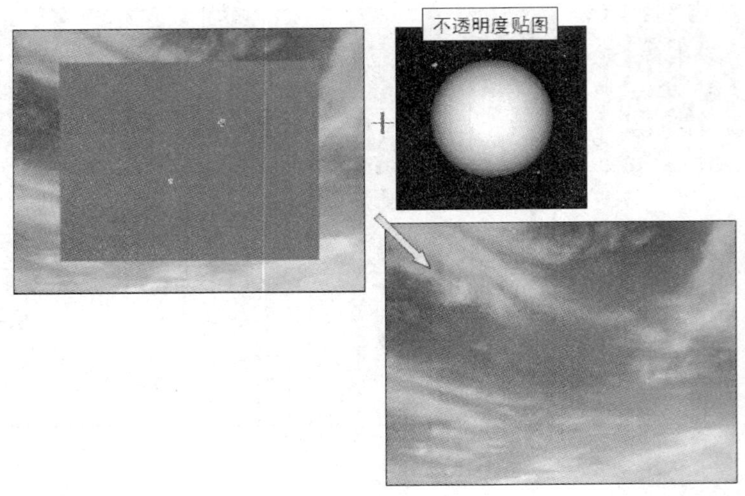

图 5—2—5　不透明度图示

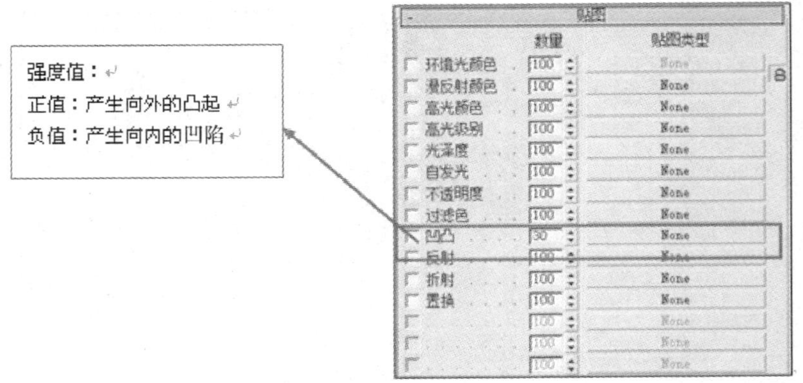

图 5—2—6　凹凸贴图通道参数

5）反射贴图通道。通常用光线跟踪（Raytrace）贴图类型作为反射，并配合漫反射贴图通道增强效果，强度值越大，反射越强烈。

金属茶壶反射贴图示例参数如图 5—2—7 所示。

6）折射贴图通道（见图 5—2—8）。用于模拟玻璃或水等介质的折射效果，在物体表面产生对周围景物的折射影像。与反射贴图不同，它表现的是一种穿透效果，物体具备透明属性。通常也用光线跟踪（Raytrace）贴图类型作为折射。

2. 贴图类型

（1）贴图类型简介。不同的贴图类型可以实现不同的材质效果。贴图能够在不

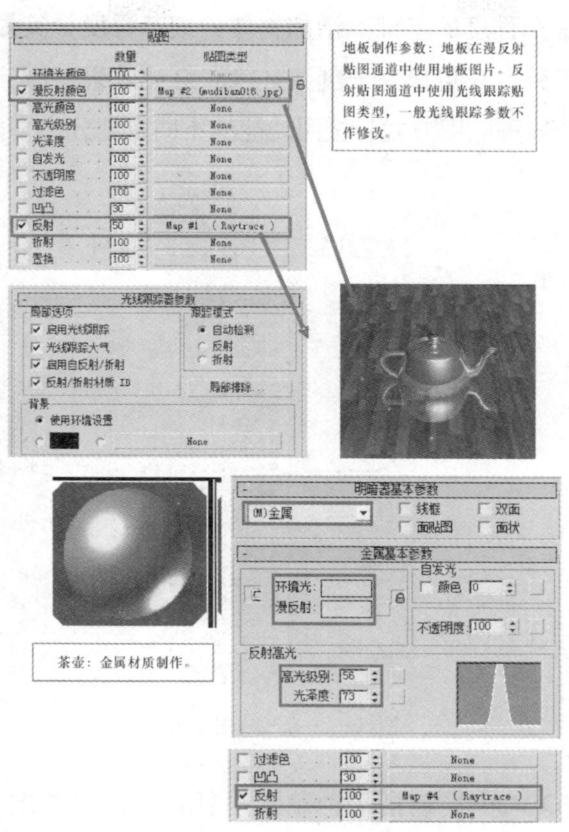

图 5—2—7　金属茶壶反射贴图示例参数

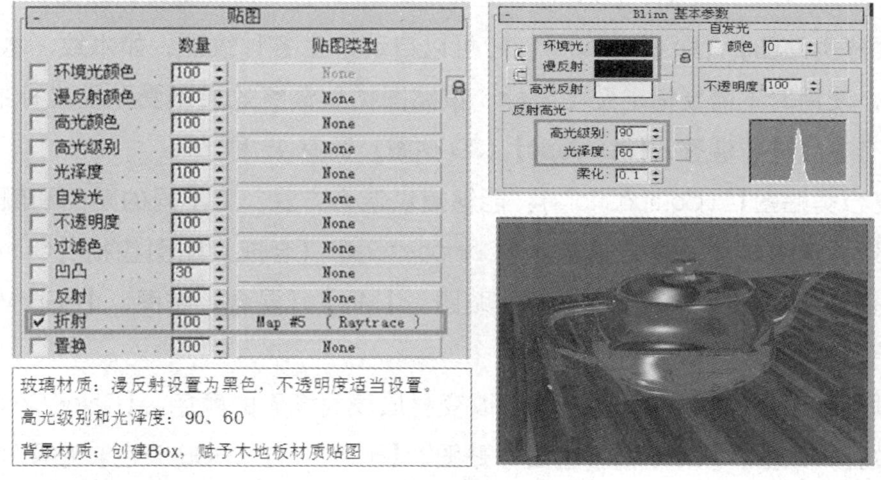

图 5—2—8　折射贴图通道参数

增加物体几何结构复杂程度的基础上增加物体的细节程度，其最大的用途就是提高材质的真实程度。另外，还可以用于创建环境和灯光效果。

3ds Max 提供了 36 种贴图方式，按照功能的不同可划分为 5 类（见图 5—2—9）。

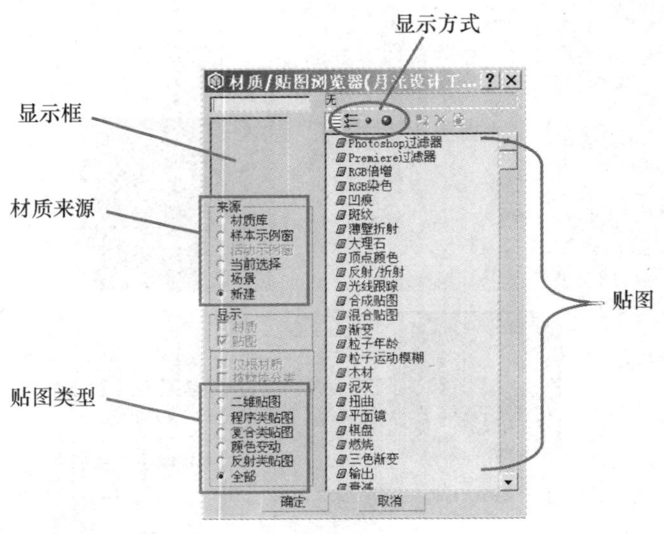

图 5—2—9　贴图类型

【二维贴图】（2D Maps）包括 7 种贴图：【Bitmap】（位图）贴图、【Checker】（棋盘格）贴图、【Combustion】（燃烧）贴图、【Gradient】（渐变）贴图、【Gradient Ramp】（三色渐变）贴图、【Swirl】（漩涡）贴图和【Tiles】（瓷砖）贴图。

【程序类贴图】（即 3D Maps）：它可以自动产生各种纹理，如木纹、水波、大理石等，使用时不需要指定贴图坐标。该贴图类型最终效果不受贴图坐标的控制，需用专有参数进行调整，【3D Maps】（3D 贴图）共有 15 种。

【复合类贴图】（Compositors）：能够提供混合方式，将不同的贴图和颜色进行混合处理，产生丰富的复合效果。【Compositors】（合成）贴图包括【Composite】（合成材质）贴图、【Mask】（蒙版）贴图、【Mix】（混合）贴图、【RGB Multiply】（RGB 倍增）贴图。

【颜色变动】（Color Mods）：能够改变材质表面像素的颜色。【Color Correction】（颜色校正）贴图、【Output】（输出）贴图、【RGB Tint】（RGB 染色）贴图和【Vertex Color】（顶点颜色）贴图统称为【Color Mods】（颜色修改）贴图。

【反射类贴图】：用于创建反射和折射效果的贴图，其中【Raytrace】（光线跟踪材质）贴图、【Reflect/Refract】（反射/折射）贴图可以在反射贴图通道与折射贴图通道中使用；【Flat Mirror】（平面镜）贴图只能在反射贴图通道中使用，【Thin Wall Refraction】（薄壁折射）贴图只能在折射贴图通道中使用。

（2）贴图类型选择操作方法。先打开“贴图方式”卷展栏，勾选需要的贴图方式，然后单击 None “进入材质/贴图浏览器”窗口，双击选择贴图类型即可（见图 5—2—10）。

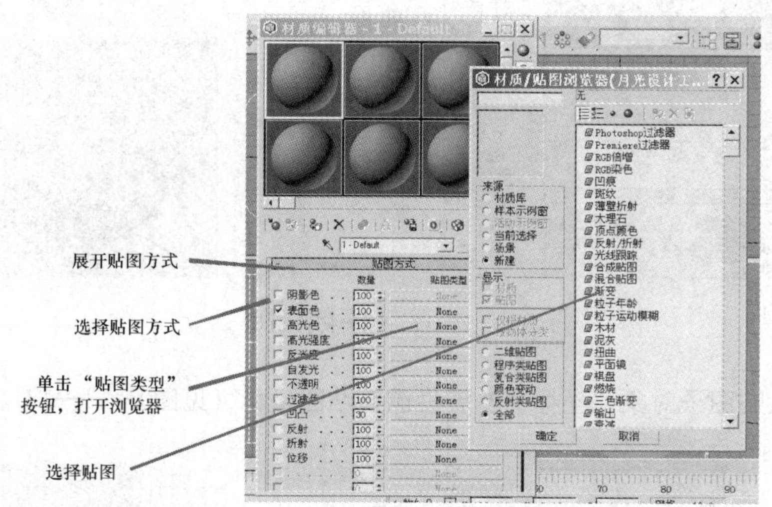

图 5—2—10　贴图类型选择操作方法

二、贴图坐标

贴图坐标的使用方法：

1. 在透视图任意创建一长方体（见图 5—2—11）。

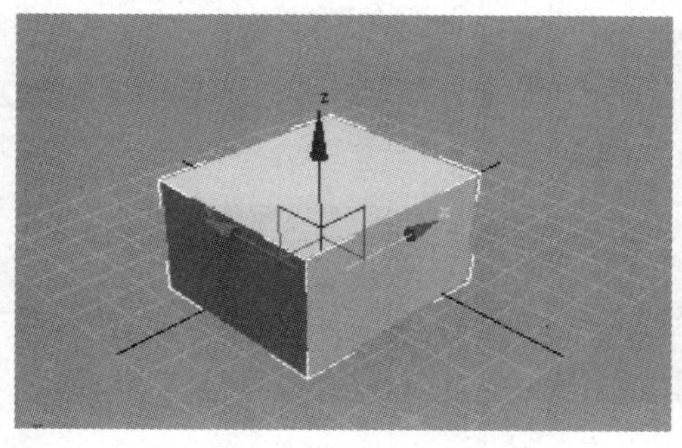

图 5—2—11　创建长方体

2. 点击漫反射旁的空格，给材质球添加漩涡贴图类型，然后点击将材质指定给选定对象，单击按钮将编辑好的材质赋予物体（见图 5—2—12）。

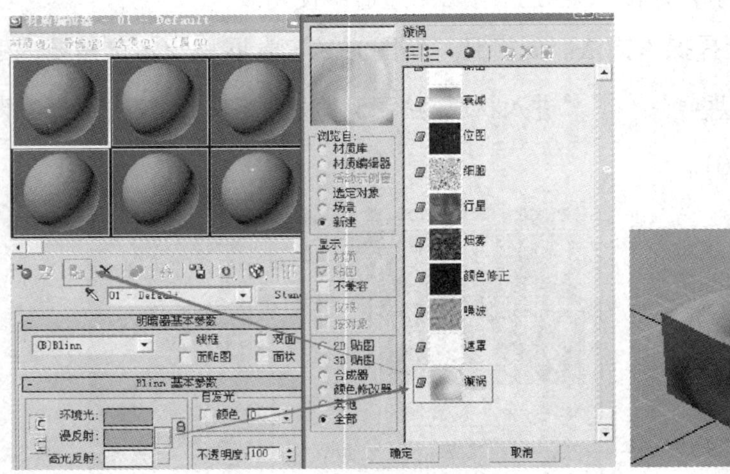

图 5—2—12　赋予物体材质

3. 进入贴图子对象“坐标”卷展栏调整贴图坐标（见图 5—2—13）。

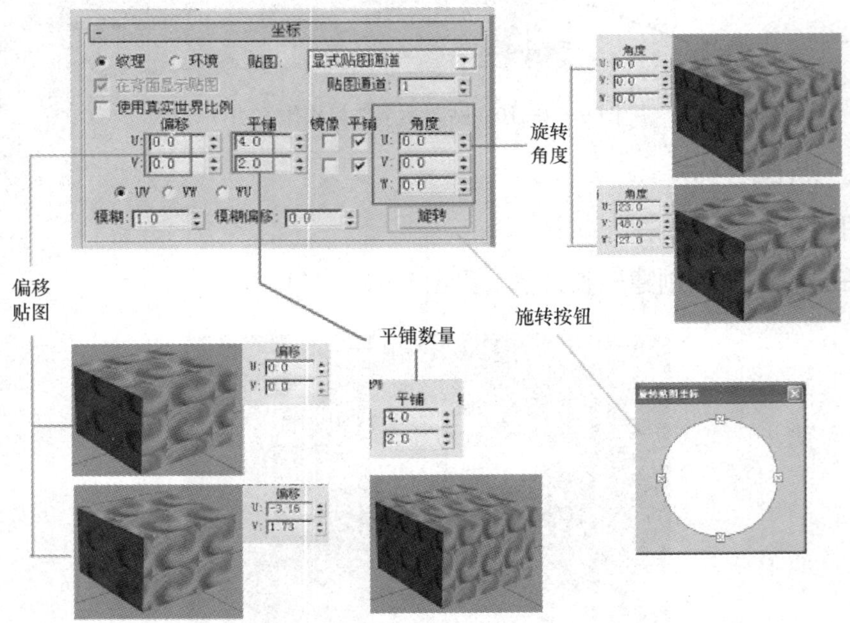

图 5—2—13　调整贴图坐标

三、技能训练

1. 创建金属材质

步骤一：从光盘中打开场景文件汤匙模型（见图5—2—14）。

步骤二：创建金属材质时，首先选择一未使用的材质球分配给素材文件中的汤匙模型，并命名为“金属”（见图5—2—15）。

图5—2—14 打开汤匙模型

图5—2—15 赋予“金属”材质

步骤三：然后更改其明暗器类型为“金属”，并调整材质的漫反射颜色、高光级别和光泽度（见图5—2—16）。

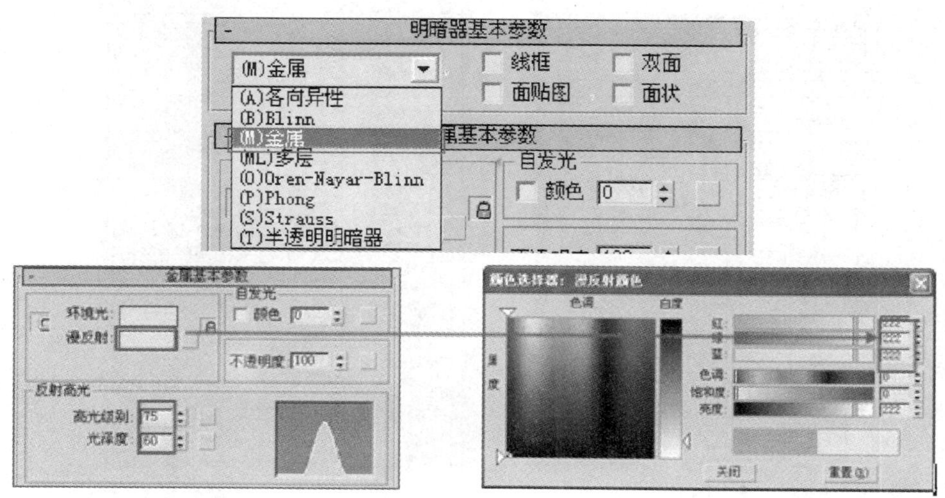

图5—2—16 调整“金属”材质

步骤四：为材质的“反射”贴图通道添加“位图”贴图，在光盘中找到“不锈钢”图片，选中，打开，给材质球添加“不锈钢”图片，模拟金属表面的反光效果即可（见图 5—2—17）。

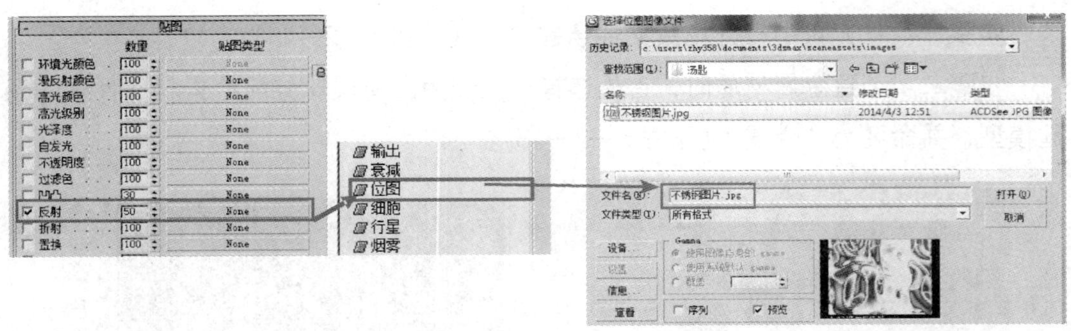

图 5—2—17　添加反射贴图

步骤五：创建陶瓷材质时，可先选择一未使用的材质球分配给素材文件中的咖啡杯和咖啡杯的底座，并命名为“陶瓷”。然后更改其明暗器类型为“多层”，并调整“漫反射”“第一高光反射”和“第二高光反射”颜色框的颜色，以及各层的高光级别、光泽度、各向异性和高光方向。最后，为“反射”贴图通道添加“光线跟踪”贴图，模拟陶瓷材质的反光效果即可（见图 5—2—18）。

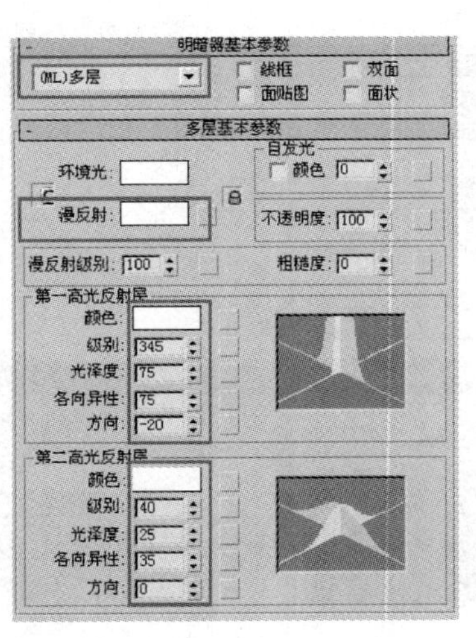

图 5—2—18　调整反射贴图

2. 创建沙发材质

步骤一：打开场景文件三人沙发模型（见图5—2—19）。

步骤二：按“M”键打开材质编辑器。创建沙发材质时，首先选择一未使用的材质球分配给素材文件中的沙发模型，并命名为“沙发”（见图5—2—20）。

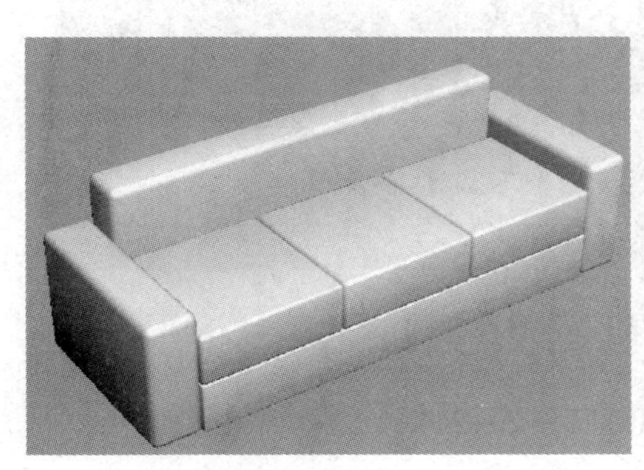

图5—2—19 打开三人沙发模型

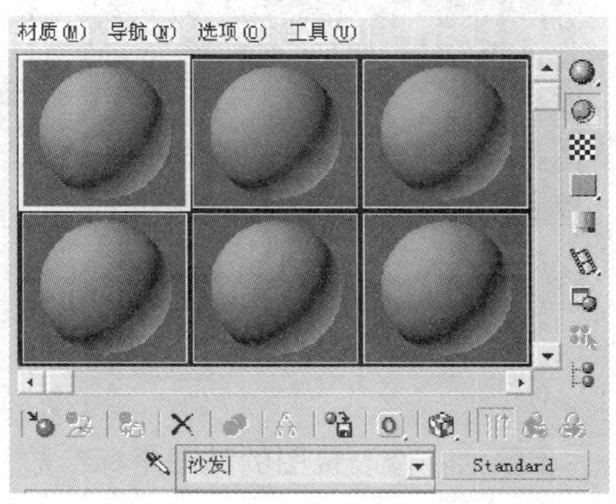

图5—2—20 赋予材质

步骤三：调整沙发的反射高光参数：高光级别35，光泽度20（见图5—2—21）。

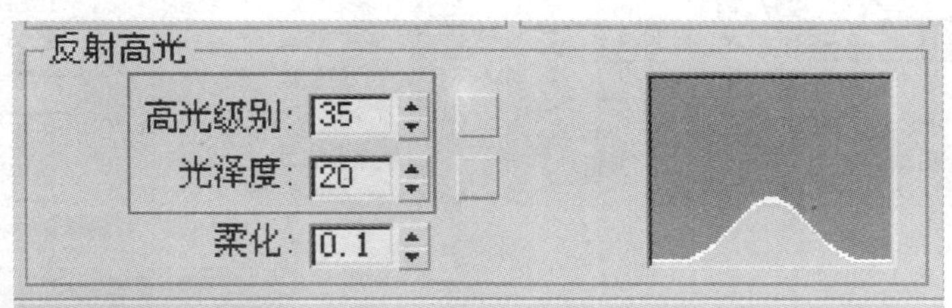

图5—2—21 调整反射高光

步骤四：点击“漫反射”旁的贴图按钮，选择“位图”，双击打开“沙发皮革”文件（见图5—2—22）。

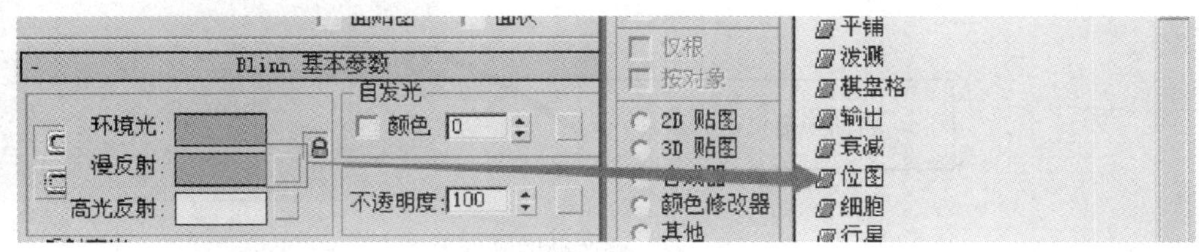

图5—2—22 添加贴图图片

步骤五：全选场景中的沙发模型，点击“赋予材质”按钮，将材质赋予模型（见图 5—2—23）。

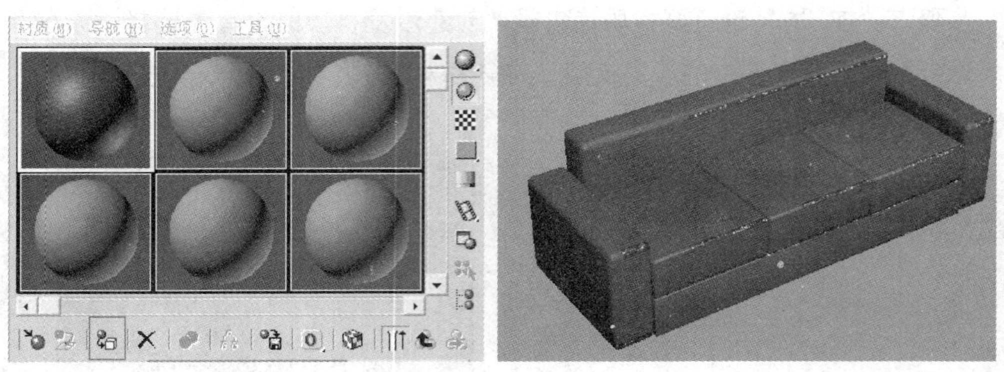

图 5—2—23　赋予沙发材质

步骤六：修改位图的贴图坐标参数（见图 5—2—24）。

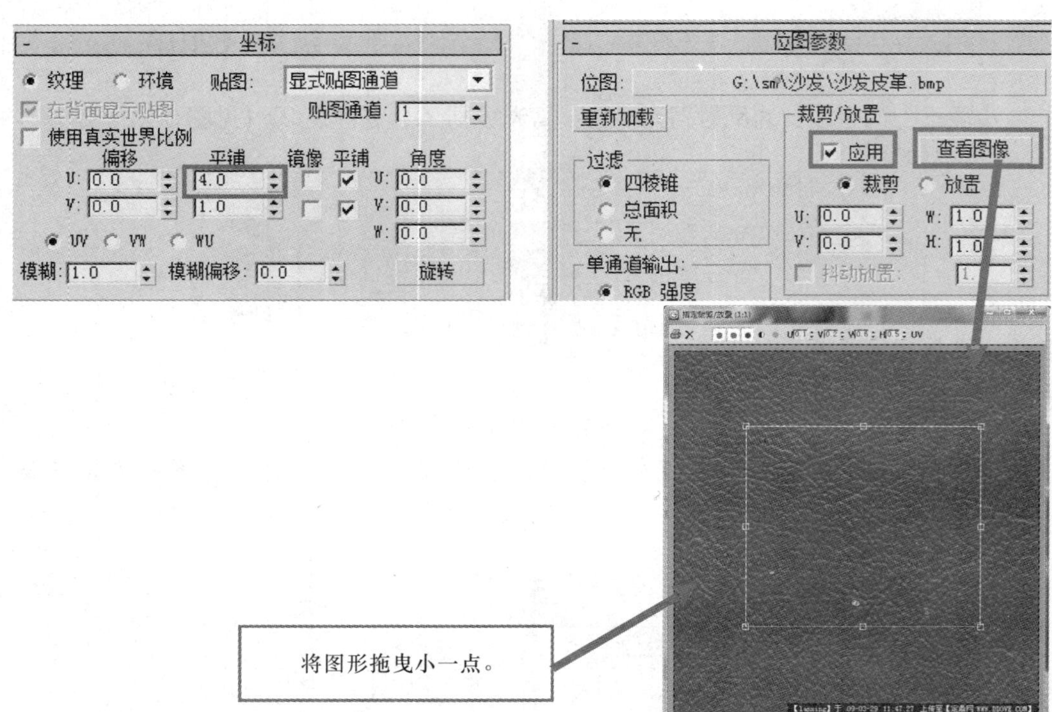

图 5—2—24　修改贴图坐标参数

步骤七：回到上一级的贴图通道中，将漫反射贴图拖曳到凹凸贴图通道，将凹凸强度值改为 80（见图 5—2—25）。

☐	过滤色 . . .	100	None
☑	凹凸	80	Map #1 (沙发皮革.bmp)
☐	反射	100	None

图 5—2—25　调整凹凸贴图

步骤八：最终渲染效果如图 5—2—26 所示。

图 5—2—26　最终渲染效果

第三节　复合材质

复合材质即为两个或者两个以上的材质复合在一起，共同作用在物体表面的复杂材质类型。

小技巧

Ink'n Paint 材质能够使材质以卡通的外形进行渲染。顶/底材质是将对象顶部和底部分别赋予不同材质。多维/子对象材质能分别赋予对象的子级不同的材质。光线跟踪材质功能非常强大，能真实反映光线的反射折射。“合成”的效果是将两个或两个以上的子材质叠加在一起。“混合”材质的主体包含两个子级的材质以及一个蒙板。它根据蒙板的黑白对比来配置两个材质的分配。“双面”材质在需要看到背面材质时使用。

一、光线跟踪材质

光线跟踪材质（Raytrace）是一种比标准材质更高级的材质，它具有标准材质的特性，还可以创建真实的反射、折射、半透明和荧光等效果，常用来模拟玻璃、液体和金属等材质效果，使用光线跟踪材质模拟的金属材质的效果如图 5—3—1 所示。

光线跟踪材质与标准材质类似，也是利用“基本参数”“扩展参数”和“贴图”卷展栏中的参数调整材质的效果。

（1）光线跟踪基本参数（Raytrace Basic Parameters）卷展栏。光线跟踪材质的“光线跟踪基本参数”卷展栏如图 5—3—2 所示，用于控制光线跟踪材质的渲染方式及颜色。其中某些参数与标准材质的基本参数相同，以下仅介绍不同的参数。

图 5—3—1　使用光线跟踪模拟的金属材质

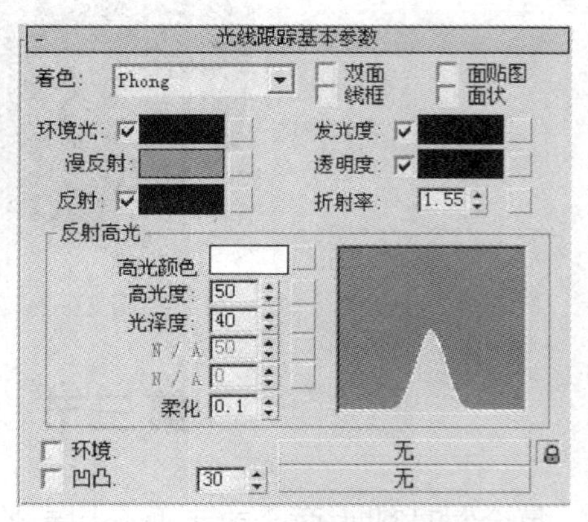

图 5—3—2　“光线跟踪基本参数”卷展栏

1）环境色（Ambient）/反射（Reflect）框。设置环境光和高光反射的颜色，单击右侧的空按钮，可以设置贴图。

2）发光度（Luminosity）框。用于设置对象自发光的颜色或贴图。

3）透明度（Transparency）框。用于设置对象过滤色的颜色或贴图。

4）环境（Environment）复选框。用于设置环境贴图，并确定是否使环境贴图发生作用。单击右边的“无”按钮，可以选择环境贴图。

5）🔒按钮。用于将“环境”（Environment）贴图与“扩展参数”（Extended

Parameters）卷展栏中的高级透明贴图进行关联锁定。锁定后，明环境（Transp.）贴图将不再有效。

（2）扩展参数（Extended Parameters）卷展栏。光线跟踪材质的“扩展参数”（Extended Parameters）卷展栏如图 5—3—3 所示，用于设置光线跟踪材质的特殊效果、高级透明属性和高级反射效果。其中某些参数与标准材质的扩展参数相同，以下仅介绍不同的参数。

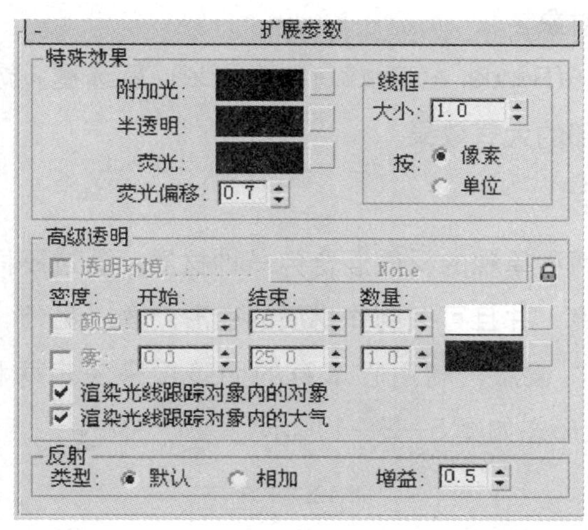

图 5—3—3 光线跟踪材质的“扩展参数”

1）特殊效果（Special Effects）栏。用于设置光线跟踪材质的特殊效果。在该栏中附加光（Extra Lighting）、荧光（Fluorescence）、半透明（Translucency）三个颜色框，分别用于给对象的表面设置光照的颜色或贴图、荧光材质效果的颜色或贴图以及半透明效果的材质或贴图。

2）荧光偏移（Fluor. Bias）数值框。用于设置荧光的强度，当该值等于 0.5 时，与漫反射的效果类似；大于 0.5 时，开始有荧光的效果；小于 0.5 时，此对象比场景中的其他对象要暗一些。

3）高级透明（Advanced Transparency）栏。用于控制光线跟踪材质的高级透明效果。当此栏中的按钮按下时，该贴图与“光线跟踪基本参数”（Raytrace Basic Parameters）卷展栏中的“环境”（Environment）贴图锁定，此栏不再有效。

4）透明环境（Transp.）复选框。可以设置透明、折射效果的透明环境贴图，

并确定是否使透明环境贴图发生作用。

5）密度（Density）复选框。用于控制透明对象的密度。

6）雾（Fog）复选框。用于选择是否设置透明对象中雾的颜色或贴图。在这部分中的起始（Start）、结束（End）、数量（Amount）数值框，用于控制密度或雾的参数。

7）渲染内部对象（Render objects inside）复选框。选中此复选框，则要渲染光线跟踪对象内部的对象。

8）渲染内部大气（Render atmospherics inside）复选框。选中此复选框，则要渲染光线跟踪对象内部的大气效果。

二、混合材质

混合材质可以将两种单独的材质混合为一种材质。通过不同的混合比例，控制两种材质表现出的强度，并且可以制作材质的变形动画。另外，还可以指定一张图像作为混合的“遮罩”蒙版，利用它本身的明暗度来决定两种材质混合的程度。“混合基本参数”面板形态如图 5—3—4 所示。

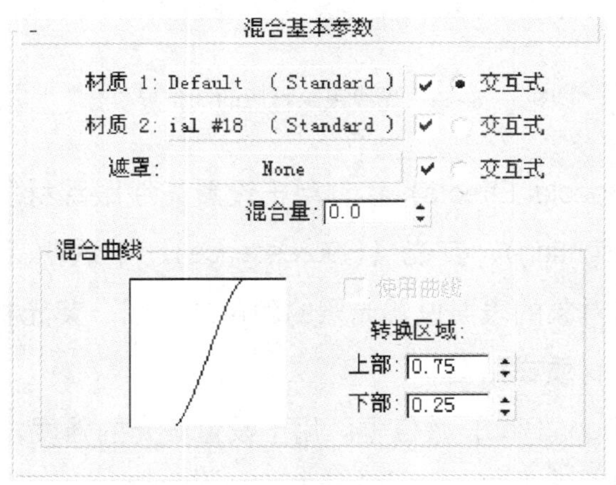

图 5—3—4 “混合基本参数”面板

【材质 1】/【材质 2】：分别在两个通道中设置贴图。

【遮罩】：选择一张贴图来作为两个材质上的遮罩，利用遮罩图案的明暗度来决定两个材质的混合情况。

【混合量】：如果【遮罩】中无贴图，可通过此值来控制两个贴图混合的程度。

值为“0”时，【材质 1】完全显现。值为“100”时，【材质 2】完全显现。

三、多维/子对象材质

使用多维/子对象材质可以给物体的不同部分设置不同的材质效果，需要将物体转换为可编辑网格等物体，然后对物体不同的面或元素设置材质 ID 号即可。其中主要参数的功能如下。

设置数量 按钮：设置子级材质的数目。

添加 按钮：单击一下此按钮，就增加一个子级材质。

删除 按钮：单击一下此按钮，就从后往前删除一个子级材质。

四、双面材质

使用双面材质可以为物体的正、反面设置不同的材质，并可以设置不同的透明度。分别单击“正面材质”和“负面材质”按钮并指定不同的材质，在“半透明”选项中可以控制两种材质的混合程度，然后将设置好的材质直接指定给物体，即可获得双面材质效果。顾名思义，“双面”材质就是在对象的两面都赋予材质，而且可以赋予不同的材质，一般用来表现瓶子的内壁和外壁不同材质的效果。

五、技能训练

1. 创建易拉罐材质

下面介绍一个使用双面材质、多维/子对象材质和位图贴图，为易拉罐模型创建材质的课堂练习。创建过程中，关键是设置模型中各多边形子对象的材质 ID，另外，需要注意双面材质和多维/子对象材质中参数的调整。

图 5—3—5 打开易拉罐模型

步骤一：从光盘中打开易拉罐模型（见图 5—3—5），选择一未使用的材质球分配给易拉罐模型，并命名为“易拉罐”；然后单击“Standard”按钮，将“Standard”材质类型更改为双面材质（见图 5—3—6）。

步骤二：打开双面材质中正面材质的参数面板，并命名为“易拉罐外表面”，然后单击“Standard”按钮，更改材质为多维/子对象材质（见图 5—3—7）。

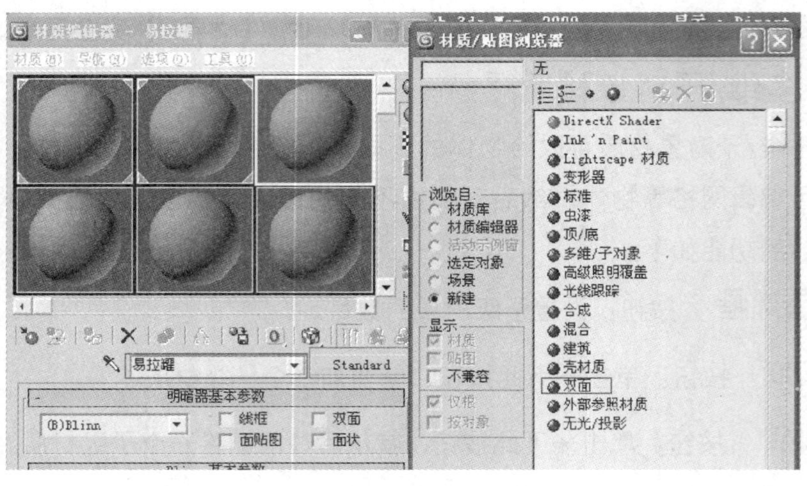

图 5—3—6　将“Standard”改为双面材质

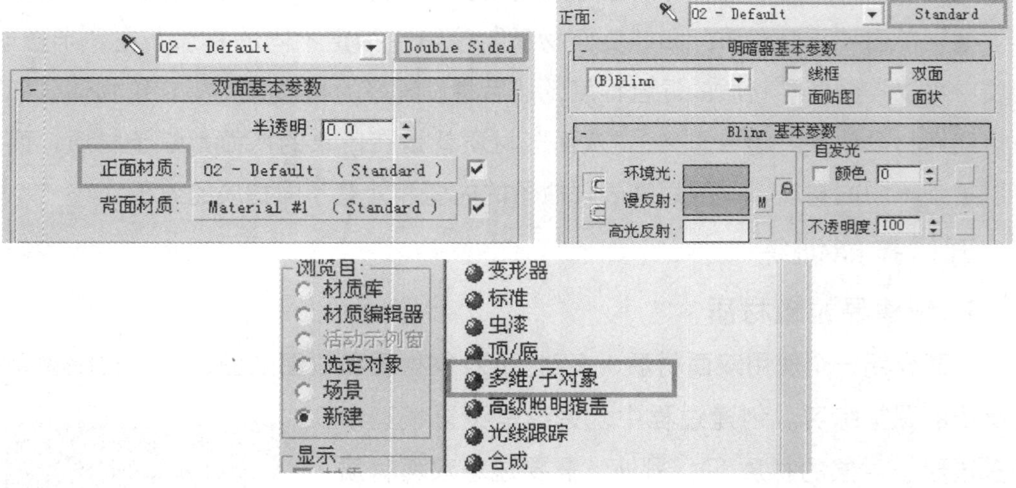

图 5—3—7　调整双面材质

步骤三：进入多维/子对象材质基本参数面板，设置数量为 2（见图 5—3—8）。

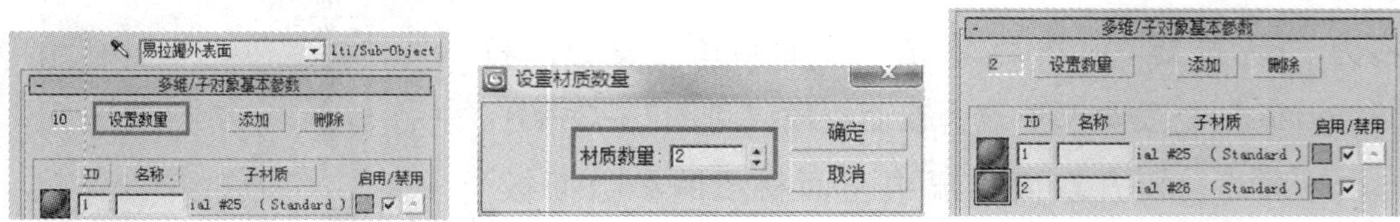

图 5—3—8　更改材质为多维/子对象材质

步骤四：打开易拉罐外表面材质中 1 号子材质的参数面板，并更改其名称为“银白色金属”；然后更改材质的明暗器类型为“金属”，并设置材质的漫反射颜色为 220、223、227，高光级别为 335，光泽度为 28（见图 5—3—9）。

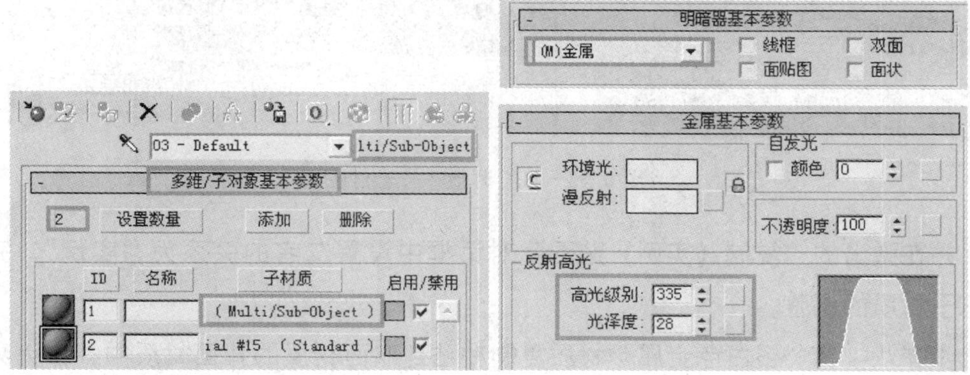

图 5—3—9　调整金属材质

步骤五：设置“银白色金属”材质反射贴图通道的数量为 75，然后为其添加“位图”贴图，完成“银白色金属”材质的调整（见图 5—3—10）。

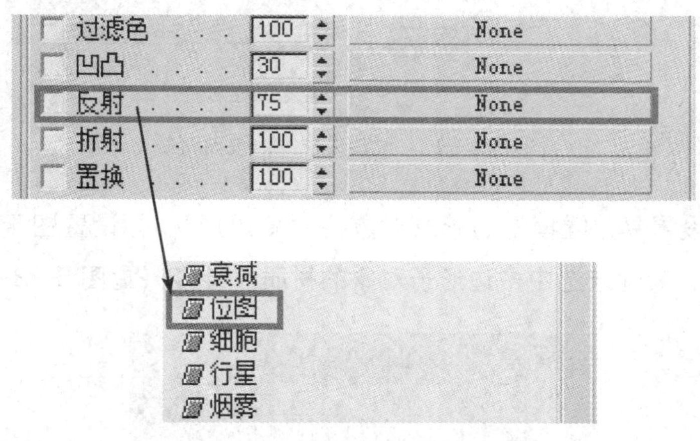

图 5—3—10　为金属材质添加位图

步骤六：打开易拉罐外表面材质中 2 号子材质的参数面板，并更改其名称为“商标”，然后调整其基本参数，并为漫反射颜色贴图通道添加“位图”贴图（见图 5—3—11）。

步骤七：将商标子材质漫反射颜色贴图通道中的贴图拖动到自发光贴图通道

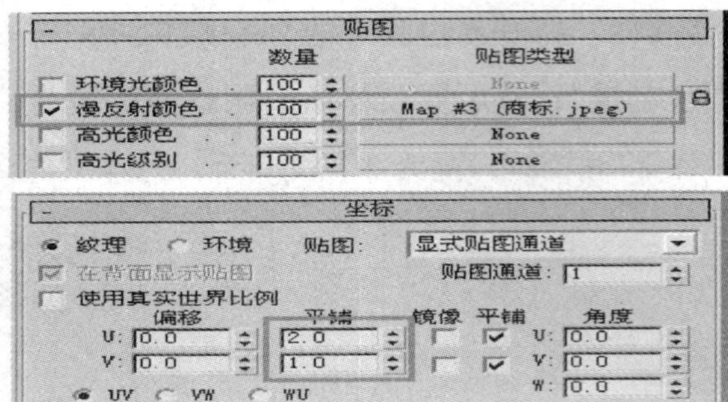

图 5—3—11 调整 2 号子材质

中，并在弹出的“复制（实例）贴图”对话框中设置二者的关系为“实例”，完成商标子材质的调整。

步骤八：将“银白色金属”材质复制粘贴到双面材质的背面材质中，作为易拉罐内表面的材质，至此就完成了易拉罐材质的创建（见图 5—3—12）。

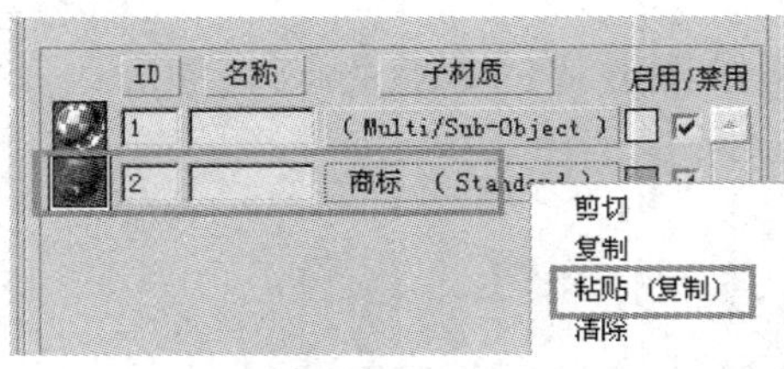

图 5—3—12 调整易拉罐内表面材质

步骤九：设置易拉罐模型的修改对象为“多边形”，并设置图示多边形子对象的材质 ID 为 1，其他未选中多边形子对象的材质 ID 为 2（见图 5—3—13）。

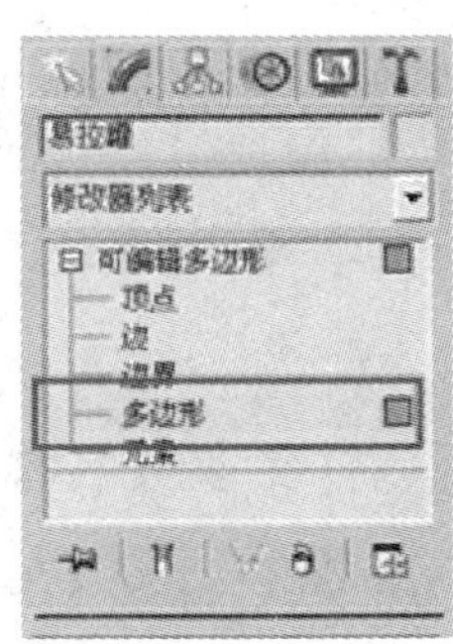

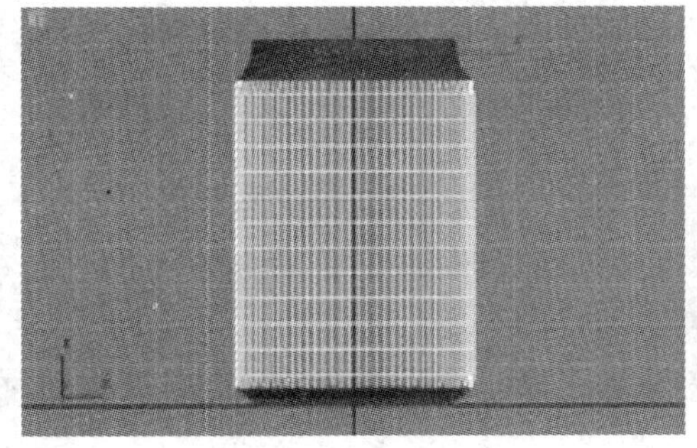

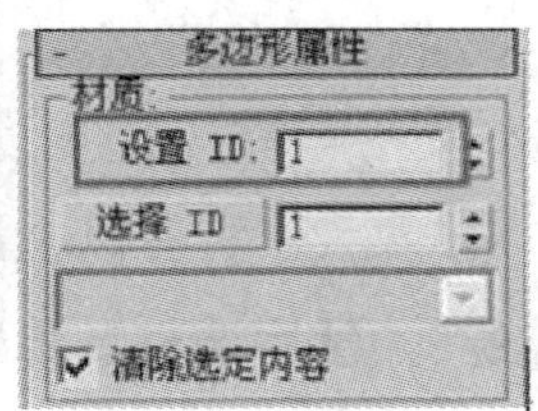

图 5—3—13 设置易拉罐子对象材质的 ID 编号

步骤十：为易拉罐模型中材质 ID 为 2 的多边形添加“UVW 贴图”修改器，调整其贴图坐标，完成易拉罐模型材质的创建。按“F9”键进行快速渲染，可查看分配材质后的效果。最终渲染效果如图 5—3—14 所示。

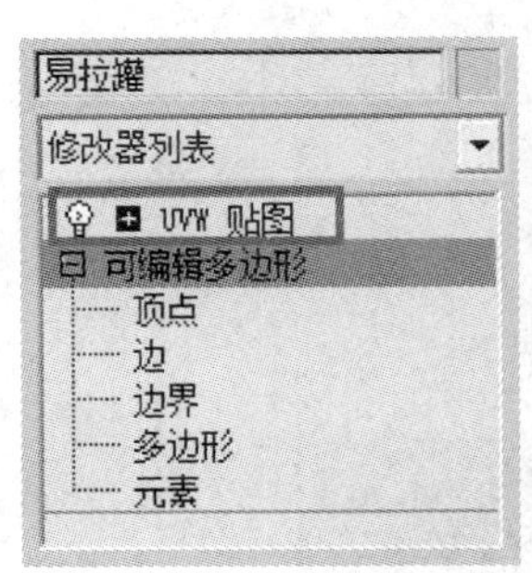

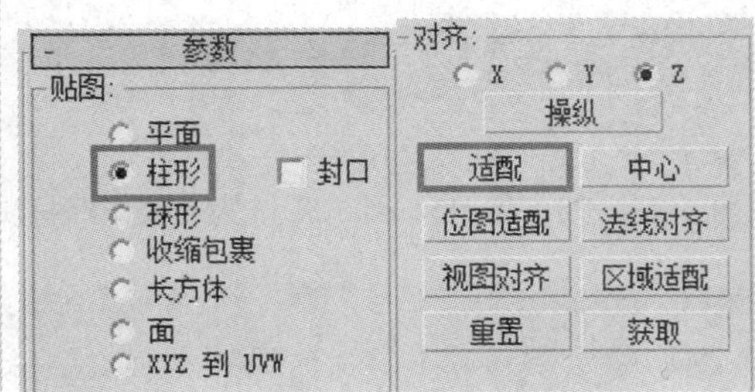

图 5—3—14　最终渲染效果

2. 创建酒杯和酒材质

下面介绍一个使用光线跟踪材质创建酒杯和酒材质的课堂练习，使读者学会使用光线跟踪材质模拟玻璃和液体。

步骤一：从光盘中打开酒杯模型（见图 5—3—15）。

步骤二：先将一未使用的材质球分配给素材文件中的酒模型，并命名为“红酒”，然后更改材质的类型为“光线跟踪”；将另一未使用的材质球分配给素材文件中的酒杯模型，并命名为“酒杯”，然后更改材质的类型为“光线跟踪”（见图 5—3—16）。

图 5—3—15　打开酒杯模型

步骤三：调整材质的漫反射颜色（酒杯的漫反射颜色调成白色，红酒的漫反射颜色调为：红 100，绿 16，蓝 10）、反光度、透明度、折射率、高光级别和光泽度，就完成了红酒及酒杯材质的创建（见图 5—3—17）。

步骤四：打开红酒材质的“扩展参数”卷展栏，并调整其半透明颜色（暗红

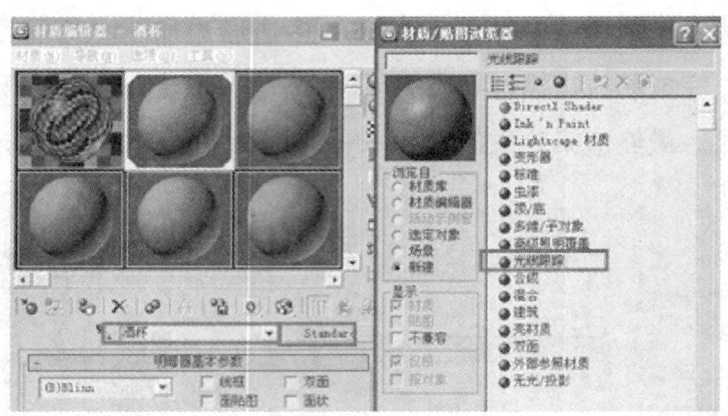

图 5—3—16　将“Standard”改为光线跟踪材质

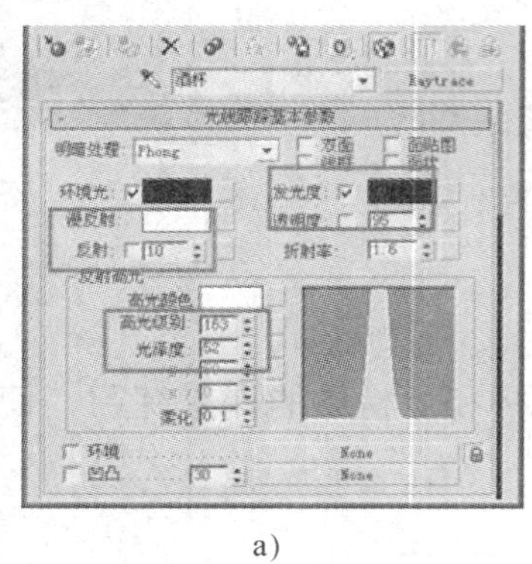

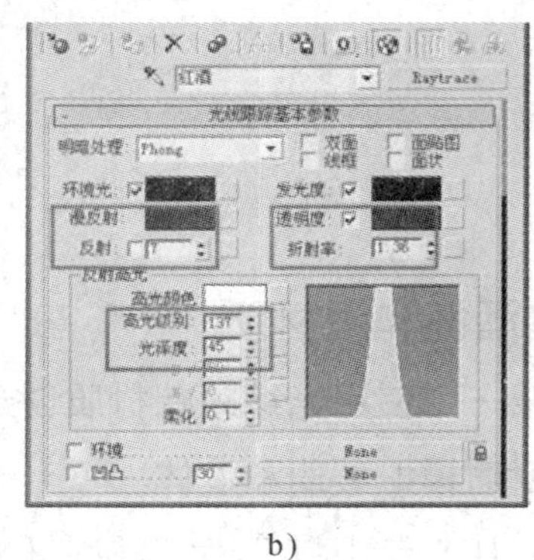

a)　　b)

图 5—3—17　调整材质的反射高光

a）酒杯材质　b）红酒材质

色），就完成了红酒材质的创建，添加材质后场景的渲染效果如图 5—3—18 所示。

图 5—3—18　渲染效果

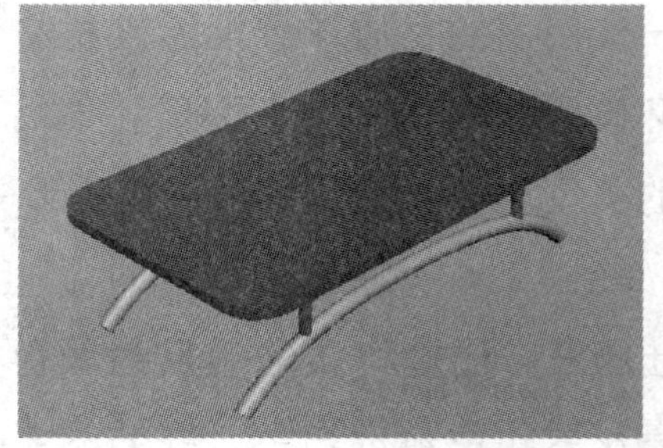

图 5—3—19　打开玻璃桌模型

3. 创建磨砂雕花玻璃材质

下面介绍一个使用混合材质创建磨砂雕花玻璃的课堂练习，使读者能够熟练使

用混合材质，并学会创建普通玻璃和磨砂玻璃材质。

步骤一：从光盘中打开玻璃桌模型（见图5—3—19），创建磨砂雕花玻璃材质时，首先，选择一未使用的材质球分配给素材文件中茶几的几面，并命名为“磨砂雕花玻璃”；然后，单击“Standard”按钮，更改材质为混合材质（见图5—3—20）。

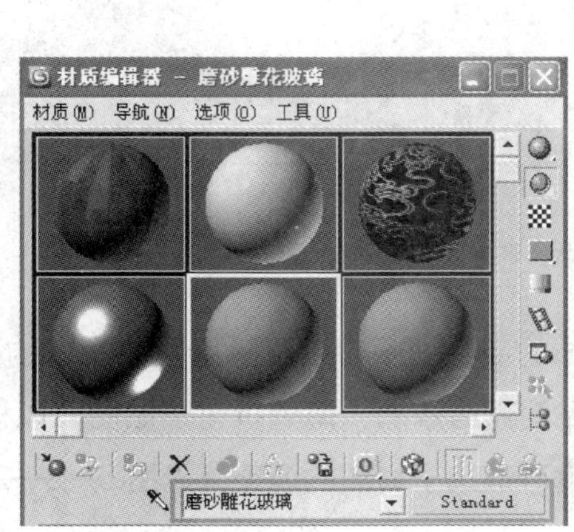

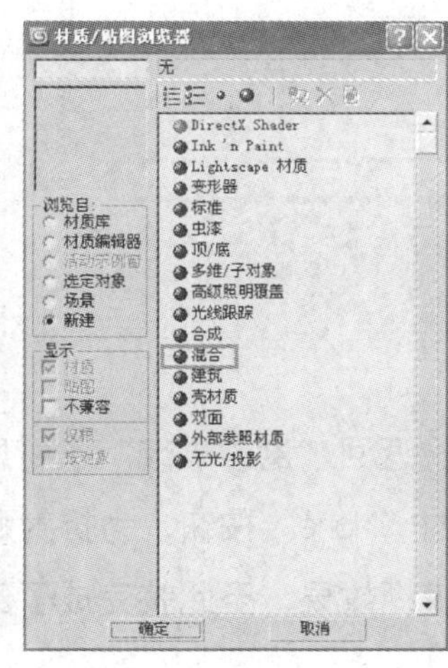

图 5—3—20 将“Standard”改为混合材质

步骤二：打开混合材质中材质1子材质的参数面板，并命名为“磨砂玻璃”，然后设置材质的漫反射颜色为“121、173、174”，不透明度、高光级别和光泽度分别为60、164和85（见图5—3—21）。

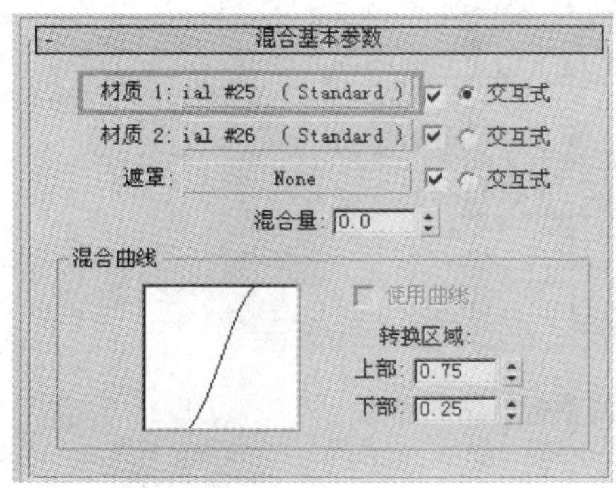

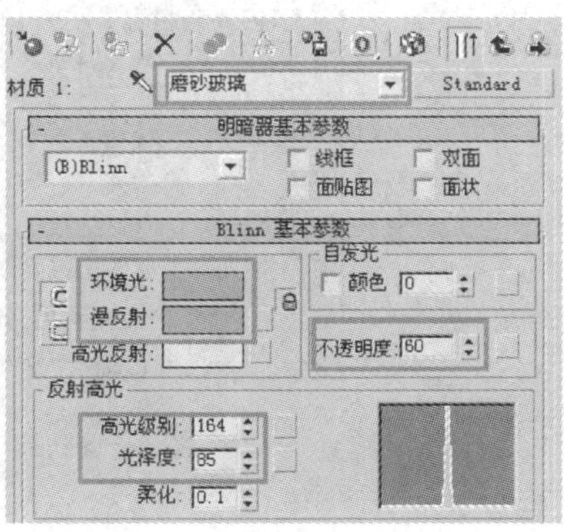

图 5—3—21 调整混合材质

步骤三：设置“磨砂玻璃”子材质凹凸贴图通道的数量为10；然后单击右侧的“None”按钮，为凹凸贴图通道添加“噪波”贴图，模拟磨砂玻璃表面的凹凸效果

(见图 5—3—22)。

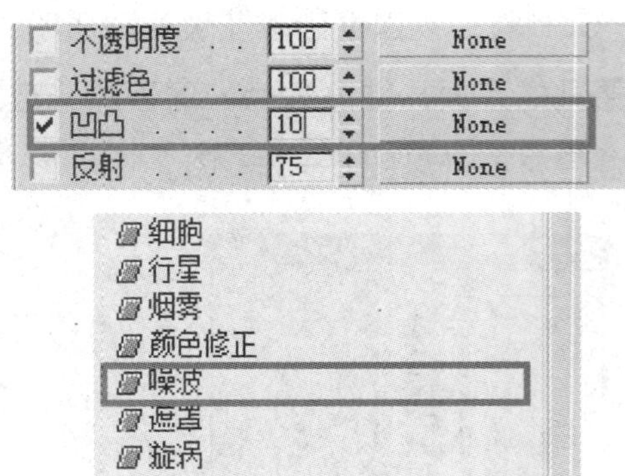

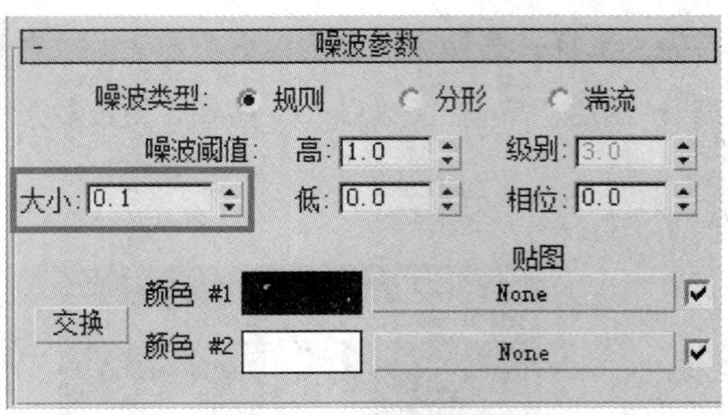

图 5—3—22　调整凹凸贴图通道

步骤四：返回“磨砂玻璃”子材质的参数面板，设置折射贴图通道的数量为 30，并单击右侧的“None”按钮，为折射贴图通道添加“薄壁折射”贴图，以模拟磨砂玻璃的折射和模糊效果，至此就完成了磨砂玻璃子材质的调整（见图 5—3—23)。

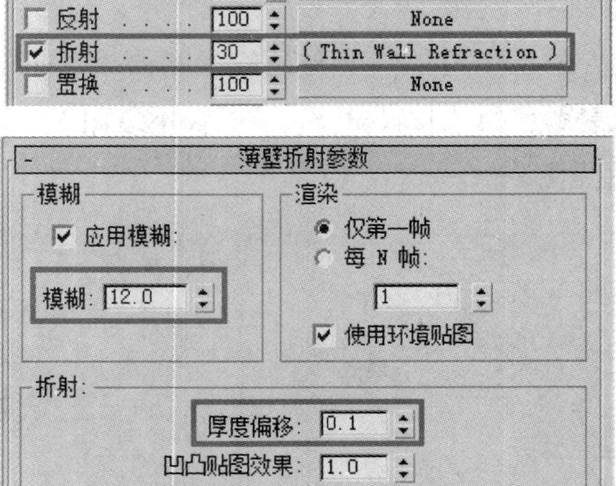

图 5—3—23　调整折射贴图通道

步骤五：打开混合材质中材质 2 子材质的参数面板，并命名为“普通玻璃”；然后设置材质的不透明度、高光级别和光泽度分别为 10、164 和 85；再打开其“扩展参数”卷展栏，设置透明衰减方式为“内”，设置“数量”为 87（见图 5—3—24)。

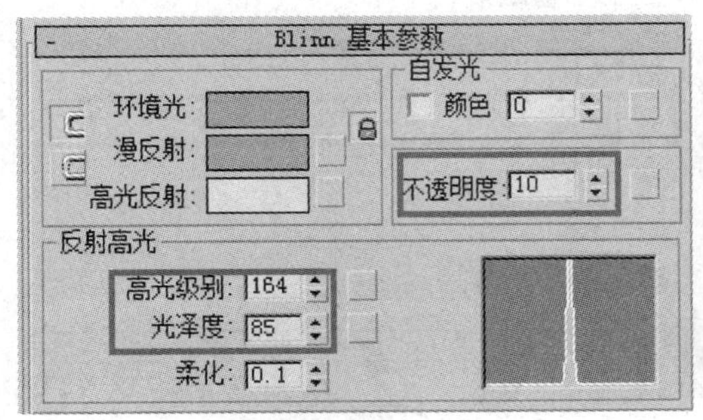

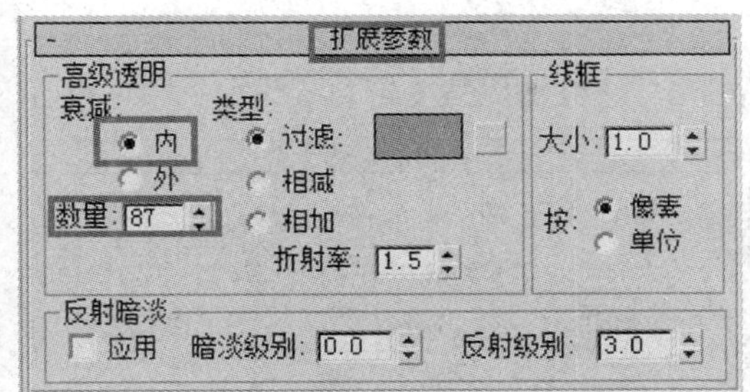

图 5—3—24　调整玻璃的扩展参数

步骤六：设置“普通玻璃”材质反射和折射贴图通道的数量为 7 和 30，并分别添加“光线跟踪”和“薄壁折射”贴图，模拟玻璃的反射和折射效果，至此就完成了普通玻璃材质的调整（见图 5—3—25）。

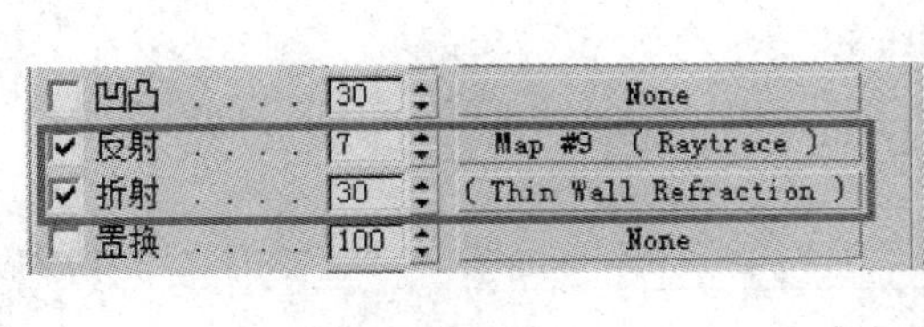

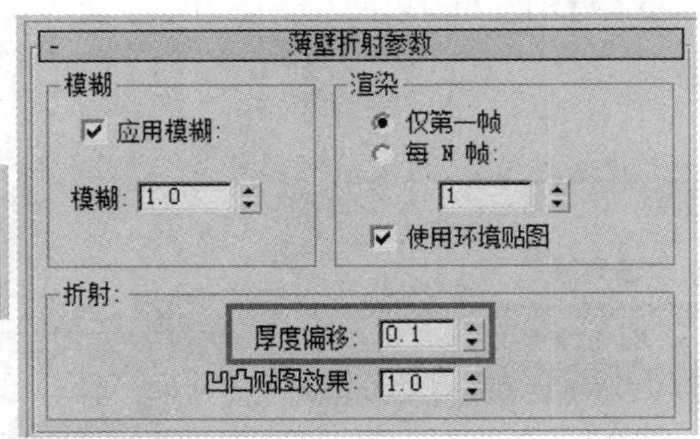

图 5—3—25　调整反射及折射参数

步骤七：返回混合材质的参数面板，然后单击“遮罩”按钮，指定一个“位图”贴图作为混合材质的遮罩，至此就完成了磨砂雕花玻璃材质的创建（见图 5—3—26）。

步骤八：为茶几的几面添加“UVW 贴图”修改器，调整茶几几面的贴图坐标（见图 5—3—27）。

步骤九：将“磨砂玻璃”子材质复制粘贴到任选一未使用的材质球中，并将其分配给茶几的几座，至此就完成了茶几材质的添加，按“F9”键进行快速渲染可查看分配材质后的效果如图 5—3—28 所示。

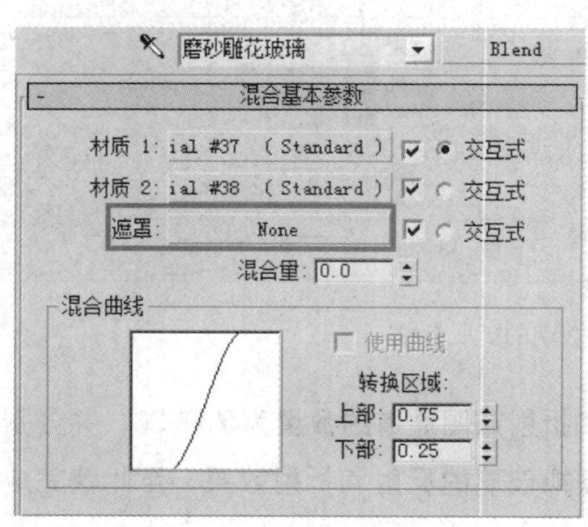

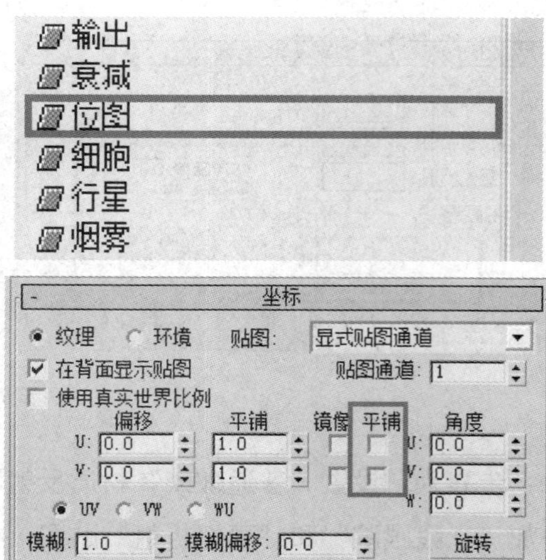

图 5—3—26　调整混合材质参数面板

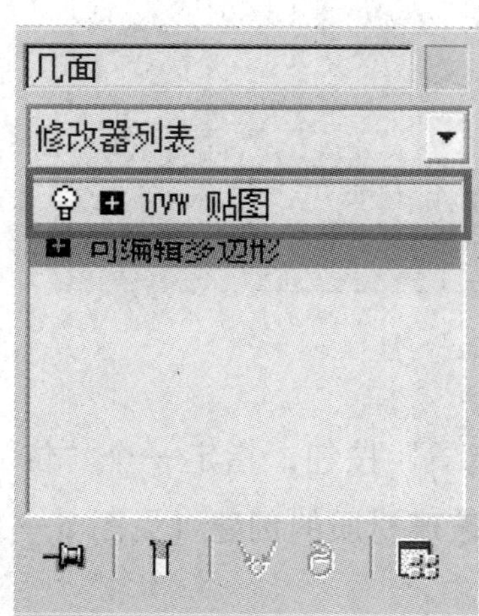

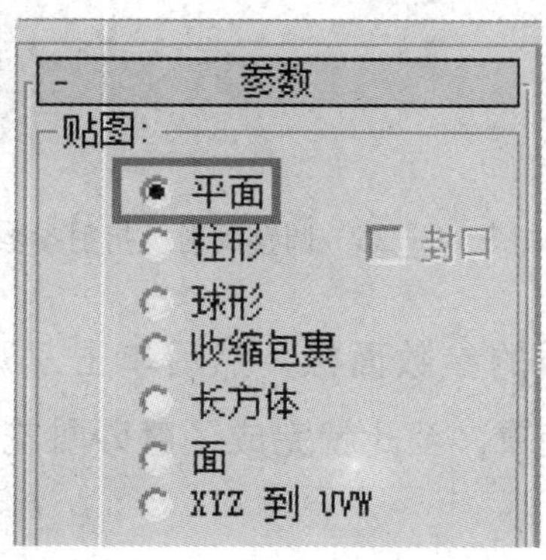

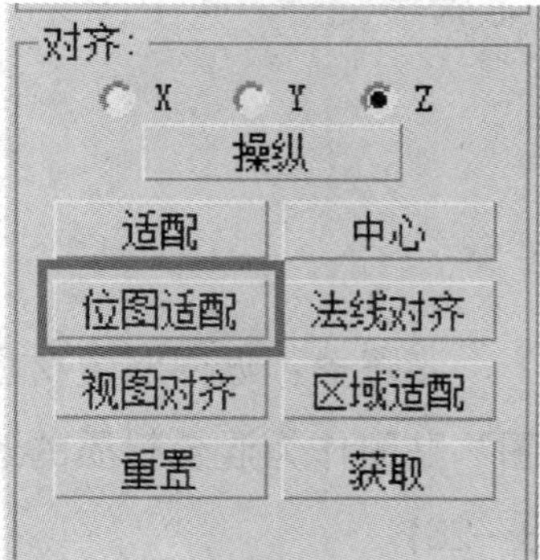

图 5—3—27　调整几面“UVW 贴图”

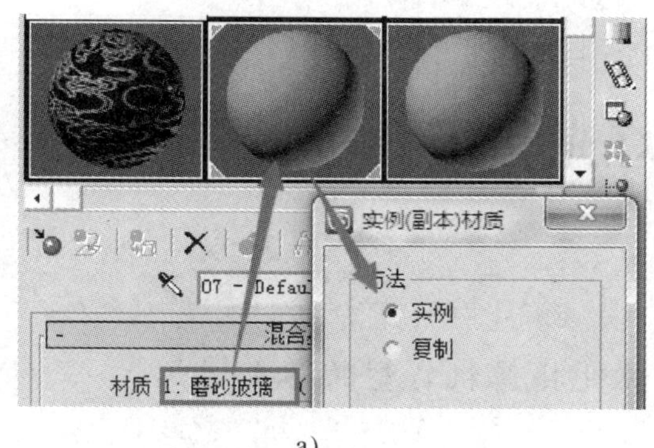

a)

b)

图 5—3—28　分配材质并渲染

a）复制材质　b）渲染效果

第六章　灯光和摄像机

学习目标

1. 了解 3ds Max 摄像机的类型及常用摄像机类型的参数调整方法。
2. 了解 3ds Max 灯光的类型及常用灯光类型的参数调整方法。

第一节　灯　　光

3ds Max 中的灯光是一类特殊的对象，它可以使场景中的物体产生各种光照现象，如使场景变得明亮，使物体产生反射、折射、阴影、景深等光照效果，灯光对象是不可渲染对象。3ds Max 中的灯光可以模拟现实中的自然光照和人工光照。自然光照是指日光，如建筑物的室外照明。人工光照是指各种灯具产生的光照现象，包括各种室内照明效果，如明亮的大厅、暖意融融的卧室、阴暗潮湿的山洞等。此外，若要表现金属、玻璃、皮革等特殊材质效果，也离不开灯光的配合。

一、3ds Max 灯光的特性

3ds Max 的数字灯光具有现实中灯光的各种特性，同时又具有一些独有的特性。

1. 默认灯光

在默认情况下，在 3ds Max 场景中自动创建了两盏灯，分别位于场景的左上角和右下角，默认灯光在场景中不可见，可以把整个场景照亮。当用户在场景中创建灯光后，默认灯光会自动被删除，当用户创建的灯光被全部删除后，默认灯光会自动恢复。了解这个特性非常重要，当用户在场景中创建灯光后，由于默认灯光被自动删除，新创建的灯光位置和参数尚未调节好，场景中的物体可能会变暗。

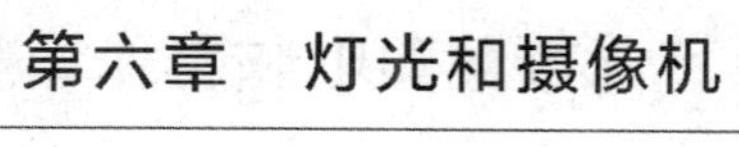

2. 灯光的入射角

在 3ds Max 中，被照物体的亮度由灯光和物体之间的入射角决定。入射角是指物体表面法线与光线之间的夹角，入射角度为 0°时，光线最亮；入射角度为 90°时，光线最暗。在默认情况下，灯光没有衰减，即灯光可照到无限远，这与现实中的灯光是不同的。在学习灯光设计时，通常会碰到一种奇怪的现象，即灯光离物体越近，物体越暗，离物体越远，物体越亮，这与现实中的灯光正好相反。造成上述现象的原因：当灯光离物体较近时，灯光与场景中大部分区域之间的入射角较大，场景中物体变暗；当灯光离物体较远时，灯光与场景中大部分区域之间的入射角较小，而灯光的亮度与距离又没有关系，所以场景中的物体较亮。

3. 灯光的阴影和衰减

3ds Max 灯光的阴影和衰减可以通过参数进行灵活控制，这为设计带来了极大的方便。在默认情况下，灯光不产生阴影，也没有衰减，灯光可以穿透一个物体，把背后的物体照亮，这点不同于现实中的灯光。当场景中有多盏灯光时，通常只让主光源投射阴影，过多的阴影会使场景变得混乱。每盏灯光都有一个光照范围和衰减范围，通过设置可以控制灯光影响区域的大小。

4. 灯光的选择性

3ds Max 中的灯光可以有选择性地作用于场景中的物体，即灯光可以只照亮场景中的部分物体，而对场景中其他物体不产生影响，比传统的灯光具有更多的优越性，了解这一点，会使设计工作变得更加方便。

5. 灯光的颜色和亮度

与现实中的灯光一样，可以根据需要在 3ds Max 中方便地调整灯光的颜色和亮度，灯光默认为白色，亮度为 1。值得注意的是 3ds Max 中的灯光的亮度值可以为负值，这在现实中是不可能的，当灯光的亮度值为负值时，灯光的作用不是发光，而是吸光，使场景中的物体变暗。

二、3ds Max 灯光的类型

3ds Max 提供了两大类光源，第一类是标准光源（Standard）：有目标聚光灯（Tar－get Spot）、自由聚光灯（Free Spot）、目标平行灯（Target Direct）、自由平行灯（Free Direct）、泛光灯（Omni）五种。除泛光灯（Omni）是三维方向照射外，其余都是有方向的灯光，它们以目标聚光灯（Target Spot）为代表，灯光属性和设定参数基本相同，分别用于不同场景。另外，新增加了天光（Skylight）、聚光灯（mrArea Spot）、泛光灯（mrArea omni）光能传递光源（这两个光源要使用 mental ray Renderer 渲染器）。

第二类是光度学光源（Photometric）：有目标点光源（Target Point）、自由点光源（Free Point）、目标线光源（Target Linear）、自由线光源（Free Linear）、目标面光源（Target Area）、自由面光源（Free Area）、IES 阳光（IES Sun）、IES 天光（IES Sky）8 种光源。

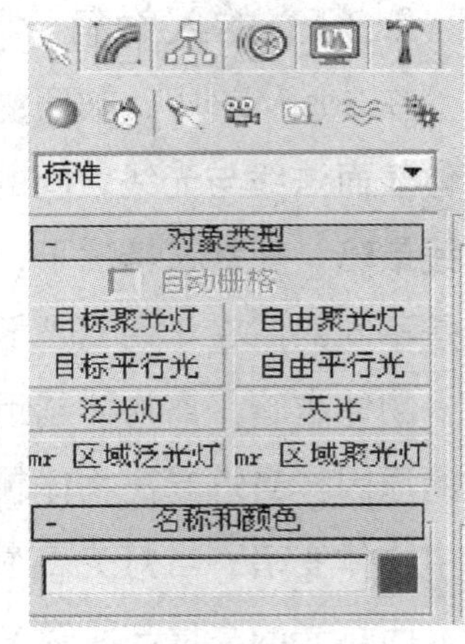

图 6—1—1　3ds Max 标准灯光面板

三、3ds Max 标准灯光

3ds Max 标准灯光面板如图 6—1—1 所示。3ds Max 中的标准灯光见表 6—1—1。

表 6—1—1　　3ds Max 中的标准灯光

名称	特性	优缺点
泛光灯 (Omni)	产生向四周发散的光线	易于建立与调节，不用考虑是否有物体在范围外而不被照射，不投射阴影；不能建立太多，否则效果显得平淡且无层次
目标聚光灯 (Target Spot)	产生锥形的照射区域，在照射区处的物体不受灯光影响	有光源与目标点两个图标可调，方向性好；进行动画照射时不易控制方向，不易进行跟踪照射
自由聚光灯 (Free Spot)	产生锥形的照射区域，是一种受目标限制的聚光灯	不会在视图中改变投射范围，特别适合动画的灯光（如船灯/手电筒/舞台灯）；无法在视图中对发射点和目标点分别调节
目标平行光 (Target Direct)	总是产生圆柱状的平行照射区域	可模拟太阳光/探照灯的照射，对于户外场景尤为适用；光柱之外的物体不能被照亮
自由平行光 (Free Direct)	产生平行的照射区域，是受限制的目标平行光	光源与投射点不可分别调节，可保证照射范围不发生改变，适用于动画的灯光；不便将投射点与目标点分别调节
太阳光系统 (Sun-Light System)	仿佛无穷远处投射来的光线	易于建立与调节，投射阴影

1. 默认灯光

在没有设置灯光时，3ds Max 默认是一盏灯光，但是用户自己设置灯光之后默认的灯光就消失了（见图 6—1—2）。初学者易错点：添加灯光之后反而没有添加灯光之前亮。

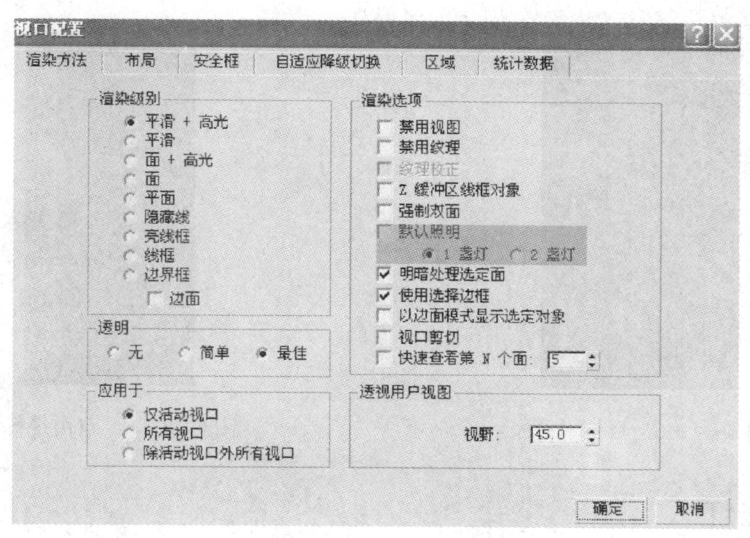

图 6—1—2　3ds Max 默认灯光设置

2. 目标聚光灯

目标聚光灯有位置、有方向，如图 6—1—3 所示。

3. 自由聚光灯

自由聚光灯没有目标点，常用于动画设置中，如图 6—1—4 所示。

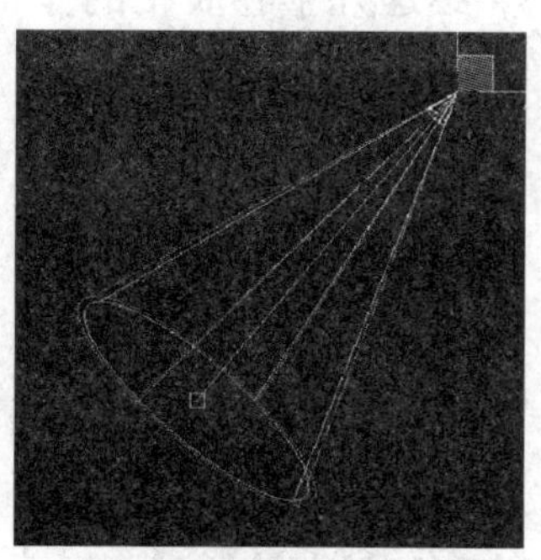

图 6—1—3　目标聚光灯

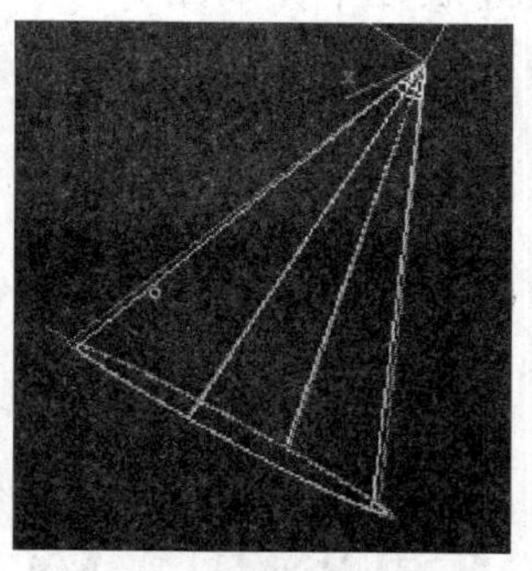

图 6—1—4　自由聚光灯

4. 目标平行光

目标平行光有位置、有方向，常用于模拟阳光，如图 6—1—5 所示。

5. 自由平行光

自由平行光没有目标点，常用于动画设置中，如图 6—1—6 所示。

图 6—1—5　目标平行光

图 6—1—6　自由平行光

6. 泛光灯

泛光灯有位置，但是方向像球体一样向四周均匀发光（3ds Max 自带的灯光就是泛光灯)，一般作为辅光或背光用，很少作为主光，如图 6—1—7 所示。

四、灯光常用参数

创建完灯光后，还需要调整其参数，才能达到最佳效果。通常情况下，灯光的参数集中在“常规参数”“强度/颜色/衰减”“高级效果”“阴影参数”和“大气和效果”等卷展栏中，如图 6—1—8 所示。下面分别介绍这几个卷展栏的作用。

图 6—1—7　目标平行光

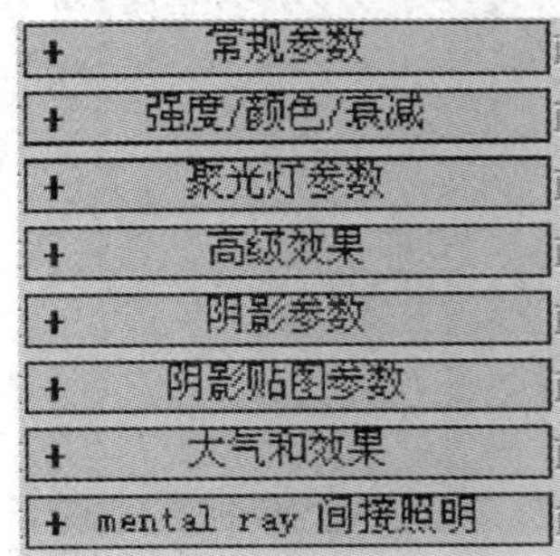

图 6—1—8　灯光常用参数

1. 常规参数

"常规参数"卷展栏：该卷展栏中的参数主要用于更改灯光的类型、调整目标点和发光点的间距、设置阴影的产生方式等（见图 6—1—9）。

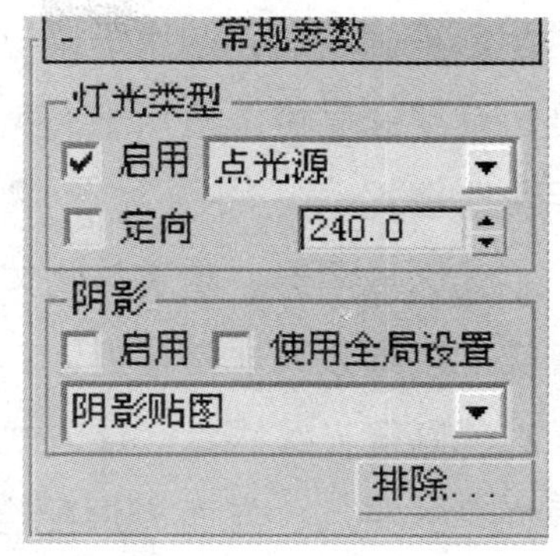

图 6—1—9 灯光"常规参数"卷展栏

（1）灯光类型选项区

1）启用：启用灯光类型。

2）右边的列表共有三种灯光的类型——聚光灯、平行光、泛光灯，允许将当前选择的灯光改成其他类型。

（2）阴影选项

1）启用：打开阴影效果（见图 6—1—10）。

2）使用全局设定：勾选此项，场景中所有投影灯均使用此面板上的设定。

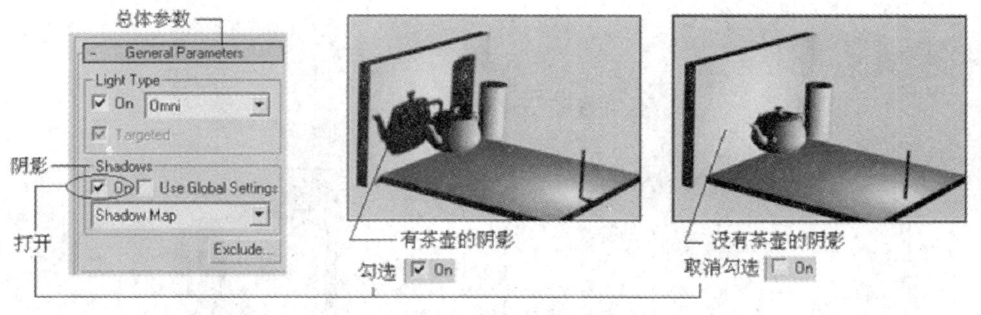

图 6—1—10 启用阴影效果

3）阴影类型。3ds Max 为用户提供了四种阴影产生方式，各阴影产生方式的特点如下：

①阴影贴图。该方式生成的阴影边缘柔和，效果比较真实。投射出来阴影贴图（3ds Max 默认的，渲染速度快）是模拟的投影，不是真实的投影，阴影的边缘比较柔软，不能完美地呈现出来，达不到镂空或透明的效果。阴影贴图在室内用得比较多，不适合用在比较大的空间，如建筑物。它的阴影其实是位图（map），模拟物体的造型投射下来的阴影。

②光线跟踪阴影。该方式通过遮挡光源投射到阴影区域的光线来产生阴影。这

种阴影精确性高，常用于模拟日光和强光的投影效果；其缺点是阴影的边缘比较生硬，渲染速度慢。适用于大型建筑物（光线强烈时），不适合用于室内（弱时多用阴影贴图）。

③区域阴影。随着与物体距离的增加，该方式产生的阴影边缘会逐渐模糊，与真实的阴影效果非常接近，其缺点是渲染的速度非常慢。

④高级光线跟踪。该方式既可以产生边缘柔和的阴影，也具有光线跟踪阴影精确性高的特点，与面光源配合还可以产生区域阴影效果。支持透明贴图和网格贴图。适用于模拟阳光。其缺点是占用内存较大，渲染时间较长。

4）排除。单击“排除”按钮，弹出对话框进行选择，可以确定哪些物体不受灯光的照射影响。默认状态下单击 >> 按钮可以将选择的物体排除到右侧排除框中，不再受到这盏灯光的照射，也可以通过单击 << 按钮将右侧排除框中选择的物体送回左侧场景（见图 6—1—11）。

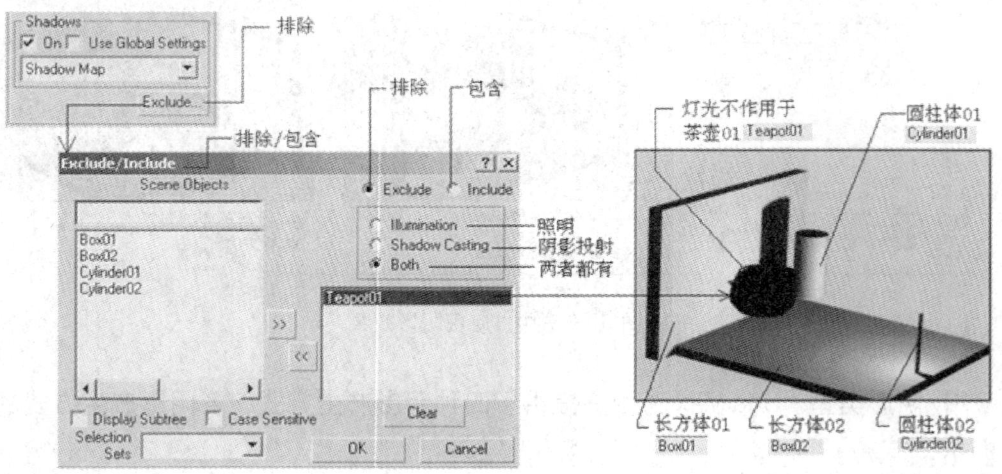

图 6—1—11　排除

2. 强度/颜色/衰减

“强度/颜色/衰减”卷展栏如图 6—1—12 所示，该卷展栏中的参数主要用于设置灯光的强度、颜色和光线强度随距离的衰减情况。是灯光最重要的参数。

【倍增】：控制灯光亮度的强弱。值大则灯光亮度强，反之则弱。

【颜色】：单击此按钮，可以给灯光设成不同的颜色，默认灯光颜色为白色。

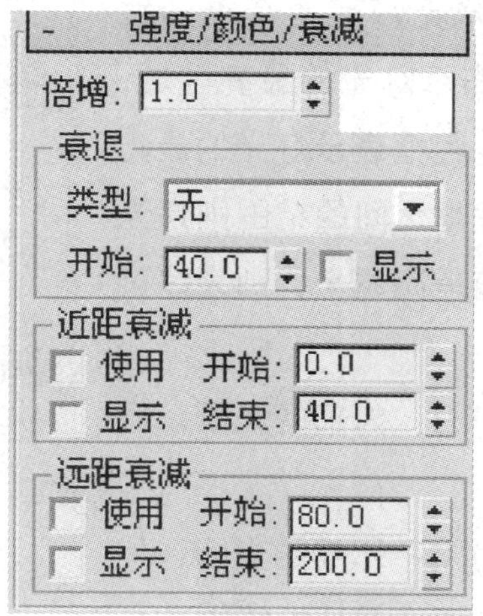

图 6—1—12　“强度/颜色/衰减”卷展栏

【衰减类型】：可以选择不同的衰减类型。

【近距离衰减】：“开始”控制灯光发光点的位置，“结束”控制灯光到达此处为最强。要激活近距离衰减，必须勾选“使用”复选框。

【远距离衰减】：“开始”表示灯光到达此位置最强，“结束”表示灯光到达此处后最弱。要激活远距离衰减，必须勾选“使用”复选框。

衰减：达到了需要的效果，节约了光照，节省了渲染时间。近距衰减：控制的是从什么部位开始衰减。远距衰减：控制的是到哪个部位衰减结束。远距衰减比近距衰减更常用。

3. 聚光灯参数

“聚光灯参数”（见图 6—1—13）用于控制灯光照射区域面积大小和边缘衰减效果。

【显示光锥】：控制灯光是否显示聚光灯的锥形线框。

【泛光化】：决定光的边缘是否泛光化。泛光化（超越了原先的锥形范围）：一般聚光灯都有一个光锥，但是打开泛光化就会使聚光灯向四周发光（貌似泛光灯但又不是泛光灯）。

【聚光区与衰减区】：聚光灯有两个锥形线框，最里面的深蓝色线框表示灯光的最亮区域，即聚光区；最外面的浅蓝色线框表示灯光的最暗区，即衰减区。处于两个线框之间的范围则是光线的过渡区。两者之间的值差距越大，则光线过渡越均匀。

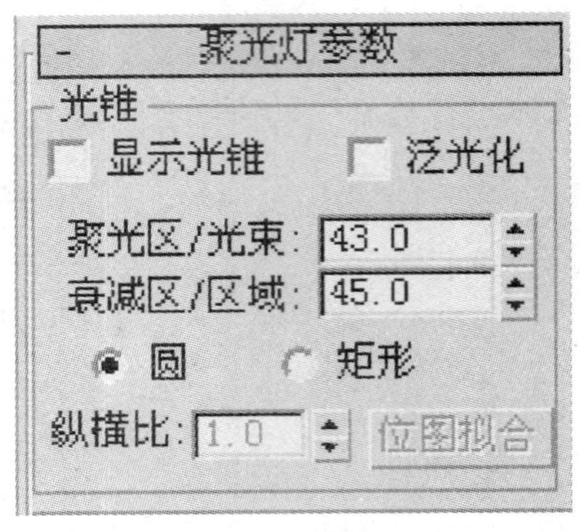

图 6—1—13 “聚光灯参数”卷展栏

【聚光区（热点 - 灯泡）】：内部的光圈，照到的物体将非常亮。

【衰减区（落点 - 灯罩）】：外部的光圈，外部光圈之外的部分将不会被照亮，从内部的光圈（灯泡）到外部的光圈（灯罩）是由强到弱的衰减区域，如图 6—1—14 所示。

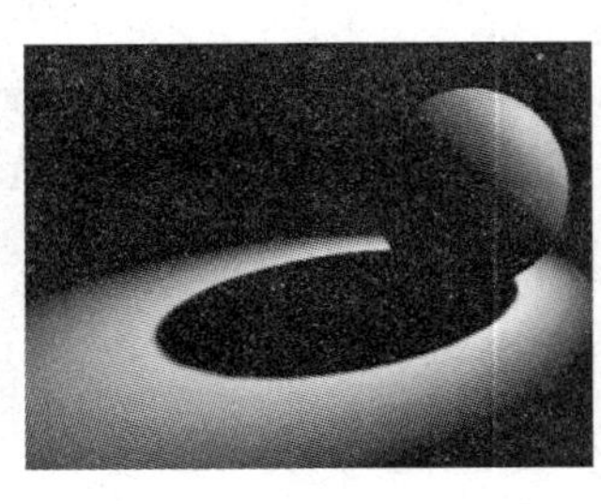

a)

b)

图 6—1—14 聚光区与衰减区

a）聚光区的值接近 0 时的效果 b）聚光区的值和衰减区的值接近时的效果

【圆和矩形】：这两个选项控制光线照射区的形状。灯光为圆形时，纵横比是锁定的（3ds Max 里不能调节纵横比），要想调节成椭圆，必须使用缩放命令使灯光变成椭圆形。灯光为矩形时，纵横比是打开的，可以调节矩形的长宽。“位图拟合”可以调一张图片进来，然后就可以按照图片的尺寸形成矩形。

【近距（远距）衰减】：是在垂直方向上的衰减。

【聚光区（衰减区）】：是在水平方向上的衰减。

这样，水平和垂直方向的光源都可以随心所欲地进行调节。

4. 高级效果

“高级效果”卷展栏——控制灯光对比度及对象接受灯光的部位，如图 6—1—15

所示，该卷展栏中的参数主要用于设置灯光的影响区域，并指定灯光的投影贴图（利用投影贴图可以模拟放映机的投影效果）。

【对比度】：修改漫反射表面与环境表面区域之间的对比度。控制光照区域明暗之间的界限的对比度，值越大，对比度越大，如图 6—1—16 所示。

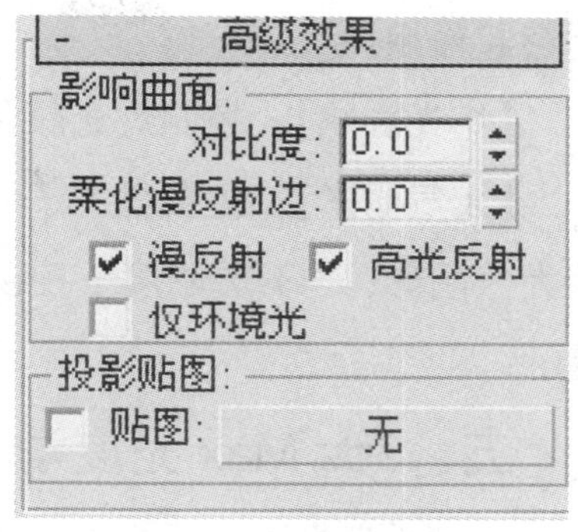

图 6—1—15 “高级效果”卷展栏

【柔化漫反射边界】：控制明暗边界的对比度效果减弱，数值越小，柔化的效果越大。

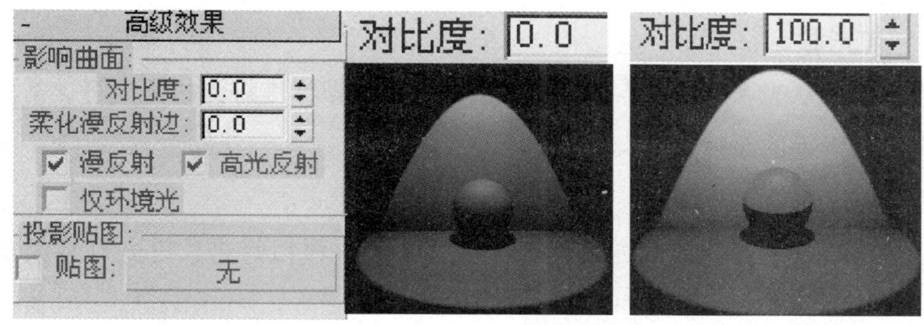

图 6—1—16 高级效果对比度

【漫反射、反射、环境】：勾选时表示相关的区域受到灯光的影响。

【投影贴图】：可以为光线设置贴图，产生幻灯机投影的效果。图片大小以灯光的投射范围为界限。

5. 阴影参数

“阴影参数”卷展栏如图 6—1—17 所示，该参数卷展栏中的参数用于调整对象阴影和大气阴影的效果，可对投影参数进行进一步控制，以达到更好的效果。

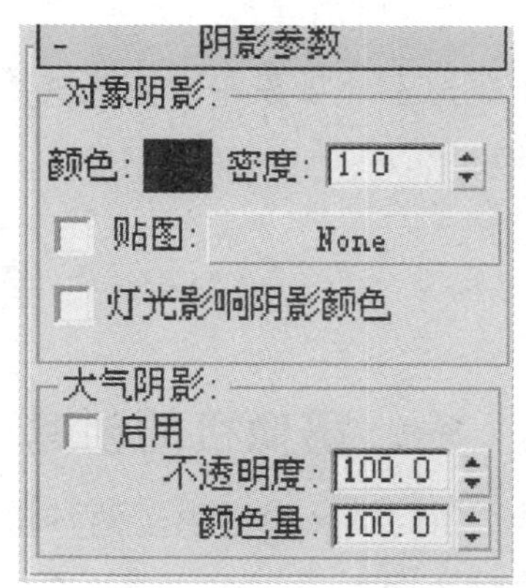

图 6—1—17 “阴影参数”卷展栏

【颜色】：设置阴影的颜色。

【密度】：设置阴影的密度。

【贴图】：允许对阴影制作各种贴图效果。只对

阴影起作用。

【灯光影响】：控制灯光颜色是否与阴影产生混合。

【大气阴影】：主要是为了制作特殊的效果，如火球、火焰等。“启用”表示应用大气阴影，“不透明度”控制阴影不透明度，“颜色量”控制大气阴影颜色的数量。

五、3ds Max 光度学灯光

光度学灯光不同于标准灯光，用户可以使用现实中的计量单位来精确定义灯光的照射效果，模拟真实场景中的灯光。光度学灯光分为点光源、线光源、面光源和IES日照模拟灯光四类，其效果和用途如下。

1. 点光源

点光源是从光源所在的点向四周发射光线，类似标准灯光的泛光灯，常用来模拟灯泡、吊灯等的照射效果。

2. 线光源

线光源是从一条线段向四周发射光线，常用来模拟灯带、日光灯等的照射效果。

3. 面光源

面光源是从一个矩形的区域向四周发射光线，常用来模拟灯箱的照射效果。

4. IES 日照模拟灯光

IES日照模拟灯光有“IES太阳光”和“IES天光”两种，“IES太阳光”主要用于模拟室外场景中太阳光的照射效果；“IES天光”主要用来模拟大气反射太阳光的效果。

第二节　摄　像　机

一、摄像机的创建

3ds Max 中提供了两种摄像机类型，包括目标摄像机和自由摄像机。单击“目标摄像机”或“自由摄像机”按钮，在视图中直接拖动鼠标即可创建一架目标摄像机或自由摄像机（见图6—2—1）。在视图中添加摄像机后，可将任意视图转换为摄

像机视图，激活摄像机视图后视图控制工具也会发生相应的变化。摄像机视图控制工具如图 6—2—2 所示。

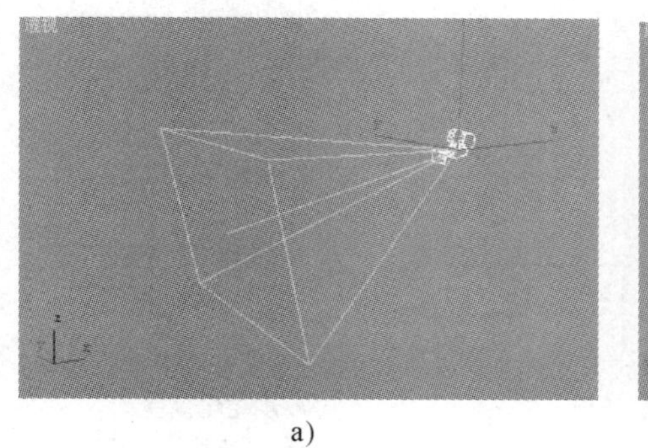

a)

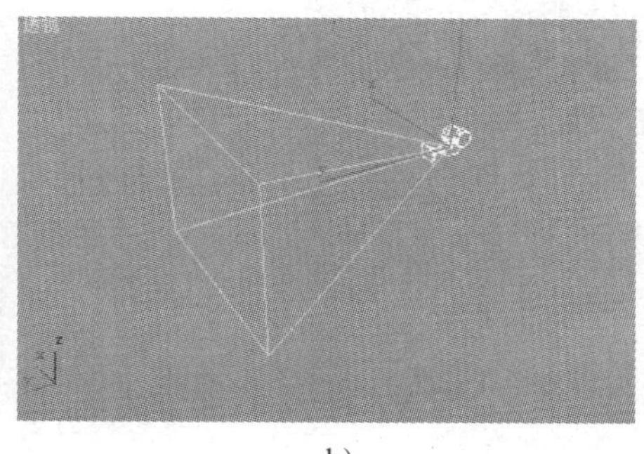

b)

图 6—2—1　创建摄像机

a）目标摄像机　b）自由摄像机

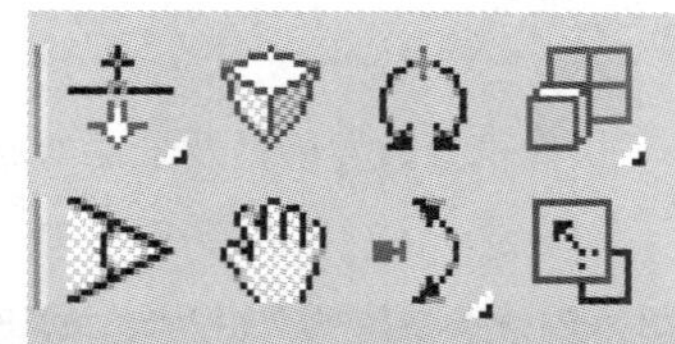

图 6—2—2　摄像机视图控制工具

二、摄像机的参数

目标摄像机和自由摄像机的参数是相同的，摄像机创建后就被指定了默认的参数，但在实际工作中经常需要改变这些参数。摄像机参数卷展栏及景深参数卷展栏如图 6—2—3 所示。

三、景深特效

景深特效是运用多通道渲染效果产生的，多次渲染相同的帧，每次渲染都有很小的差别，将每次渲染的效果合成一幅图，就形成了景深的效果，如图 6—2—4 所示。

参数
镜头: 43.456 mm
视野: 45.0 度
正交投影
备用镜头
15mm 20mm 24mm
28mm 35mm 50mm
85mm 135mm 200mm
类型: 目标摄影机
显示圆锥体
显示地平线
环境范围
显示
近距范围: 0.0
远距范围: 1000.0

剪切平面
手动剪切
近距剪切: 1.0
远距剪切: 1000.0
多过程效果
启用 预览
景深
渲染每过程效果
目标距离: 110.758

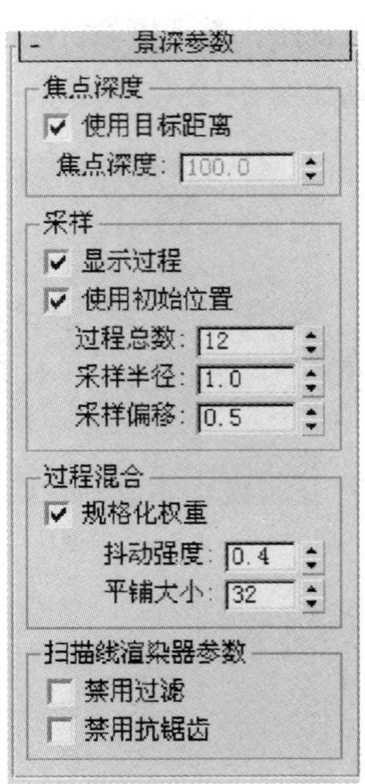

图 6—2—3　摄像机参数卷展栏及景深参数卷展栏

图 6—2—4　景深特效

第七章　综 合 实 训

第一节　室内效果图制作

模型是室内效果图的基础，准确、精简的建筑模型是效果图制作成功最根本的保障，3ds Max 以其强大的功能、简便的操作成为室内设计师建模的首选。进行室内建模时要注意：建筑单位必须统一，模型的制作应该使用统一的单位，并根据实际物体的尺寸换算；灵活运用修改命令进行编辑，通过不同的方法制作模型。如图 7—1—1 所示为客厅最终渲染效果。

图 7—1—1　客厅最终渲染效果

一、创建室内空间模型

运用 3ds Max 中多边形建模命令创建客厅场景模型，如图 7—1—2 所示。操作步骤如下：

1. 导入图样

(1) 首先打开 CAD 平立面图样原文件，单击按钮把图样每个立面分成每个

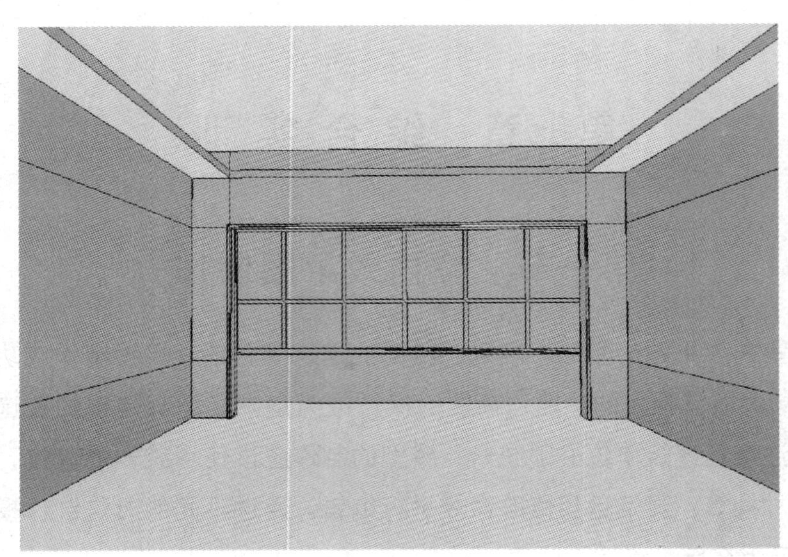

图 7—1—2　客厅场景模型

单独的图层，并用不同的颜色区分开来。把处理好的 CAD 图样存盘，并保存为 AutoCAD2000 图形格式（保存为 AutoCAD2000 格式，在任何版本的 3ds Max 里都能打开）。

(2) 打开 3ds Max 软件，进入菜单栏，单击 导入 按钮右边的小三角形按钮进入导入菜单，左键单击“导入”按钮导入客厅室内 CAD 平立面图样。选择要导入的 CAD 文件，单击 打开(O) 按钮导入（注意：文件格式应该设置为 DWG,，否则无法导入）。单击按钮后跳出导入选项窗口，在默认参数下直接点击 确定 按钮导入 CAD 文件。

(3) 导入文件之后，按“Ctrl” + “A”全选已经导入的 CAD 文件，用鼠标右键单击图标，使 X、Y、Z 坐标全部归零 X: 0.0 Y: 0.0 Z: 0.0 。

(4) 点击往下拖动对齐命令图标，切换到视窗对齐工具，对 CAD 立面图样进行视窗对齐。窗户部分立面图样对齐前视图视窗，其他立面图样对齐左视图视窗。对齐图样如图 7—1—3 所示。

(5) 切换到三维捕捉工具，对立面图进行捕捉对位。设置捕捉为顶点捕捉

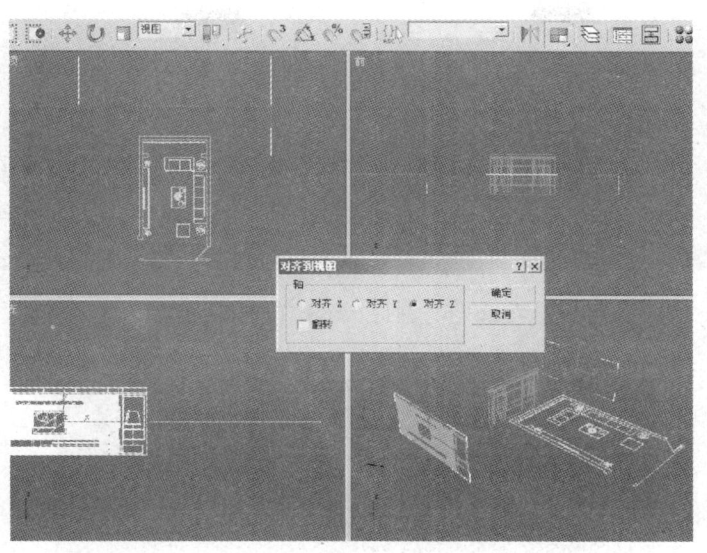

图 7—1—3　对齐图样

(用鼠标右键点击图标，即跳出捕捉设置面板，见图 7—1—4)。捕捉立面图样到合适位置，如图 7—1—5 所示。

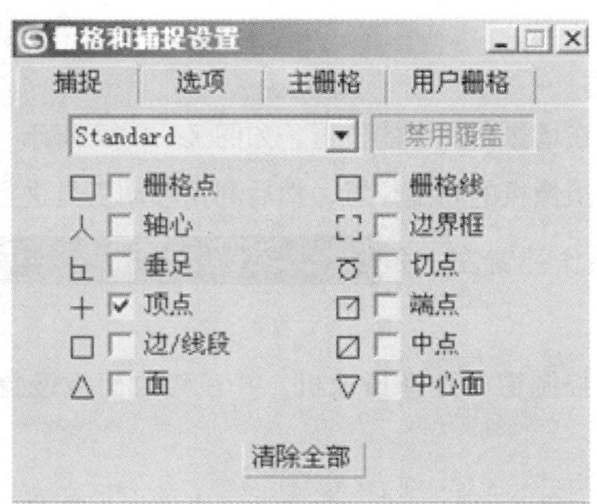

图 7—1—4　设置捕捉选项

2. 创建摄像机

(1) 选择 目标 摄像机，用鼠标在顶视图拖曳进行创建，如图 7—1—6 所示。

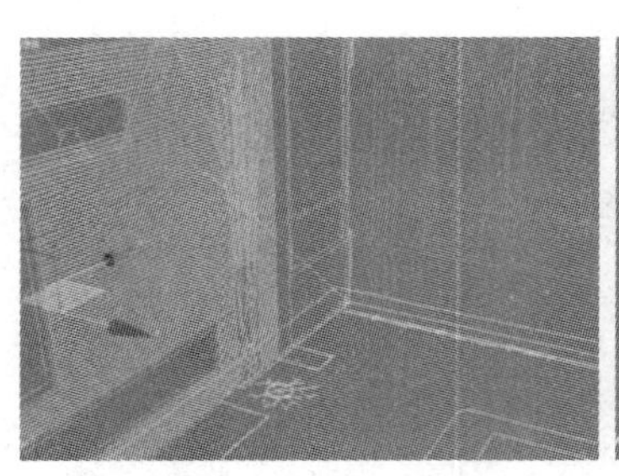

图 7—1—5　捕捉立面图样到合适位置

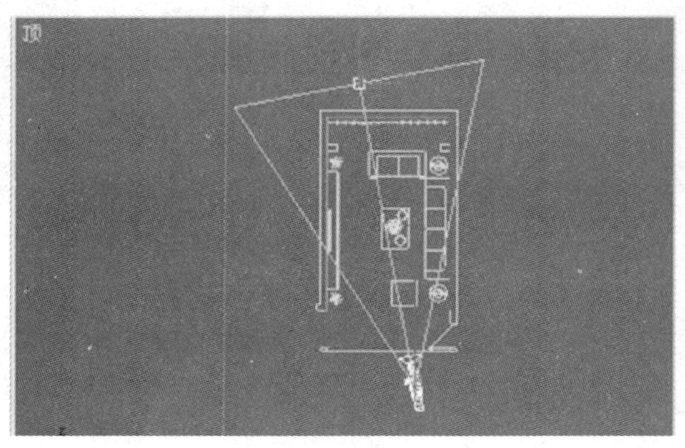

图 7—1—6　创建摄像机

(2) 调整摄像机在场景空间中的位置，如图 7—1—7 所示（提示：首先利用相对坐标快捷面板偏移摄像机的高度位置，然后利用移动工具进行手动微调）。

(3) 用鼠标在操作视窗左上角[+] [透视] [平滑 + 高光]区域单击右键，切换到 Camera 视图。

(4) 在任意视图控制窗口选择摄像机，并在修改面板设置摄像机参数，如图 7—1—8 所示。

(5) 点击进入显示控制面板，勾选设置摄像机为隐藏。

3. 冻结图形

进入视图控制窗口，按“Ctrl” + “A”全选平立面图形，在所选 CAD 图形上单击右键，单击冻结当前选择选项，对图形进行冻结操作，如图 7—1—9 所示。

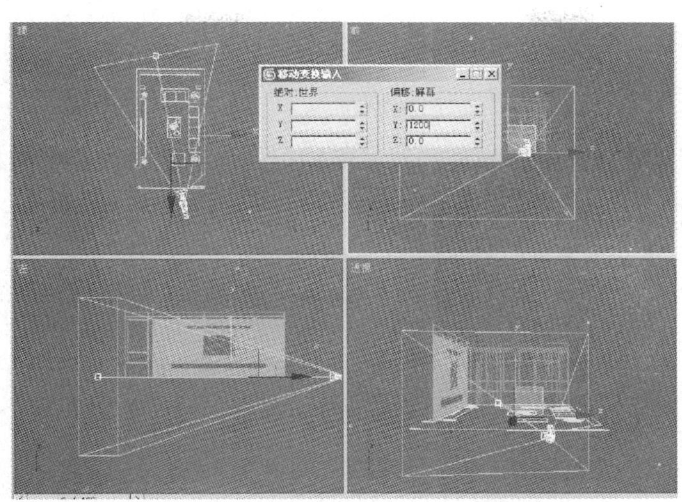

图 7—1—7　调整摄像机位置

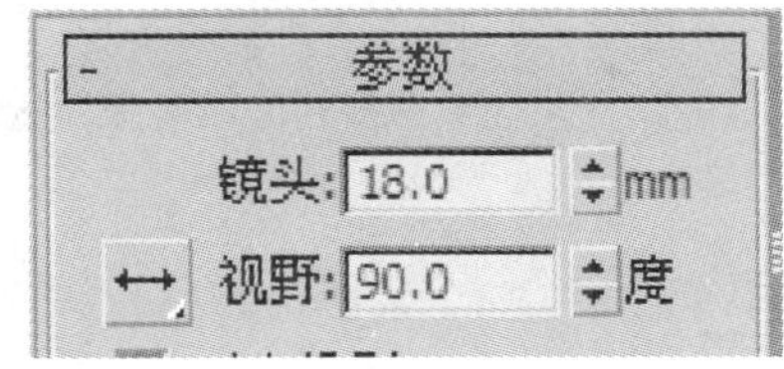

图 7—1—8　设置摄像机参数

图 7—1—9　冻结图形

4. 设置捕捉

(1) 鼠标左键长按 3 键不放，切换捕捉为 2.5 (2.5 维捕捉)。

(2) 为了保证在创建室内模型的时候能捕捉到冻结图形，在“栅格和捕捉设置”面板中的“选项”设置窗口，勾选“捕捉到冻结对象”选项，如图 7—1—10 所示。

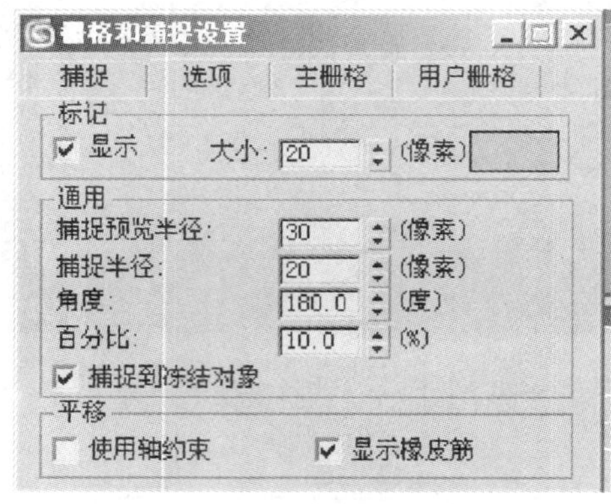

图 7—1—10　勾选“捕捉到冻结对象”选项

5. 创建客厅模型

(1) 创建窗框

1) 切换视图为前视图并最大化显示视图。

2) 点击 进入创建面板，点击 并去掉 开始新图形 后面小勾，选择 矩形 工具捕捉绘制窗户平面轮廓。绘制窗户如图 7—1—11 所示。

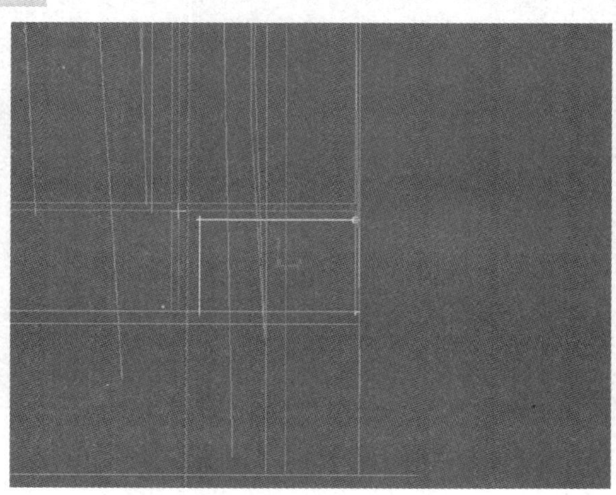

图 7—1—11　绘制窗户

3）点击 [icon] 进入修改面板，打开修改命令卷展栏，用“挤出”命令对所绘制窗框外轮廓进行挤出，挤出厚度为 50 mm，如图 7—1—12 所示。

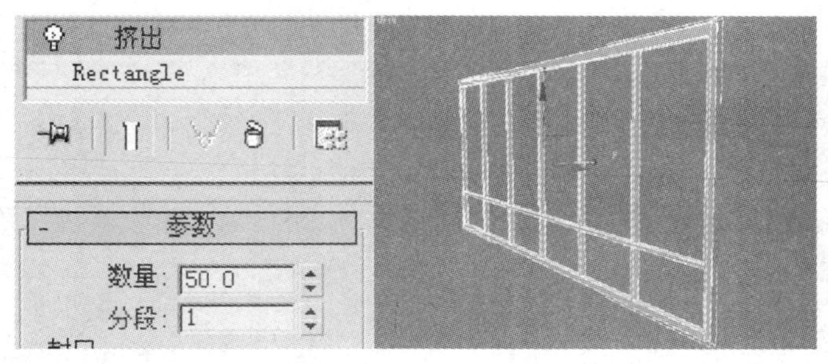

图 7—1—12　对窗框进行挤出

4）按空格键锁定所选窗框模型，并用“移动”工具移动窗框到准确位置，如图 7—1—13 所示。

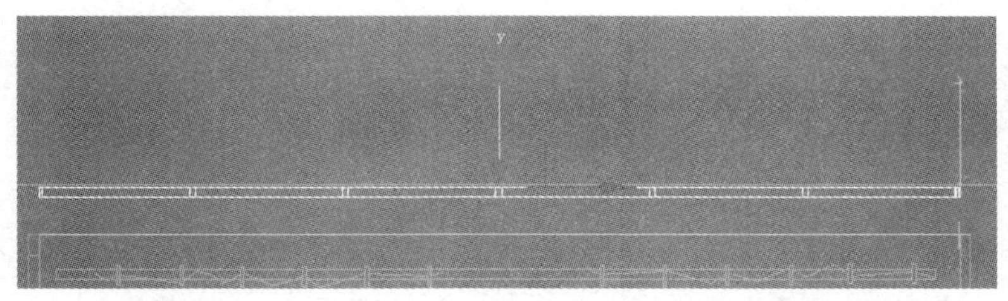

图 7—1—13　调整窗框位置

5）依照上面方法创建出两侧窗框模型，如图 7—1—14 所示。

图 7—1—14　创建出两侧窗框模型

(2) 创建窗户玻璃

1）选择窗框模型并转化为多边形，进入多边形元素选择外框面进行删除，如图 7—1—15 所示。

图 7—1—15　删除外框面

2）选中窗框边界元素，对窗框进行封口，如图 7—1—16 所示。

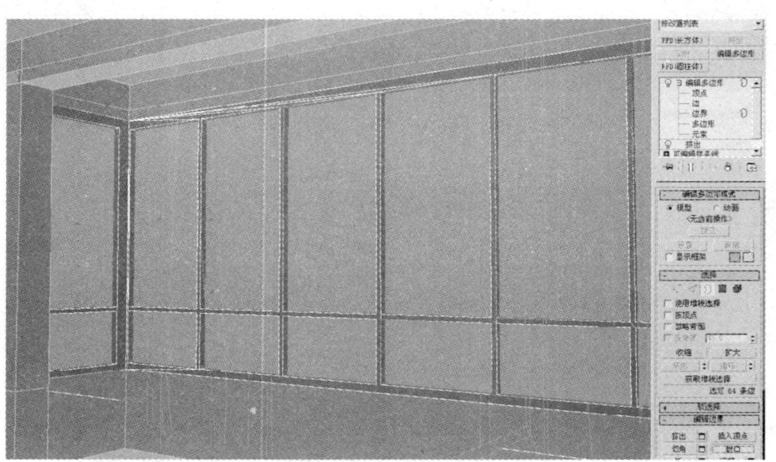

图 7—1—16　对窗框进行封口

3）进入多边形子选项，选择封口平面将其分离并改名为“窗玻璃”，如图 7—1—17 所示。

(3) 创建室内墙体

图 7—1—17　分离封口平面

1）用“线”工具顺时针方向勾勒房间内壁轮廓，并单击鼠标右键转化为可编辑多边形（绘制过程中可以配合键盘上的退格键来取消画错的线条），如图 7—1—18 所示。

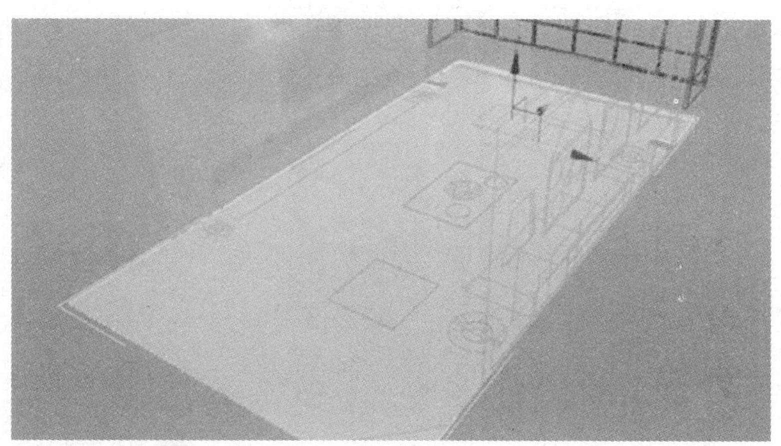

图 7—1—18　勾勒房间内壁轮廓

2）进入多边形段元素，并选择所有分段，配合“Shift”键沿 Z 轴方向拉出墙体，并在世界坐标“Z”轴中 X: 11245.666 Y: -4026.223 Z: 600.0 调整拉出高度为 600 mm，如图 7—1—19 所示。

3）进入段元素，去选窗户部分线段，并配合“Shift”键沿 Z 轴方向继续拉

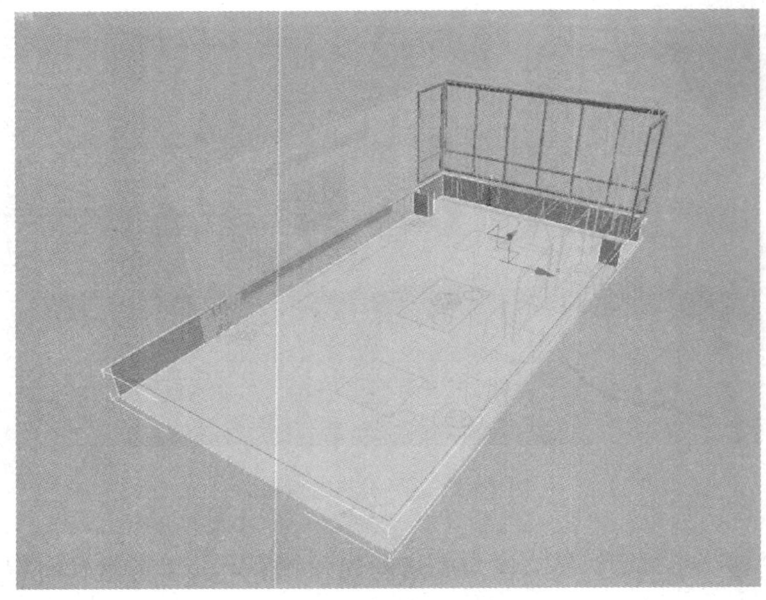

图 7—1—19　沿 Z 轴拉出墙体

出墙体，以世界坐标 X:11245.666 Y:-4635.906 Z:2520.0 为基准拉出 2 520 mm 高度，如图 7—1—20 所示。

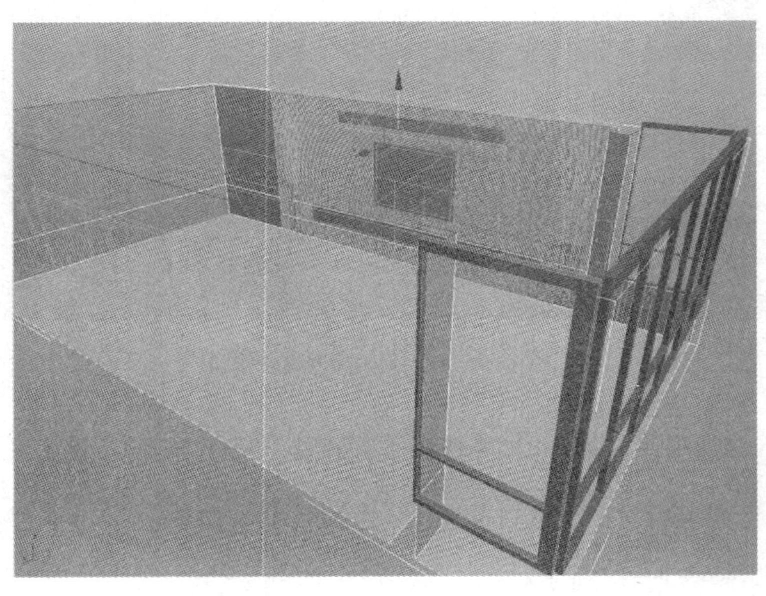

图 7—1—20　拉出 2 520 mm 墙体高度

4）继续拉出 2 600 mm 和 2 800 mm 墙体高度，为天花吊顶预留位置。

5）配合“Shift”键，沿 Y 轴拉出墙体上檐（见图 7—1—21）。

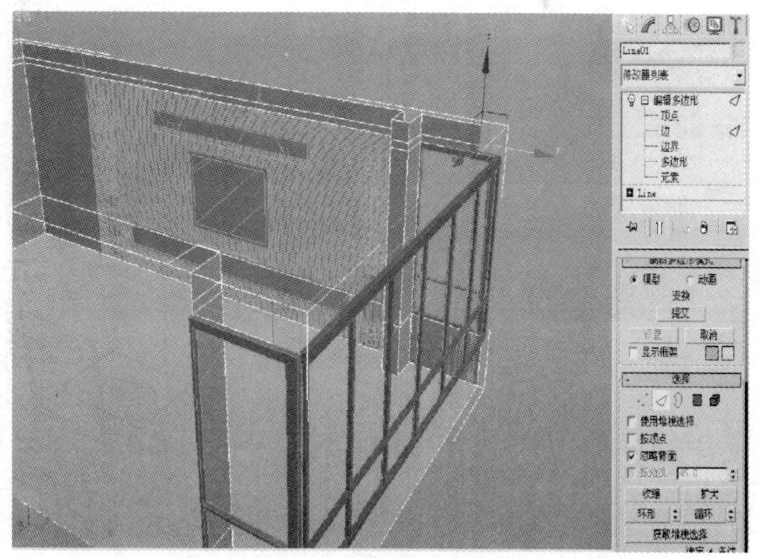

图 7—1—21　沿 Y 轴拉出墙体上檐

6）捕捉上檐并对位窗体（见图 7—1—22）。

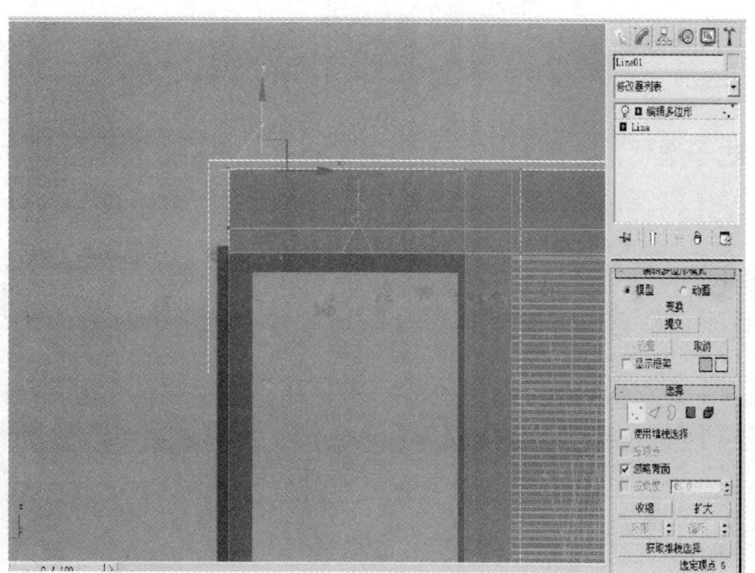

图 7—1—22　捕捉上檐并对位窗体

7）进入边子选项，选择窗户上檐边界元素，并用 桥 命令对窗檐进行连接（见图 7—1—23）。

图 7—1—23 连接窗檐

8）进入多边形子选项，选择两个关键面，按“Delete”键删除（见图 7—1—24）。

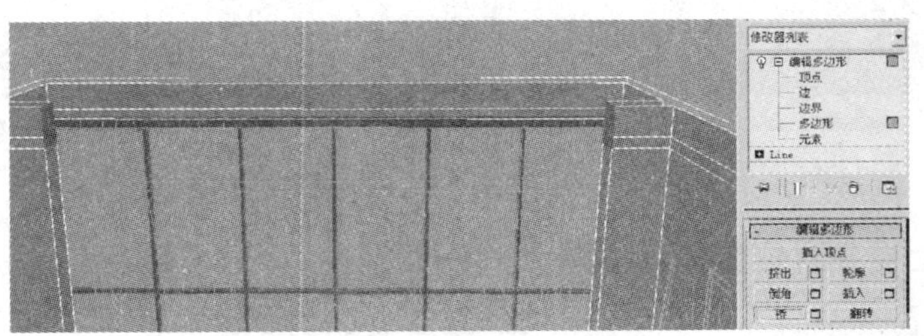

图 7—1—24 删除面

9）进入边子选项，选择对应的两条中梁边界，用 桥 命令进行连接（见图 7—1—25）。

图 7—1—25 连接中梁

(4) 创建灯槽模型

1) 点击 进入创建面板，再点击 进入里面的图形创建，在顶视图用“线”工具对天花板外轮廓进行勾勒（为了方便定位，勾勒线的时候开启 2.5 维捕捉命令，见图 7—1—26)。

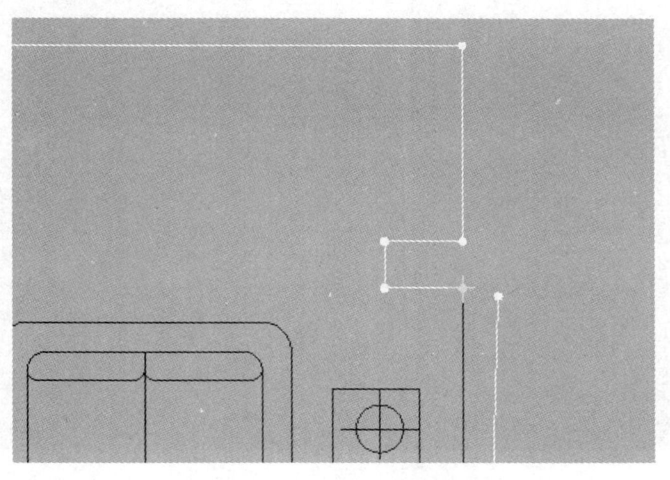

图 7—1—26　勾勒天花板外轮廓

2) 进入样条线子选项，对线条进行倒轮廓，轮廓值为 380 mm，如图 7—1—27 所示。

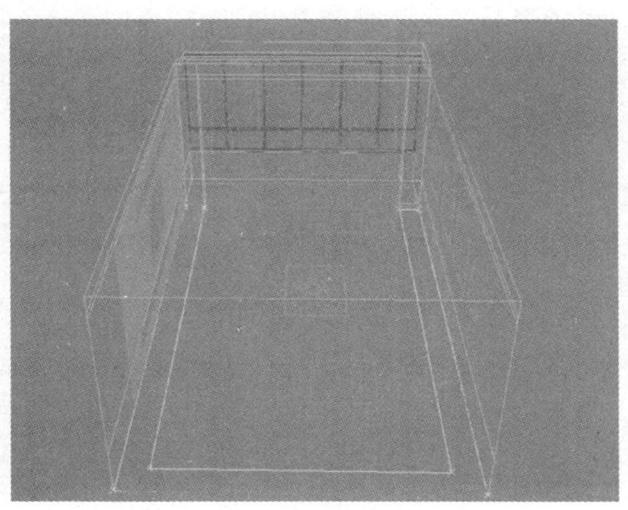

图 7—1—27　对线条进行倒轮廓

3）给灯槽添加“挤出”命令，挤出数量为 数量: 80.0 。在“选择并移动”工具 上点击鼠标右键，在跳出的“移动变换输入”框内使灯槽往沿 Y 轴方向移动 2 520 mm，如图 7—1—28 所示。

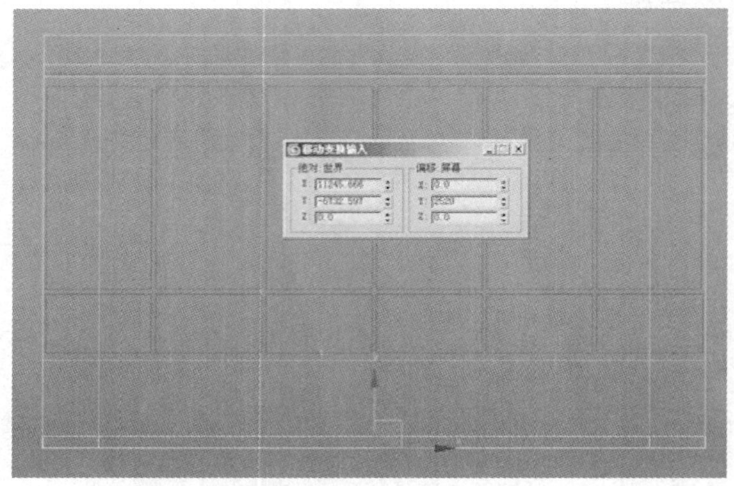

图 7—1—28　把灯槽沿 Y 轴方向移动 2 520 mm

（5）进入边界子选项，选择顶棚边界，对顶棚边界进行封口处理，如图 7—1—29 所示。

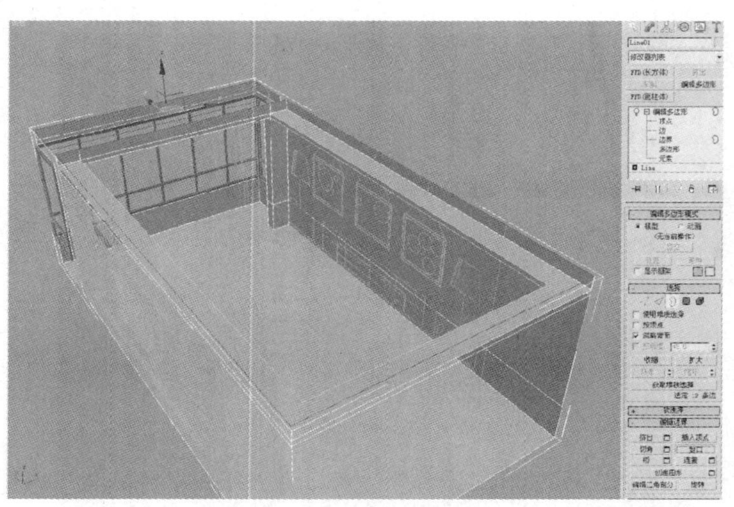

图 7—1—29　对顶棚边界进行封口处理

(6) 为了方便以后给模型赋予材质，进入多边形子选项，选择空间顶平面，点击 分离 按钮将其分离；选择灯槽，点击“附加” 附加 按钮将分离后的客厅顶平面与灯槽模型合并成一个整体。

二、室内家具建模

1. 创建电视背景墙

(1) 全选场景模型，点击鼠标右键选择“隐藏当前选择”，保留冻结的图形文件，如图 7—1—30 所示。

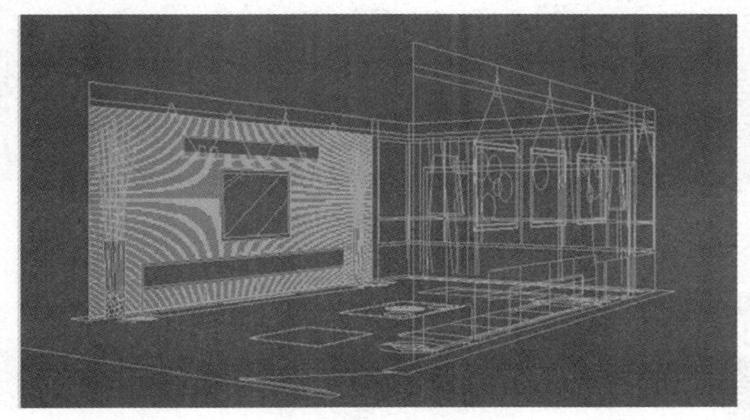

图 7—1—30　隐藏场景

(2) 捕捉冻结图形，创建长方体模型，如图 7—1—31 所示，点击鼠标右键把长方体转化为可编辑多边形模型。

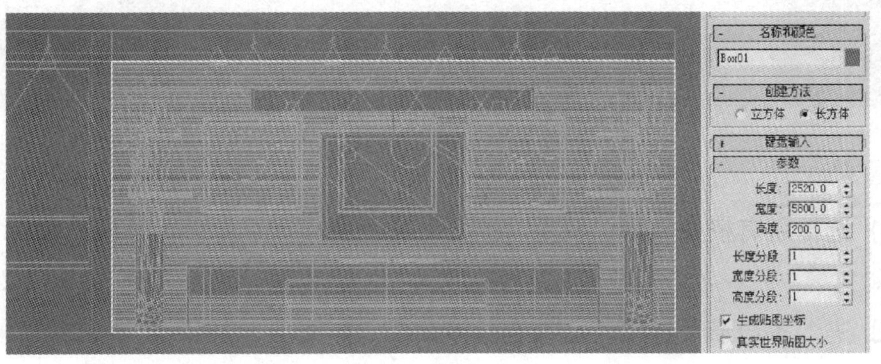

图 7—1—31　创建长方体模型

(3) 进入边子选项，选择模型两段边界，并利用“连接”命令对模型进行分段，分段数为 80，如图 7—1—32 所示。

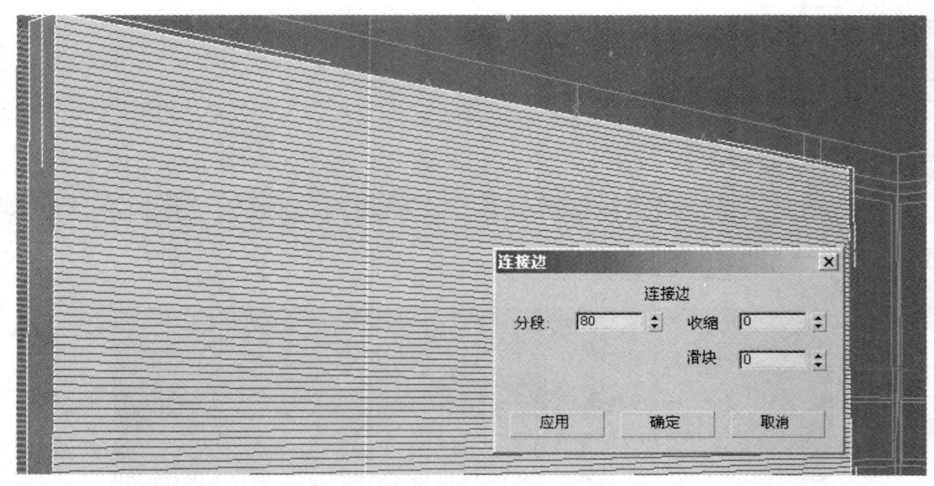

图 7—1—32　对模型进行分段

(4) 给每一段进行切角轮廓，如图 7—1—33 所示。

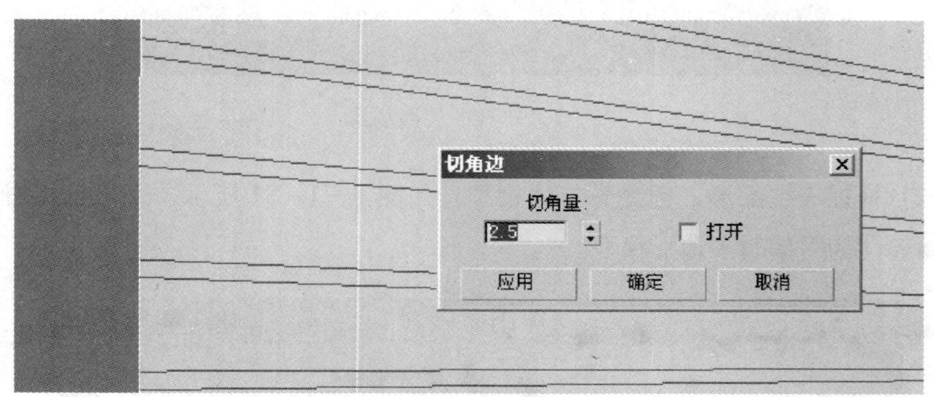

图 7—1—33　进行切角

(5) 选择所有横向分段，利用“连接”命令将模型纵向分为两段，如图 7—1—34 所示。

(6) 进入多边形子选项，选择删除多余面，如图 7—1—35 所示。

(7) 进入边界子选项，配合“Shift”键拉出凹槽，如图 7—1—36 所示。

(8) 进入段元素，选择其中一条边，并配合 环形 工具选择多余边，

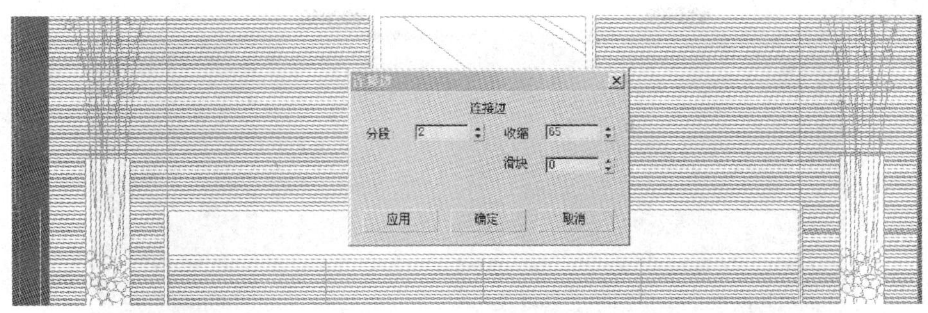

图 7—1—34　纵向分段

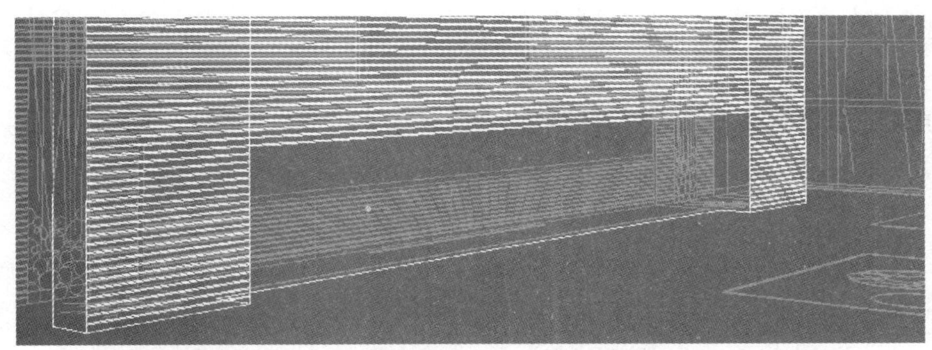

图 7—1—35　选择删除多余面

图 7—1—36　拉出凹槽

点击鼠标右键删除拉出凹槽多余边，如图 7—1—37 所示。

2. 创建电视机柜

(1) 打开捕捉，在左视图根据冻结对象创建长方体，长方体高度为 400 mm，

图 7—1—37　删除拉出凹槽多余边

关闭捕捉。点击鼠标右键把长方体转化为可编辑多边形，如图 7—1—38 所示。

图 7—1—38　创建长方体

(2) 进入边子选项，选择长方体两侧线段，点击“连接”按钮旁的小窗口 连接 □对它们进行横向连接分段，如图 7—1—39 所示。

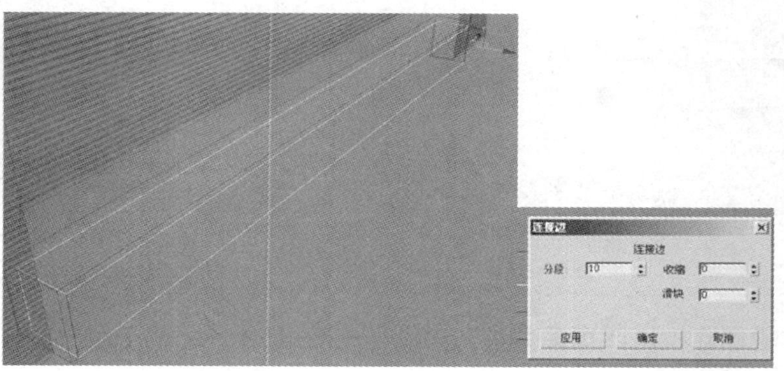

图 7—1—39　连接分段

(3) 对前面连接后产生的所有横向分段进行切角，切角量为 2:5，如图 7—1—40 所示。

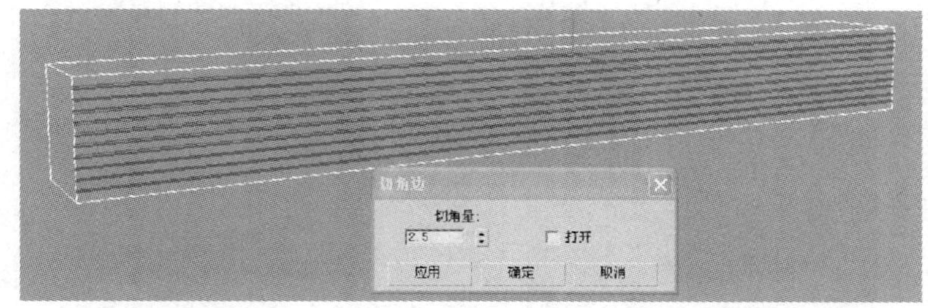

图 7—1—40　对所有横向分段进行切角

(4) 选择所有横向线段，点击“连接”按钮旁的小窗口 连接 把纵向段数等分为四格，如图 7—1—41 所示。

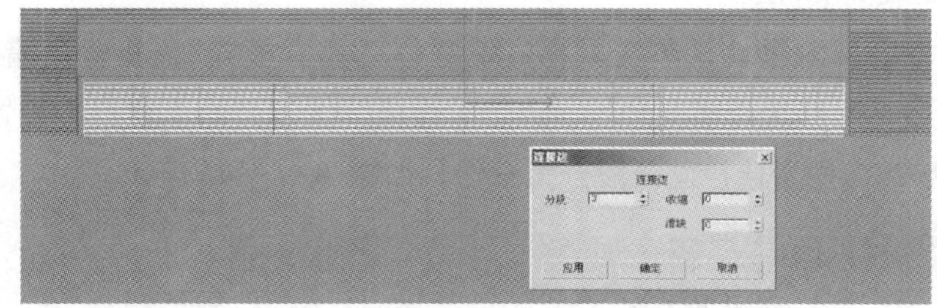

图 7—1—41　把纵向段数等分为四格

(5) 对纵向线段进行切角，切角量为 10，且同时勾选“打开”，如图 7—1—42 所示。

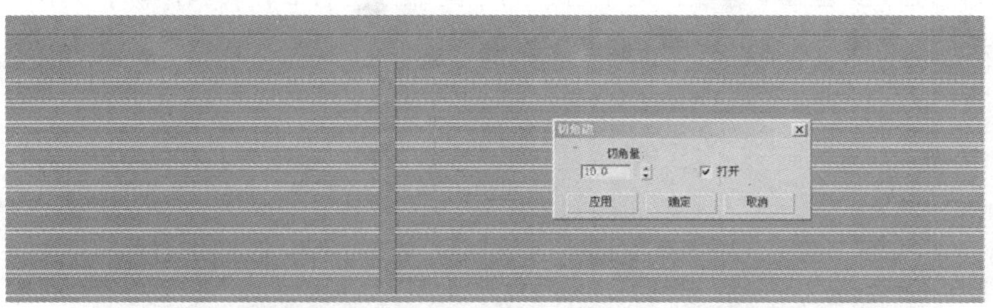

图 7—1—42　对纵向线段进行切角

（6）进入多边形子选项，选中所有分割面，点击“挤出”按钮旁的小窗口，设置挤出高度为 10，如图 7—1—43 所示。

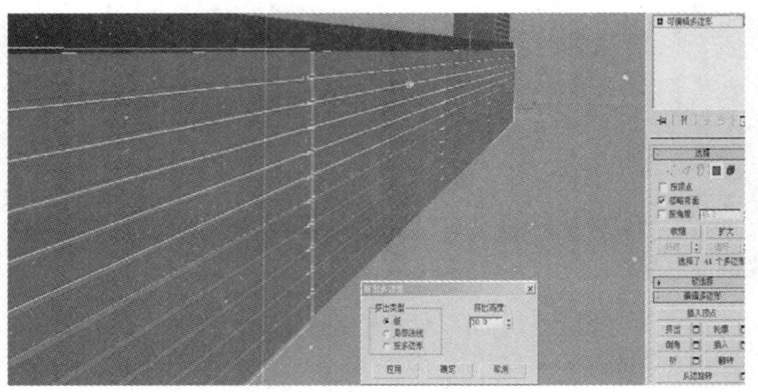

图 7—1—43　面挤出

3. 创建装饰品柜

（1）选中电视背景墙，单击鼠标右键选择“孤立模式”，将背景墙孤立起来。进入边子选项，局部选择横向分段，点击“连接”按钮旁的小窗口，设置分段数为 2，收缩量为 28，把所选横向分段分为三份，如图 7—1—44 所示。

图 7—1—44　局部选择横向分段进行分段

（2）进入多边形子选项，选中所分的中间部分所有面，将其删除，如图 7—1—45 所示。

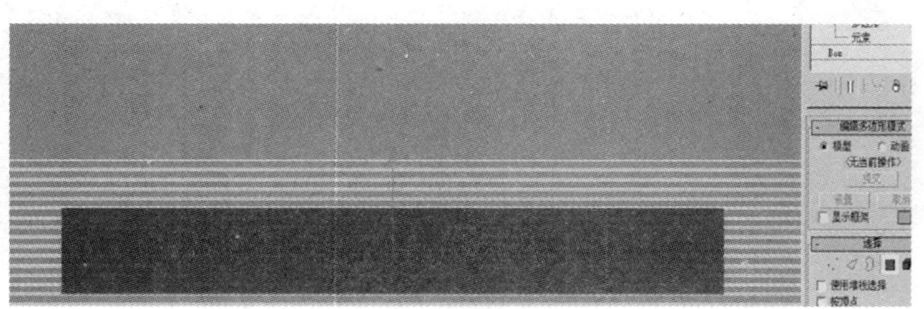

图 7—1—45　删除选中所分的中间部分所有面

(3) 进入边界子选项，选择删除面的边界并往里挤出，挤出厚度小于背景墙厚度 200 mm 即可，如图 7—1—46 所示。

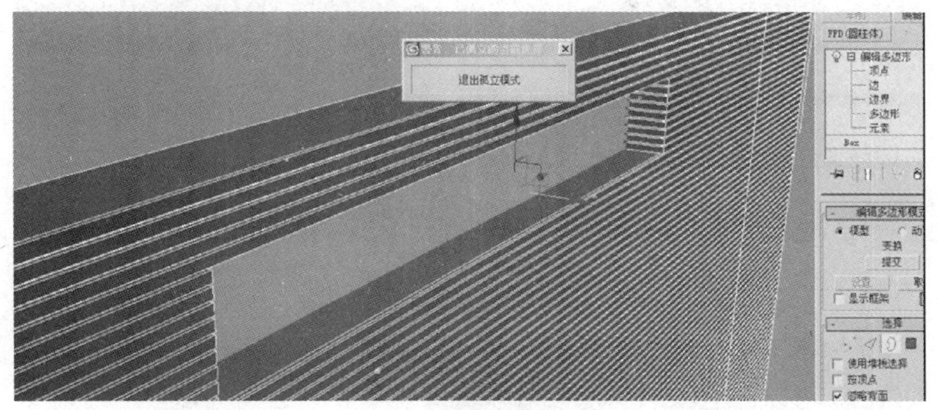

图 7—1—46　选中删除面边界并挤出

(4) 进入顶点子选项，在顶视图对各点进行对齐操作，如图 7—1—47 所示。

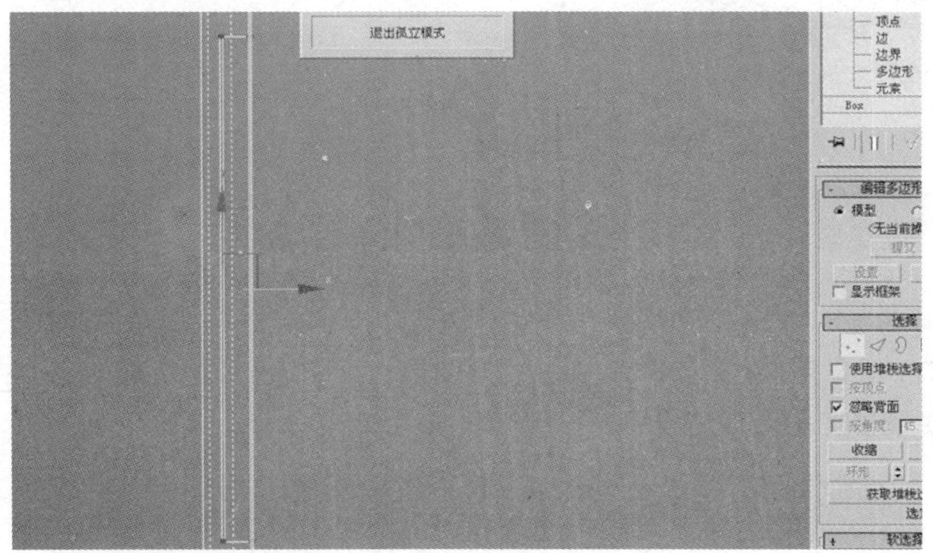

图 7—1—47　对各点进行对齐

(5) 进入边界子选项，选择边界，点击“封口”按钮对边界进行封口，如图 7—1—48 所示。

(6) 进入多边形子选项，按住“Shift”键用“选择并移动”工具，移动复制内

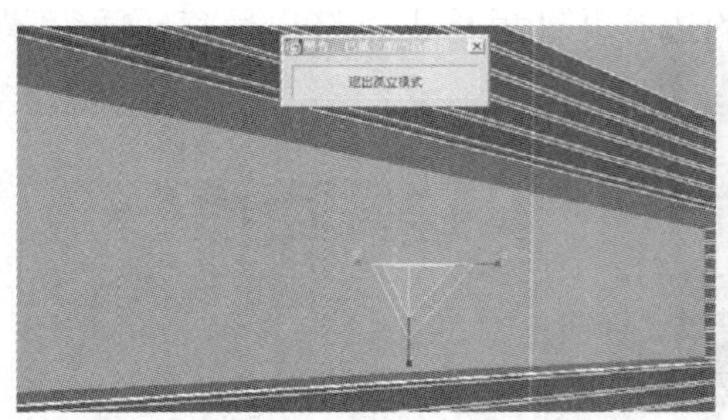

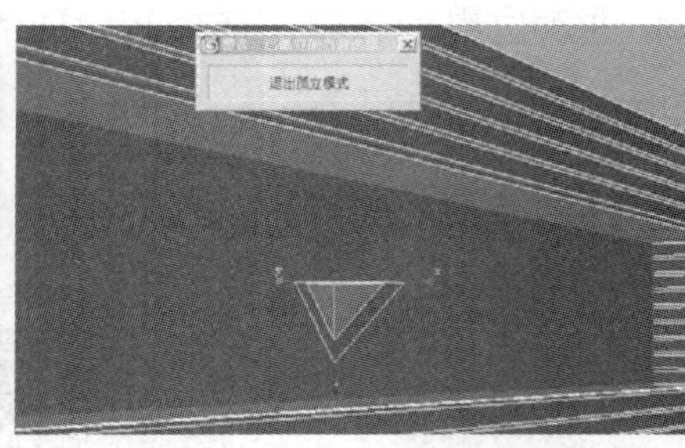

图 7—1—48　选中边界进行封口

平面，如图 7—1—49 所示。

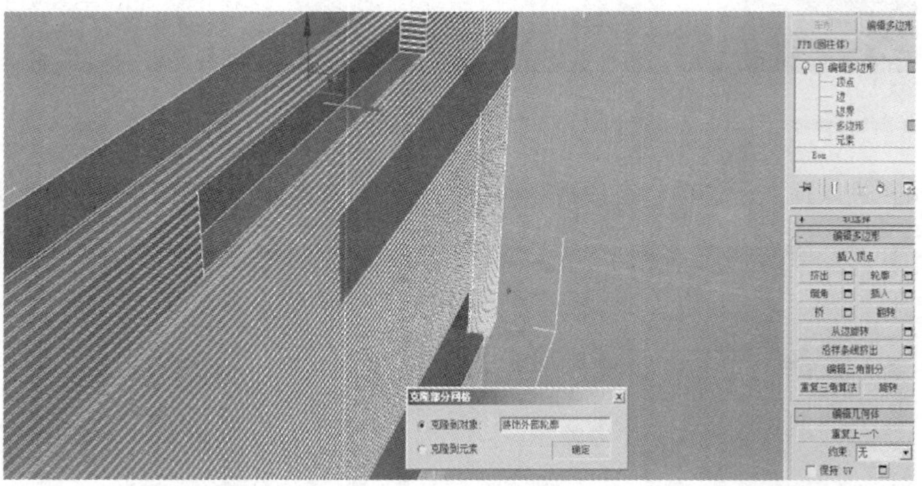

图 7—1—49　移动复制内平面

(7) 选择复制出来的平面，进入边子选项，给平面分段，纵向和横向各分两段，并调整收缩量，如图 7—1—50 所示。

图 7—1—50　给平面分段

(8) 进入多边形子选项，选择内平面并向内挤出，如图 7—1—51 所示。

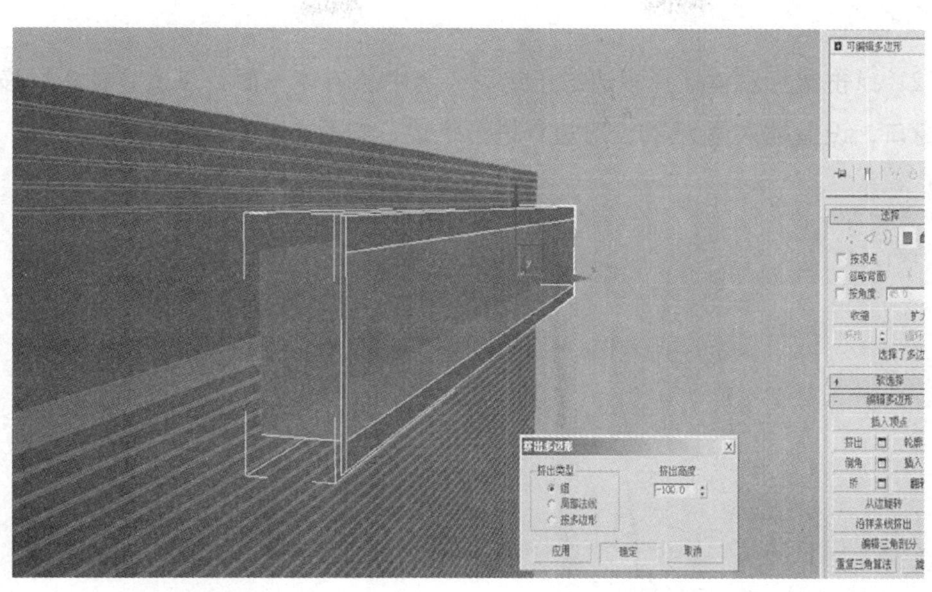

图 7—1—51　选择内平面并向内挤出

(9) 在修改器列表中添加“壳”命令，给模型一个厚度；最后把做好的装饰品柜模型移到背景墙相应位置，如图 7—1—52 所示。

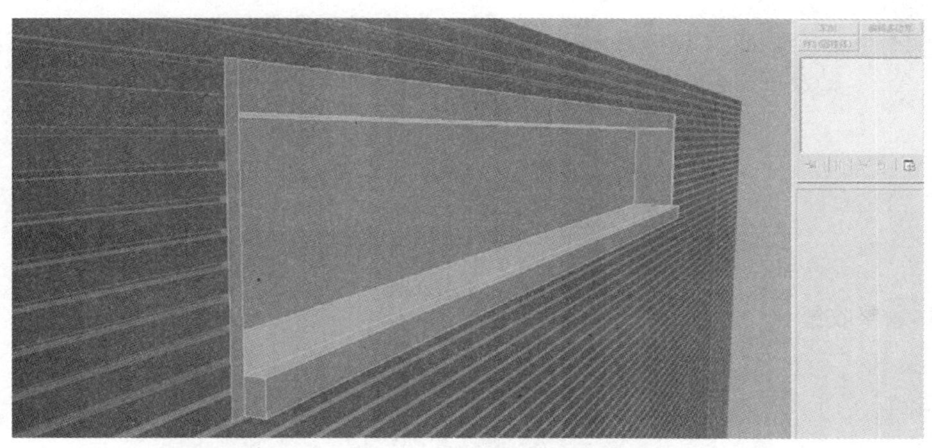

图 7—1—52　添加“壳”命令后的装饰品柜

4. 制作壁挂电视机

(1) 隐藏好前面所做模型，打开捕捉，在左视图根据冻结对象创建长方体，长方体高度为 20 mm，关闭捕捉。点击鼠标右键将创建的长方形转化为可编辑多边

形。

(2) 点击鼠标右键选择多边形子选项，选中长方体一面，点击“插入”按钮旁的小窗口，设置插入量为 20，对边界进行倒边，如图 7—1—53 所示。

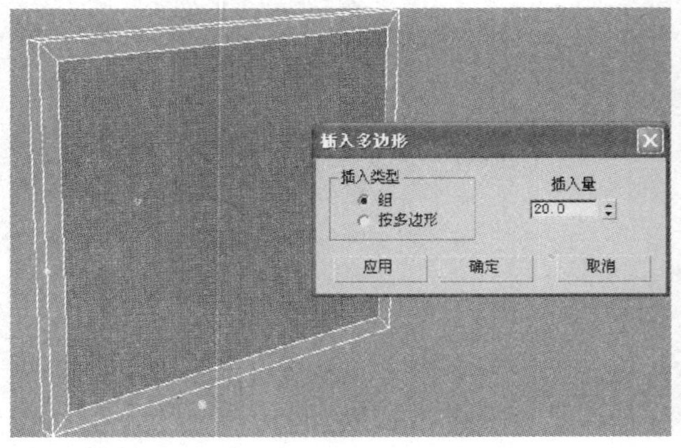

图 7—1—53　对面进行倒边

(3) 点击“挤出”按钮旁的小窗口，设置挤出高度为 - 10，向内挤出平面，如图 7—1—54 所示。

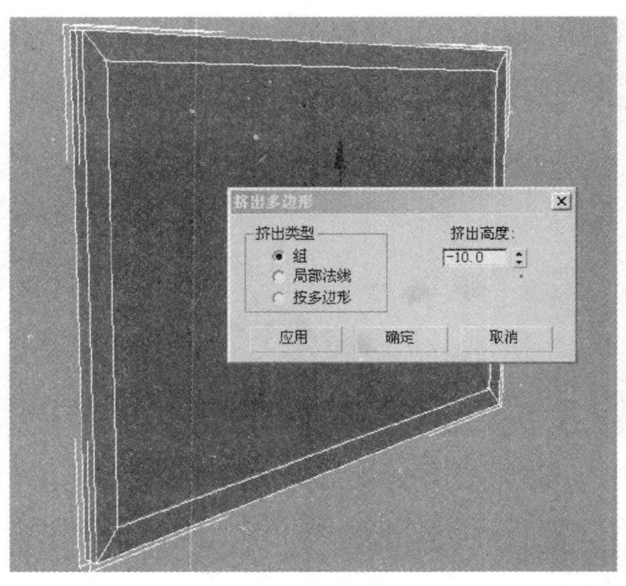

图 7—1—54　向内挤出平面

(4) 点击 分离 按钮，分离平面，并重新命名为显示屏，如图 7—1—55 所示。

图 7—1—55　分离平面

(5) 选中显示器背面，点击“倒角”按钮旁的小窗口，设置倒角高度为 60，进行倒角；进入顶点子选项，用“移动”工具选择并调整好形状，如图 7—1—56 所示。显示所有隐藏的模型，调整好电视机的位置，如图 7—1—57 所示。

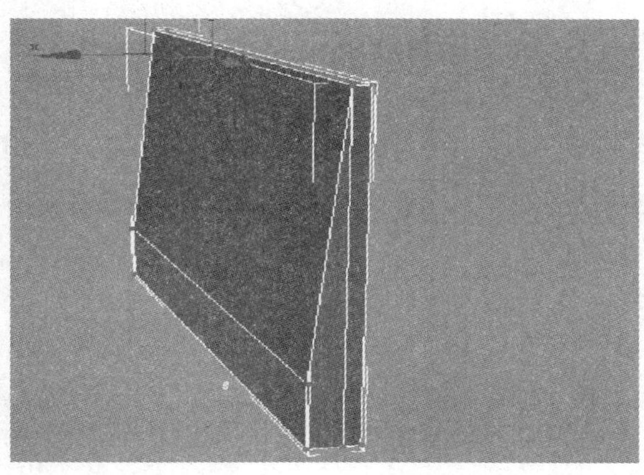

图 7—1—56　调整显示器背面

图 7—1—57　调整好电视机的位置

5. 制作沙发模型

（1）选中已经创建好的室内模型空间，点击鼠标右键选择“隐藏当前选择”。

（2）创建四人沙发。打开捕捉，在顶视图依照平面图沙发图形创建长方体，设置长方体高度为 300 mm，点击鼠标右键将其转化为可编辑多边形，关闭捕捉，如图 7—1—58 所示。

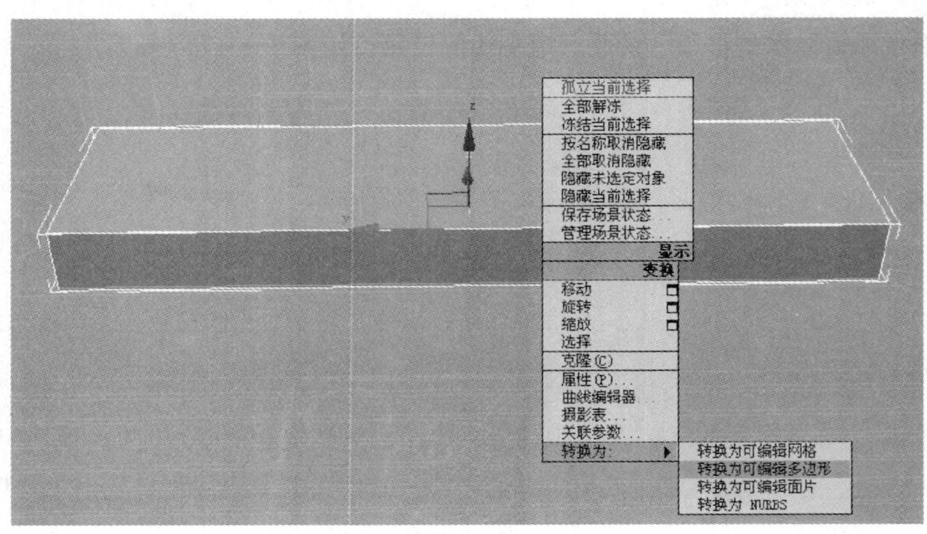

图 7—1—58　创建长方体

(3) 进入边子选项，使用“连接”按钮给长方体分段，分出沙发扶手及靠背位置，如图 7—1—59 所示。

图 7—1—59　给长方体分段

(4) 进入多边形子选项，选择面，点击“挤出”按钮给长方体挤出扶手及靠背，如图 7—1—60 所示。

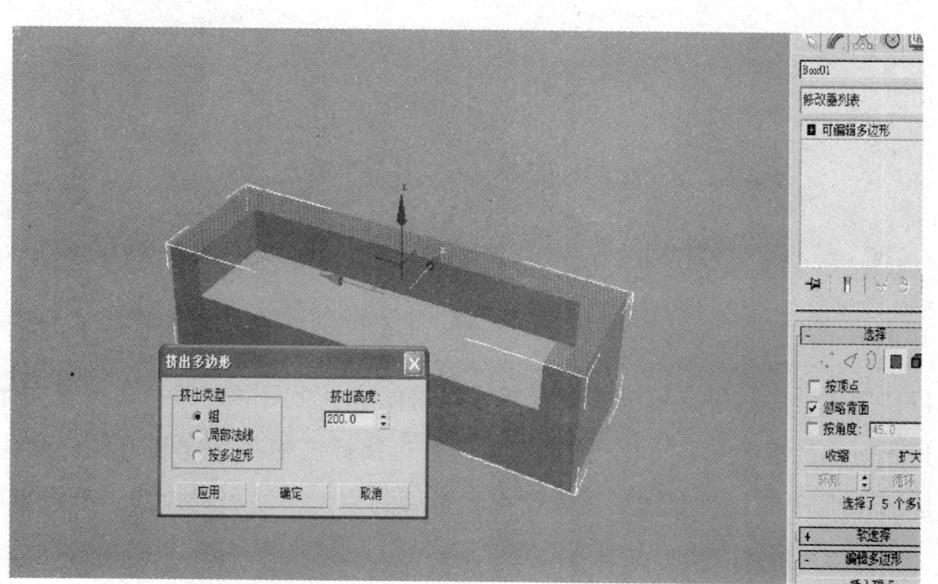

图 7—1—60　挤出扶手及靠背

(5) 进入边子选项，选择沙发所有横向线段和竖向线段，点击“连接”按钮分别给沙发分段，并调整收缩量，让分出来的线段尽量贴近原来的线段，如图 7—1—

61 所示。

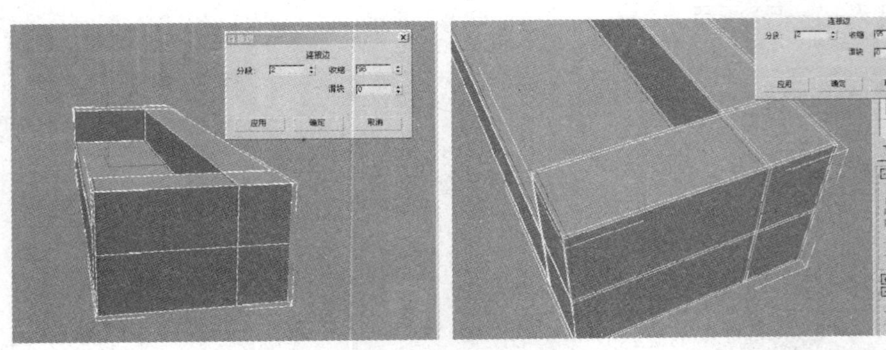

图 7—1—61　给各线段分段

(6) 打开“细分曲面”卷展栏，勾选使用 NURMS 细分，设置迭代次数为 1，调整沙发的光滑度，如图 7—1—62 所示。

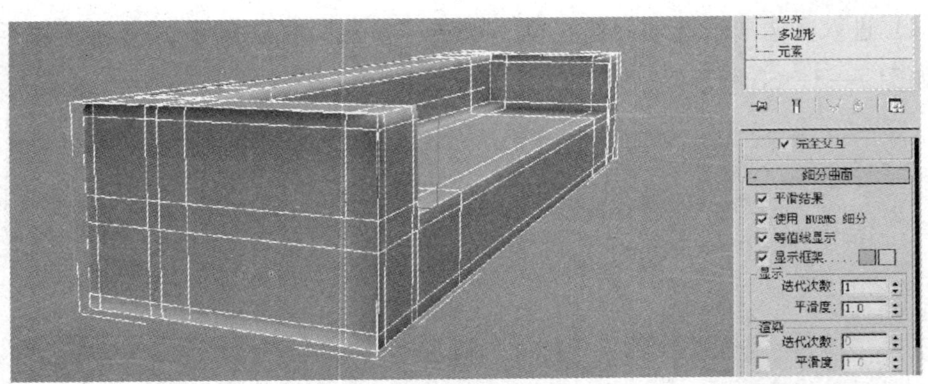

图 7—1—62　调整沙发光滑度

(7) 制作沙发垫子。打开捕捉，在顶视图根据平面图形创建一切角长方体，设置切角长方体高度为 200 mm，关闭捕捉。点击鼠标右键将切角长方体转化为可编辑多边形，NURMS 细分处理后进入顶点元素后利用“移动和缩放”工具调整模型，如图 7—1—63 所示。

(8) 在顶视图选择创建好的沙发垫子模型，移动复制出另外三个沙发垫子，并调整好位置，如图 7—1—64 所示。

(9) 在顶视图，点击“圆柱体”按钮创建一个半径为 50 mm、高度为 50 mm 的圆柱体，放在沙发底下作为沙发脚，再用移动复制的方法复制出另外三个沙发脚，

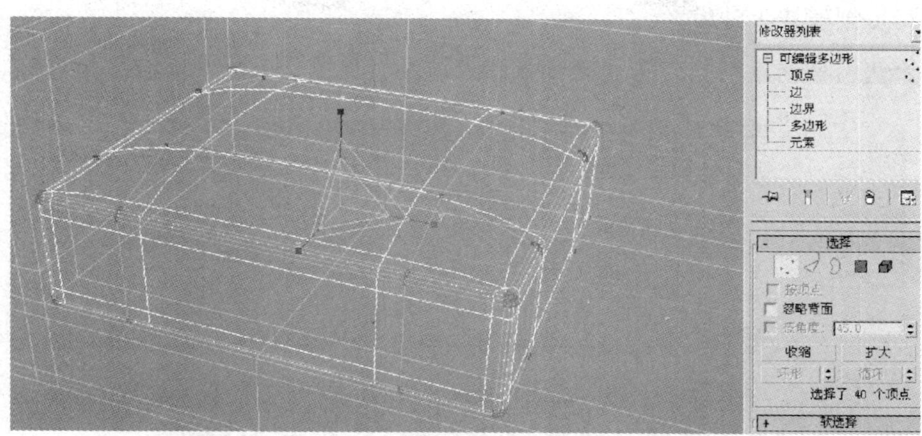

图 7—1—63　创建一沙发垫子

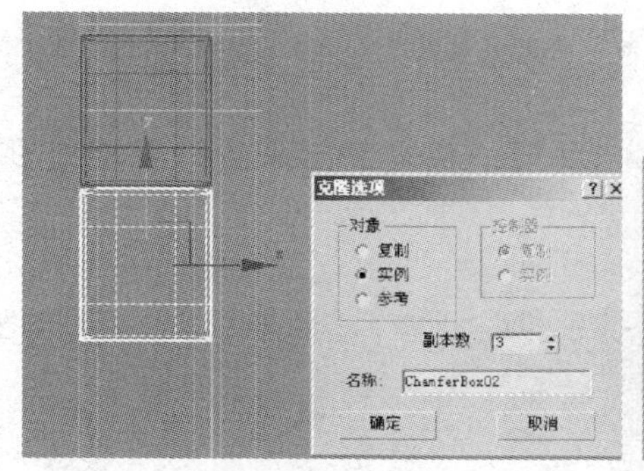

图 7—1—64　移动复制出另外三个沙发垫子

如图 7—1—65 所示。一张沙发即创建完成。

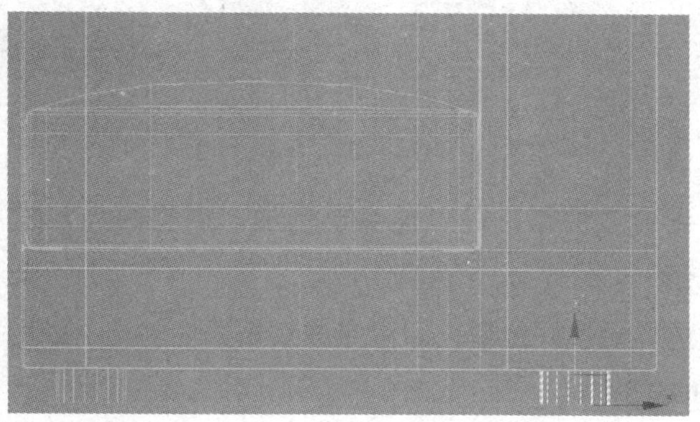

图 7—1—65　创建沙发脚

(10) 创建双人沙发

1) 使用移动复制的方法复制一张四人沙发（见图 7—1—66)。

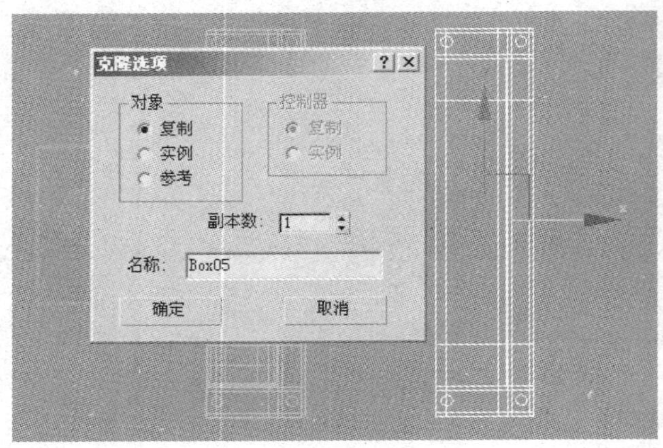

图 7—1—66　复制一张四人沙发

2) 打开角度捕捉，并设置捕捉角度为 90 度，将复制出来的沙发旋转 90 度，如图 7—1—67 所示。

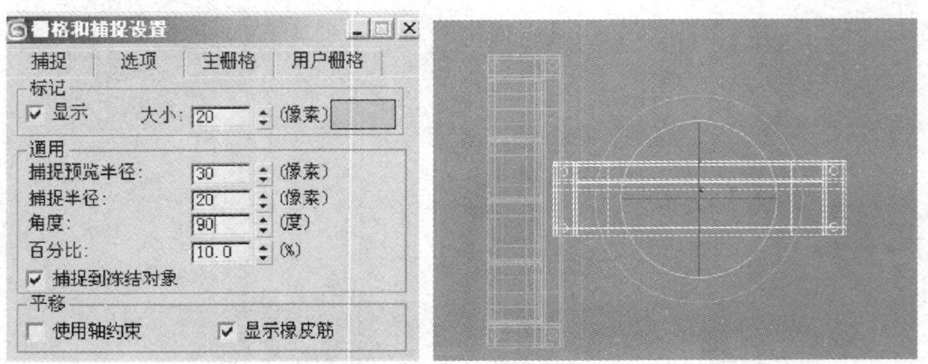

图 7—1—67　旋转复制沙发

3) 移动沙发到合适位置，进入顶点子选项，调整四人沙发至双人沙发大小，如图 7—1—68 所示。

4) 复制沙发垫并调整好位置，即可完成双人沙发创建，如图 7—1—69 所示。

6. 创建其他模型

根据平面图形要求，利用已学知识创建吊灯、茶几、地毯、装饰画、装饰品等

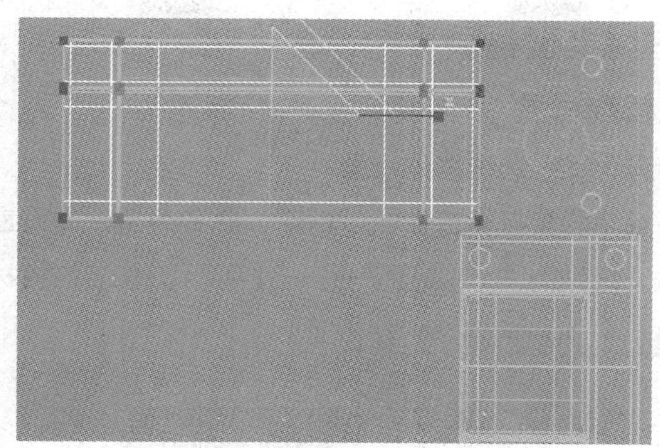

图 7—1—68　调整沙发大小

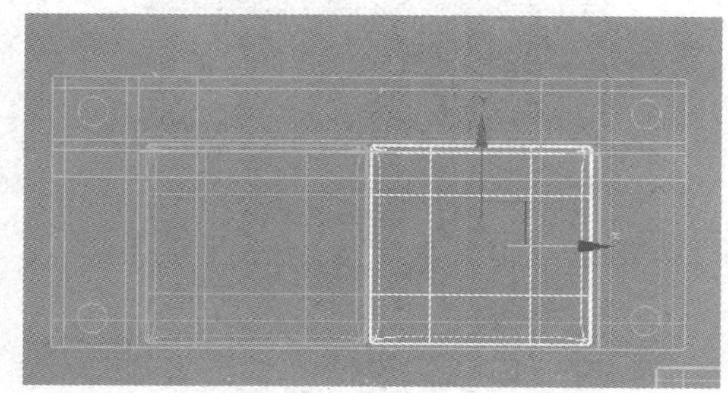

图 7—1—69　复制沙发垫子

其他模型，最后完成场景效果如图 7—1—70 所示。

图 7—1—70　最后完成场景效果

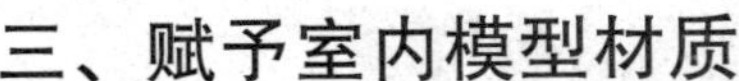

三、赋予室内模型材质

1. 赋予墙体模型材质

(1) 按名称选择工具，选择墙体模型。

(2) 打开材质编辑器窗口，选择一示例球，命名为墙，并设置墙体漫反射颜色为淡粉色，反射高光级别为 12，如图 7—1—71 所示，点击“将材质指定给选定对象”按钮 将设置好的材质赋予墙体。

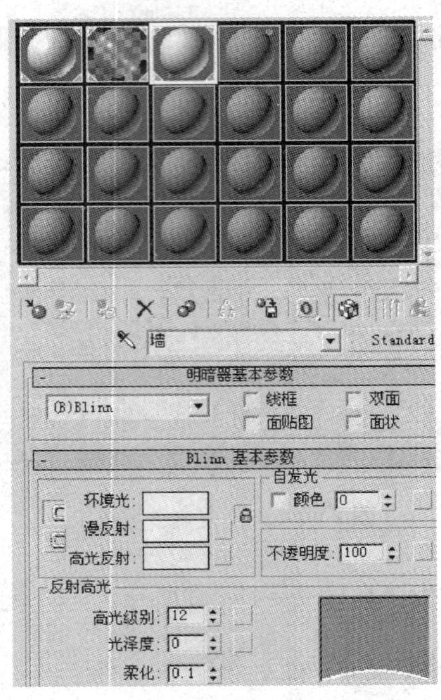

图 7—1—71　设置墙体材质

2. 赋予电视背景墙材质

选择电视背景墙模型，选择一个示例球，命名为饰面墙，设置墙体漫反射颜色为褐色，反射高光级别为 12，如图 7—1—72 所示，点击“将材质指定给选定对象”按钮 将设置好的材质赋予电视背景墙。

3. 赋予电视柜模型材质

选择电视柜模型，选择一个示例球，命名为电视柜，设置墙体漫反射颜色为浅黄褐色，反射高光级别为 15，如图 7—1—73 所示，点击“将材质指定给选定对象”

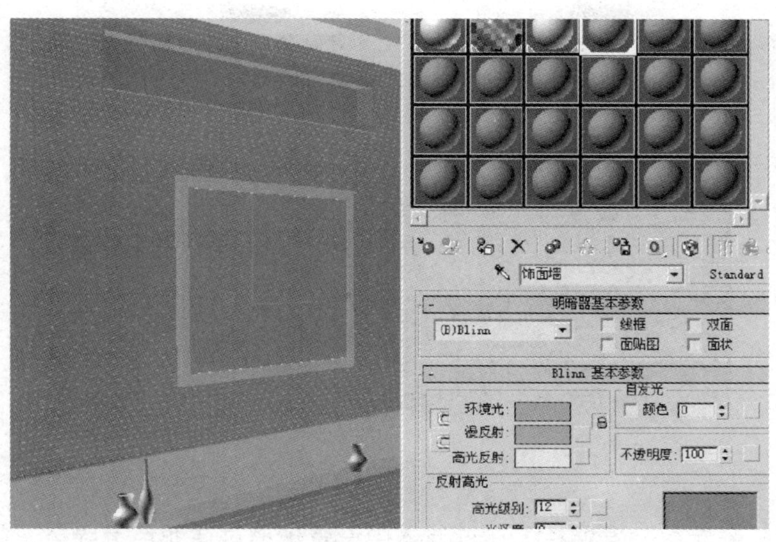

图 7—1—72　设置电视背景墙材质

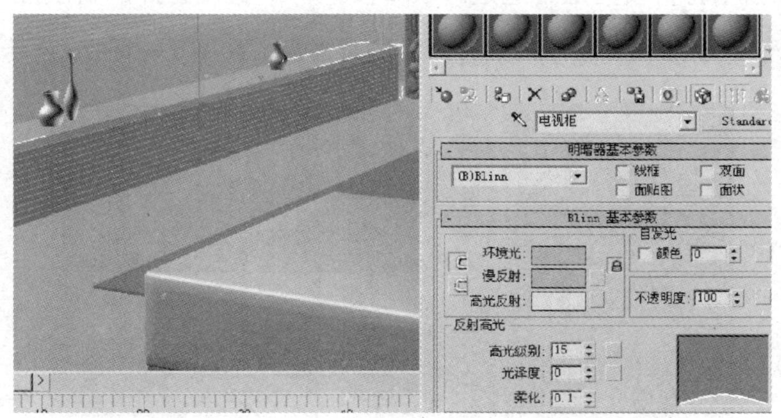

图 7—1—73　设置电视柜材质

按钮 将设置好的材质赋予电视柜。

4. 赋予天花模型材质

选择天花模型，选择一个示例球，命名为天花，设置墙体漫反射颜色为白色，反射高光级别为 11，如图 7—1—74 所示，点击“将材质指定给选定对象”按钮 将设置的材质赋予天花。

5. 赋予玻璃模型材质

选择玻璃模型，选择一个示例球，命名为玻璃，勾选双面，设置不透明度为

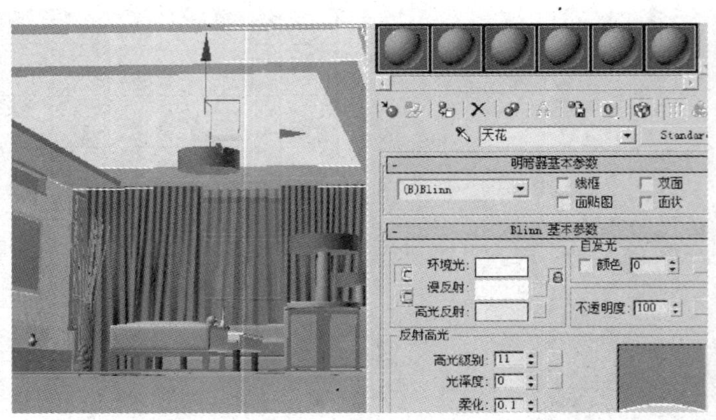

图 7—1—74　设置天花材质

56，打开“扩张参数”卷展栏，在过滤器中设置玻璃过滤颜色为绿色，如图 7—1—75 所示，点击“将材质指定给选定对象”按钮 将设置好的材质赋予模型。选择饰面墙示例球材质将其赋予玻璃容器中的装饰品，如图 7—1—76 所示。

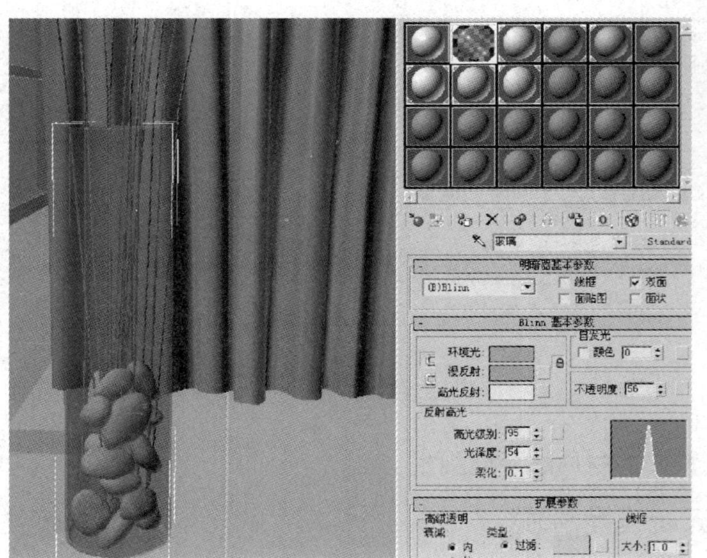

图 7—1—75　设置玻璃材质

6. 赋予挂画贴图

选择挂画模型，选择一个示例球，命名为挂画，点击漫反射旁的按钮给挂画添加位图贴图类型，在弹出的“选择位图图像文件”窗口中选择挂画图片，给挂画模

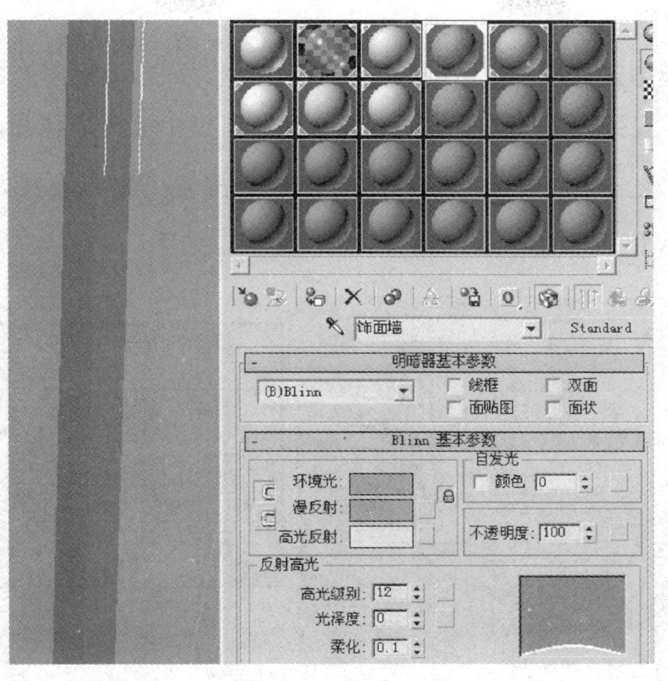

图 7—1—76　赋予玻璃容器中的装饰品材质

型添加挂画图片，点击“将材质指定给选定对象”按钮 将设置好的材质赋予模型。利用“UVW 贴图修改器”调整图片尺寸，如图 7—1—77 所示。

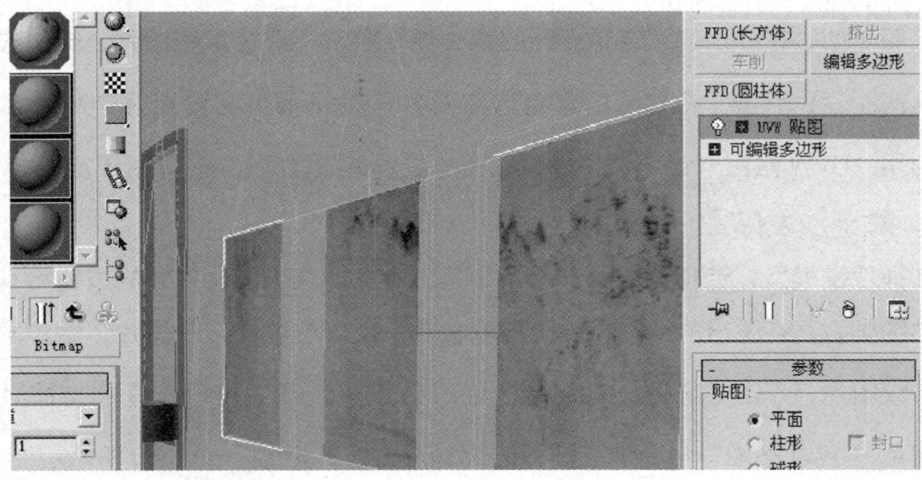

图 7—1—77　给挂画模型添加挂画图片

7. 赋予地毯贴图

选择地毯模型，选择一个示例球，命名为地毯，点击漫反射旁的按钮给其添加位图贴图类型，在弹出的“选择位图图像文件”窗口中选择地毯图片，给地毯模型添加地毯图片，点击“将材质指定给选定对象”按钮将设置好的材质赋予模型。利用“UVW 贴图”命令调整地毯贴图的位置，如图 7—1—78 所示。

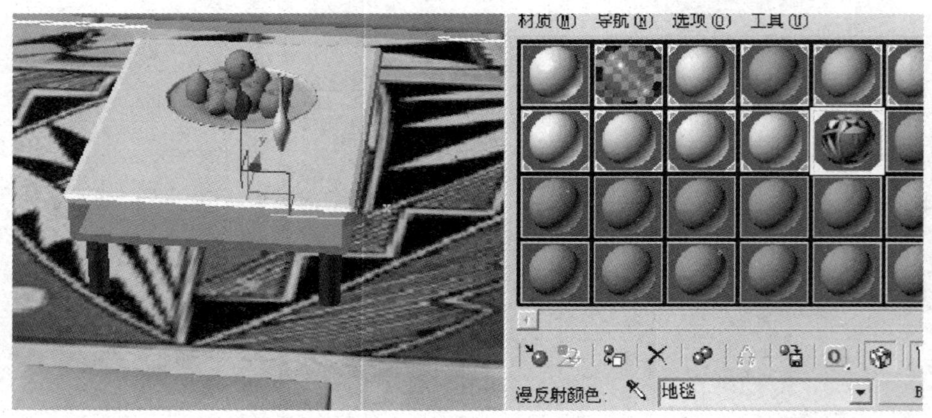

图 7—1—78　给地毯模型添加地毯图片

8. 赋予木料材质

选择边桌模型，选择一个示例球，命名为边桌，点击漫反射旁的按钮给其添加位图贴图类型，在弹出的“选择位图图像文件”窗口中选择木料图片，给边桌模型添加木料图片，点击“将材质指定给选定对象”按钮将设置好的材质赋予模型。利用“UVW 贴图”命令调整木料贴图的位置，如图 7—1—79 所示。

9. 赋予沙发贴图

选择沙发模型，选择一个示例球，命名为沙发，点击漫反射旁的按钮给其添加位图贴图类型，在弹出的“选择位图图像文件”窗口中选择布纹图片，给沙发模型添加布纹图片，点击“将材质指定给选定对象”按钮将设置好的材质赋予模型。利用“UVW 贴图”命令调整贴图的位置及大小，如图 7—1—80 所示。

10. 赋予茶几模型材质

选择茶几模型，选择一个示例球，命名为大理石，将标准材质切换为光线跟踪

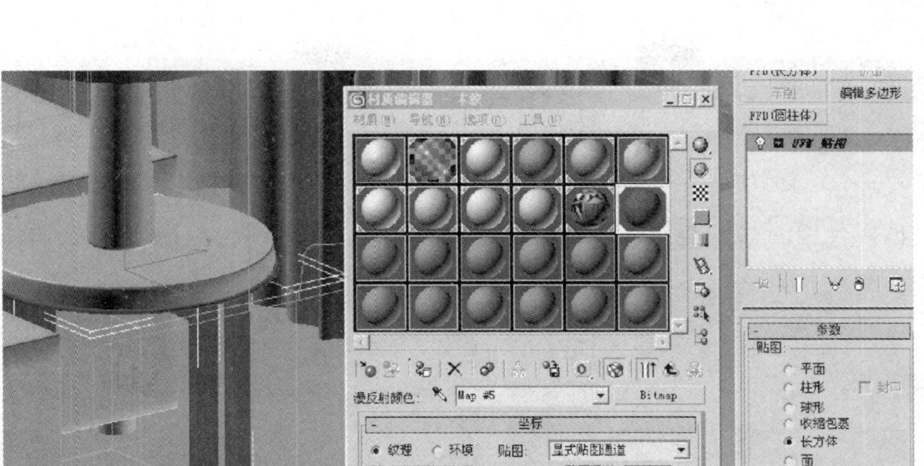

图 7—1—79　给边桌模型添加木料图片

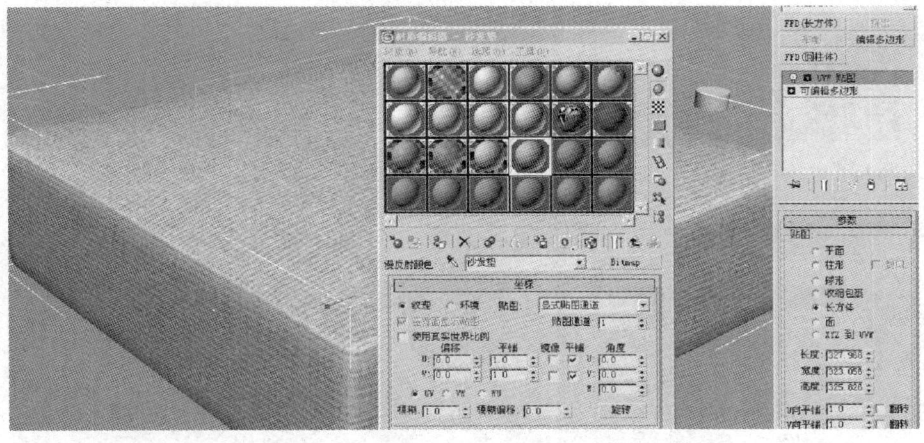

图 7—1—80　给沙发模型添加布纹图片

材质类型，点击漫反射旁的按钮给其添加位图贴图类型，在弹出的“选择位图图像文件”窗口中选择大理石图片，给茶几模型添加大理石图片，点击“将材质指定给选定对象”按钮 将设置好的材质赋予模型。利用“UVW 贴图”命令调整贴图的位置及大小，如图 7—1—81 所示。

11. 赋予花瓶和水果盘模型材质

选择花瓶和水果盘模型，选择一个示例球，将标准材质切换为光线跟踪材质类

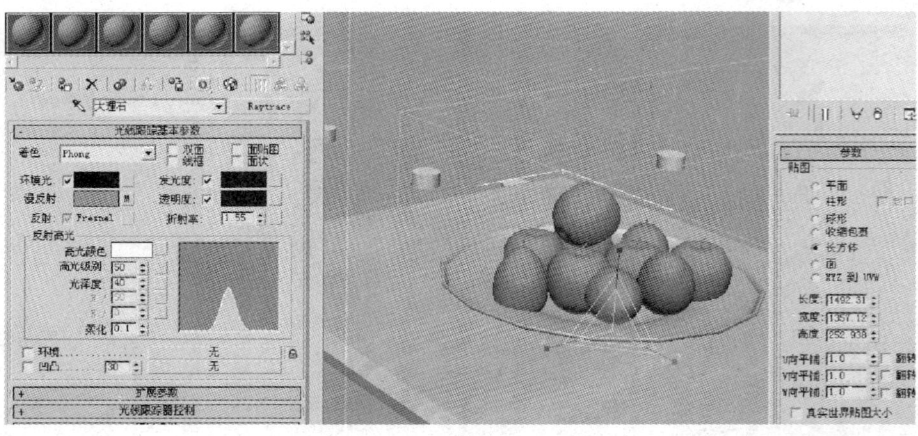

图 7—1—81　给茶几模型添加大理石图片

型，设置漫反射颜色为白色，调整反射高光级别为 163，柔化为 0.69，点击“将材质指定给选定对象”按钮 将设置好的材质赋予模型，如图 7—1—82 所示。

图 7—1—82　给花瓶和水果盘模型添加材质

12. 赋予水果模型材质

选择水果模型，选择一个示例球，命名为水果，点击漫反射旁的按钮给其添加泼溅贴图类型，调整泼溅参数中颜色 1 为黄绿色，颜色 2 为黑色，点击“将材质指定给选定对象”按钮 将设置好的材质赋予模型，如图 7—1—83 所示。

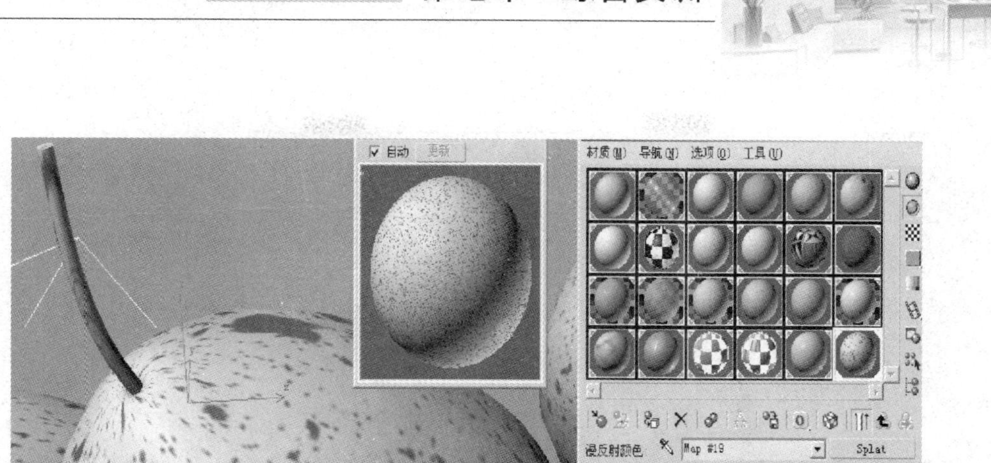

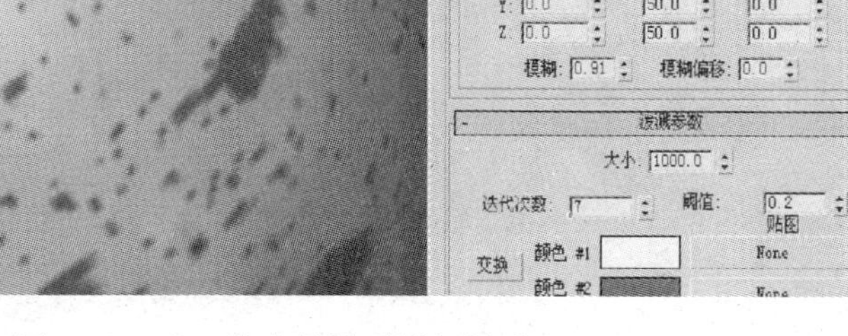

图 7—1—83　给水果模型添加材质

13. 赋予石头模型材质

选择石头模型，选择一个示例球，命名为鹅卵石，点击漫反射旁的按钮给其添加位图贴图类型，在弹出的“选择位图图像文件”窗口中选择鹅卵石图片，给石头模型添加鹅卵石图片，点击“将材质指定给选定对象”按钮 将设置好的材质赋予模型。利用“UVW 贴图”命令调整贴图的位置及大小，如图 7—1—84 所示。

14. 赋予吊灯模型材质

选择吊灯模型，选择一个示例球，将标准材质切换为多维/子对象材质类型，设置材质数量为 2。点击材质 1 对应子材质下的按钮进入材质 1 编辑面板，勾选自发光颜色前的空格，将自发光颜色为白色 。点击材质 2 对应子材质下的按钮进入材质 2 编辑面板，设置漫反射颜色为金色。进入吊灯模型多边形子选项，选择吊灯灯光部分，设置 ID 号为 1，选择吊灯灯罩部分设置 ID 号为 2，点击“将材质指定给选定对象”按钮 将设置好的材质赋予模型，如图 7—1—85 所示。

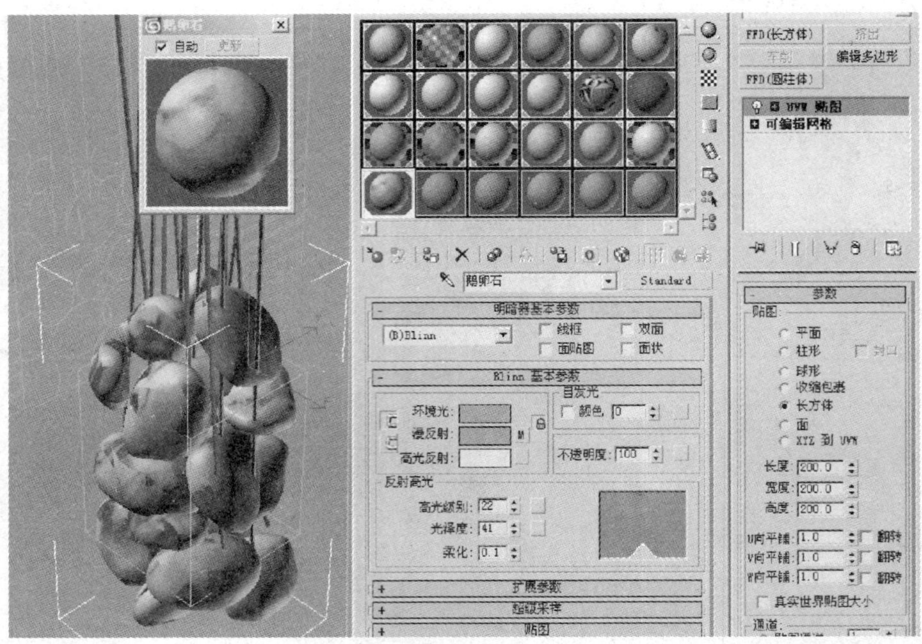

图 7—1—84　给石头模型添加材质

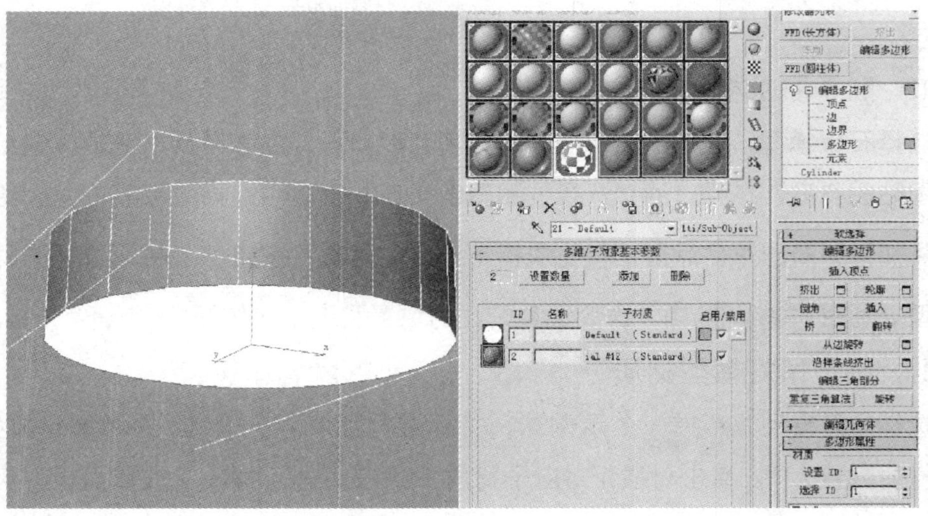

图 7—1—85　给吊灯模型添加材质

四、赋予室内场景灯光

1. 切换灯光选择方式

在选择过滤中，切换为灯光选择方式，如图 7—1—86 所示。

2. 给边桌台灯添加聚光灯

进入灯光标准创建面板，点击“目标聚光灯”按钮，在左视图从上往下拖曳鼠标创建一盏目标聚光灯，调节聚光灯光锥大小和衰减范围，如图 7—1—87 所示。调节好之后使用移动复制的方法复制一份到另外一盏台灯，如图 7—1—88 所示。

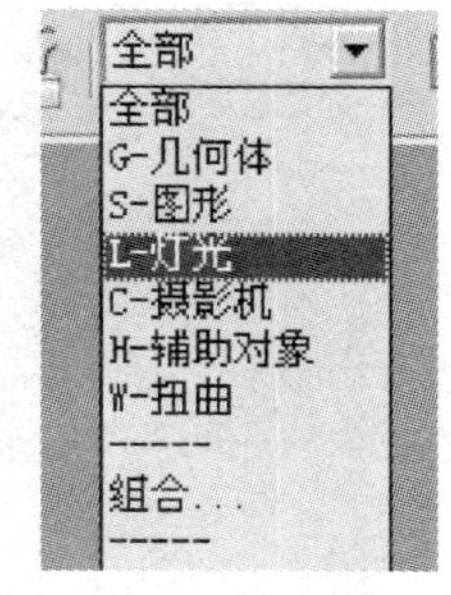

图 7—1—86　切换为灯光选择方式

3. 给灯槽添加灯光

进入灯光光度学创建面板，点击“自由面光源”按钮，在前视图创建一盏自由面光源，调节自由面光源的尺寸和光亮度，如图 7—1—89 所示。调节好之后使用移动复制的方法复制一份到另外一边天花灯槽位置，如图 7—1—90 所示。

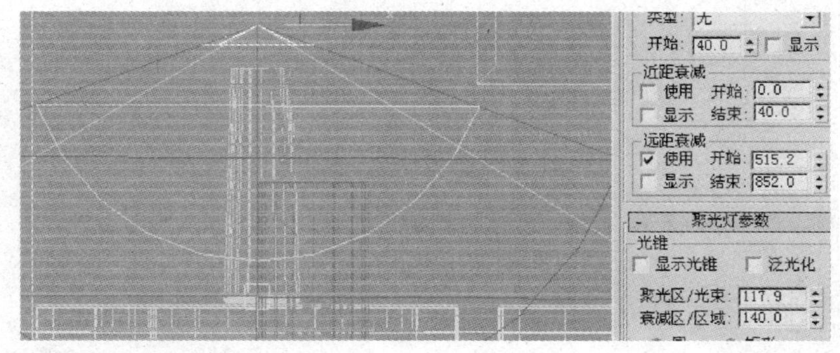

图 7—1—87　添加并调节目标聚光灯灯光锥大小和衰减范围

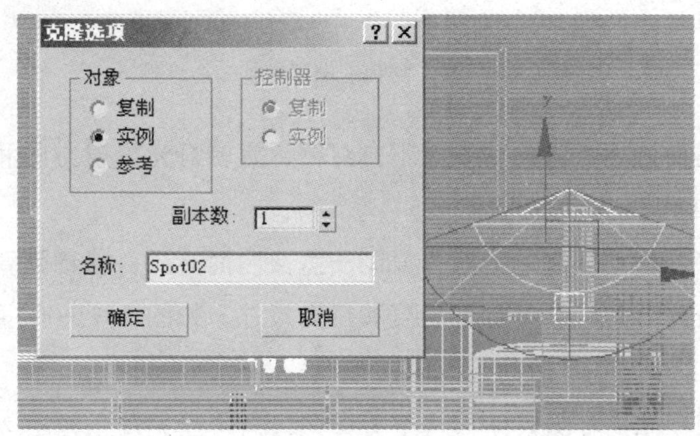

图 7—1—88　复制一份到另外一盏台灯

图 7—1—89　创建并调节自由面光源的尺寸和光亮度

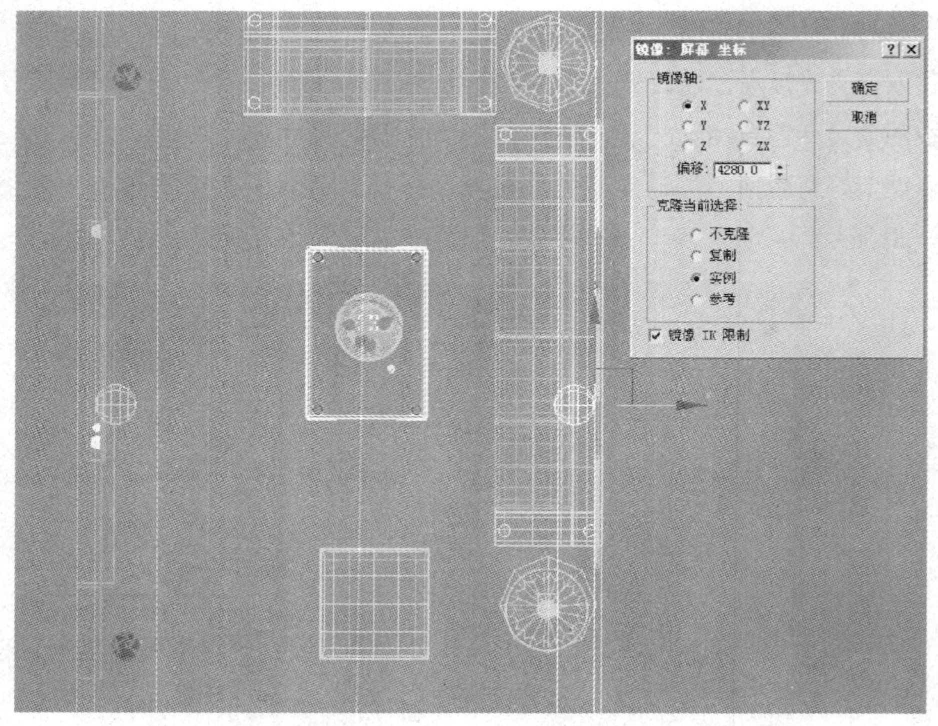

图 7—1—90　复制一份到另外一边灯槽

再复制一盏自由面光源到背景墙下方灯槽，旋转灯光投射方向和调整灯光亮度和灯光尺寸，如图 7—1—91 所示。

在顶视图使用移动复制的方法再复制一盏自由面光源，移动到背景墙装饰柜位置，旋转灯光投射方向和调整灯光亮度和灯光尺寸，如图 7—1—92 所示。

4. 给客厅场景创建射灯和顶灯

(1) 激活顶视图，在射灯所在位置创建多盏自由点光源，如图 7—1—93 所示。

(2) 选中其中一盏自由点光源，进入修改命令面板，打开“强度/颜色/分布”

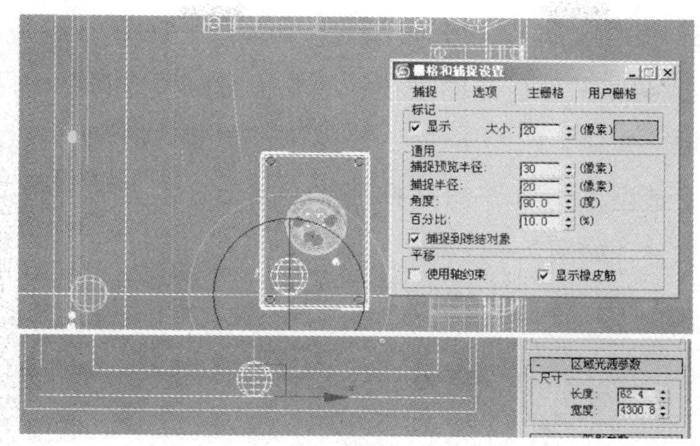

图 7—1—91　复制一份到背景墙灯槽并调整灯光亮度及尺寸

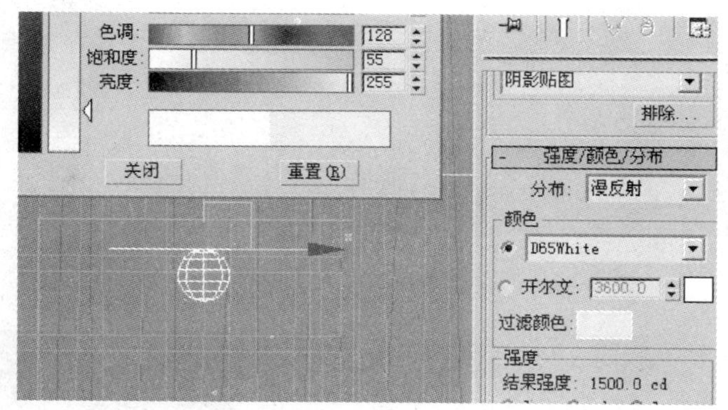

图 7—1—92　复制一份到背景墙装饰柜位置并调整灯光亮度及尺寸

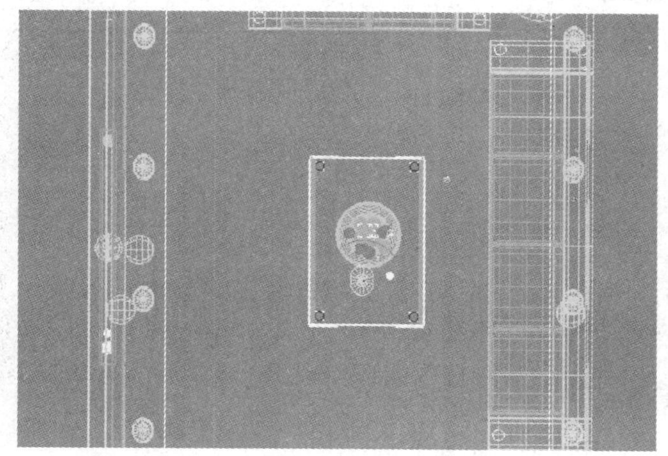

图 7—1—93　创建多盏自由点光源

卷展栏，在分布选项中选择 Web 分布模式，如图 7—1—94 所示。打开“Web 参数”卷展栏，点击 Web 文件旁边的按钮，进入指定位置选择广域网文件，赋予自由点光源射灯光域网文件，如图 7—1—95 所示。其间可以配合光域网查看器，查看光域网的外轮廓造型，如图 7—1—96 所示。其他自由点光源也采用同样的方法赋予射灯光域网文件，如图 7—1—97 所示。

图 7—1—94 选择 Web 分布模式

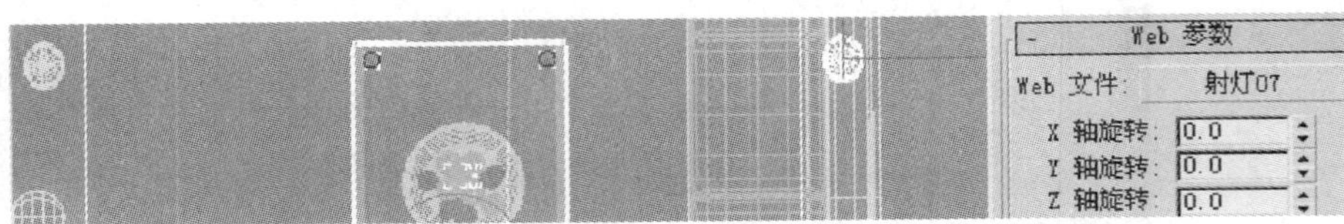

图 7—1—95 赋予自由点光源射灯光域网文件

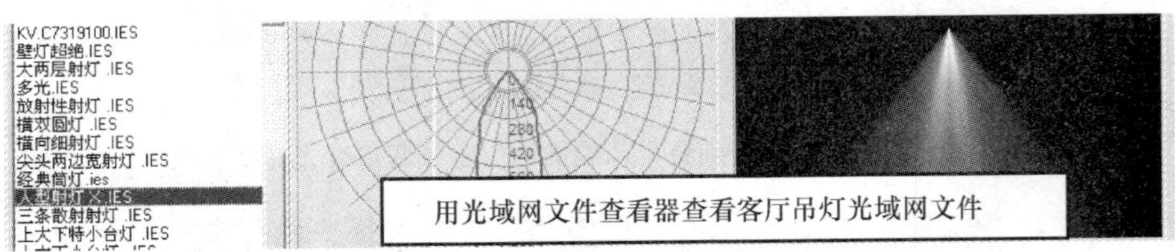

图 7—1—96 查看光域网的外轮廓造型

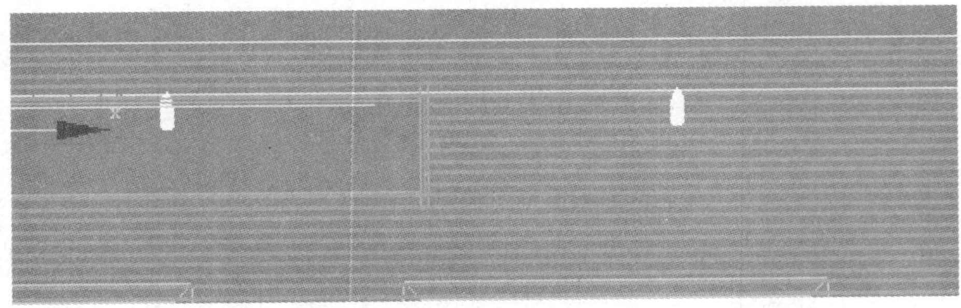

图 7—1—97 赋予所有自由点光源射灯光域网文件

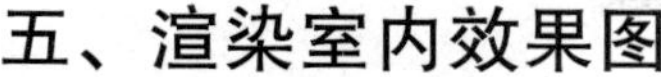

五、渲染室内效果图

1. 导出 Lightscape 准备文件

打开已经创建好的场景文件，将场景文件导出为 Lightscape 准备文件格式，参数设置如图 7—1—98 所示。

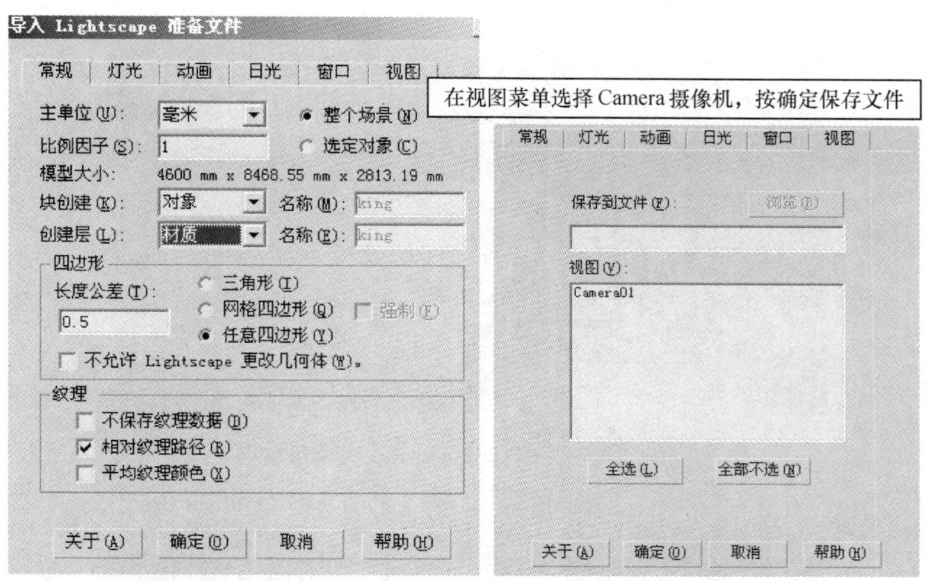

图 7—1—98　导出 Lightscape 准备文件

2. 进入 Lightscape 软件渲染客厅效果图

(1) 点击图标，打开 Lightscape 软件，按打开已经保存好的 Lightscape 场景文件，如图 7—1—99 所示。

(2) 开启材质和实体显示按钮，如图 7—1—100 所示。

(3) 开启图层、材质和光源面板，如图 7—1—101 所示。

(4) 点击“表面”按钮并配合“查询”按钮，查询模型和调节材质属性。用“查询”按钮查看模型的同时，可以显示材质管理面板对应的材质，如图 7—1—102 所示，双击材质管理面板的相应材质，将会弹出材质属性编辑器窗口，如图 7—1—103 所示，可在“材质 属性”编辑器中设定材质物理属性或给材质重新

图 7—1—99　打开 Lightscape 场景文件

图 7—1—100　开启材质和实体显示按钮

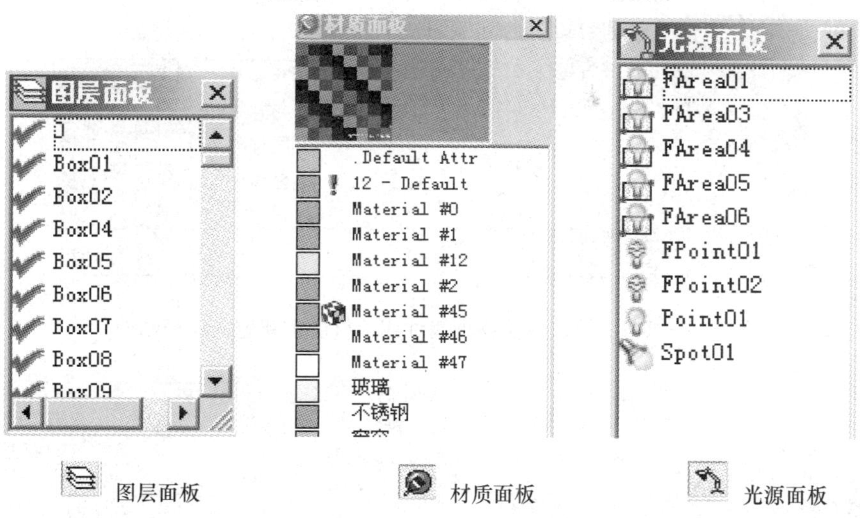

图 7—1—101 开启图层、材质、光源面板

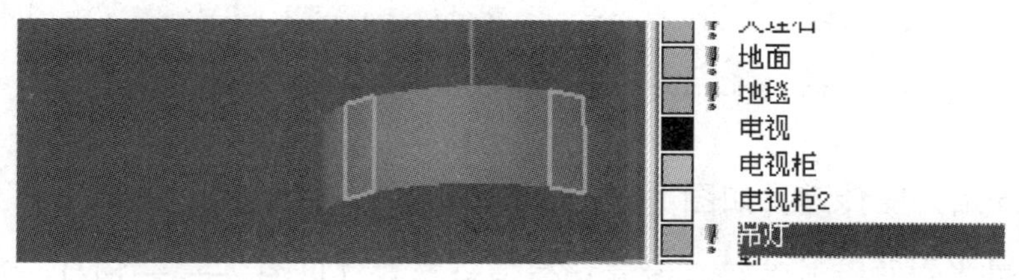

图 7—1—102 用“查询”按钮查看模型材质

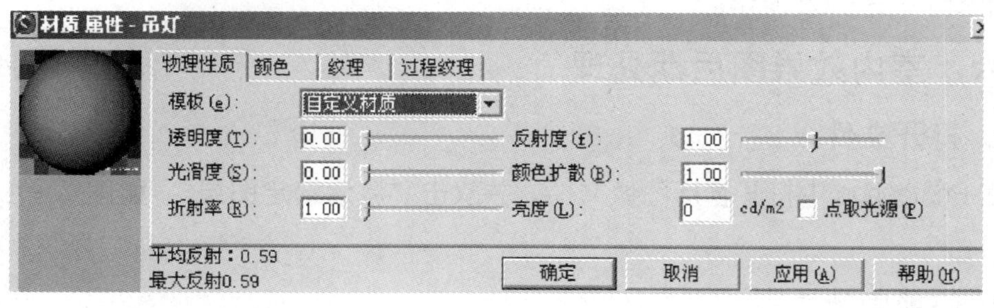

图 7—1—103 “材质 属性”编辑器

定义纹理贴图，如图 7—1—104 所示。进入“处理(P) 动画(A) 参数(P)...”调节网格间隔最大值和最小值，如图 7—1—105 所示。

(5) 给场景进行光能传递计算。点击“初始化场景”按钮，点击“开启”

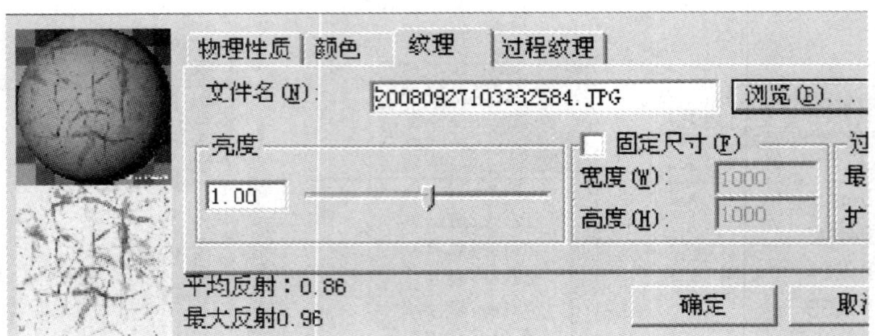

图 7—1—104　设定材质物理属性或给材质重新定义纹理贴图

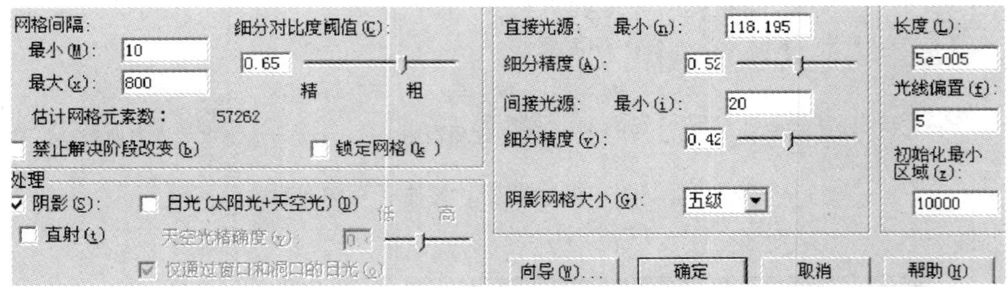

图 7—1—105　调节网格间隔最大值和最小值

按钮，开始光能传递，如图 7—1—106 所示。

（6）场景光影跟踪并渲染。设置场景渲染参数（见图 7—1—107），勾选光线跟踪和光影跟踪直接光照（见图 7—1—108），点击“确定”按钮，对场景进行分块渲染，如图 7—1—109 所示。

六、室内效果图后期处理

1. 打开文件

在 Photoshop 中打开客厅图像文件，并双击“激活锁定图层”，如图 7—1—110 所示。

2. 修剪图片

点击“剪切”命令剪切客厅图片，去除多余部分，让主题更加突出，如图 7—1—111 所示。

3. 局部调整在渲染中出现的曝光不正确区域

（1）画框色阶调整。用“多边形套索”工具，框选图画区域（见图 7—1—

a)

b)

c)

图 7—1—106　开始光能传递

a）初始化场景效果　b）光能传递运算到 5%的效果　c）光能传递运算到 80%的效果

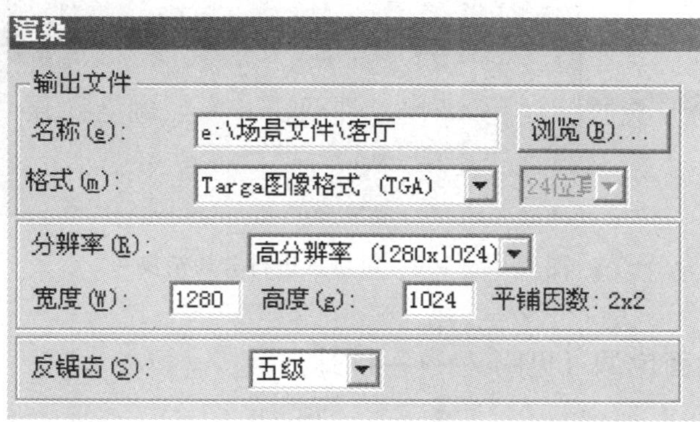

图 7—1—107　设置场景渲染参数

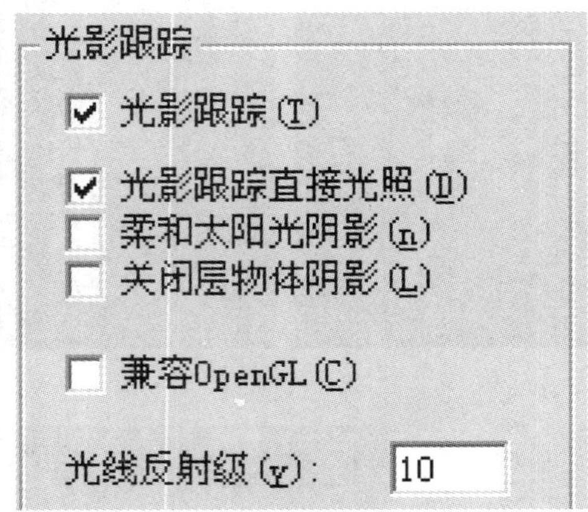

图 7—1—108　勾选光线跟踪和光影跟踪直接光照

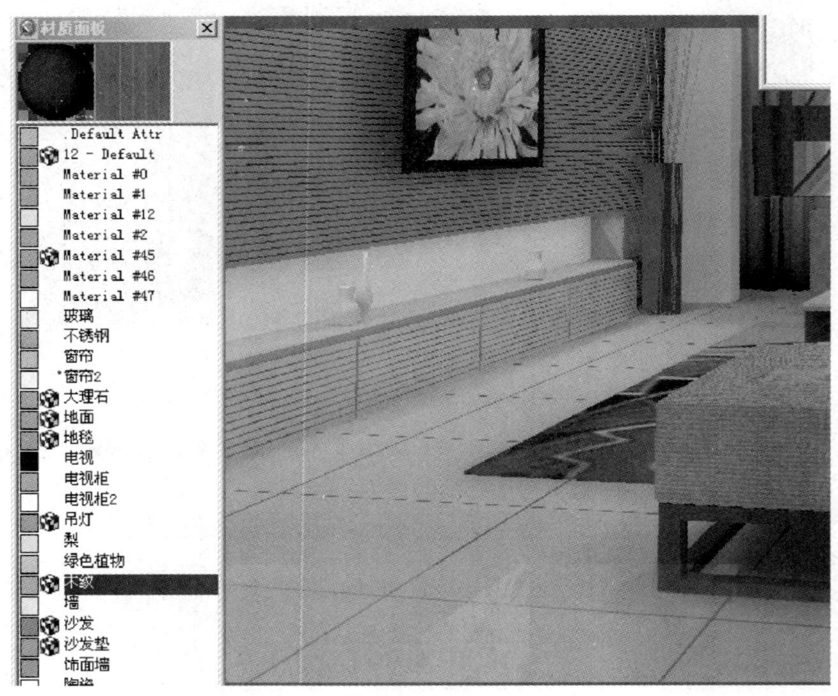

图 7—1—109　对场景进行分块渲染

112)，调节画框画面色调（见图 7—1—113)。

（2）天花灯槽色阶调整。用工具勾选天花灯槽部分，并调整色阶，如图 7—1—114 所示。

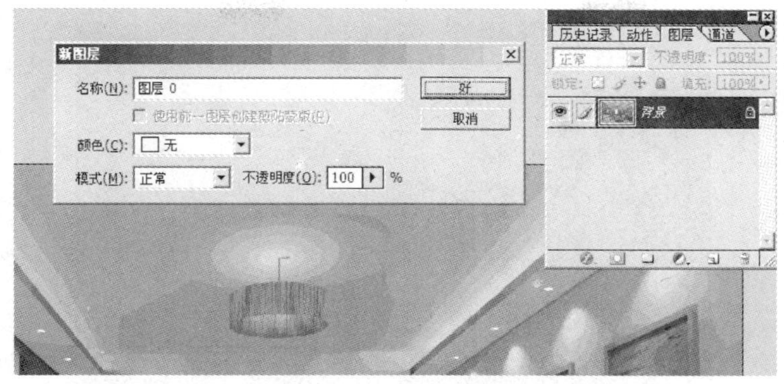

图 7—1—110　双击“激活锁定图层”

图 7—1—111　剪切客厅图片

(3) 利用 替换颜色(R)... 命令，单独调节吊灯亮度或者颜色，如图 7—1—115 所示。

(4) 调整凹槽色彩。为了使凹槽色彩上有冷暖对比上的变化，选择电视背景墙凹槽部分，对其色彩进行再处理（见图 7—1—116）。选择窗帘部分对其色彩进行调整（见图 7—1—117）。

4. 模糊边界，突出主题

用“选择”工具 框选主题区域，点击鼠标右键设置羽化参数值为 50（见

图 7—1—112　框选图画区域

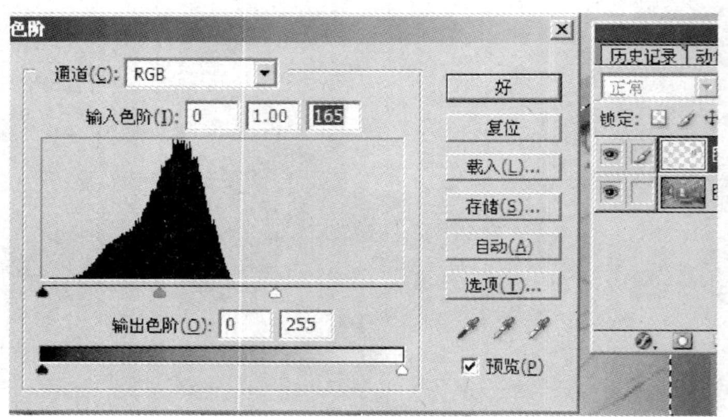

图 7—1—113　调节画框画面色调

图 7—1—118)。按“Shift + Ctrl + i”键反选所选区域，如图 7—1—119 所示，利用“滤镜/模糊/高斯模糊”调节模糊数值为 4，如图 7—1—120 所示。

5. 总体调整

打开“亮度/对比度”窗口（见图 7—1—121），调整图像对比度和亮度，完成效果图制作，如图 7—1—122 所示。

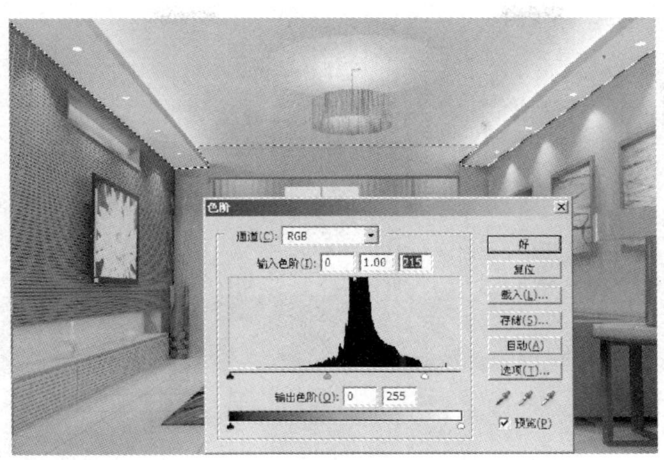

图 7—1—114　调整天花灯槽色调

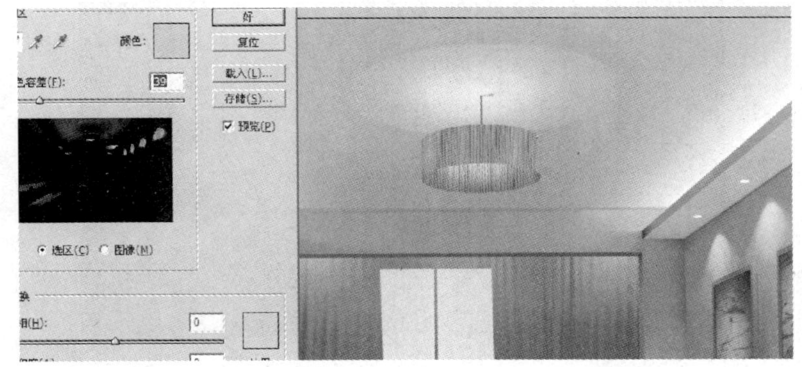

图 7—1—115　调整吊灯亮度或者颜色

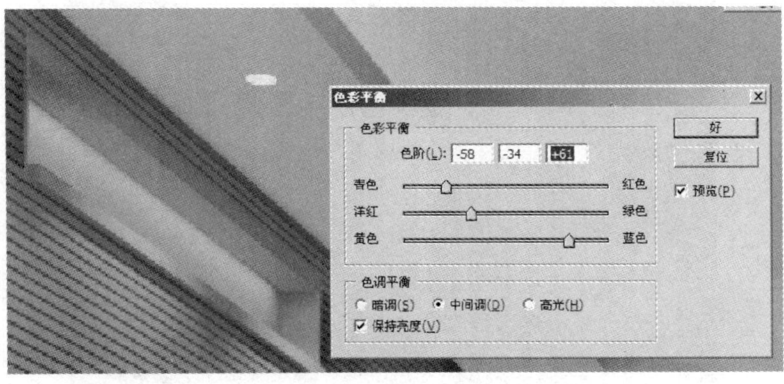

图 7—1—116　调整电视背景墙凹槽色彩

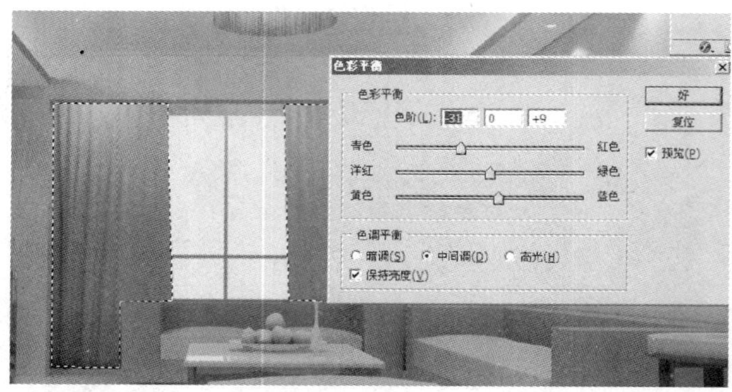

图 7—1—117　调整窗帘色彩

图 7—1—118　框选主题区域羽化

图 7—1—119　按“Shift＋Ctrl＋i”键反选所选区域

图 7—1—120　高斯模糊

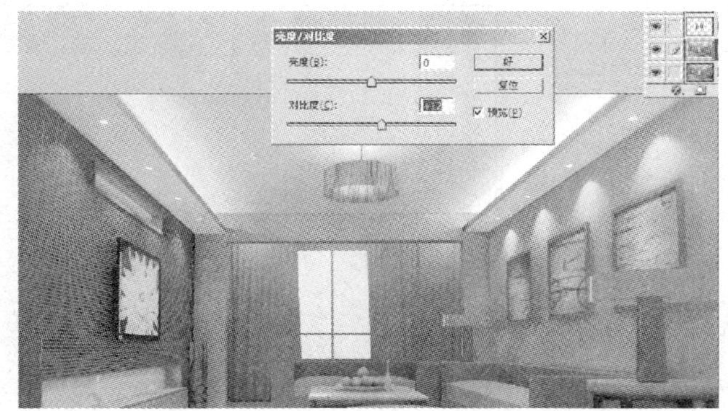

图 7—1—121　调整图像对比度和亮度

图 7—1—122　完成效果图

第二节　别墅外景效果图制作

一、导入 CAD 图样

1. 首先，用 CAD 软件打开别墅平立面图。

2. 点击快捷图标，弹出“图形特性管理器”菜单（见图 7—2—1），点击新建多个图层，分别命名为顶面图、立面 1、立面 2、立面 3，如图 7—2—2 所示。

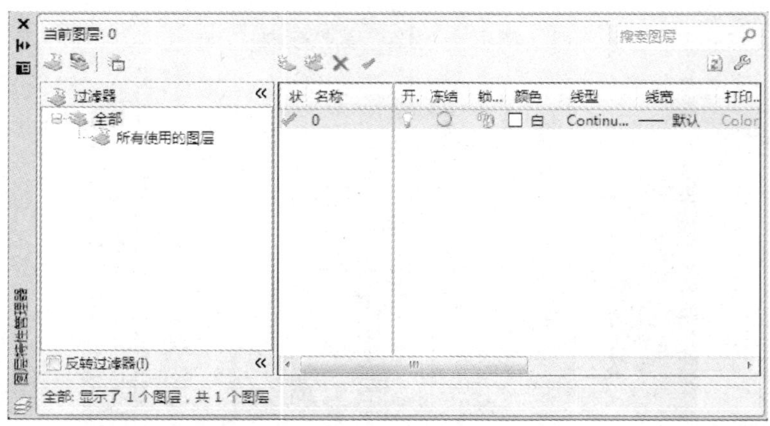

图 7—2—1　图层控制窗口

状	名称	开.	冻结	锁...	颜色	线型	线宽	打印..
✓	0				白	Continu...	—— 默认	Color
	顶面图				33	Continu...	—— 默认	Color
	立面1				161	Continu...	—— 默认	Color
	立面2				131	Continu...	—— 默认	Color
	立面3				241	Continu...	—— 默认	Color

图 7—2—2　新建多个图层

3. 框选别墅其中一个立面，点击“图层控制窗口”中的按钮，在弹出来的图层列表中，点选立面 2 图层，将该立面归到立面 2 图层中。如此操作，将别墅的各个平立面分别分到顶面图、立面 1、立面 2、立面 3

等不同的图层中。

4. 点击文件菜单下“另存为”命令保存调整后的 CAD 文件，保存时尽量选择较早版本保存，以便将来导入 3ds Max 软件时不受版本级别限制。

5. 双击 3ds Max 打开 3ds Max 软件，进入“自定义”下拉菜单点击“单位设置”命令，在弹出的“单位设置”窗口中，先设置“照明单位”为 International，接着点击 系统单位设置 按钮，在弹出的“系统单位设置”窗口中设置单位尺寸为毫米。

6. 点击 文件(F)，在弹出的下拉菜单中选择 导入(I)... 选项，选择已经保存好的“别墅 CAD 平立面图样”点击打开。在弹出的“导入选项”对话框中，直接点击确定。

二、创建别墅模型

1. 调整导入图形位置

(1) 点击按钮，开启角度捕捉。用鼠标右键点击按钮，在弹出的“捕捉设置”窗口中设置角度捕捉为 90 度。

(2) 点击按钮，选择视图中的 CAD 立面图，然后点击按钮，用鼠标左键拖曳旋转控制杆，使立面图在透视图中竖立起来，如图 7—2—3 所示。

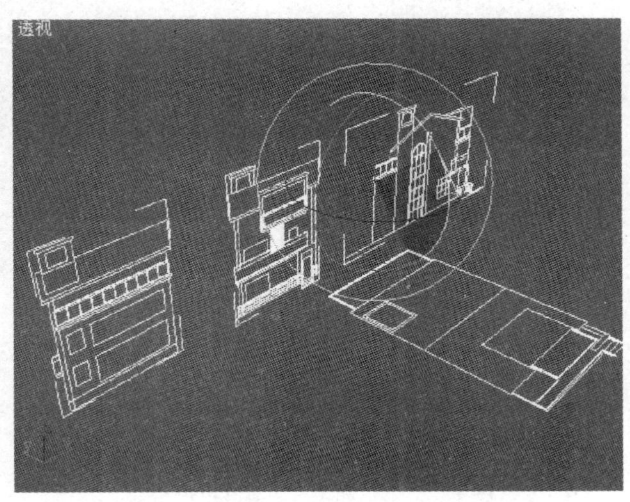

图 7—2—3　调整 CAD 图形位置

（3）选择侧立面图，点击常用工具栏上 按钮，用鼠标左键拖曳旋转控制杆，使侧立面图沿水平方向旋转 90 度，如图 7—2—4 所示。

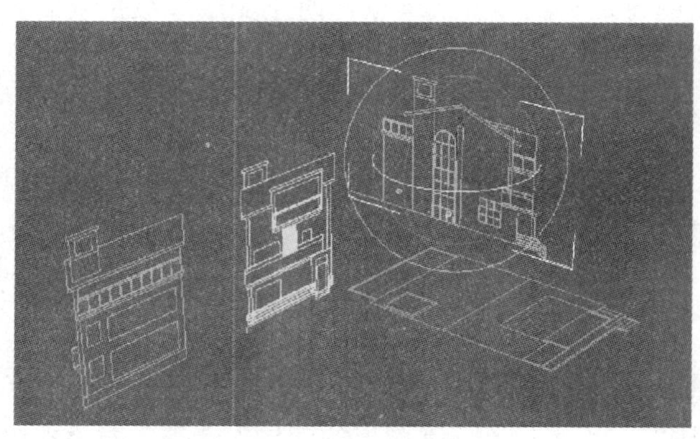

图 7—2—4　旋转侧立面

（4）用鼠标右键点击 按钮，在弹出的“捕捉设置”窗口中勾选“端点捕捉”。

（5）在常用工具栏点击 按钮，然后把所选侧立面图吸附在平面图形上相应节点上。接着选择另外两个立面图形，把它们依次吸附在相应的平面图形节点上。框选所有 CAD 平立面图形，然后点击“组（G）”下拉菜单下的“成组”命令，将图形成组并重新命名为 cad 图形组，如图 7—2—5 所示。

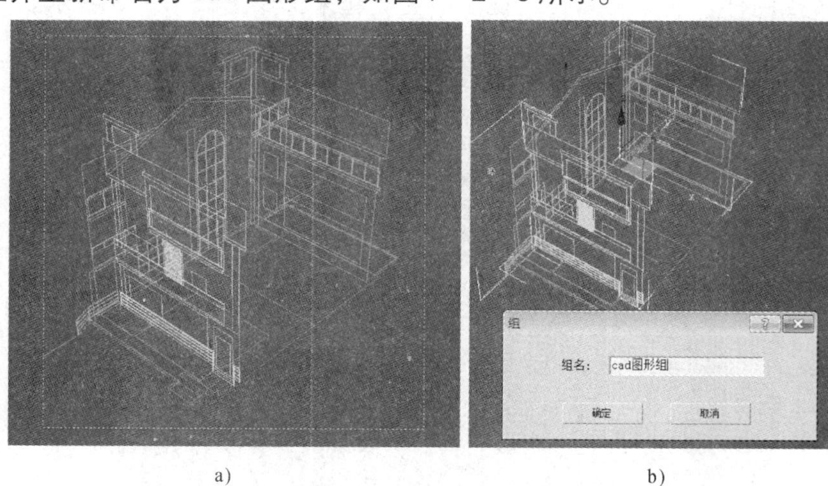

a)　　　　b)

图 7—2—5　将 CAD 图形组成组

a）框选所有 CAD 图形　b）成组图形并重新命名

(6) 为了方便日后建模的时候模型始终保持坐标中心位置，选择“cad 图形组”，然后点击“选择与移动”按钮，用鼠标右键点击坐标栏中 *X* 轴和 *Y* 轴右边的按钮，使 *XY* 轴坐标归零 X:0.0 Y:0.0 Z:5275.0 。

(7) 选择“cad 图形组”文件，点击鼠标右键选择“冻结所选图形”。再用鼠标右键点击按钮，在弹出的“捕捉设置”窗口中勾选“捕捉到冻结对象”。

2. 创建摄像机

(1) 点击按钮进入摄像机创建面板，点击 目标 目标摄像机按钮，在顶视图拖曳创建一个“目标摄像机”。按“C”键切换到 Camera（摄像头视图），然后切换到前视图，通过调整摄像机的起点和端点的位置，来为摄像机设置合适的高度，如图 7—2—6 所示。

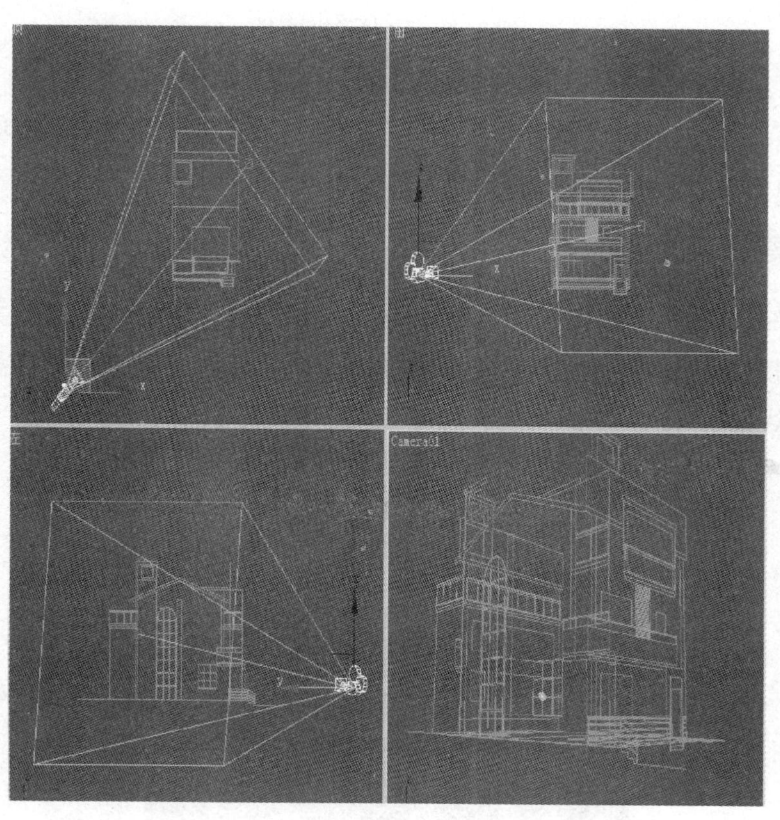

图 7—2—6　在各个视图调整摄像机位置

(2) 切换任意视图后选择摄像机，点击鼠标右键后在弹出的快捷菜单列表中点选“应用摄像机校正修改器”命令，校正摄像机视图，如图 7—2—7 所示。

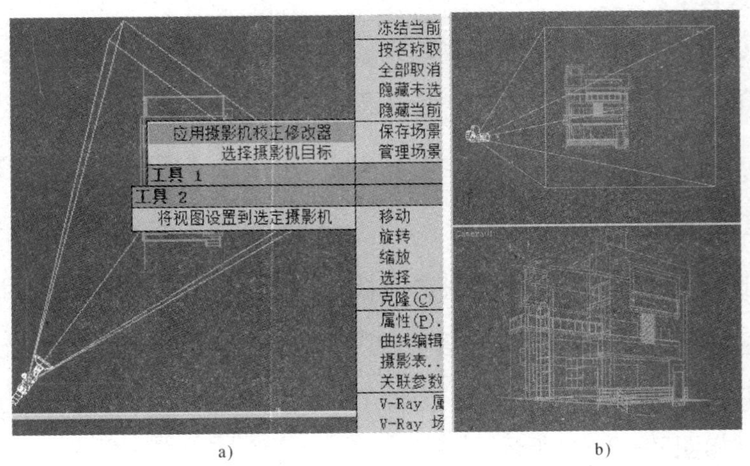

a) b)

图 7—2—7 摄像机校正

a）点击鼠标右键菜单设置校正摄像机 b）摄像机校正后

(3) 点击按钮进入显示面板，在“按类别隐藏”卷展栏下，勾选“摄像机”选项，在视图中隐藏摄像机。

3. 创建屋顶模型

(1) 设置捕捉为 2.5 捕捉，依次点击 > > 线 按钮，在左视图沿着房屋顶棚边缘捕捉节点勾勒线条；勾勒结束后在弹出的对话框中会询问“是否闭合线条”，接着点击“是”，如图 7—2—8 所示。

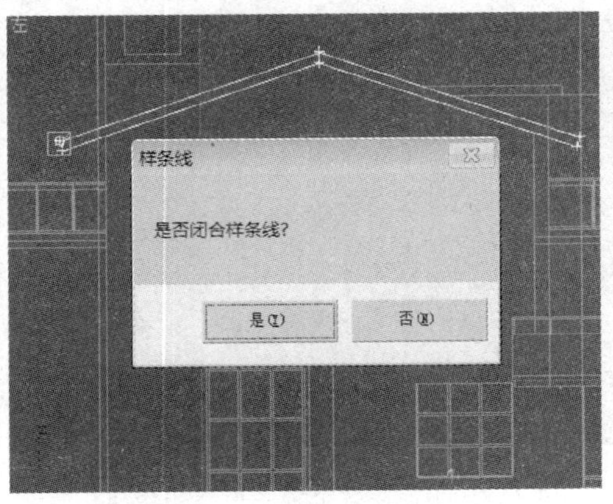

图 7—2—8 勾勒房屋顶棚边缘轮廓

（2）点击选择已经绘制好了的屋顶轮廓，点击按钮进入修改面板，在修改器列表中选择“挤出”命令，设置挤出数量为 9 010 mm，创建出屋顶模型，如图 7—2—9 所示。

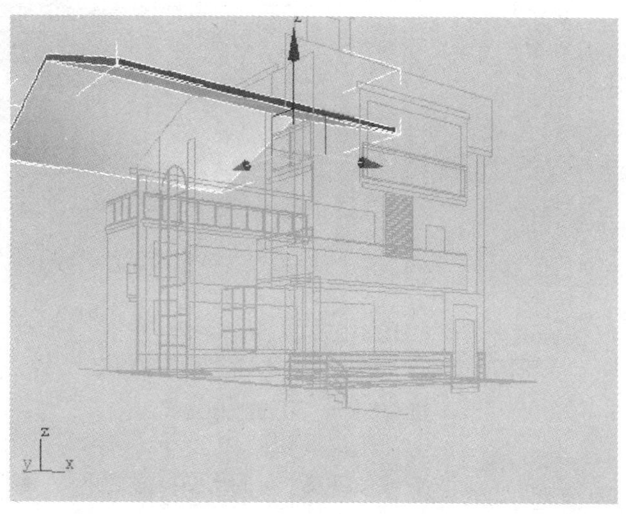

图 7—2—9　挤出屋顶模型

（3）在前视图，选择已经创建好的屋顶模型，点击按钮，拖曳模型吸附到 CAD 图样的相应节点上进行对位，屋顶模型创建完成，如图 7—2—10 所示。

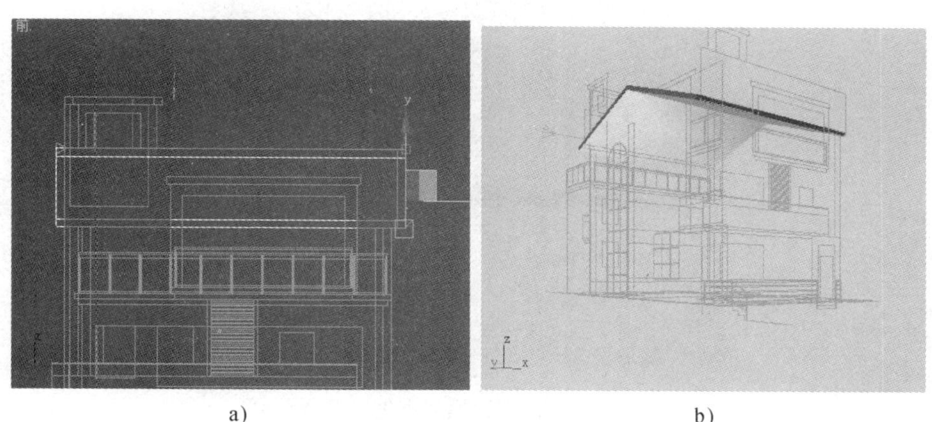

a）　　b）

图 7—2—10　在前视图显示并捕捉位移

a）前视图　b）透视图

(4) 单击 .>>长方体，在顶视图捕捉相应节点，创建一个长方体与屋顶模型相交，如图 7—2—11 所示。

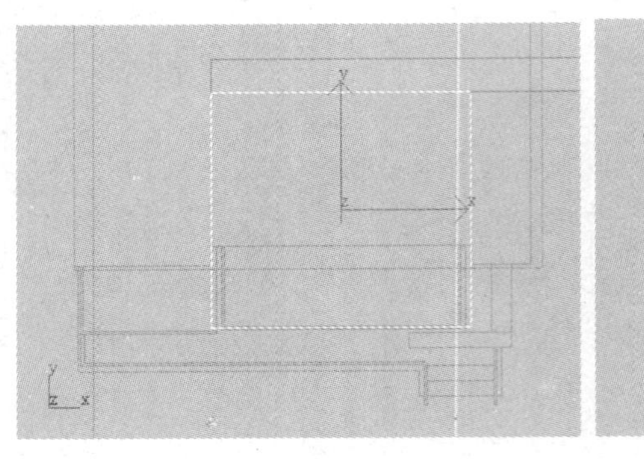

a)

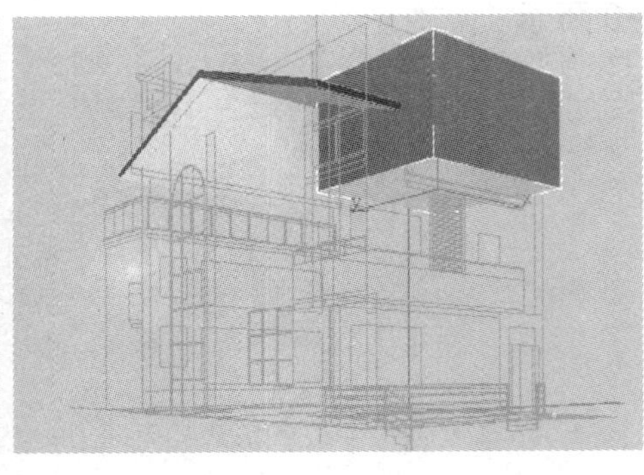

b)

图 7—2—11 创建正方体与屋顶模型相交

a）顶视图显示 b）透视图显示

(5) 选择屋顶模型，单击 >>复合对象 >布尔按钮，点击拾取操作对象 B 按钮，在视图中点选所要减掉的“长方形”模型。屋顶模型布尔运算 A－B 如图 7—2—12 所示。

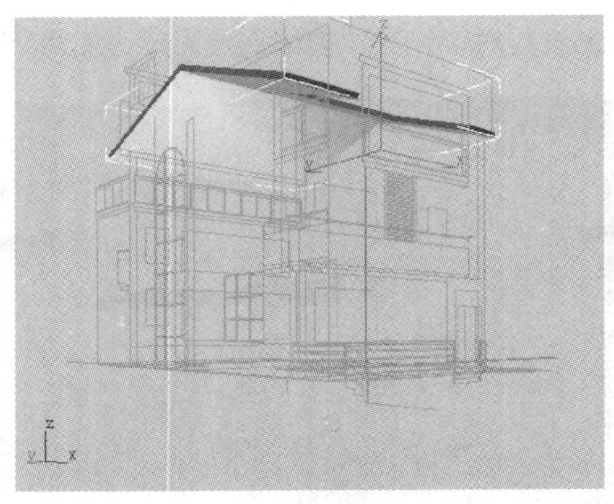

图 7—2—12 屋顶模型布尔运算 A—B

4. 创建墙体模型

(1) 点击进入图形面板，点击线按钮，用“线”命令在左视图捕捉立面上的节点，对侧面墙体轮廓进行勾勒；当勾线起点和端点重合时，系统会自动跳出一个对话框提示“是否闭合样条线”，然后点击 是(Y) 按钮，确认闭合样条线，如图 7—2—13 所示。

图 7—2—13　勾勒侧面墙外轮廓

(2) 点击按钮，在弹出修改面板中点击按钮进入顶点元素，选择高窗上的另外两个顶点，点击鼠标右键，在弹出的菜单上点选“Bezier 角点”，接着点击 Bezier 控制杆，调整弧形形状与立面图吻合，从而调整窗户上檐轮廓，如图 7—2—14 所示。

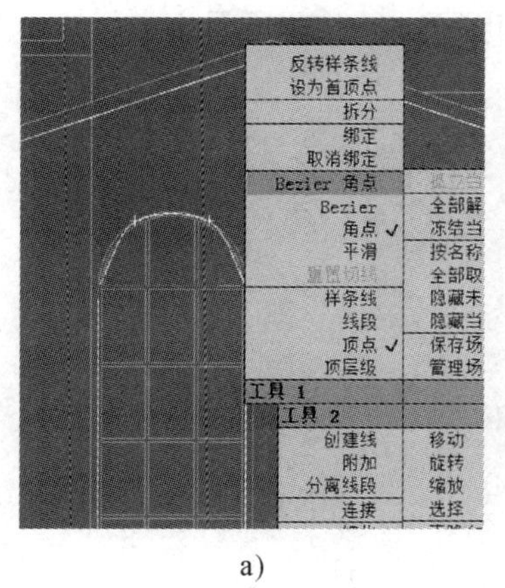

a)

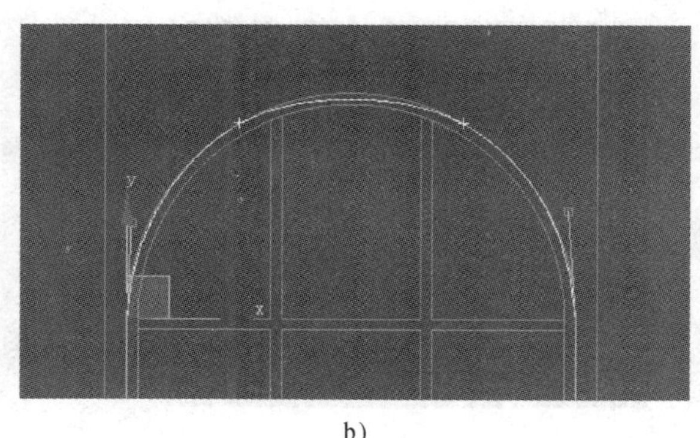

b)

图 7—2—14　调整窗户上檐轮廓

a）右键菜单转化上檐两侧节点为 Bezier 角点　b）调整控制柄使弧形线条与立面图样吻合

(3) 在图 7—2—13 外轮廓线处于被选择状态时，进入图形创建面板，去选 开始新图形 后面小勾，然后点击 矩形 按钮，勾绘窗户轮廓线，如图 7—2—15 所示。

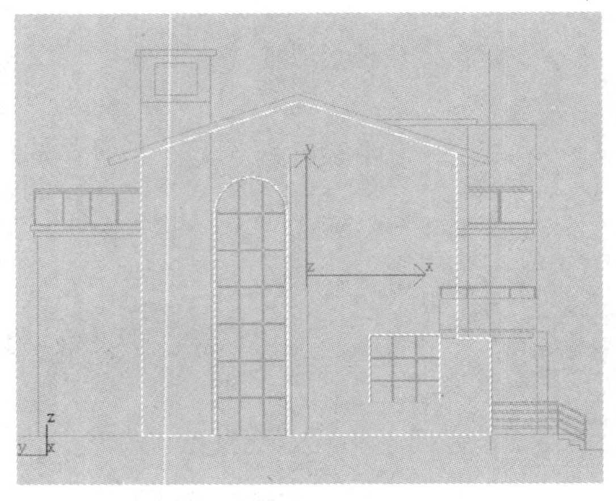

图 7—2—15　勾勒方型窗户轮廓

(4) 点击修改列表下的 Line 按钮返回上一级命令，然后点击修改器列表右侧的 ▼ 按钮，在弹出的修改器列表下选择“挤出”命令，并设置挤出数量为 200 mm。点击 按钮，同时开启 捕捉按钮，选择已经创建好的墙体模型，在前视图进行吸附对位，位移墙体模型至正确位置，如图 7—2—16 所示。

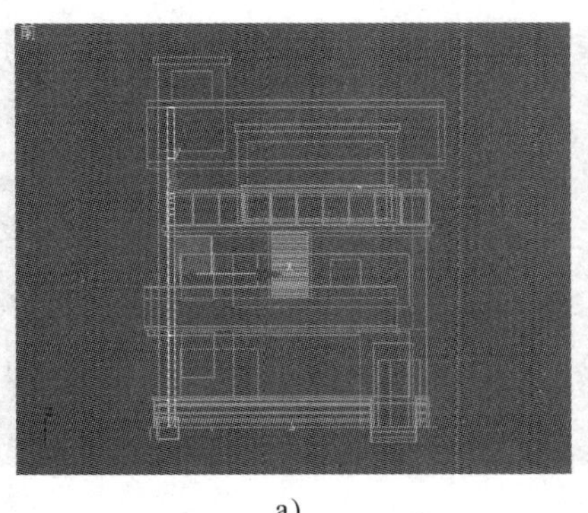

a)

b)

图 7—2—16　位移墙体模型至正确位置

a）在前视图移动捕捉墙体模型至正确位置　b）透视图效果

(5) 点击 线 按钮，在前视图用“线”命令勾勒正立面墙体外轮廓。当起点和端点重合时系统提示“是否闭合样条线”，点击 是(Y) 按钮闭合线条。在外轮廓线处于被选择状态时，单击 > 进入图形创建面板，去选 开始新图形 后面小勾，然后点击 矩形 按钮，用“矩形”命令勾绘窗框轮廓线，如图 7—2—17 所示。

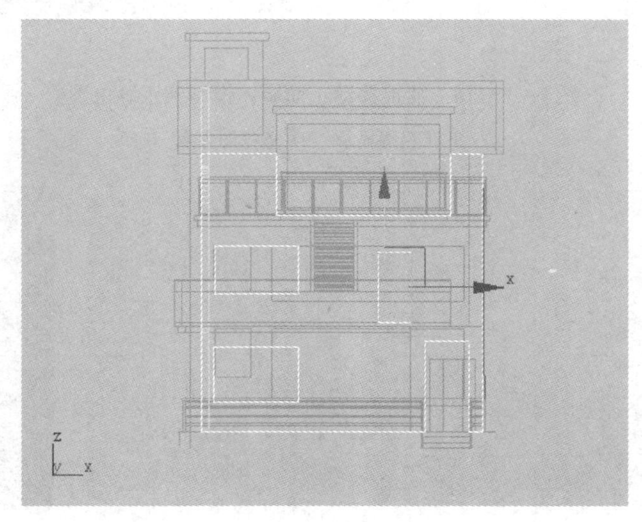

图 7—2—17　勾勒正立面墙体及窗框

(6) 选择图 7—2—17 所绘制的二维图形，点击 进入修改器列表，在列表右侧点击 按钮，在下拉菜单中选择“挤出”修改器，挤出墙体宽度为 200 mm。切换视图为顶视图，设置捕捉为 2.5，单击 移动按钮，选择已经创建好的墙体模型移动模型吸附在相应节点上，捕捉移动正面墙体模型到正确位置，如图 7—2—18 所示。

(7) 点击 矩形 按钮，在左视图用“矩形”命令创建阁楼侧墙模型，并用“挤出”修改器挤出墙体厚度为 200 mm。最后，把挤出模型捕捉吸附到前视图中相应位置，如图 7—2—19 所示。

(8) 单击 按钮，选择图 7—2—19 所示墙体模型，配合“Shift”键，平移复

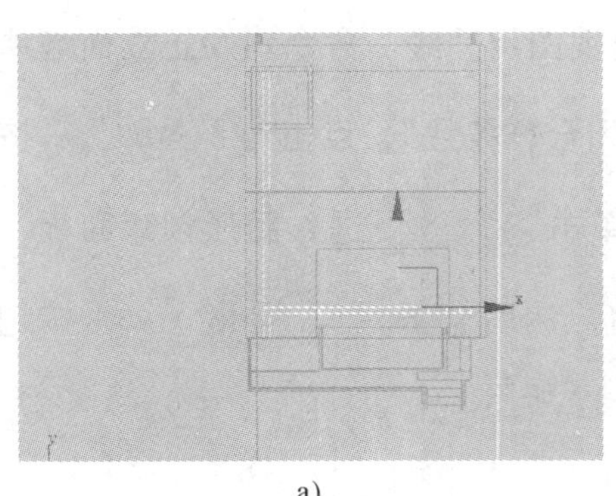
a）

b）

图 7—2—18　捕捉移动正面墙体模型到正确位置

a）顶视图显示　b）透视图显示

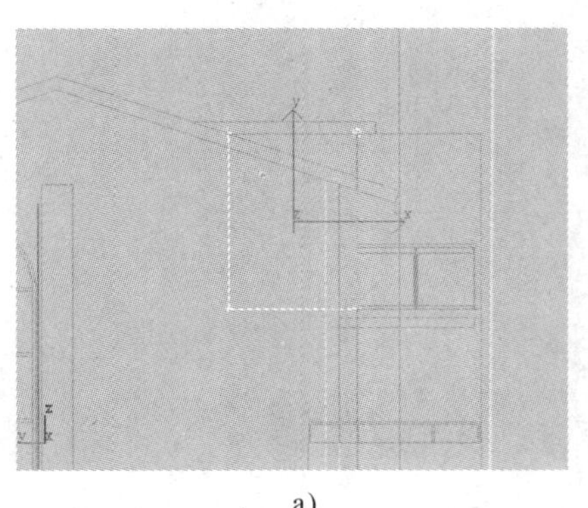
a）

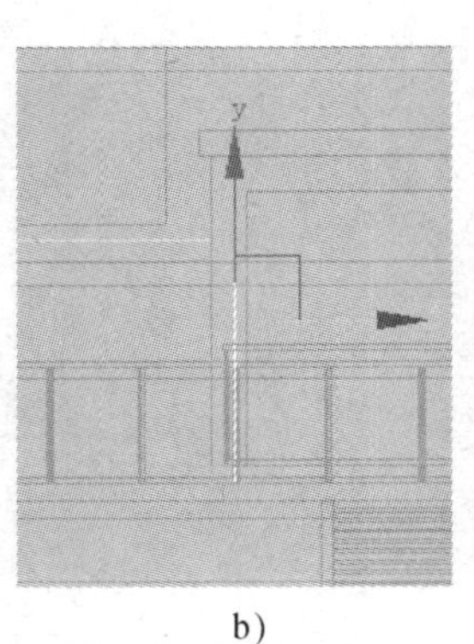
b）

c）

图 7—2—19　创建阁楼侧墙模型

a）绘制阁楼侧墙轮廓　b）挤出后对位　c）透视图显示

制墙体模型到房间的另一边，并捕捉到相应顶点，如图 7—2—20 所示。

（9）点击 线 按钮，用线勾勒阁楼正面门洞轮廓，并闭合轮廓线条，如图 7—2—21 所示。

（10）点击 进入修改面板，在修改器列表中选择 挤出 命令，并设置挤出门洞厚度为 200 mm。切换到左视图，捕捉对位墙体模型到相应节点位置，如图 7—2—22 所示。

（11）点击 矩形 按钮，去选 开始新图形 右侧小勾“√”，开启 2.5 捕捉，依次绘制墙体轮廓线。之后，给轮廓线添加挤出命令，设置

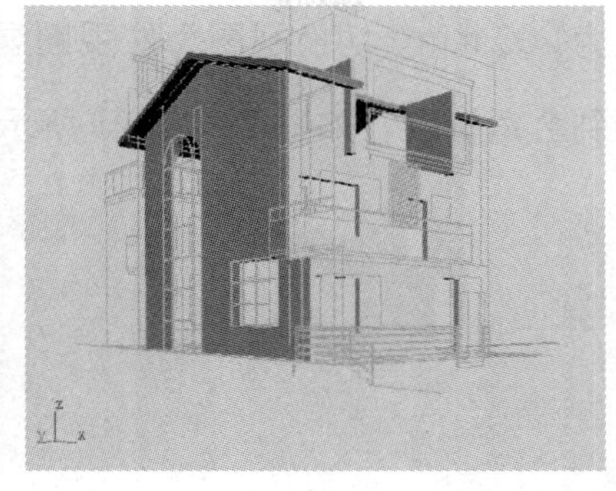

a)　　　　b)

图 7—2—20　捕捉复制侧墙模型

a）前视图显示　b）透视图显示

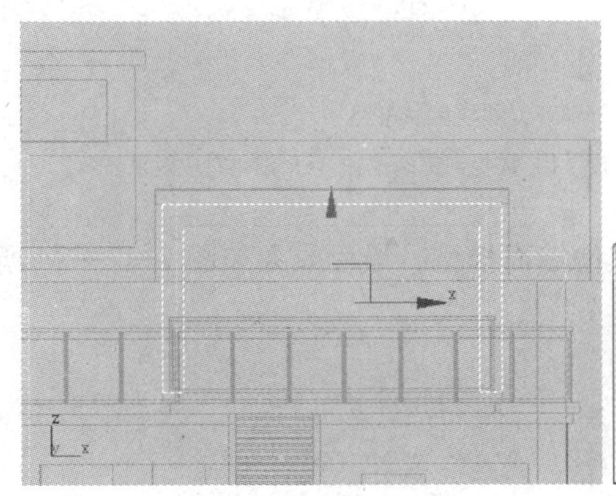
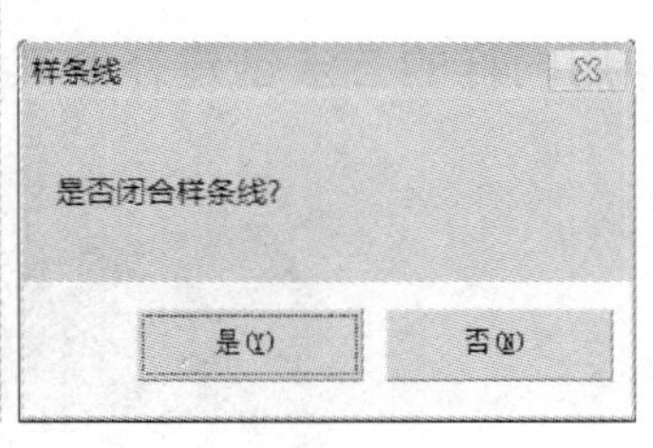

a)　　　　b)

图 7—2—21　用线勾勒阁楼正面门洞轮廓

a）正面门洞轮廓绘制　b）闭合绘制轮廓

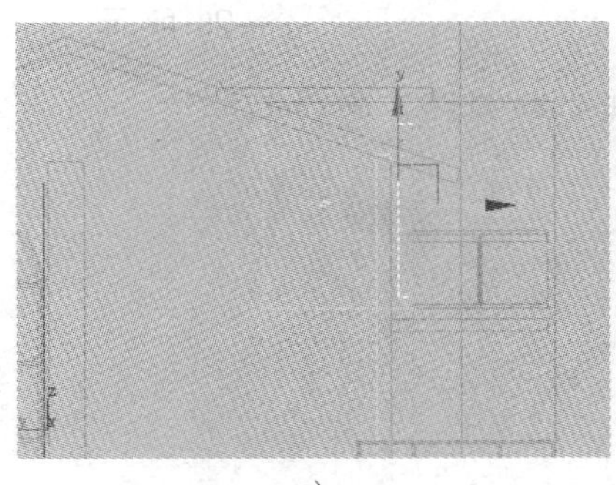

a)　　　　b)

图 7—2—22　挤出门洞厚度并捕捉对位

a）左视图效果　b）透视图效果

挤出参数为 200 mm。切换视图为左视图显示，开启 捕捉，单击 按钮，拖曳移动模型到合适位置，如图 7—2—23 所示。

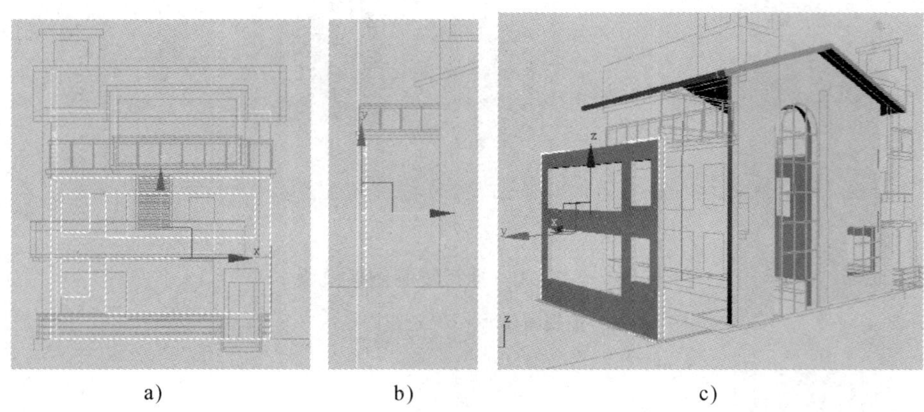

a）　　b）　　c）

图 7—2—23　创建墙体模型

a）绘制墙洞轮廓并挤出墙体厚度　b）捕捉到正确位置　c）创建完成效果显示

（12）用同样的方法创建补全其他墙面模型，最后效果如图 7—2—24 所示。

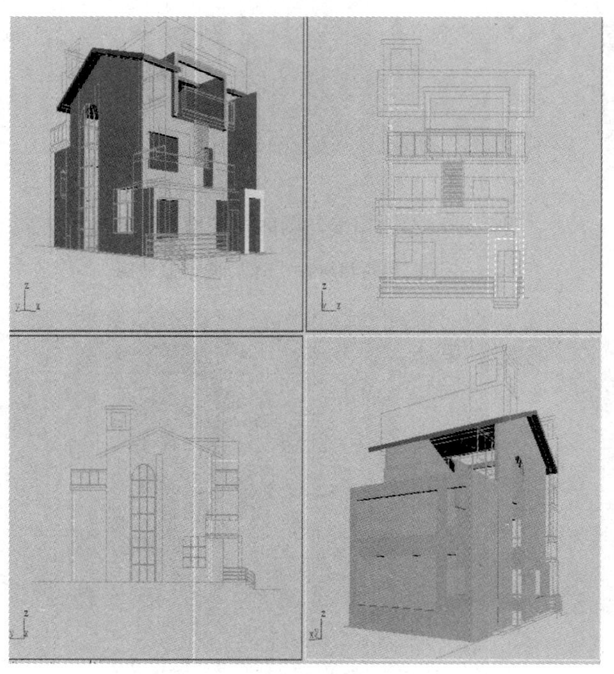

图 7—2—24　创建补全其他墙面模型

5. 创建楼地面模型

(1) 底层地面创建。单击 矩形 按钮，开启 2.5 捕捉，在顶视图勾绘底层地面轮廓。点击进入 修改器列表，给轮廓添加 挤出 命令，设置挤出参数为 - 100 mm，如图 7—2—25 所示。

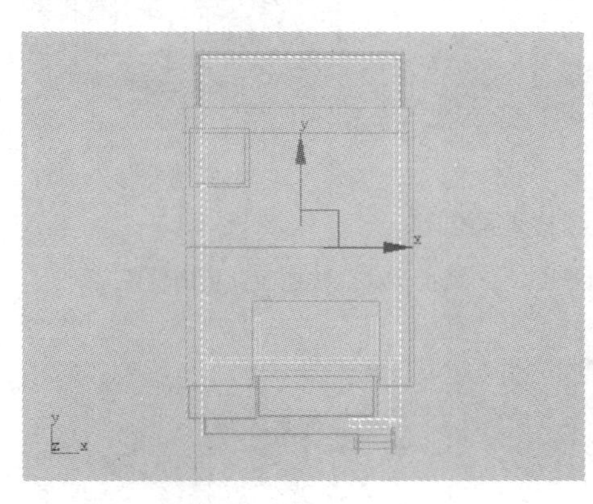

a)

b)

图 7—2—25　底层地面创建

a）线条勾勒地面外轮廓　b）挤出地面模型

(2) 二层楼地面创建。单击 线 按钮，开启 2.5 捕捉，在顶视图勾勒二层地面轮廓。点击进入 修改器列表，给轮廓添加 挤出 命令，设置挤出参数为 100 mm。最后，选择已经创建好的二层楼板模型，在左视图捕捉对位到相应顶点，如图 7—2—26 所示。

(3) 三层楼地面创建。单击 > > 线 按钮，开启 2.5 捕捉，在顶视图勾勒二层地面轮廓。点击进入 修改器列表，给轮廓添加 挤出 命令，设置挤出参数为 100 mm。最后，选择已经创建好的三层楼板模型，在左视图捕捉对位到相应顶点，如图 7—2—27 所示。

(4) 三层平顶创建：单击 矩形 按钮，开启 2.5 捕捉，在顶视图勾勒平顶外轮廓，点击进入 修改器列表，给轮廓添加 挤出 命令，设置挤出参数为 100 mm。最后，选择已经创建好的平顶模

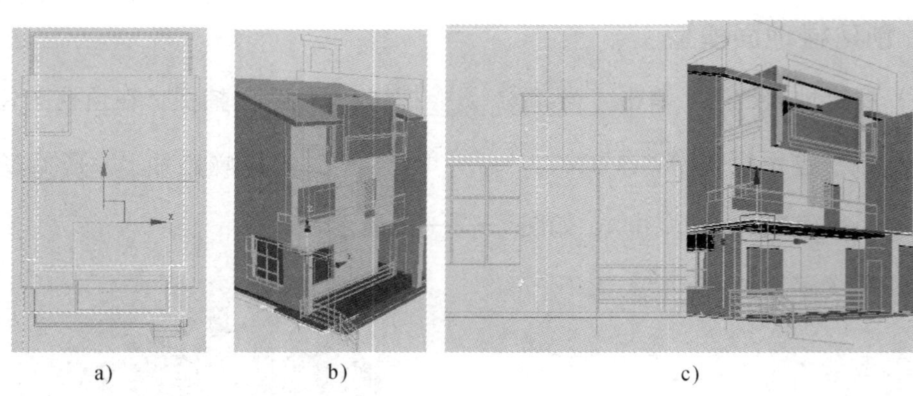

a）　　b）　　c）

图 7—2—26　二楼地面创建

a）勾勒二楼地面轮廓　b）挤出二楼地面厚度　c）捕捉位移二楼地面到正确位置

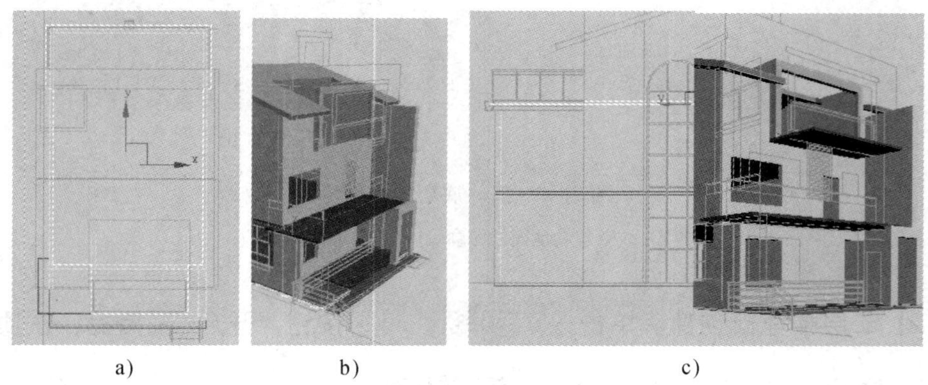

a）　　b）　　c）

图 7—2—27　三楼地面创建

a）勾勒三层楼面轮廓　b）挤出三楼地面厚度　c）捕捉位移楼面模型至正确位置

型，在左视图捕捉对位到相应顶点，如图 7—2—28 所示。

6. 创建首层护栏

（1）单击 > > 线 按钮，开启 捕捉，在左视图勾勒外轮廓，点击 进入样条线修改面板，单击 按钮进入样条线子选项，在左视图中点选已经绘制好的线段（当线段成红色显示时表示线段已经被选中），接着在修改器卷展栏下点击 轮廓 按钮，设置轮廓参数为 50 mm，按“Enter”键确认即可创建扶手轮廓线，如图 7—2—29 所示。

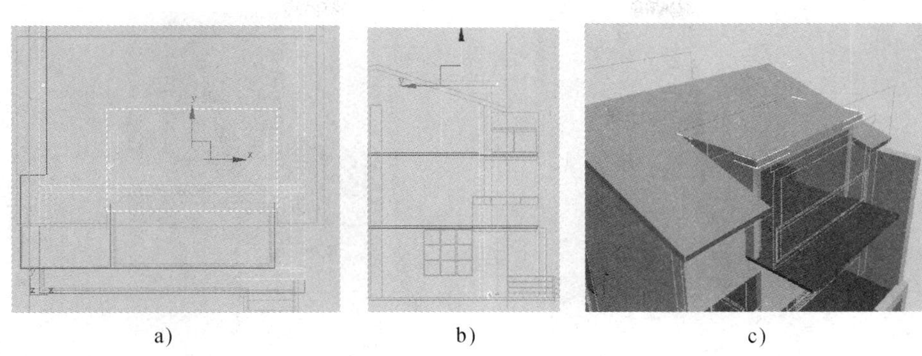

图 7—2—28　三层阁楼平顶模型创建

a）绘制平顶轮廓　b）挤出厚度并位移正确位置　c）透视图显示最后效果

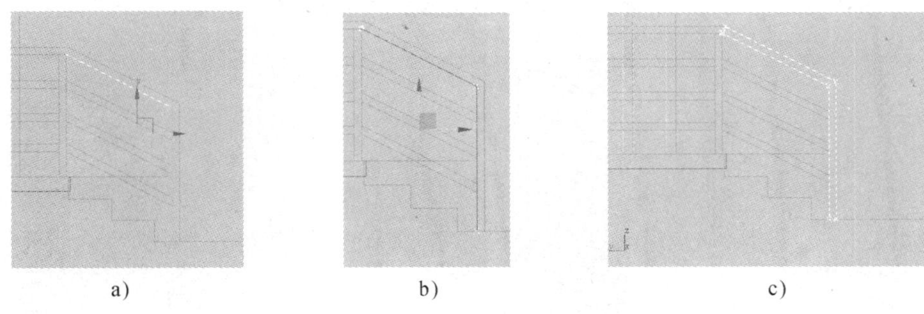

图 7—2—29　创建扶手轮廓线

a）勾勒扶手轮廓线　b）在样条线元素下选择绘制好的线条　c）倒出轮廓厚度

（2）在轮廓线处于被选择状态下，点击按钮，在修改器列表下选择“挤出”命令，挤出厚度为 50 mm 即可创建扶手模型，如图 7—2—30 所示。

（3）单击 > > 线 按钮，开启 2.5 捕捉，在左视图勾勒外轮廓，点击进入样条线修改面板，单击按钮进入样条线子选项，在左视图中点选已经绘制好的线段（当线段成红色显示时表示线段已经被选中），接着在修改器卷展栏下点击 轮廓 按钮，设置轮廓参数为 30 mm，按“Enter”键确认即可创建栏杆轮廓线，如图 7—2—31 所示。

（4）在轮廓线处于被选择状态下，点击按钮，在修改器列表下选择“挤出”命令，挤出厚度为 30 mm 即可创建栏杆模型，如图 7—2—32 所示。

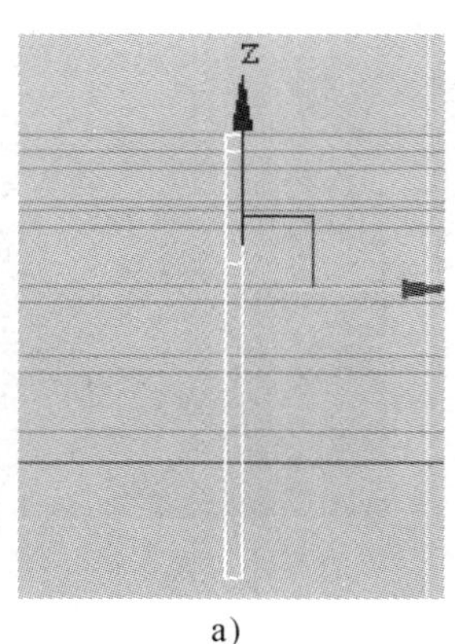

a)

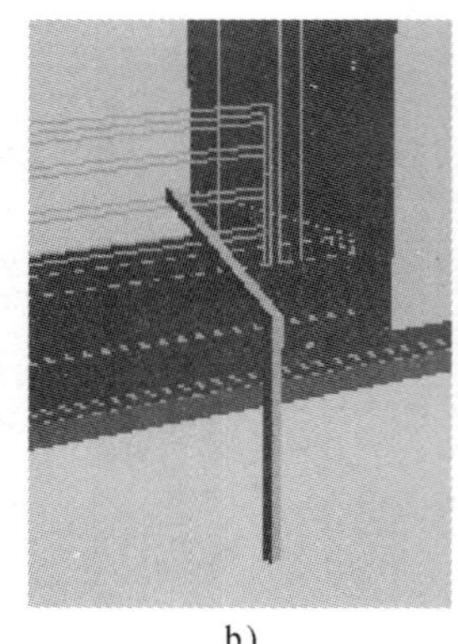

b)

图 7—2—30　创建扶手模型

a）挤出扶手厚度　b）位移扶手至正确位置

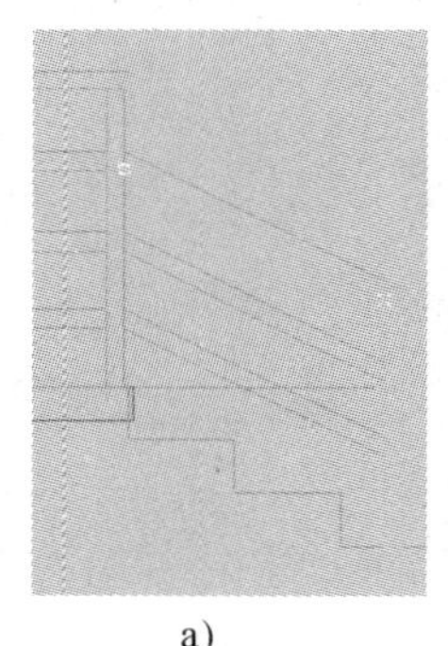

a)

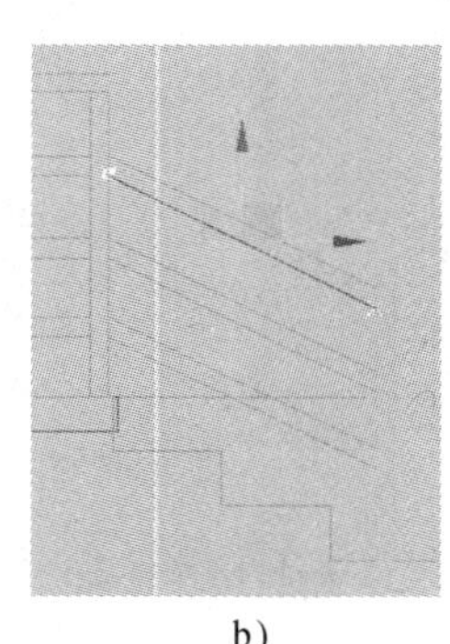

b)

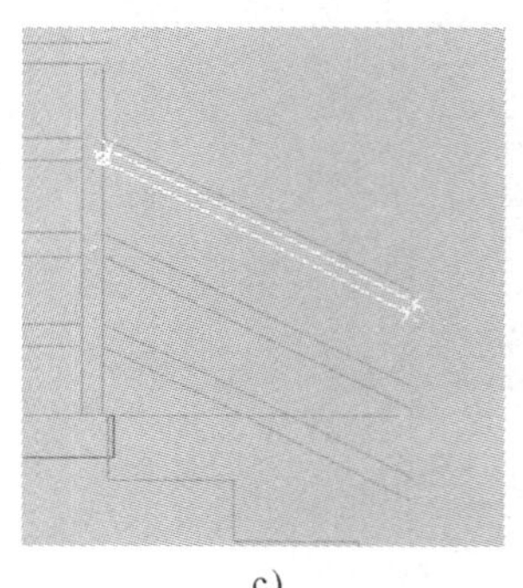

c)

图 7—2—31　创建栏杆轮廓线

a）勾勒栏杆轮廓线　b）在样条线元素下选择绘制好的线条　c）倒出轮廓厚度

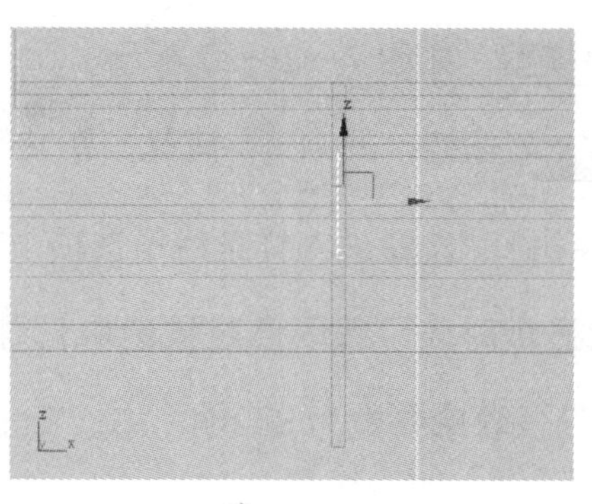

a)

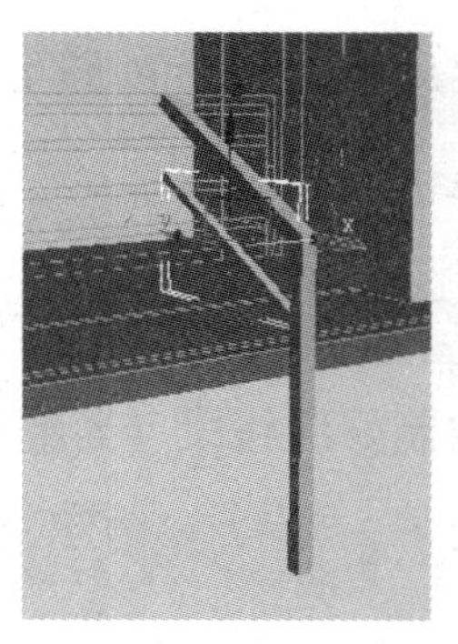

b)

图 7—2—32　创建栏杆模型

a）挤出栏杆厚度　b）位移栏杆至正确位置

（5）切换到左视图，在栏杆模型处于被选择状态时，向下实例复制出另外两个栏杆模型，如图 7—2—33 所示。

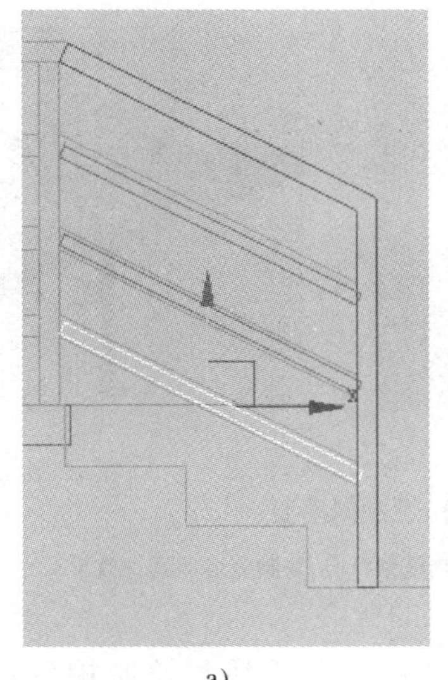

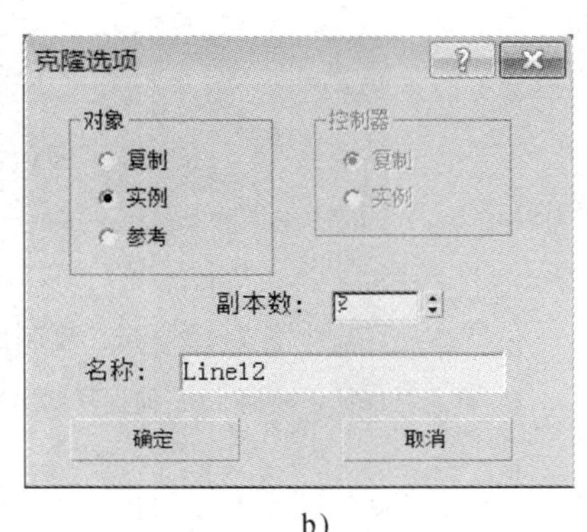

a)　　　　　　　　　　b)

图 7—2—33　实例复制栏杆模型

a）复制栏杆模型　b）复制选项窗口

（6）单击 > > 长方体 按钮，开启 捕捉，在左视图捕捉护栏立柱图形，创建长方体模型。开启 捕捉，单击“移动”工具拖曳移动栏杆模型到对应节点，如图 7—2—34 所示。

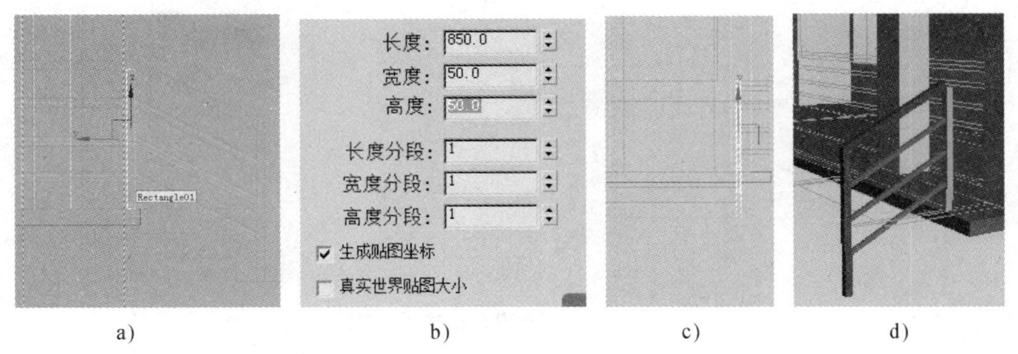

a)　　　　　　b)　　　　　　c)　　　　　　d)

图 7—2—34　用长方体创建出纵向栏杆模型

a）创建长方体模型　b）创建模型参数　c）捕捉移动到正确位置　d）捕捉位移后透视效果

（7）单击选择按钮 ，开启 捕捉，窗口选择护栏，配合键盘上的“Shift”键平移复制一份到另外一端，即可复制出扶手左侧模型，如图 7—2—35 所示。

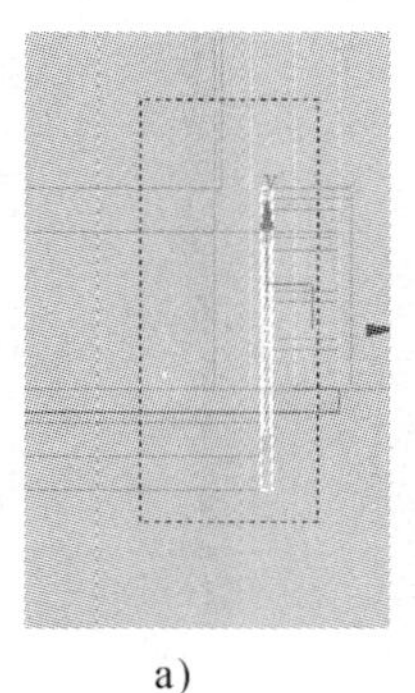

a)

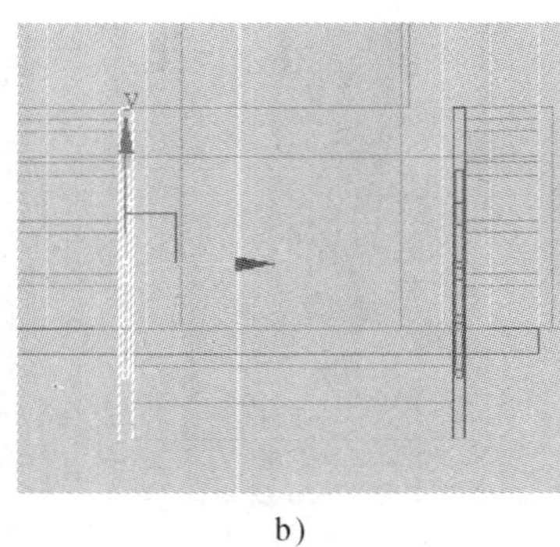

b)

c)

图 7—2—35　复制出扶手左侧模型

a）框选栏杆护手模型　b）捕捉复制出左侧模型　c）复制完成后透视效果

（8）单击 > > 线 按钮，在顶视图绘制护手轮廓，点击 进入样条线修改面板，单击 按钮进入样条线子选项，在顶视图中点选已经绘制好的线段（当线段成红色显示时表示线段已经被选中），接着在修改器菜单下点击 轮廓 按钮，设置轮廓参数为 50 mm，按“Enter”键确认即可创建转角扶手轮廓，如图 7—2—36 所示。

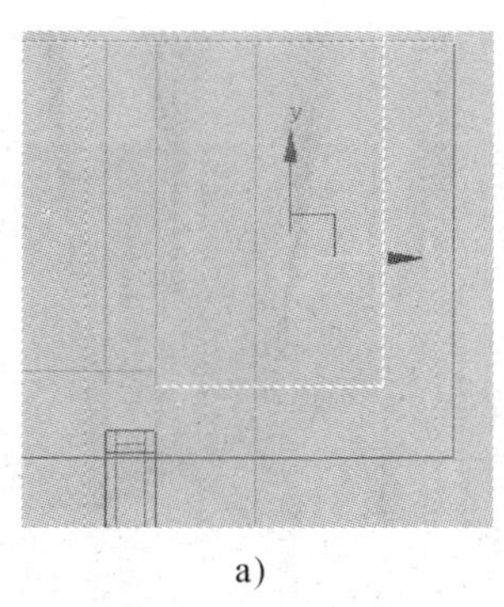

a)

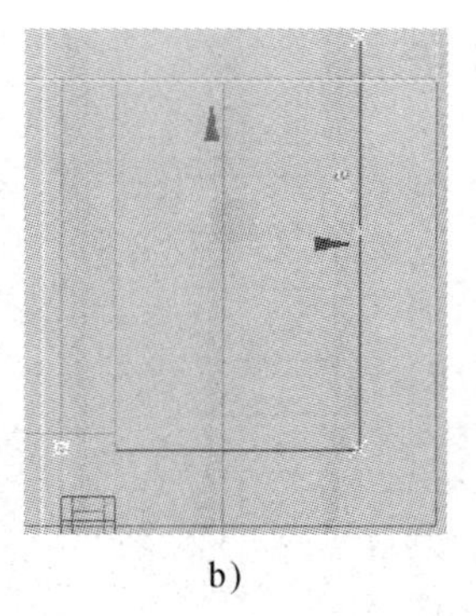

b)

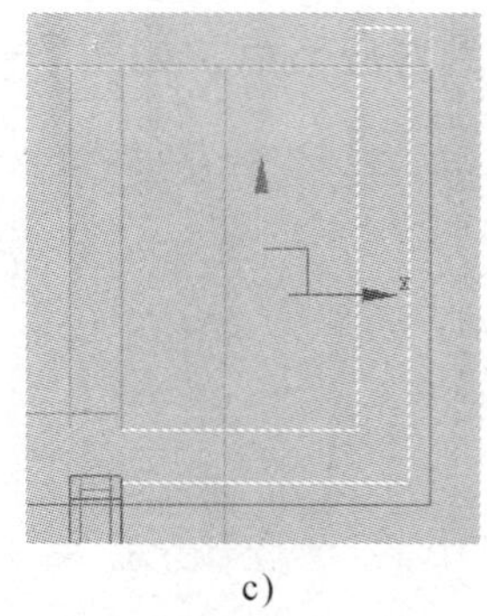

c)

图 7—2—36　创建转角扶手轮廓线

a）勾勒扶手转角轮廓线　b）在样条线元素下选择绘制好的线段　c）倒出扶手轮廓厚度

(9) 在轮廓线处于被选择状态下，点击按钮，在修改器列表下选择“挤出”命令，挤出厚度为 50 mm；接着纵向位移扶手到相应位置即可创建出转角模型，如图 7—2—37 所示。

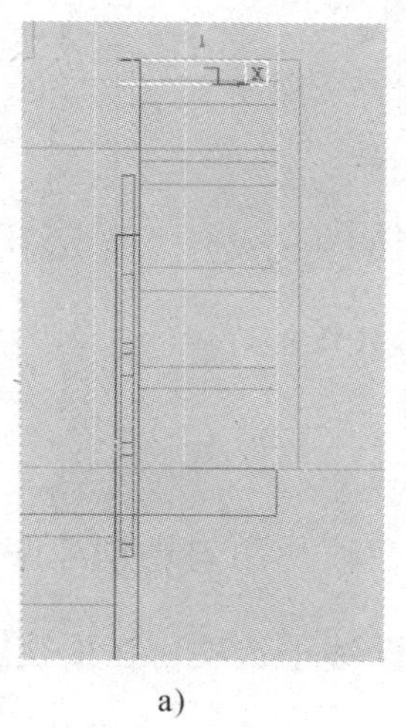

a)

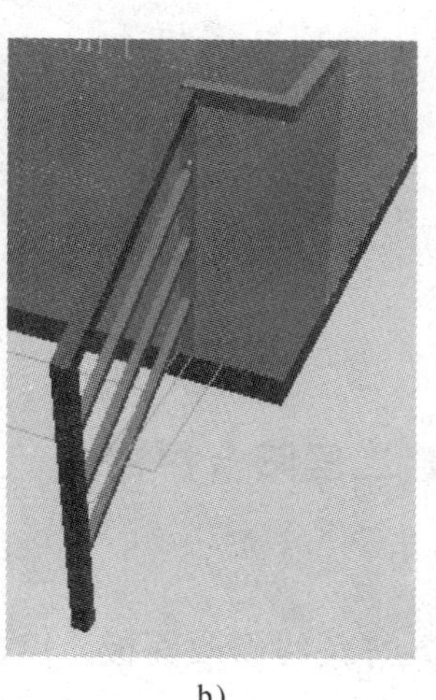

b)

图 7—2—37　创建出转角模型

a）位移挤出后模型到正确位置　b）透视图显示

(10) 采用同样的方法创建栏杆模型，长宽控制在 30 mm × 30 mm 范围内，接着配合键盘上的“Shift”键实例复制出其他转角栏杆，如图 7—2—38 所示。

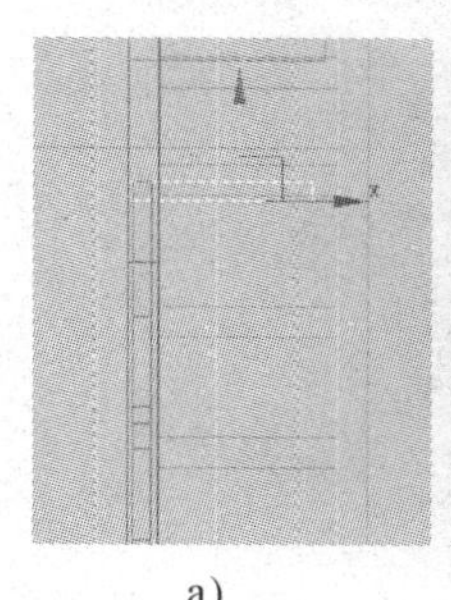

a)

b)

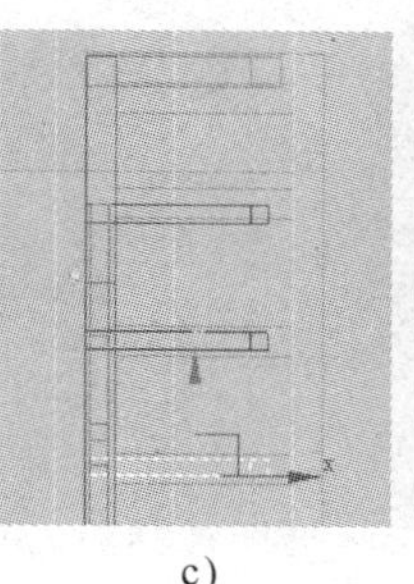

c)

c)

图 7—2—38　创建出转角栏杆模型

a）位移栏杆模型　b）透视图显示　c）复制栏杆模型　d）透视图显示

(11) 用同样的方法，利用“线”“矩形”等创建命令和“编辑样条线”“挤出”等修改命令，创建其他护栏与护手模型，如图 7—2—39 所示。

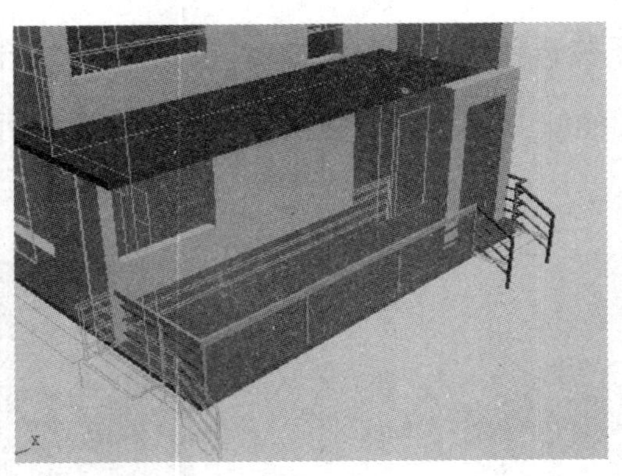

图 7—2—39　护栏创建完成后透视效果显示

7. 创建二层阳台护栏

(1) 点击 > > 线 按钮，在顶视图勾勒创建阳台外轮廓，

点击进入样条线修改面板，点击按钮进入样条线子选项，在顶视图中点选已经绘制好的线段（当线段成红色显示时表示线段已经被选中），接着在修改器菜单下点击 轮廓 按钮，并勾选 中心 ，设置轮廓参数为 150 mm，按 “Enter” 键确认即可创建二层阳台护栏轮廓线，如图 7—2—40 所示。

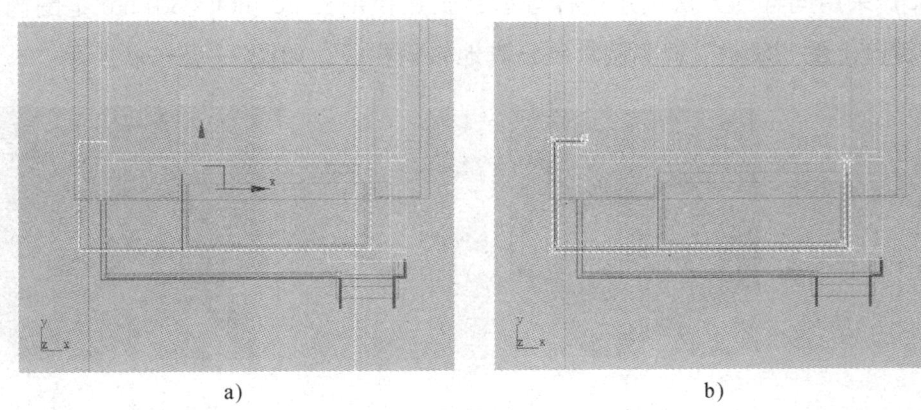

a)　　　　b)

图 7—2—40　创建二层阳台护栏轮廓线

a）勾勒二层阳台护栏轮廓线　b）倒出轮廓厚度

(2) 点击修改面板，在修改器列表中选择“挤出”命令，对所选图形进行挤出，挤出高度为 850 mm，完成二层护栏模型的创建，如图 7—2—41 所示。

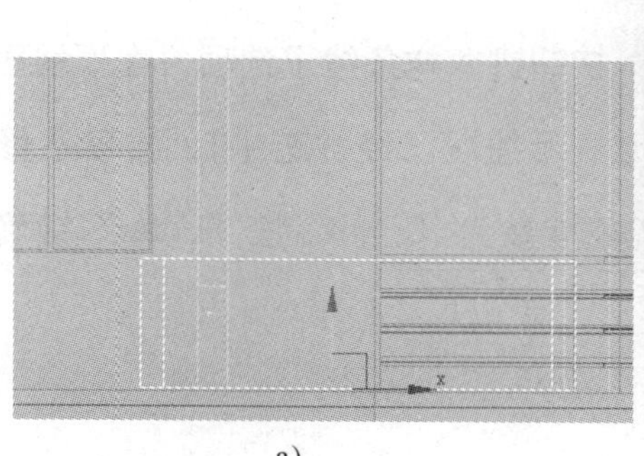
a)

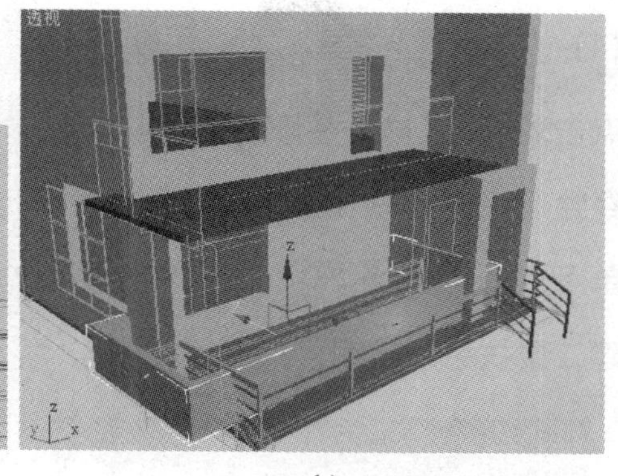

b)

图 7—2—41　创建二层护栏模型
a）挤出模型厚度　b）透视图显示

（3）选择阳台模型，点击对齐按钮，对齐二层楼板层，在弹出的"对齐位置（屏幕）"设置好对齐对象，如图 7—2—42 所示。

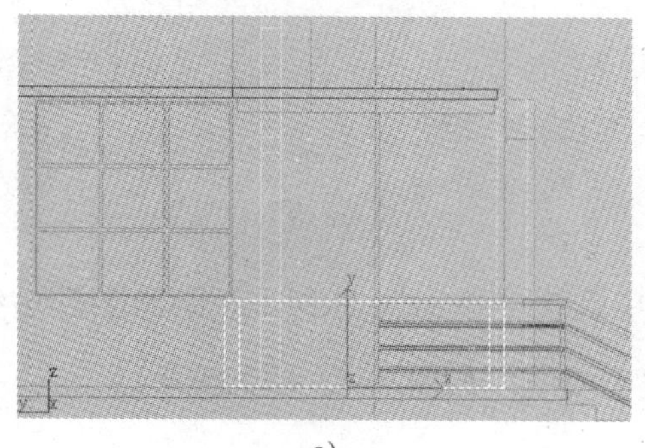
a)

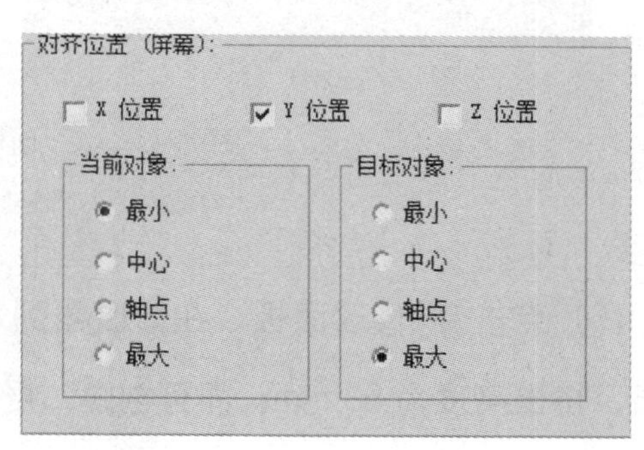

b)

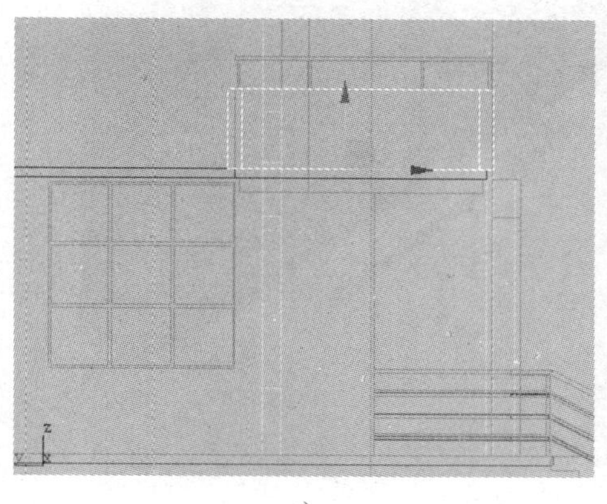
c)

d)

图 7—2—42　对齐模型至正确位置
a）创建好的二层护栏模型文件　b）对齐设置窗口　c）对齐护栏至二层楼板层上方　d）透视图显示效果

(4) 点击 > > 线 按钮，在顶视图勾勒创建阳台护手外轮廓，点击 进入样条线修改面板，点击 按钮进入样条线子选项，在顶视图中点选已经绘制好的线段（当线段成红色显示时表示线段已经被选中），接着在修改下拉菜单下点击 轮廓 按钮，设置轮廓参数为 50 mm，按“Enter”键确认即可创建二层扶手外轮廓，如图 7—2—43 所示。

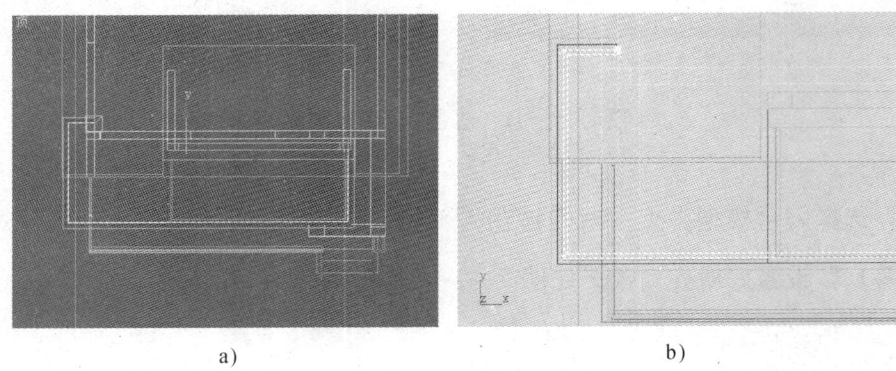

a)　　b)

图 7—2—43　创建二层扶手外轮廓

a）勾勒护栏扶手外轮廓　b）倒出轮廓厚度

(5) 点击 修改面板，在修改器列表中选择“挤出”命令，对所选图形进行挤出，挤出高度为 50 mm，即可创建二层扶手模型，如图 7—2—44 所示。

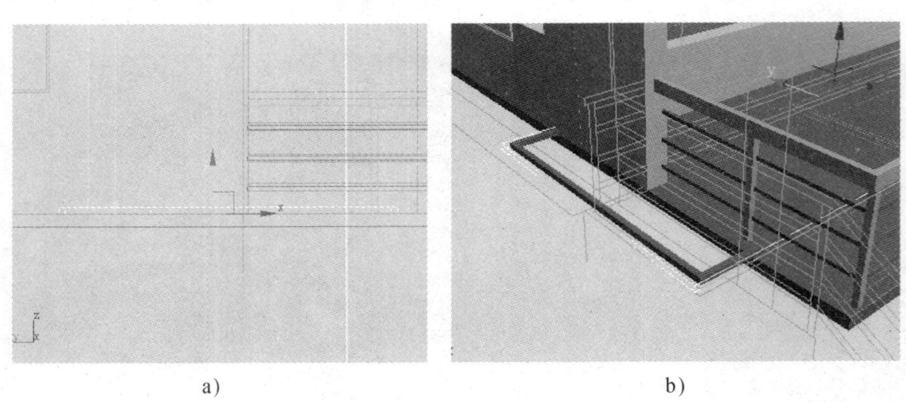

a)　　b)

图 7—2—44　创建二层扶手模型

a）挤出模型厚度　b）透视图显示

(6) 点击移动工具，在左视图向上移动阳台扶手模型至合适位置，如图7—2—45所示。

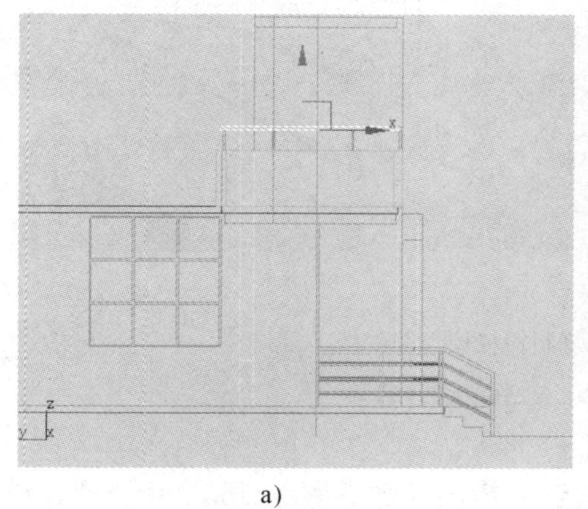

a)

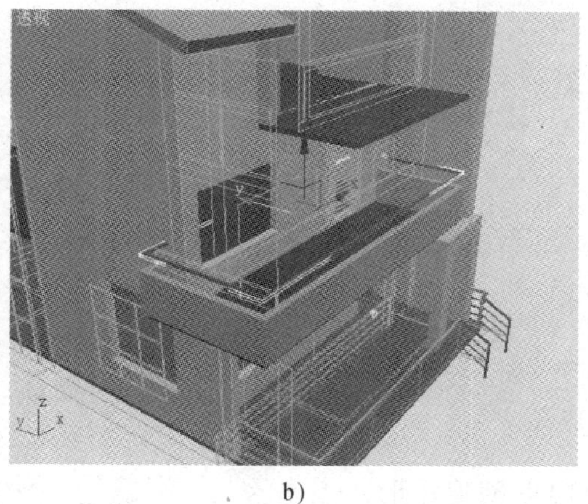

b)

图7—2—45　位移扶手模型至正确位置

a) 位移捕捉到正确位置　b) 透视图显示

(7) 点击 > > 长方体 按钮，在顶视图创建栏杆模型，如图7—2—46所示。

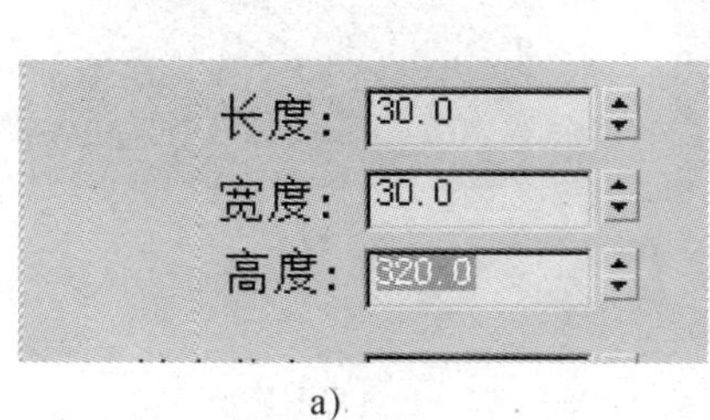

a)

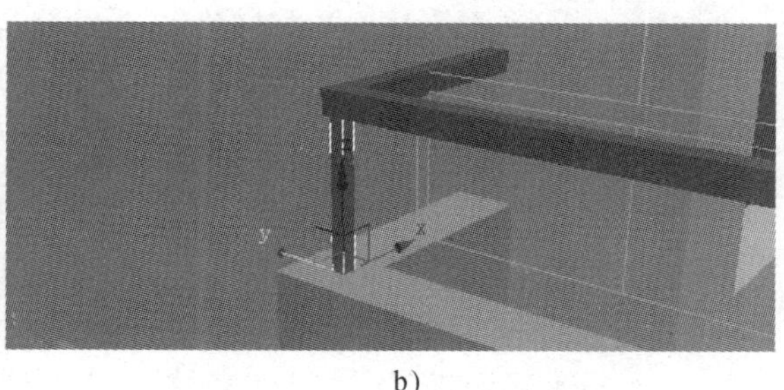

b)

图7—2—46　创建栏杆模型

a) 参数设置　b) 创建长方形模型

(8) 选择已经创建好的栏杆模型，并配合"Shift"键横向、纵向复制多个栏杆模型，如图7—2—47所示。

8. 创建第三层阳台护栏

(1) 点击 > > 矩形 按钮，开启 2.5 捕捉，在顶视图捕捉相

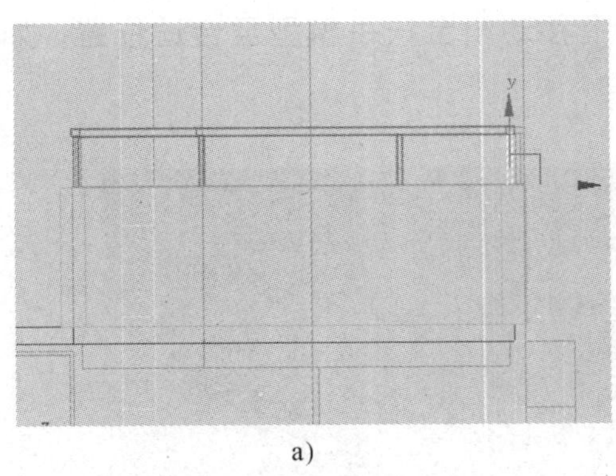

a)

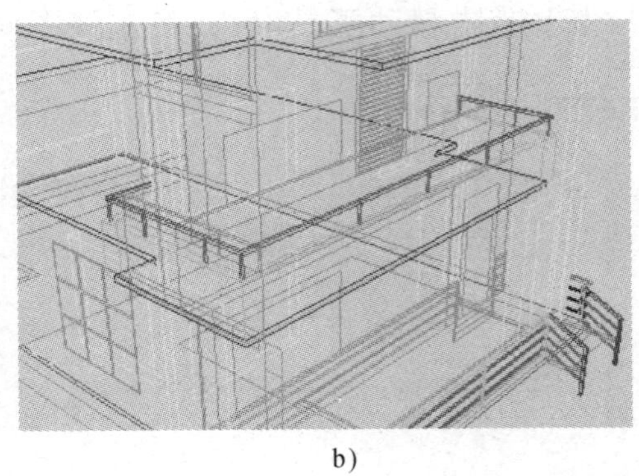

b)

图 7—2—47 复制栏杆模型

a）复制栏杆模型 b）复制后效果显示

应顶点创建矩形，点击 > 挤出 按钮，挤出参数设置为 150 mm。创建结束后移动模型到对应顶点位置即完成阳台的创建，如图 7—2—48 所示。

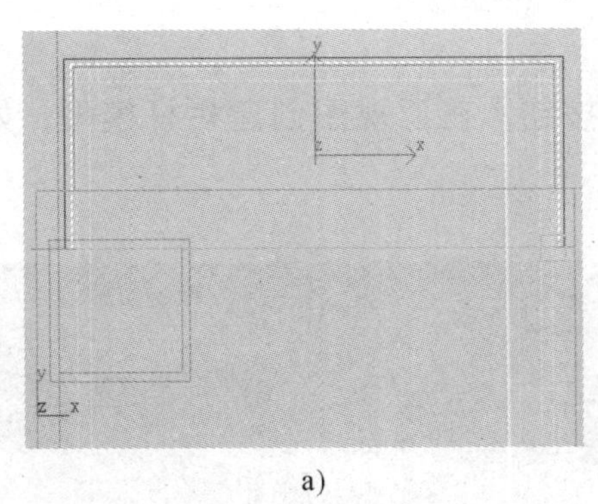

a)

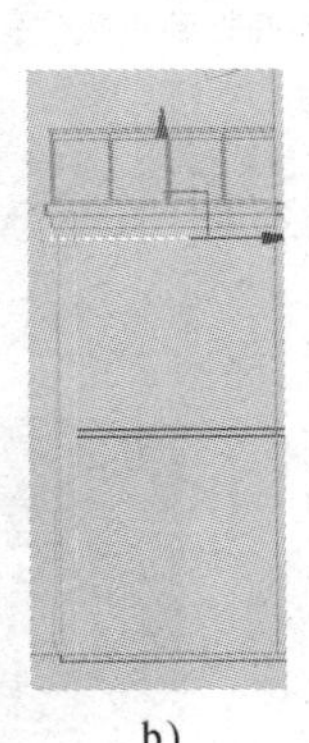

b)

c)

图 7—2—48 创建阳台

a）创建三层底板轮廓并挤出楼板厚度 b）位移模型至正确位置 c）透视图显示

(2) 点击 > > 线 按钮，开启 捕捉，在顶视图勾勒护栏外轮廓；点击 打开修改面板，在下拉菜单点击 按钮进入样条线子选项，选择护栏外轮廓，点击 轮廓 按钮，设置轮廓数值为 50 mm，即可创建扶手轮廓线，如图 7—2—49 所示。

(3) 点击“Line”返回上一级命令，点击“修改器列表”，在下拉菜单下选择

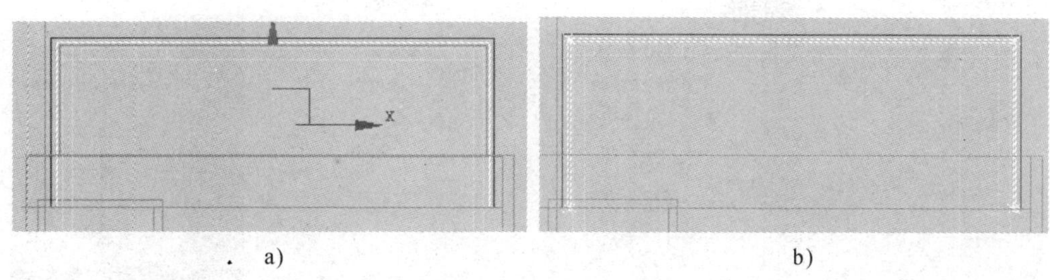

a)　　　　　　　　b)

图 7—2—49　创建扶手轮廓线

a）勾勒扶手轮廓线　b）修改轮廓数值为 50 mm

“挤出”修改器，挤出参数设置为 50 mm。最后，选择护栏模型移动至正确位置，如图 7—2—50 所示。

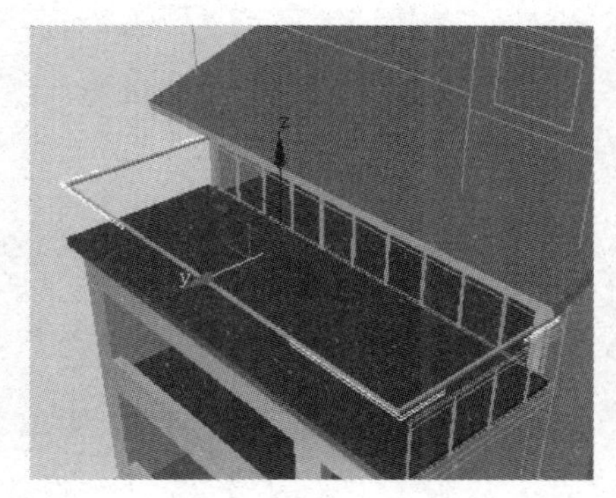

图 7—2—50　创建扶手并移至正确位置

(4) 点击>>矩形按钮，在左视图捕捉相应节点勾勒栏杆轮廓；点击打开修改面板，在修改器列表中选择“挤出”修改器，挤出参数设置为 30 mm，即可完成栏杆模型的创建，如图 7—2—51 所示。

(5) 点击>>矩形按钮，在左视图捕捉相应节点勾勒玻璃护栏轮廓；点击打开修改面板，在修改器列表中选择“挤出”修改器，挤出参数设置为 20 mm，即可完成玻璃护栏模型的创建，如图 7—2—52 所示。

(6) 在前视图同时选择“栏杆”和“玻璃护栏”模型文件。配合键盘上的“Shift”键，沿水平方向实例复制 3 个模型到相应位置，在前视图对模型进行移动对位，如图 7—2—53 所示。

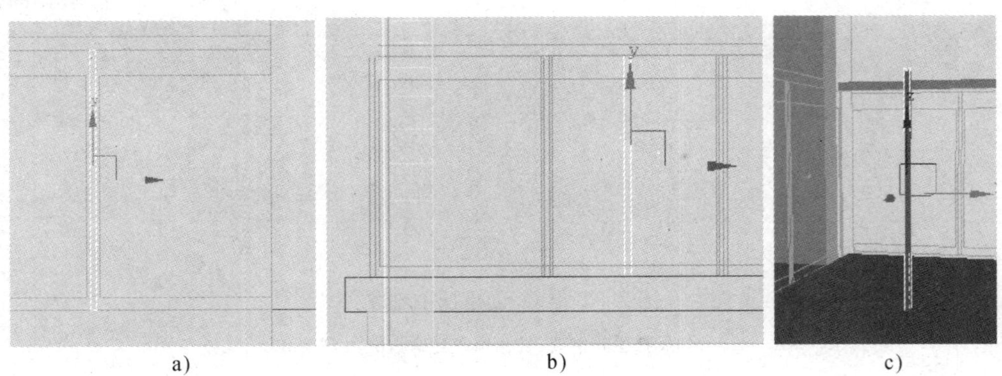

图 7—2—51　创建栏杆模型

a）创建栏杆轮廓　b）挤出栏杆厚度　c）透视图显示

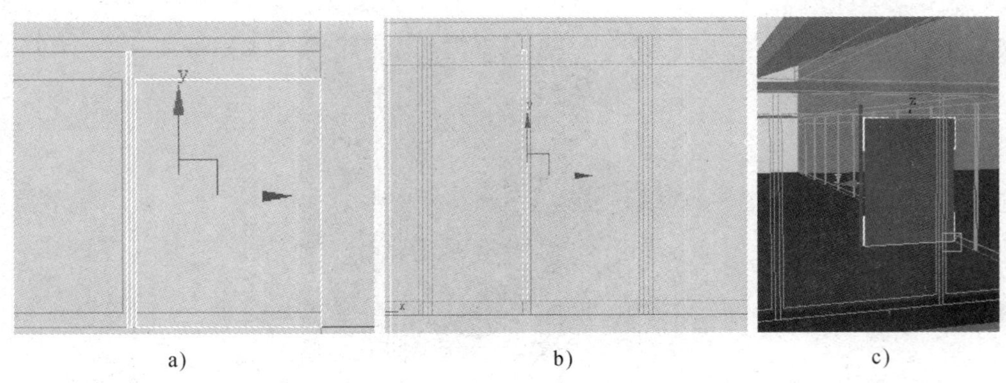

图 7—2—52　创建玻璃护栏模型

a）创建玻璃护栏轮廓　b）挤出护栏厚度　c）透视图显示

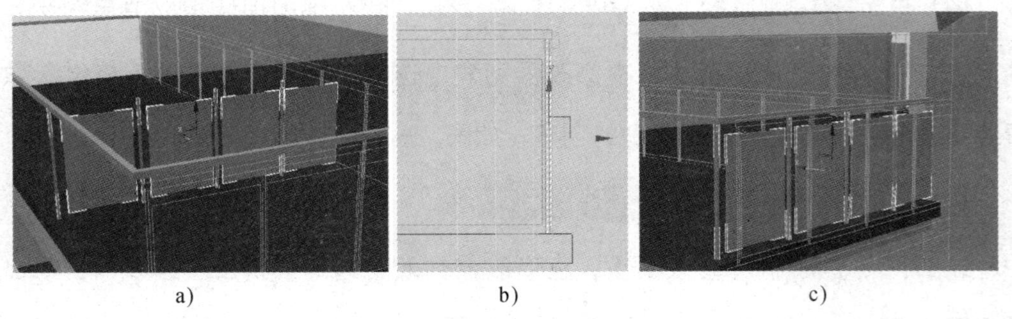

图 7—2—53　复制栏杆及玻璃护栏

a）框选所有护栏栏杆模型进行实例复制　b）捕捉位移至相应节点上　c）透视效果显示

(7) 利用“移动”“复制”“矩形”“线”和“挤出”命令，通过“移动”“复

制”“旋转”等操作，创建出其他护栏模型，如图 7—2—54 所示。

图 7—2—54　创建其他护栏

9. 创建窗户模型

(1) 点击 > > 线 按钮，开启 2.5 捕捉，在左视图沿窗框轮廓捕捉勾勒线条。进入线顶点子选项，选择高窗上的两个顶点，点击鼠标右键，在弹出的右键菜单上点选“平滑”选项，选择高窗上的另外两个顶点，点击鼠标右键，在弹出右键菜单上点选“Bezier 角点”，接着点击 Bezier 控制杆，调整弧形形状与立面图相吻合。

(2) 敲击键盘上的“Ctrl + C”组合键，原地复制一份备用，如图 7—2—55 所示。

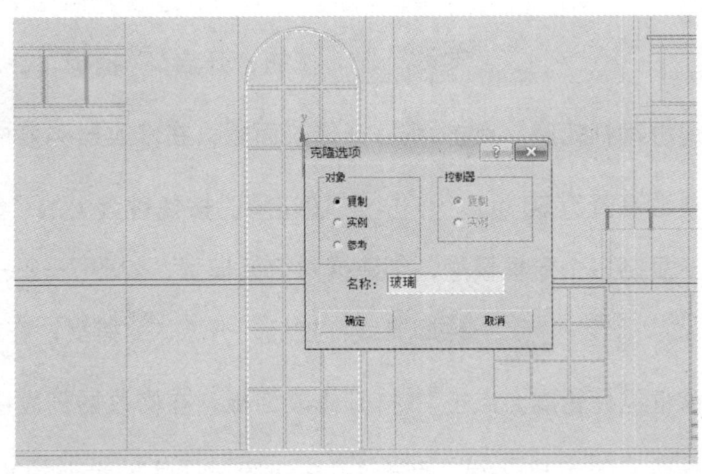

图 7—2—55　原地复制出一份窗框外轮廓图形

(3) 重新选择高窗外轮廓，按键盘上的数字“3”键，切换到“样条线”子选项；配合键盘组合键“Ctrl + A”全选样条线元素（注：当所选元素呈现红色显示的时候，处于被选择状态），接着在修改面板下设置轮廓数值为 50 mm，然后按“Enter”键确认。点击打开修改面板，在修改器列表中选择“挤出”修改器，挤出参数设置为 100 mm，给窗框外轮廓图形倒出轮廓图形，如图 7—2—56 所示。

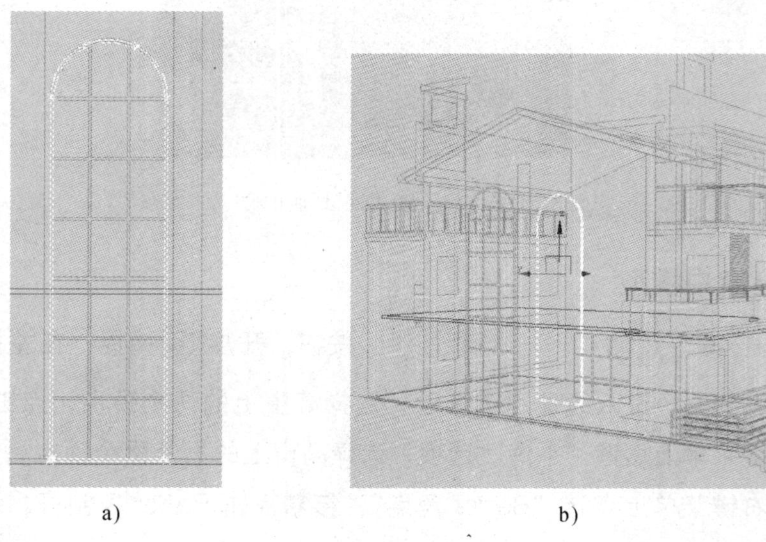

图 7—2—56　给窗框外轮廓图形倒出轮廓图形

a）窗框倒轮廓　b）窗框挤出后效果

(4) 点击 > > 矩形 按钮，开启捕捉，在左视图捕捉相应顶点，勾画窗框横杆轮廓。点击打开修改面板，在修改器列表中选择“挤出”修改器，挤出参数设置为 50 mm。点击按钮同时按住键盘上的“Shift”键不放，沿竖直方向向下复制多个窗框模型，创建横向窗架模型，如图 7—2—57 所示。

(5) 点击 > > 矩形 按钮，开启捕捉，在左视图捕捉相应顶点，勾画窗框纵杆轮廓。点击打开修改面板，在修改器列表中选择“挤出”修改器，挤出参数设置为 50 mm。点击按钮同时按住键盘上的“Shift”键，沿水平方向复制窗框模型，创建纵向窗架模型，如图 7—2—58 所示。

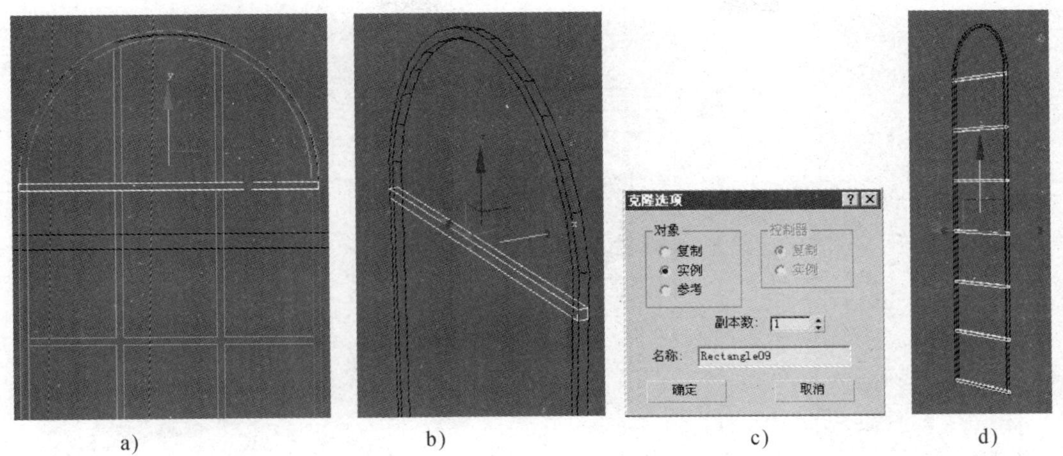

图 7—2—57　创建横向窗架模型

a）勾勒横架外轮廓　b）挤出轮廓厚度　c）实例复制参数　d）复制模型

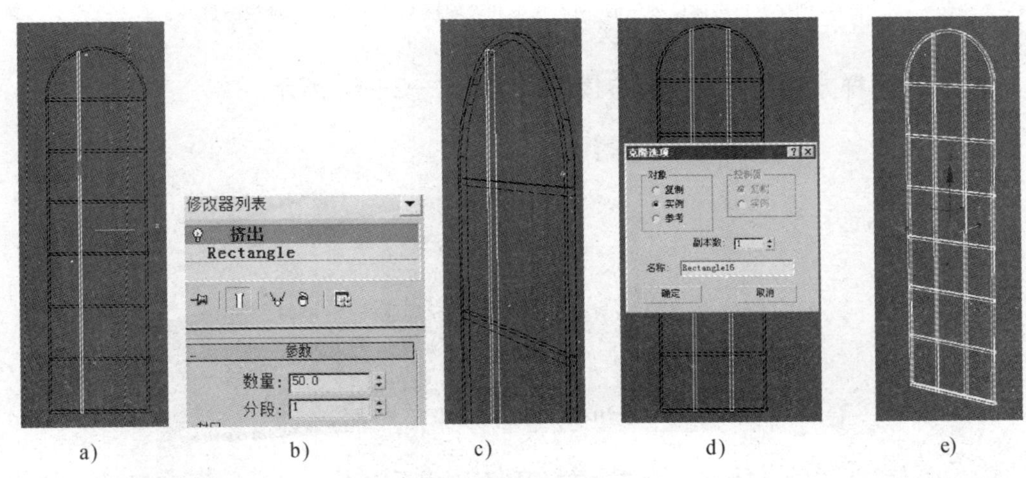

图 7—2—58　创建纵向窗架模型

a）勾勒纵架外轮廓　b）挤出轮廓厚度　c）挤出模型　d）纵向窗户架模型复制　e）透视图显示

(6) 点击按钮，重新点选步骤 2 中复制备份的窗户外轮廓图形（注：轮廓图形被选择时，线条呈现白线显示），点击打开修改面板，在修改器列表中选择“挤出”修改器，挤出参数设置为 20 mm，创建窗户玻璃模型。切换视图为前视图显示，框选所有窗户模型，点击对齐按钮，把所有窗户模型全部对齐于左侧墙体模型中心，如图 7—2—59 所示。

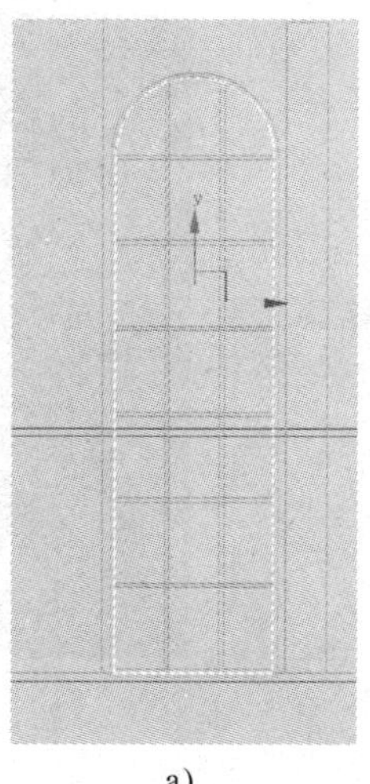

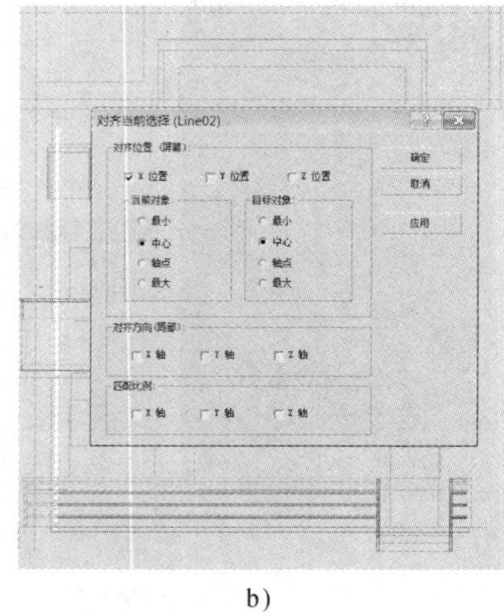

a) b) c)

图 7—2—59　对齐窗框和玻璃模型到墙体的中间

a）创建窗户玻璃模型　b）所有窗框和玻璃模型对齐墙　c）透视图显示

(7) 用同样方法创建其他窗户模型，如图 7—2—60 所示。

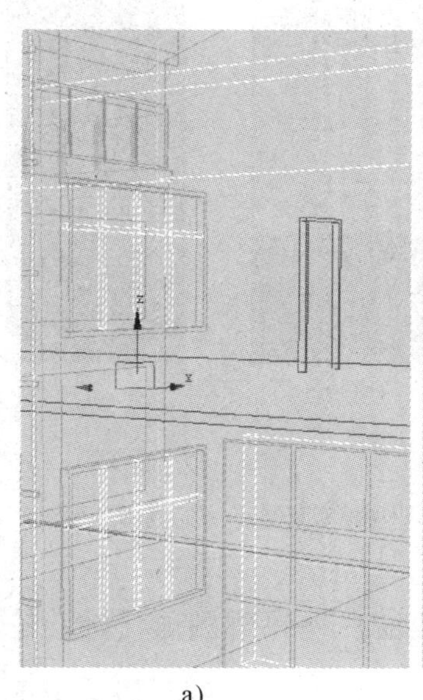

a) b)

图 7—2—60　创建补全其他窗户模型

a）线框显示　b）透视图显示

10. 创建装饰柱模型

(1) 点击 > > 矩形 按钮，开启捕捉，在左视图捕捉相应顶点，勾勒外轮廓。点击打开修改面板，在修改器列表中选择“挤出”修改器，挤出参数设置为 500 mm。最后，对位到相应顶点位置，完成烟道模型主体的创建，如图 7—2—61 所示。

a)　　　　b)

图 7—2—61　创建烟道模型主体

a）左视图线框显示　b）透视图显示

(2) 点击 > > 矩形 按钮，开启捕捉，在左视图捕捉相应顶点，勾勒外轮廓。点击打开修改面板，在修改器列表中选择“挤出”修改器，挤出参数设置为 200 mm。接着对位到相应顶点位置，并复制出其他几个面的模型，创建烟道模型其他侧面，如图 7—2—62 所示。

(3) 点击 > > 矩形 按钮，开启捕捉，去选

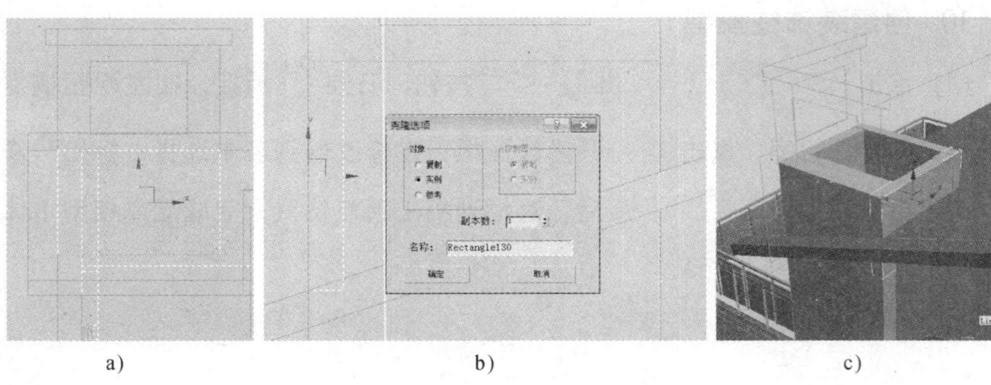

a)　　b)　　c)

图 7—2—62　创建烟道模型其他侧面

a）长方体创建　b）复制长方体　c）透视图显示

开始新图形 后面“√”选项，在左视图勾勒图形轮廓线。点击 打开修改面板，在修改器列表中选择“挤出”修改器，挤出参数设置为 200 mm。然后，对位到相应顶点位置，完成烟道顶部造型的创建，如图 7—2—63 所示。

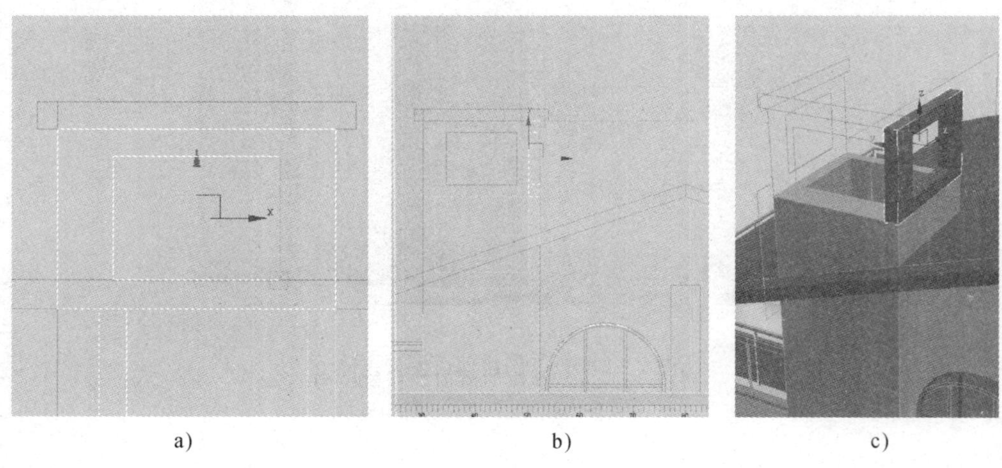

a)　　b)　　c)

图 7—2—63　创建烟道顶部造型

a）“矩形”创建并挤出一定厚度　b）创建好模型进行位移　c）透视图显示创建效果

(4) 点击 按钮，并配合 按钮和键盘上的“Shift”键，通过移动、旋转和复制的方法创建出其他面模型，如图 7—2—64 所示。

(5) 点击 > > 矩形 按钮，开启 捕捉，在顶视图勾勒图

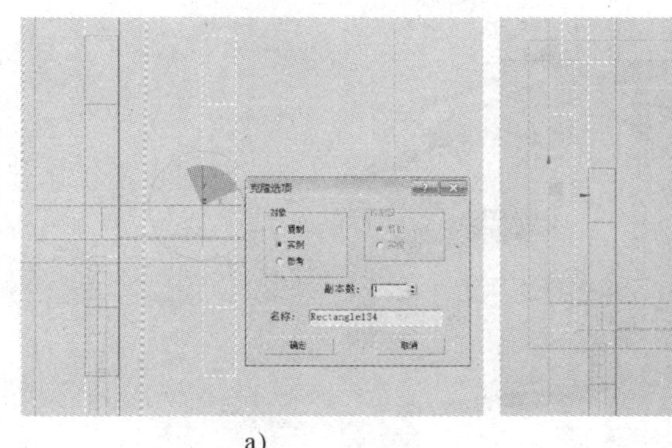

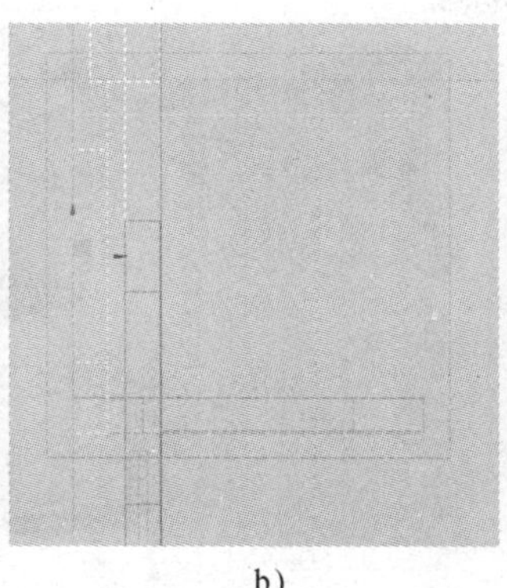

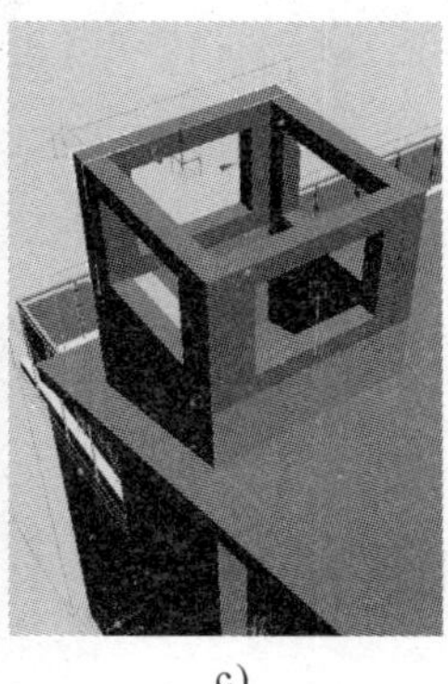

a)　　b)　　c)

图 7—2—64　复制创建烟道顶部造型

a）实例复制其他侧面　b）顶视图线框显示　c）透视图显示

形轮廓线。点击 打开修改面板，在修改器列表中选择“挤出”修改器，挤出参数设置为 200 mm。最后，捕捉吸附模型到对应顶点位置，完成烟道顶部封盖模型的建立，如图 7—2—65 所示。

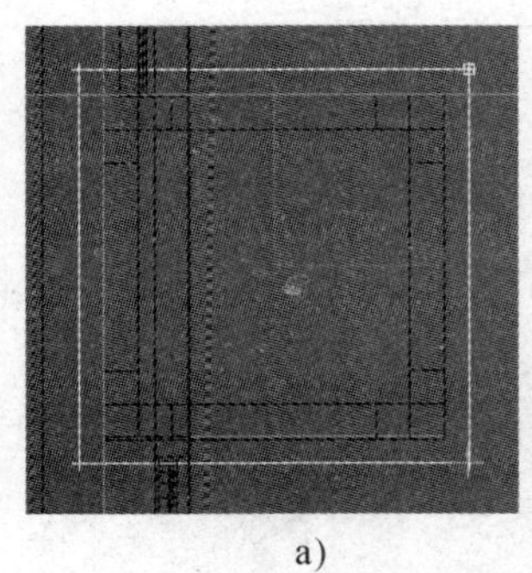

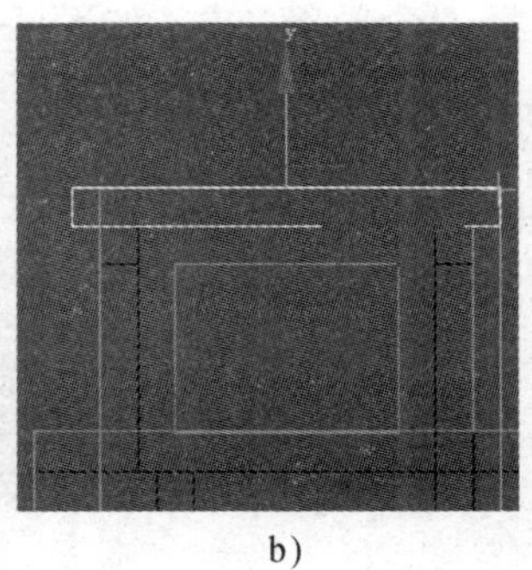

a)　　b)　　c)

图 7—2—65　创建烟道顶部封盖模型

a）捕捉创建顶部封盖轮廓　b）挤出厚度并捕捉吸附至顶部　c）透视图显示

11. 创建踏步和地面配件

利用图形“线”和几何体“平面”，再配合修改器命令“挤出”和“可编辑多边形”创建踏步和地面模型，完成别墅建模，如图 7—2—66 所示。

12. 别墅模型处理

(1) 点击常用工具栏 全部 ▼ 按钮右边小三角形，在弹出的下拉菜单中

图 7—2—66　完成别墅建模

选择S-图形按钮，把选择过滤器变为图形过滤方式。在视图中点击鼠标右键，在弹出的下拉菜单中选择“全部解冻”，如图 7—2—67 所示。

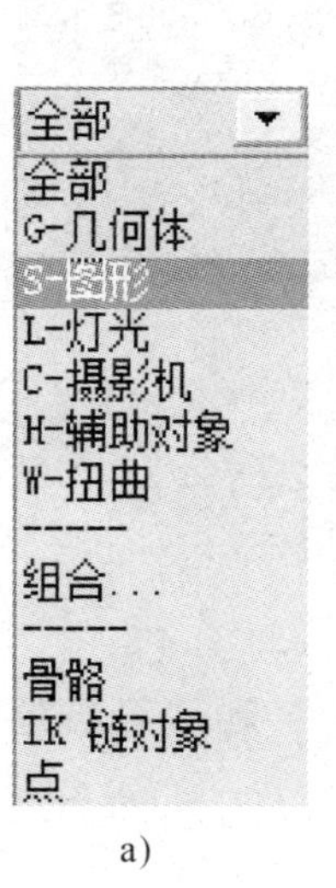

a)

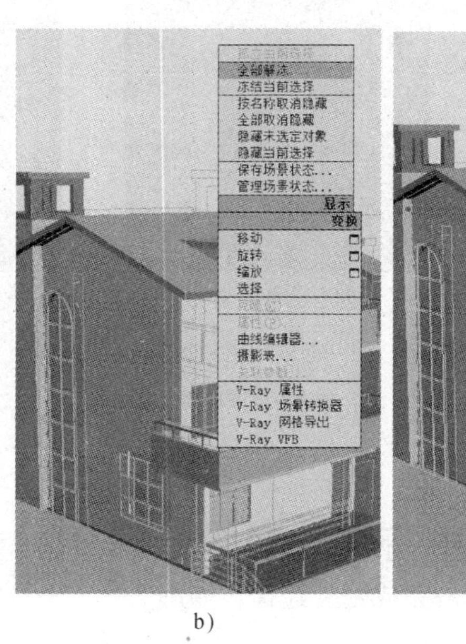

b)

c)

图 7—2—67　图形解冻

a）选择过滤器菜单　b）图形解冻前　c）图形全部解冻后

(2) 在选择模式为“图形”选择模式下，敲击键盘上的“Ctrl + A”组合键，全选所有图形，然后敲击键盘上的“DEL”键，删除所有二维图形，如图 7—2—68 所示。

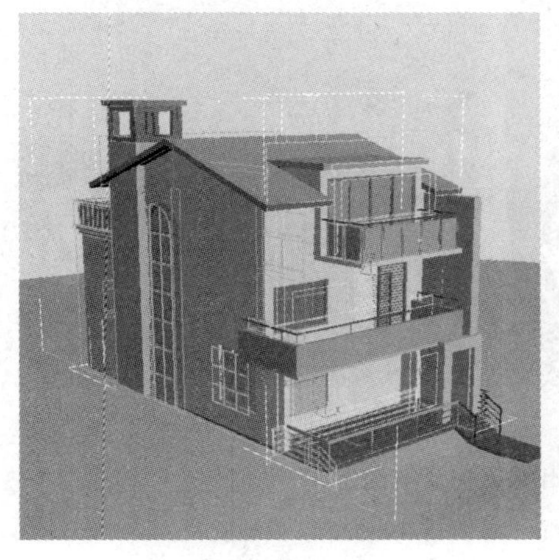

a)

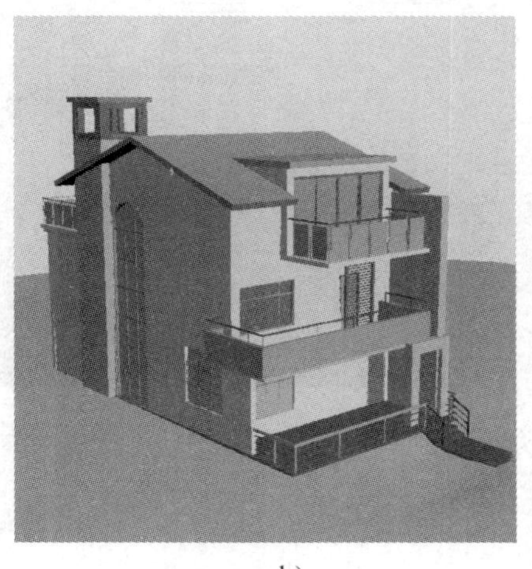

b)

图 7—2—68 选择所有图形并删除

a) 删除二维图形前显示 b) 删除二维图形后显示

(3) 点击按钮，选择屋顶模型，点击按钮进入修改命令面板，在修改器列表中选择“编辑多边形”修改器赋予层顶模型，如图 7—2—69 所示。

a)

reactor Cloth
reactor SoftBody
STL 检查
UVW 变换
UVW 贴图
UVW 贴图清除
UVW 贴图添加
UVW 展开
VRay 置换模式
按通道选择
按元素分配材质
保留
编辑多边形
编辑法线
编辑面片
编辑网格
变换

b)

图 7—2—69 屋顶模型赋予多边形修改器

a) 透视图显示 b) 修改器列表

(4) 点击 按钮进入多边形子选项，在透视图中点选屋顶面“多边形”，点击 分离 按钮，使其独立出来，如图 7—2—70 所示。

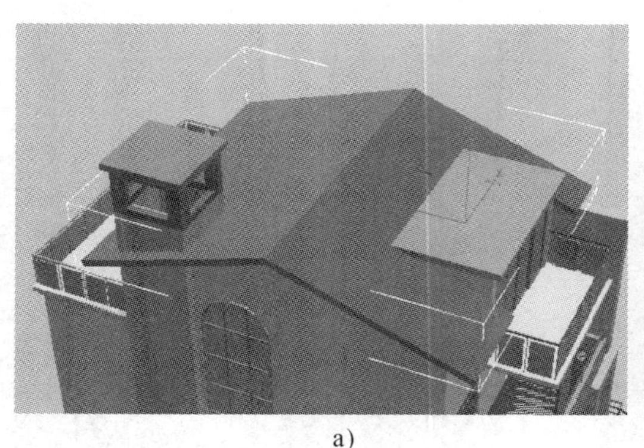

a)

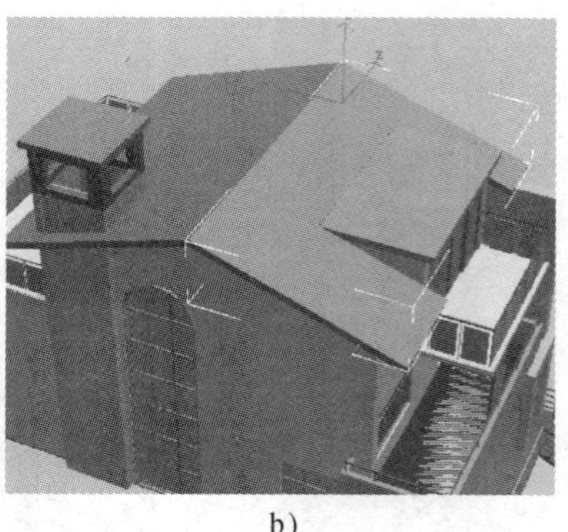

b)

图 7—2—70　分离出屋顶主要斜面 1

a) 点击选择其中一斜面（选择后成红色显示）　b) 分离后模型显示

(5) 点选另一屋顶面“多边形”，点击 分离 按钮，也使其独立出来，如图 7—2—71 所示。

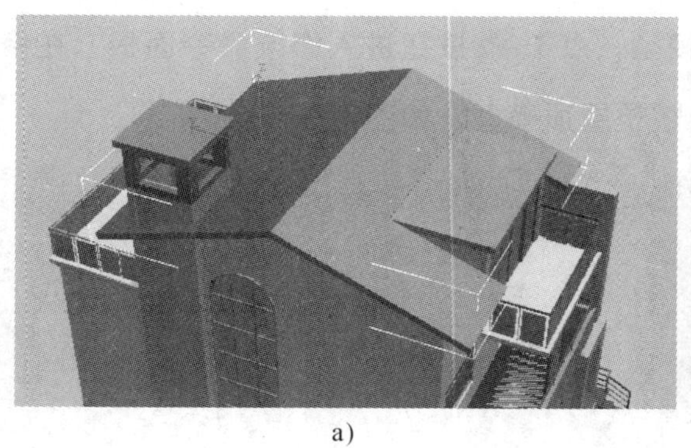

a)

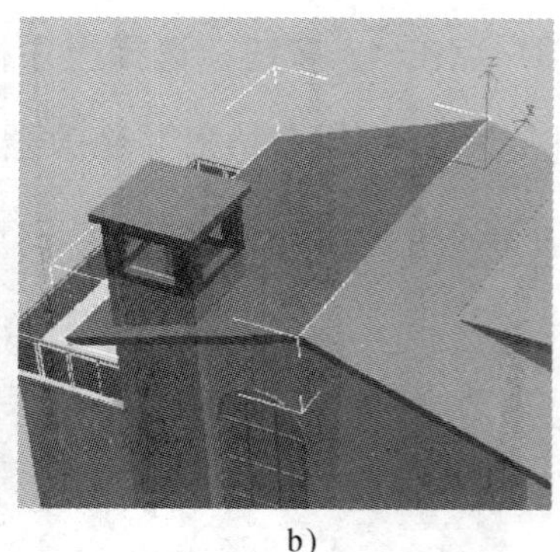

b)

图 7—2—71　分离出屋顶主要斜面 2

a) 点击选择其中一斜面（选择后成红色显示）　b) 分离后模型显示

三、赋予模型材质

1. 赋予屋顶模型材质贴图

(1) 点击常用工具栏 按钮，切换到透视图，在视图控制区点选其中一个屋顶斜面模型，再点击常用工具栏按钮，打开“材质编辑器”窗口。点击 Standard > 建筑 按钮，选择切换到“建筑材质明暗”窗口。

(2) 在“用户定义”下拉菜单中，点击“瓷砖，光滑的”材质类型。接着点击“漫反射贴图”后面的 None 按钮，在弹出的“材质与贴图浏览器”窗口双击 位图 按钮，在弹出的“选择位图图像文件”菜单中，选择配套光盘下的“瓦面贴图”文件，同时去选“序列”勾选选项，点击打开，如图7—2—72所示。

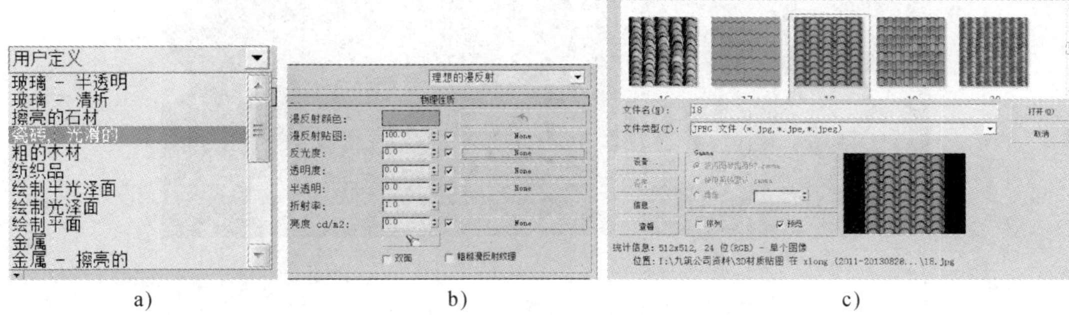

a) b) c)

图7—2—72 赋予斜面1“光滑瓷砖”明暗器类型

a) 自定义材质列表 b) 选择“理想漫反射”材质 c) 选择瓦面贴图

(3) 点击按钮将材质指定给选定对象，接着点击按钮在视图中显示贴图，如图7—2—73所示。

图7—2—73 赋予贴图并显示

（4）点击进入修改面板，在修改器下拉列表中选择“UVW 贴图修改器”，把贴图类型改为“长方形”，把贴图尺寸改为长 1 000 mm，宽 1 000 mm，高 1 000 mm。如果图片显示方向有偏差，点击 UVW 贴图 按钮前面的小加号，在弹出的下拉菜单中点选 Gizmo 按钮；再点击按钮，旋转调整贴图为正确显示，如图 7—2—74 所示。

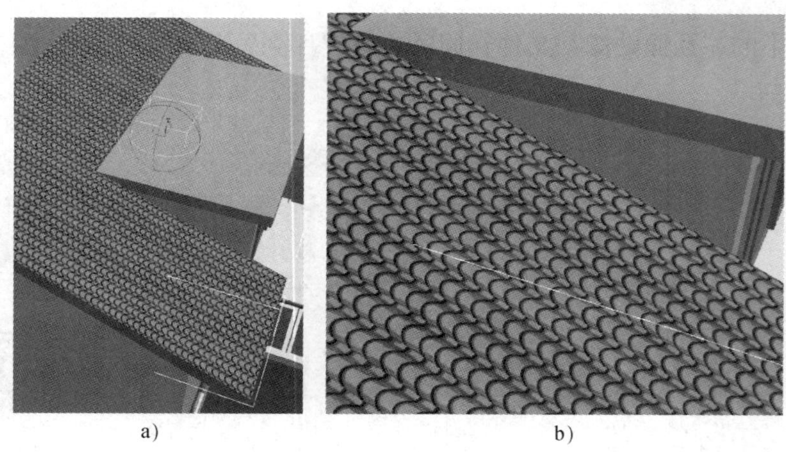

a） b）

图 7—2—74 调整贴图正确显示

a）调整后整体图 b）调整后放大效果图

（5）依照上述相同方法，赋予材质到另外一个屋顶斜面模型上，然后点击鼠标右键，在弹出的命令菜单中选择“隐藏当前选择”命令，隐藏屋顶模型，如图 7—2—75 所示。

2. 赋予墙体模型材质贴图

（1）点击常用工具栏按钮，切换到透视图，点选所有墙体模型（提示：配合键盘上的“Ctrl”键可以加选模型）。点击进入修改面板，在修改器列表中选择 UVW 贴图命令，设置贴图类型为“长方体”，并设置长宽高参数为 1 000 mm×1 000 mm×1 000 mm，如图 7—2—76 所示。

（2）点击常用工具栏按钮，打开“材质编辑器”窗口；点击 Standard ＞ 建筑 按钮，切换到“建筑材质明暗器”设置窗口。

a)

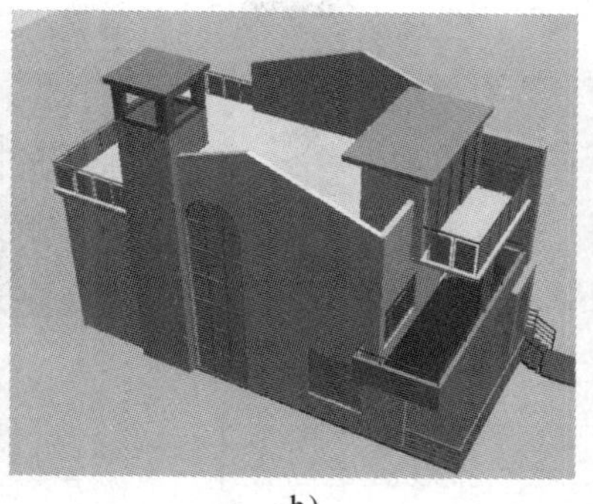
b)

图 7—2—75　赋予另一斜面贴图并隐藏屋顶
a）赋予另一斜面模型贴图　b）隐藏屋顶模型后效果

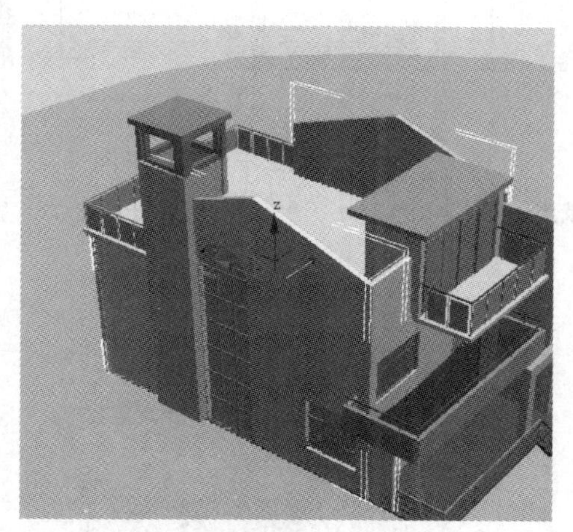

图 7—2—76　选择全部墙体模型添加 UVW 贴图

点击“漫反射贴图”后面的 None 按钮，在弹出的窗口中选择配套光盘提供的墙面贴图 JPG 文件，点击按钮，赋予墙体模型材质，点击显示材质，如图 7—2—77 所示。

(3) 在墙体模型处于被选择状态下，点击鼠标右键，在弹出的命令菜单中选择“隐藏当前选择”命令，隐藏墙体模型，如图 7—2—78 所示。

3. 赋予装饰柱装饰墙模型材质贴图

参考赋予“墙体模型材质”的方法步骤，先给模型加入“UVW 贴图”修改命

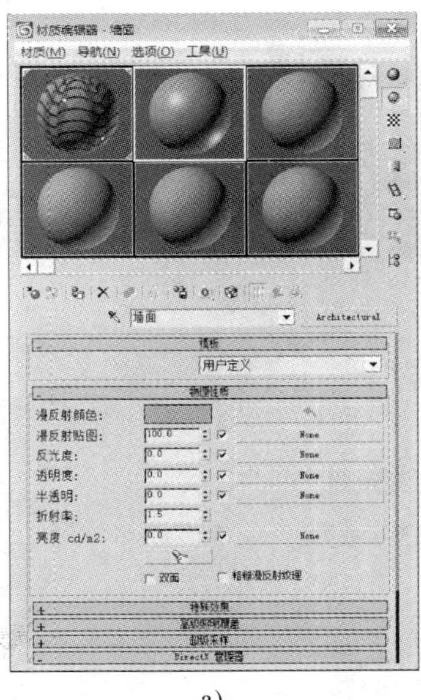

a)

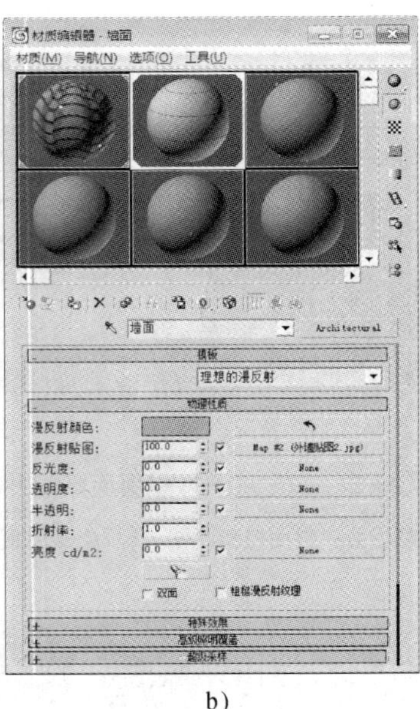

b)

c)

图 7—2—77　赋予主要墙体贴图

a）系统默认建筑材质调节窗口　b）设置材质赋予贴图　c）显示贴图

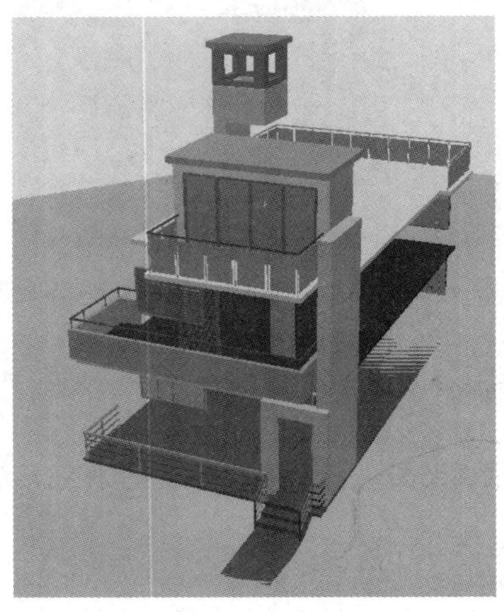

图 7—2—78　隐藏主要墙体

令并设置好贴图参数，然后在配套光盘上找到“文化石”贴图文件，依次赋予装饰柱和装饰墙模型，最后隐藏，如图 7—2—79 所示。

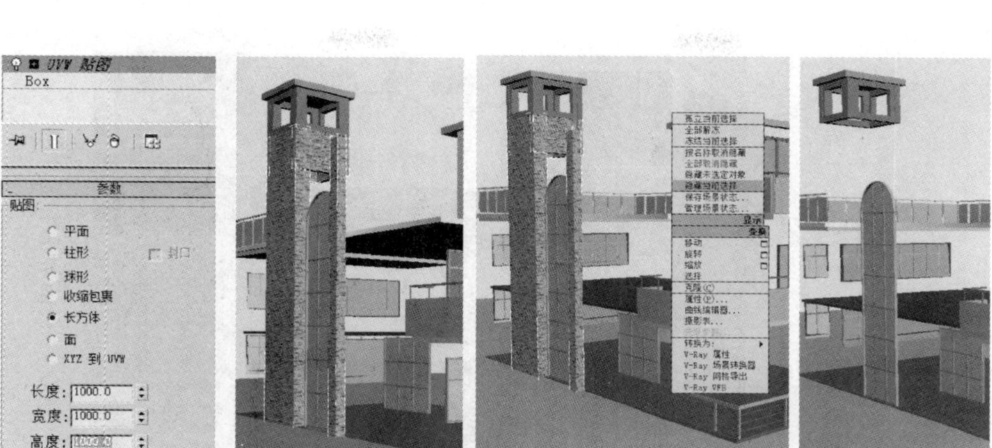

图 7—2—79　赋予装饰柱装饰墙模型贴图并隐藏

a）设置 UVW 贴图参数　b）赋予模型贴图　c）右键弹出隐藏模型选项　d）隐藏后显示

4. 赋予模型玻璃材质

(1) 在常用工具栏点击 按钮，在弹出的“材质编辑器”窗口中，点击 Standard > 建筑 按钮，切换到“建筑材质明暗器”设置窗口。在建筑材质明暗器“模板”下方点击“自定义”右边的 按钮，设置材质为“玻璃－清晰”，设置“漫反射颜色”为灰绿色（三原色 R：210，G：230，B：225）。

(2) 先点击“材质编辑器”上的 背景按钮，以透明方式显示材质球，然后，选择已经调节好的玻璃材质球，依次按鼠标拖曳到玻璃模型上，如图 7—2—80 所示。

(3) 在“玻璃”材质球还处于被选择状态下时，点击“材质编辑器”中的“按材质选择” 按钮，选择所有玻璃材质模型，点击鼠标右键隐藏模型。

5. 赋予窗框玻璃框模型材质

(1) 在常用工具栏点击 按钮，在弹出的“材质编辑器”窗口中，点击 Standard > 建筑 按钮，切换到“建筑材质明暗器”设置窗口。在“建筑材质明暗器”中“模板”下方点击“自定义”右边的 按钮，设置材质

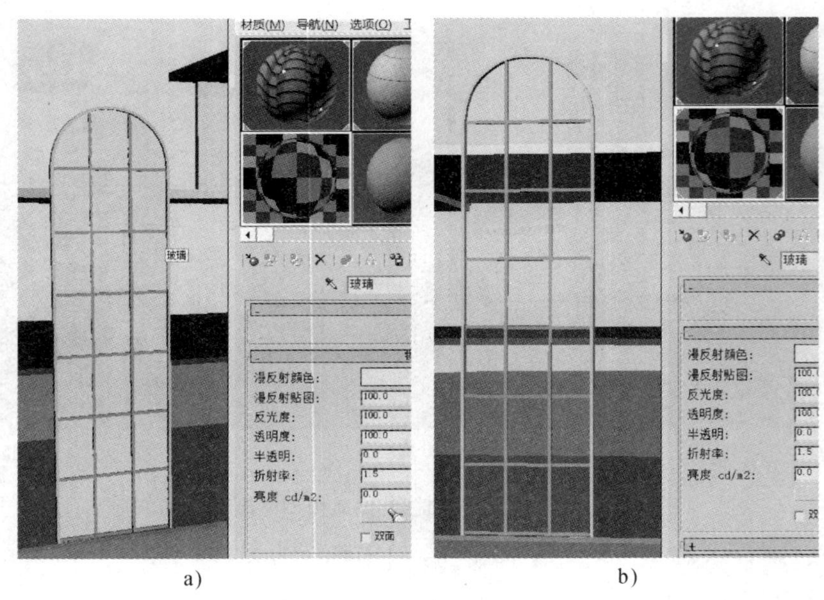

图 7—2—80　调节好材质赋予玻璃模型

a）未赋予材质前　b）赋予材质后

为“金属”，设置“漫反射颜色”为灰绿色（三原色 R：210，G：230，B：225）。

(2) 点击按钮，在视图中选择所有窗框、门框和栏杆模型，点击“材质编辑器”下按钮，将材质指定给选定对象，然后点击鼠标右键隐藏模型。

6. **赋予木料材质**

(1) 点击按钮，在视图中选择所有木料材质模型。

(2) 在常用工具栏点击按钮，在弹出的“材质编辑器”窗口中，点击 Standard > 建筑 按钮，切换到“建筑材质明暗器”设置窗口。在“建筑材质明暗器”中“模板”下方点击“自定义”右边的按钮，设置材质为“油漆光泽的木材”，如图 7—2—81 所示。

(3) 点击“漫反射贴图”后面的 None 按钮，在弹出的“材质/贴图浏览器”下拉菜单中双击 位图 命令，在弹出的对话框中选择光盘提供的木料贴图，赋予材质球，如图 7—2—82 所示。

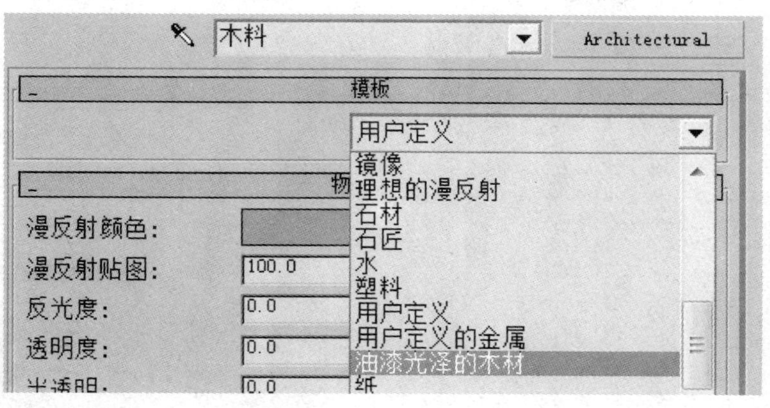

图 7—2—81　选择建筑材质下的“木材”材质类型

图 7—2—82　在漫反射通道选择木材图片

(4) 在木料材质模型处于被选择状态下时，点击材质编辑器窗口下的按钮，赋予模型材质，然后点击鼠标右键隐藏模型。

7. 赋予其他模型材质

(1) 点击按钮，切换选择为窗口选择方式，在前视图按住鼠标拖曳，框选顶棚和二层阳台护栏模型，如图 7—2—83 所示。

(2) 在常用工具栏点击按钮，在弹出的“材质编辑器”窗口中，点击 Standard > 建筑 按钮，切换到“建筑材质明暗器”设置窗口。

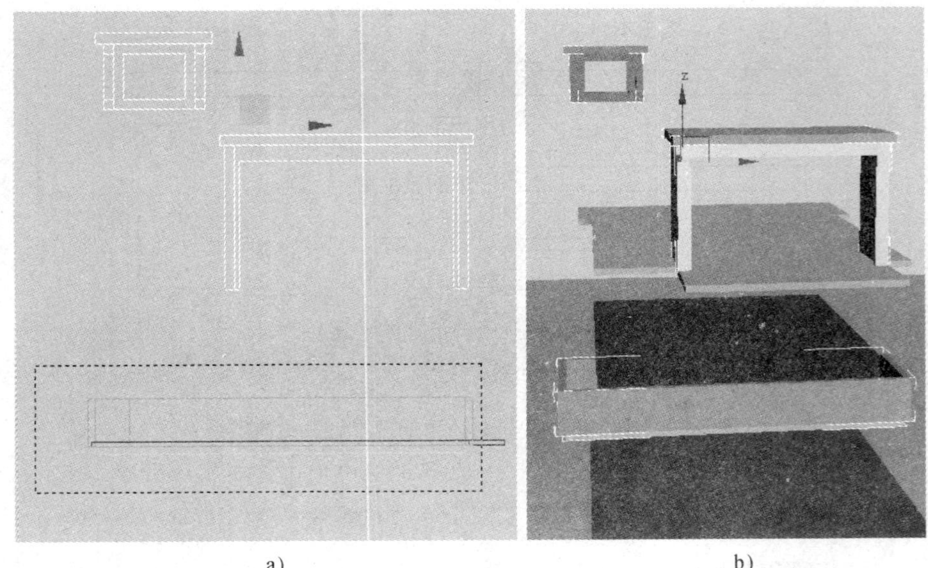

a) b)

图 7—2—83 框选顶棚及二层阳台护栏模型

a）选择顶棚和二层阳台护栏模型 b）透视图显示

在“建筑材质明暗器”中“模板”下方点击“自定义”右边的▼按钮，设置材质为“理想的漫反射”，漫反射颜色设置为米白色。先点击按钮，赋予选定模型材质，然后点击鼠标右键弹出快捷菜单中点击“隐藏选定对象”隐藏墙体模型。

(3) 点击按钮，切换选择为窗口选择方式，在任意视图框选所有楼板与地面模型。在常用工具栏点击按钮，在弹出的“材质编辑器”窗口中，点击 Standard > 建筑 按钮，切换到“建筑材质明暗器”设置窗口。在“建筑材质明暗器”中“模板”下方点击“自定义”右边的▼按钮，设置材质为“理想的漫反射”，点击“漫反射贴图”后面的 None 按钮，在弹出的“材质/贴图浏览器”下拉菜单中双击 位图 命令，选择配套光盘提供的贴图文件赋予材质球，如图 7—2—84 所示。

(4) 在模型处于被选择状态下时，点击“材质编辑器”窗口下的按钮，赋予模型材质。点击按钮，在视图中显示材质。点击进入修改面板，在修改器

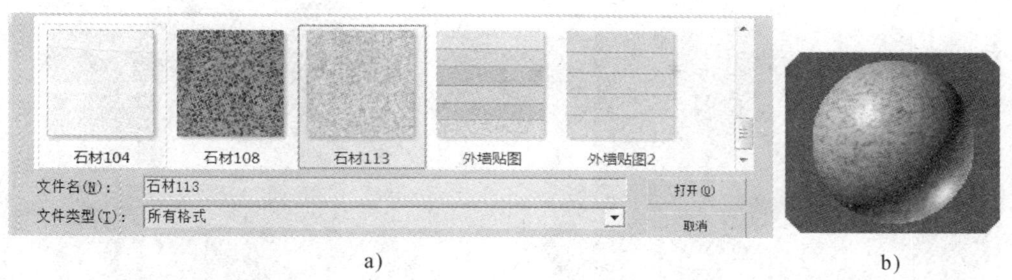

a) b)

图 7—2—84 赋予大理石贴图给材质球

a）选择大理石材 b）调节材质球

下拉列表中选择“UVW 贴图修改器”，把贴图类型改为“长方形”，把贴图尺寸改为长 1 000 mm，宽 1 000 mm，高 1 000 mm，如图 7—2—85 所示。

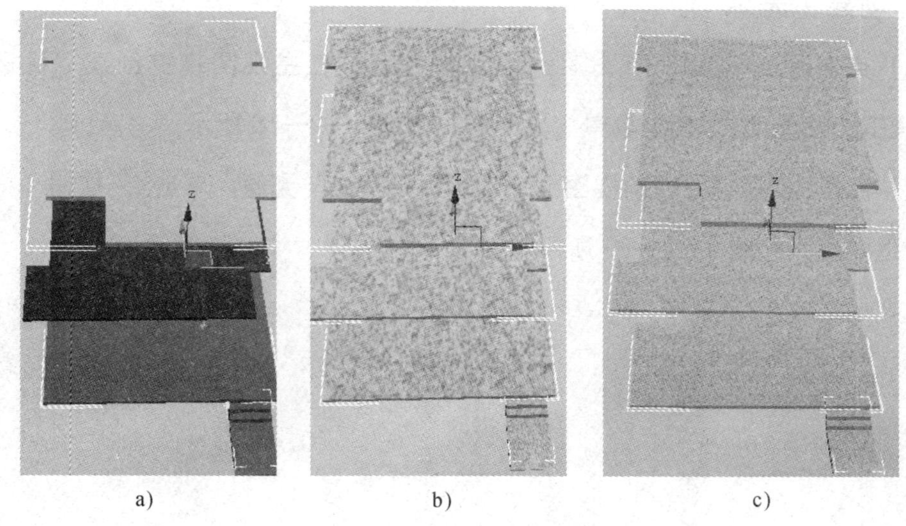

a) b) c)

图 7—2—85 赋予楼板模型材质

a）选择模型 b）赋予材质贴图 c）添加 UVW 贴图修改器并调节贴图尺寸

(5) 参照上面方法，赋予室外地面草坪材质贴图，如图 7—2—86 所示。

(6) 按键盘上的“C”键，把视图切换为“摄像机”视图，在视图上任意点击鼠标右键，在弹出的快捷菜单中选择“取消全部隐藏”，被赋予材质的模型全部显现出来，材质赋予完成，如图 7—2—87 所示。

图 7—2—86　赋予室外地面草坪材质贴图

图 7—2—87　材质赋予完成

四、赋予场景灯光

1. 创建主光源

(1) 点击 > > 目标平行光 按钮，在左视图拖曳创建“目标平行光”(模拟太阳光照)，创建场景主要光源，如图 7—2—88 所示。

(2) 点击 按钮，在前视图框选“目标平行光”光源，单击 按钮，拖曳光源到合适角度，如图 7—2—89 所示。

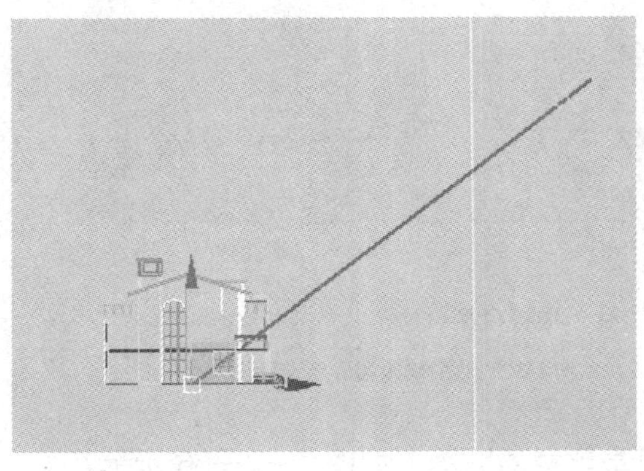

图 7—2—88　创建场景主要光源

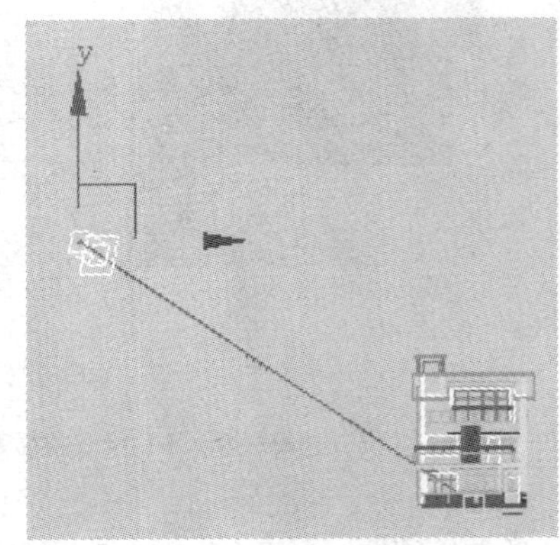

图 7—2—89　调整主要光源位置

(3) 点击 按钮，进入修改面板，在“平行光参数”设置窗口中设置“聚光区”和“衰减区”均为 60 000，如图 7—2—90 所示。

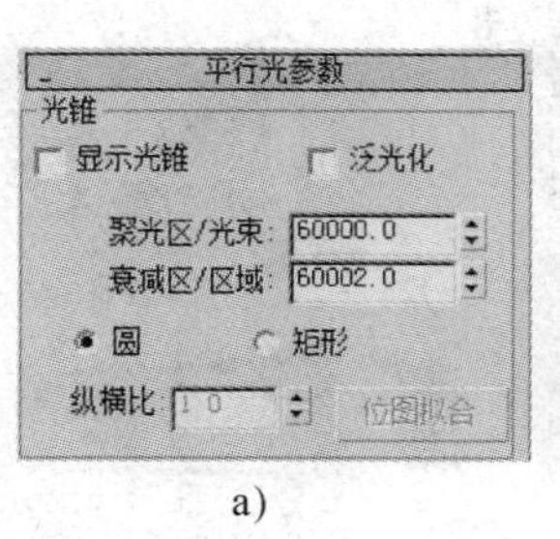

a）

b）

图 7—2—90　设置主要光源参数

a）平行光参数设置　b）实时渲染

2. 创建辅助光源

（1）点击按钮，在顶视图选择平行光光源。

（2）点击按钮，按住“Shift”键不放，在顶视图移动拖曳鼠标，复制一盏灯光作为辅助灯光，灯光强度倍增设置为 0.2～0.3，灯光颜色设置为蓝灰色，弃选阴影勾选，在“阴影”参数卷展栏中将对象阴影密度设置为 0.6，如图 7—2—91 所示。

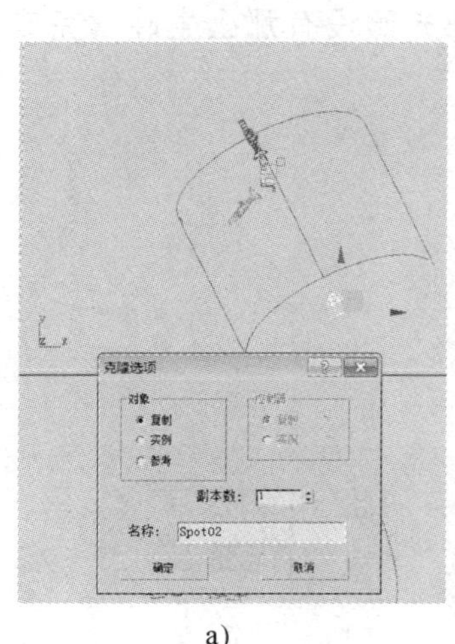

a）

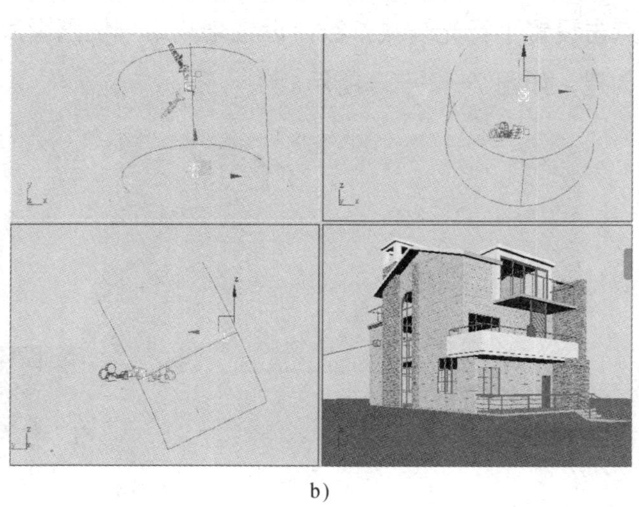

b）

图 7—2—91　复制创建辅助光源

a）拖曳复制光源　b）各视图显示辅助光源移动位置

(3) 在顶视图复制创建多盏平行光，组成灯光阵，模拟自然界漫反射光线，如图 7—2—92 所示。

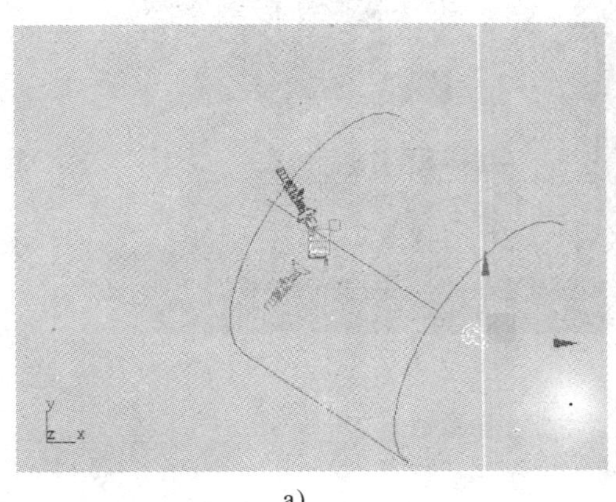

a)

b)

图 7—2—92　灯光阵模拟自然界漫反射光线

a）复制创建多盏辅助光源　b）渲染效果显示

3. 创建底光

(1) 切换视图为左视图，点击 > > 目标平行光 按钮，在左视图往下拖曳创建一盏目标平行光，灯光强度倍增设置为 0.7，设置灯光颜色为淡黄色，并点击设置平行光衰减参数，设置衰减后可使别墅底部光照没有那么生硬，完成底光创建，如图 7—2—93 所示。

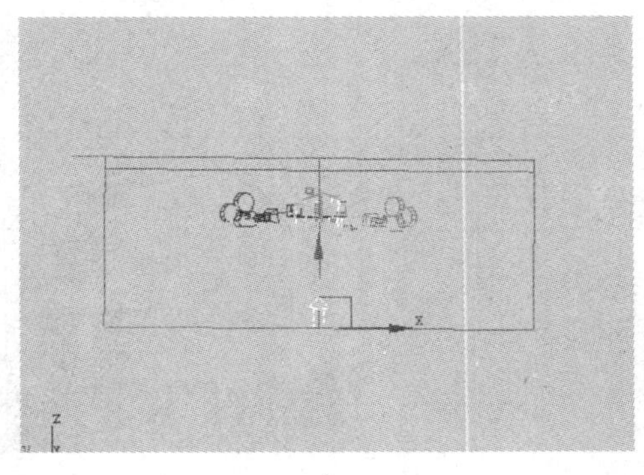

a)

远距衰减
使用　开始：29303.867
显示　结束：44338.023

b)

图 7—2—93　创建底光

a）创建底光　b）衰减参数

(2) 敲击“C”键切换至摄像机视图，接着敲击键盘上的“F9”键，渲染场景，如图 7—2—94 所示。

图 7—2—94　渲染效果

五、PS 后期调整

1. 设置渲染参数

(1) 在常用工具栏点击按钮，在弹出的“渲染场景”设置对话框中设置渲染输出大小，如图 7—2—95 所示。

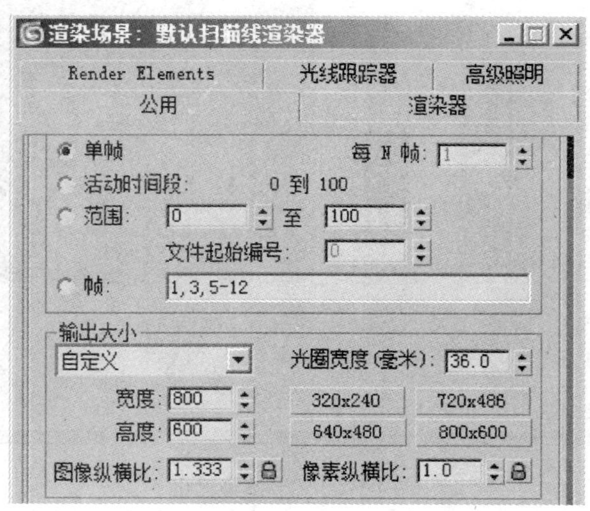

图 7—2—95　设置图样大小

(2) 点击渲染输出下的 文件... 按钮，在弹出来的“渲染输出文件”对话框，设置输出路径，并设置文件保存类型为“TGA”文件类型，然后保存，如图7—2—96所示。

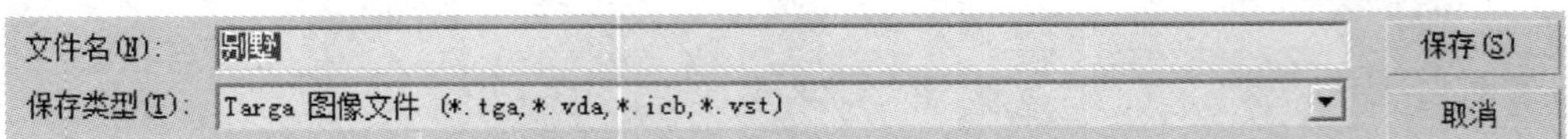

图 7—2—96 设置渲染输出路径

(3) 在“渲染设置”窗口下方选择输出品质为“产品级”，然后点击“渲染”按钮，对摄像头视图进行渲染，如图7—2—97所示。在渲染前可以根据实际需求隐藏地面模型后再渲染，方便后期PS合成。

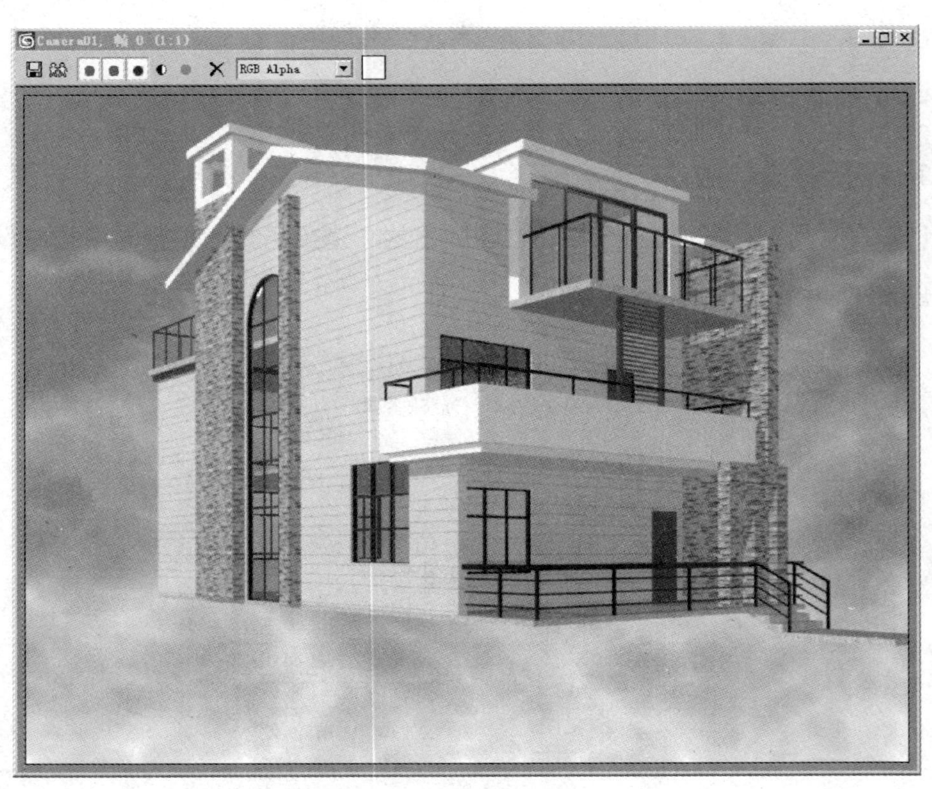

图 7—2—97 渲染输出

2. 合成背景

(1) 打开 Photoshop 软件，在键盘上敲击“Ctrl + O”组合键，在弹出来的“打开”对话框中选择已经输出的“别墅”TGA 文件。

(2) 按键盘上的“F7”键，打开“图层”控制窗口，双击背景图层后在弹出的新图层对话框中点击 好 按钮完成解锁，如图 7—2—98 所示。

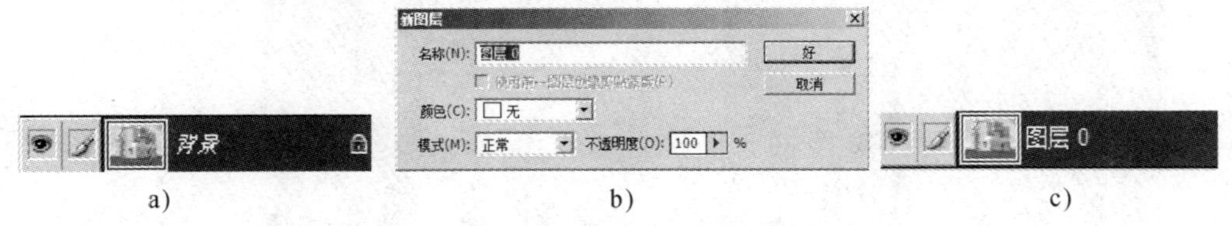

a)　　b)　　c)

图 7—2—98　给图层解锁

a）双击背景图层　b）弹出新图层窗口　c）完成图层解锁

(3) 在按住键盘“Ctrl”键的同时，鼠标点击“通道”命令对话框下面的“Alpha”通道层，使别墅模型外轮廓前景图层处于被选择状态，如图 7—2—99 所示。

图 7—2—99　选择别墅模型外轮廓

(4) 点击工具栏 (魔术棒) 按钮，然后按住键盘上的“Alt”键不放，用鼠标左键点击“透过透明玻璃背景部分”，去除选择，如图 7—2—100 所示。

图 7—2—100　去选透明玻璃背景部分

(5) 在键盘上连续敲击“Ctrl + C”和“Ctrl + V”组合键，复制粘贴别墅前景，如图 7—2—101 所示。

图 7—2—101　复制别墅前景后图层显示

(6) 点击最下方图层，在“图层”控制窗口中点击按钮，新建一个图层。然后，在键盘上敲击“Ctrl + O”组合键，选择外部背景“天空树木 . jpg”文件，最后，复制粘贴到新建图层，如图 7—2—102 所示。

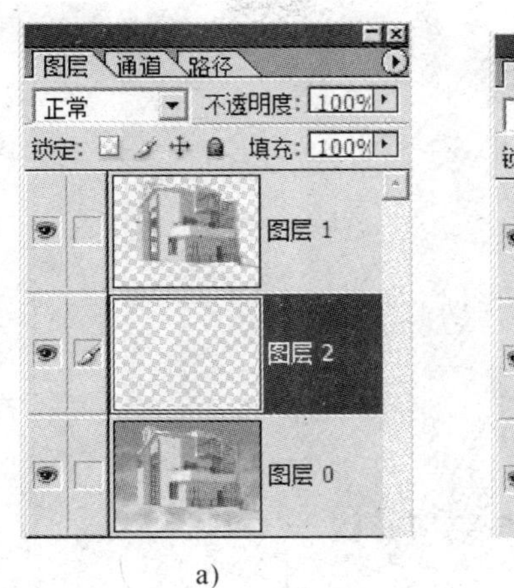

a)

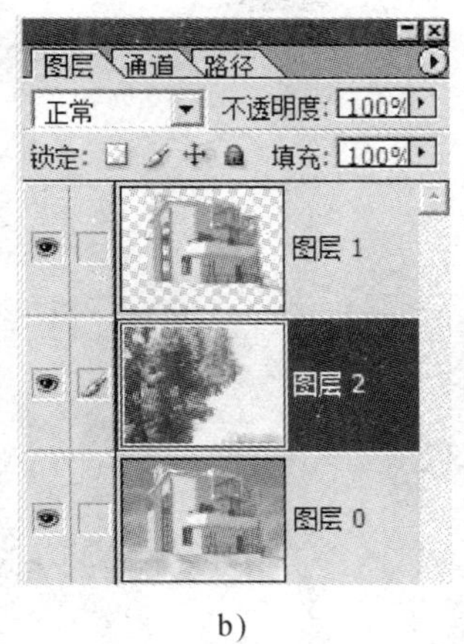

b)

图 7—2—102　复制背景层放在别墅图片后面

a）新建图层　b）复制外部背景

(7) 敲击键盘上的“Ctrl ＋ T”组合键，调整背景图片文件大小，合成背景后效果如图 7—2—103 所示。

图 7—2—103　合成背景后效果

3. 合成各类植物

(1) 敲击键盘“Ctrl ＋ O”组合键打开光盘所提供的各种植物图片，同步骤 2 方法一样，复制各类植物文件到别墅效果图中，如图 7—2—104 所示。

a)　　b)

图 7—2—104　复制调整外部植物图片

a）植物复制调整后效果　b）各个图层显示

(2) 点击植物图层，给该图层制作出阴影效果，用于模拟阳光照射后产生的阴影效果，如图 7—2—105 所示。

图 7—2—105　添加阴影效果

4. 调整透过玻璃部分背景效果

(1) 在工具栏点击按钮，圈选别墅中透过玻璃显示部分，然后，在“图层”窗口点击背景层图片，敲击键盘上的“Ctrl + C”和“Ctrl + V”组合键复制出一份(复制一份是为了在之后的图片调整中不会破坏背景图片)，如图 7—2—106 所示。

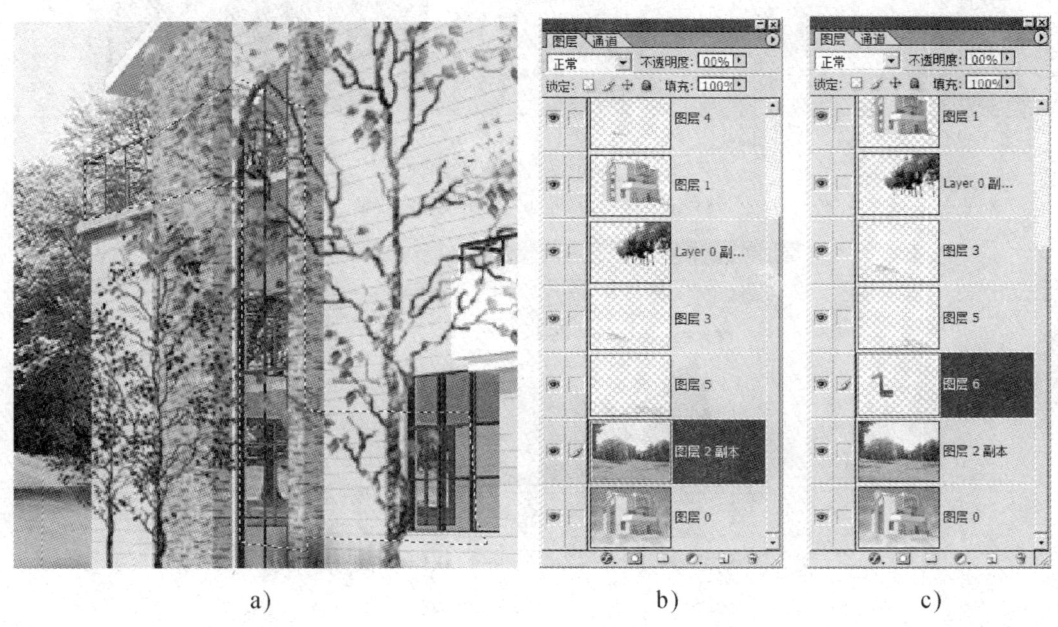

a)　　b)　　c)

图 7—2—106　复制背景层

a) 选择透过玻璃显示部分　b) 点击背景层　c) 复制选择图形

(2) 选择已经复制好的图层，然后在菜单栏选择“滤镜”下面的“镜头模糊”命令，对该图层进行模糊处理。镜头模糊效果如图 7—2—107 所示。

(3) 在键盘上敲击“Ctrl + L”组合键，进入“色阶”控制窗口，然后调整图层色阶，使该图层色调有别于背景色调。调整色阶后效果如图 7—2—108 所示。

5. 调整最终效果

为了使别墅主题更加突出，注意画面的前景和背景的色彩冷暖对比。背景层可以适当调整为偏冷色，主题别墅可以适当调整为偏暖色。调整完色调以后，在滤镜选项中选择“锐化”命令对画面进行锐化处理，使得画面更加清晰锐利。调整后最终效果如图 7—2—109 所示。

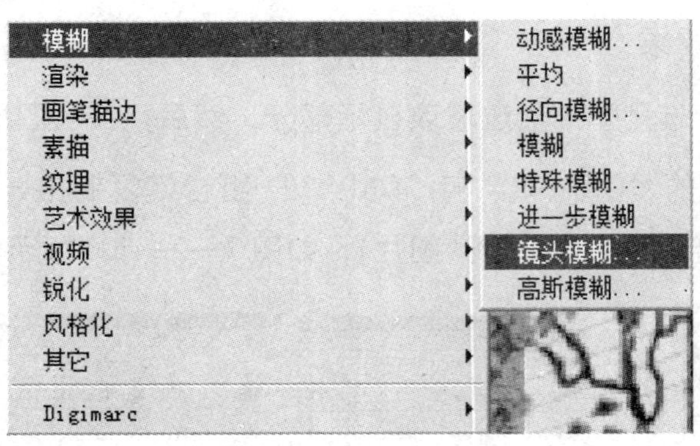

a) b)

图 7—2—107　镜头模糊效果

a）镜头模糊命令　b）镜头模糊后效果

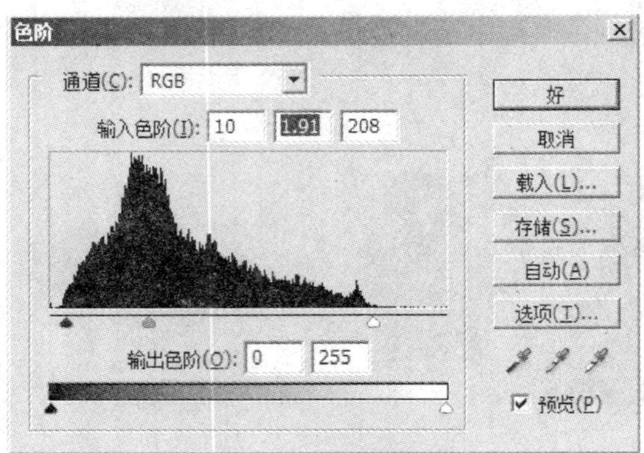

a)

b)

图 7—2—108　调整色阶后效果

a）色阶控制窗口　b）色阶调整完后效果

图 7—2—109　调整后最终效果